普通高等教育"十一五"国家级规划教材

高等学校水利学科专业规范核心课程教材·水文与水资源工程

地下水水文学（第2版）

主　编　束龙仓　刘波　陶月赞

高等学校水利类专业教学指导委员会组织编审

中国水利水电出版社
www.waterpub.com.cn
·北京·

内 容 提 要

本教材为水利学科教学指导委员会推荐教材，系统阐述了地下水水文学中的基本理论与方法，全书除绪论外共分13章，包括：地下水及其赋存，地下水的物理性质和化学成分，地下水的补给、径流与排泄，地下水动态与均衡，地下水运动的基础理论，地下水流向完整井的运动，地下水流向河渠的运动，野外试验与动态观测，地下水资源评价，地下水污染，地下水水质评价，地下水资源管理，地下水资源可持续利用与保护。

本教材可作为高等学校水文与水资源工程专业的核心教材，也适用于水利工程、城市给水排水工程、农业水土工程、环境工程等专业的师生阅读，并可供相关专业的工程技术人员参考。

图书在版编目（CIP）数据

地下水水文学 / 束龙仓，刘波，陶月赞主编. -- 2版. -- 北京 : 中国水利水电出版社，2022.7

普通高等教育“十一五”国家级规划教材 高等学校水利学科专业规范核心课程教材. 水文与水资源工程

ISBN 978-7-5226-0760-3

Ⅰ. ①地… Ⅱ. ①束… ②刘… ③陶… Ⅲ. ①地下水水文学－高等学校－教材 Ⅳ. ①P641

中国版本图书馆CIP数据核字(2022)第101501号

书　　名	普通高等教育“十一五”国家级规划教材 高等学校水利学科专业规范核心课程教材·水文与水资源工程 **地下水水文学（第2版）** DIXIASHUI SHUIWENXUE
作　　者	主编　束龙仓　刘　波　陶月赞
出版发行	中国水利水电出版社 （北京市海淀区玉渊潭南路1号D座　100038） 网址：www. waterpub. com. cn E-mail：sales@mwr. gov. cn 电话：(010) 68545888（营销中心）
经　　售	北京科水图书销售有限公司 电话：(010) 68545874、63202643 全国各地新华书店和相关出版物销售网点
排　　版	中国水利水电出版社微机排版中心
印　　刷	清淞永业（天津）印刷有限公司
规　　格	184mm×260mm　16开本　20印张　487千字
版　　次	2009年1月第1版第1次印刷 2022年7月第2版　2022年7月第1次印刷
印　　数	0001—3000册
定　　价	**59.00**元

高等学校水利学科专业规范核心课程教材

编审委员会

水文与水资源工程专业教材编审分委员会

总前言

随着我国水利事业与高等教育事业的快速发展以及教育教学改革的不断深入，水利高等教育也得到了很大的发展与提高。《国家中长期教育改革和发展规划纲要（2010—2020年）》《加快推进教育现代化实施方案（2018—2022年）》等文件的出台以及2018年全国教育大会和新时代全国高等学校本科教育工作会议的召开，更是对高等教育教学改革和人才培养提出了新的要求，要求把立德树人作为教育的根本任务，强调要坚持"以本为本"，推进"四个回归"，建设一流本科，培养一流人才。

为响应国家关于加快建设高水平本科教育、全面提高人才培养能力的号召，积极推进现代信息技术与教育教学深度融合，适应开展工程教育专业认证对毕业生提出的新要求，经水利类专业认证委员会倡议，2018年1月，教育部高等学校水利类专业教学指导委员会和中国水利水电出版社联合发文《关于公布基于认证要求的高等学校水利学科专业规范核心课程教材及数字教材立项名单的通知》（水教指委〔2018〕1号），立项了一批融合工程教育专业认证理念、配套多媒体数字资源的新形态教材。这批教材以原高等学校水利学科专业规范核心教材为基础，充分考虑教育改革发展新要求，在适应认证标准毕业要求方面融合了相关环境问题、复杂工程问题、国际视野及跨文化交流问题以及涉水法律等方面的内容；在立体化建设方面，配套增加了视频、音频、动画、知识点微课、拓展资料等富媒体资源。

这批教材的出版是顺应教育新形势、新要求的一次大胆尝试，仍坚持"质量第一"的原则，以原教材主编单位和人员为主进行修订和完善，邀请相关领域专家对教材内容进行把关，力争使教材内容更加适应专业培养方案和学生培养目标的要求，满足新时代水利行业对人才的需求。

尽管我们在教材编纂出版过程中尽了最大的努力，但受编著这类教材的经验和水平所限，不足和欠缺之处在所难免，恳请广大师生批评指正。

教育部高等学校水利类专业教学指导委员会

中国工程教育专业认证协会水利类专业认证委员会

中国水利水电出版社

2019年6月

总 前 言（2008 版）

随着我国水利事业与高等教育事业的快速发展以及教育教学改革的不断深入，水利高等教育也得到很大的发展与提高。与 1999 年相比，水利学科专业的办学点增加了将近一倍，每年的招生人数增加了将近两倍。通过专业目录调整与面向新世纪的教育教学改革，在水利学科专业的适应面有很大拓宽的同时，水利学科专业的建设也面临着新形势与新任务。

在教育部高教司的领导与组织下，从 2003 年到 2005 年，各学科教学指导委员会开展了本学科专业发展战略研究与制定专业规范的工作。在水利部人教司的支持下，水利学科教学指导委员会也组织课题组于 2005 年年底完成了相关的研究工作，制定了水文与水资源工程，水利水电工程，港口、航道与海岸工程以及农业水利工程四个专业规范。这些专业规范较好地总结与体现了近些年来水利学科专业教育教学改革的成果，并能较好地适用不同地区、不同类型高校举办水利学科专业的共性需求与个性特色。为了便于各水利学科专业点参照专业规范组织教学，经水利学科教学指导委员会与中国水利水电出版社共同策划，决定组织编写出版“高等学校水利学科专业规范核心课程教材”。

核心课程是指该课程所包括的专业教育知识单元和知识点，是本专业的每个学生都必须学习、掌握的，或在一组课程中必须选择几门课程学习、掌握的，因而，核心课程教材质量对于保证水利学科各专业的教学质量具有重要的意义。为此，我们不仅提出了坚持“质量第一”的原则，还通过专业教学组讨论、提出，专家咨询组审议、遴选，相关院、系认定等步骤，对核心课程教材选题及其主编、主审和教材编写大纲进行了严格把关。为了把本套教材组织好、编著好、出版好、使用好，我们还成立了高等学校水利学科专业规范核心课程教材编审委员会以及各专业教材编审分委员会，对教材编纂与使用的全过程进行组织、把关和监督。充分依靠各学科专家发挥咨询、评审、决策等作用。

本套教材第一批共规划52种，其中水文与水资源工程专业17种，水利水电工程专业17种，农业水利工程专业18种，计划在2009年年底之前全部出齐。尽管已有许多人为本套教材作出了许多努力，付出了许多心血，但是，由于专业规范还在修订完善之中，参照专业规范组织教学还需要通过实践不断总结提高，加之，在新形势下如何组织好教材建设还缺乏经验，因此，这套教材一定会有各种不足与缺点，恳请使用这套教材的师生提出宝贵意见。本套教材还将出版配套的立体化教材，以利于教、便于学，更希望师生们对此提出建议。

高等学校水利学科教学指导委员会

中国水利水电出版社

2008年4月

第 2 版前言

《地下水水文学》是高等学校水利学科水文与水资源工程专业规范核心教材。本教材于 2009 年 1 月出版，得到了广大师生、科研人员与工程技术人员的欢迎与肯定。同时，读者也诚恳地指出了书中的不足。因此，根据近年来的教学实践与学科发展，对该书进行了全面修编，并与出版社共同完成了数字化教材的建设与升级。本书第 2 版保持了第 1 版的特色与风格，并考虑了工程教育专业认证对本教材的要求，主要进行了以下方面的修编。

1. 新增数字化教材资源

结合数字教材建设要求，新版教材对书中主要教学知识点新增了微课视频讲解与拓展阅读材料，在相应位置标注二维码，便于读者拓展学习。

2. 优化教材结构与内容

(1) 对第 1 版教材中国内外地下水资源状况等数据资料进行更新。

(2) 将第 1 版教材中隶属于“地下水资源管理”中的“地下水资源保护”小节，拓展为第 13 章，更好地服务于国家地下水资源可持续利用与保护的工作需求。

(3) 更新部分习题，适当考虑习题综合性。

3. 拓展课程思政与知识内涵的融合，注重学生道德情操与综合素质培养，增加地下水水文学领域科学家简介。

4. 对原版教材印刷错误进行了修改。

参加本书修编的除了原编审者外，河海大学水文水资源学院刘波老师作为副主编参加了修编工作，河海大学水文水资源学院鲁程鹏老师、吴佩鹏博士参与了本书修编，中国水利水电出版社朱双林、魏素洁等也给予本书出版大力支持和帮助，在此一并表示衷心感谢。

编　者

2022年5月

第1版前言

本教材根据高等学校水利水电类教学指导委员会“十一五”教材出版计划和“水文与水资源工程本科专业规范”编写。本教材作为水文与水资源工程本科专业的核心课程教材，在“2006年水利水电类教学指导委员会水文水资源教学组会议”上讨论了本教材的编写大纲。

地下水水文学是水文学的一个分支，着重从水文学的观点研究地下水。“地下水水文学”是水文与水资源工程专业的一门必修的专业基础课。本课程的主要任务是培养学生从水文循环的基本原理出发，在完整的水循环体系内了解地下水的形成、储存、运动、补给、排泄等特征的变化规律，并使学生初步掌握地下水动态长期观测资料整理与分析的基本方法、野外试验设计与试验资料整理与分析的基本方法、水量平衡原理及其应用步骤、地下水资源评价的基本方法和水量平衡的基本分析方法，运用数理统计的方法，通过站网观测资料和试验资料来了解地下水动态，并作出地下水资源的初步评价。

本教材在中国水利水电出版社1998年10月出版的由张元禧、施鑫源编写的《地下水水文学》的基础上，增加了地下水的物理性质和化学成分、地下水补给、径流与排泄、地下水污染等内容。

本教材由河海大学束龙仓、合肥工业大学陶月赞任主编。河海大学温忠辉、荆艳东，合肥工业大学刘佩贵参编。全书除绪论外共分12章，其中绪论，第1、2、9、12章及附录由束龙仓编写；第4、11章由温忠辉编写；第3章由荆艳东编写；第5、6、7、8章由陶月赞编写；第10章由刘佩贵编写；全书由束龙仓统稿。河海大学研究生陶玉飞、刘丽红、曹英杰、甄黎、闵星，合肥工业大学研究生徐翘、蒋玲、杨杰、汪佳等参与了书稿的文字录入及电子图稿的绘制工作。

本教材由合肥工业大学张元禧教授主审，主审人对书稿进行了认真的审校，并提出了宝贵的意见和建议，为完善和提高书稿质量作出了重要贡献，编者对此深表谢意。

中国地质大学（北京）姚磊华教授，合肥工业大学汪家权教授、钱家忠教授为本书稿提出了一些建设性的修改意见，在此表示衷心感谢。

本教材的编写还得到了高等学校水利学科专业规范核心课程教材编审委员会主任姜弘道教授、水文与水资源工程专业教材编审分委员会主任任立良教授、分委员会委员陈元芳教授的大力支持，在此一并致谢。

限于编者的水平，书中不当之处，恳请读者批评指正。

编　者

2008年10月

符号与量纲

符号	说明	量纲
A	面积	L^2
a	加速度	LT^{-2}
	相对粗糙度	L^2T^{-1}
	压力传导系数（导压系数）	L^2T^{-1}
B	宽度	L
	隔水底板高程	L
b	裂隙宽度	L
	单位宽度	L
D	扩散系数	$L^{-2}T^{-1}$
	水动力弥散系数（弥散系数）	$L^{-2}T^{-1}$
d	直径	L
	物质颗粒粒径	L
E	蒸发量	L^3
	植物蒸腾量	L^3
e	孔隙比	
F	面积	L^2
G	重力	MLT^{-2}
g	重力加速度	LT^{-2}
H	水位	L
ΔH	地下水水位的平均降（升）速	LT^{-1}
h	水头	L
Δh	水位变幅	L
$\overline{h}$	含水层平均厚度	L
I	水力坡度	
i	潜水面坡度	
K	渗透系数	LT^{-1}
K_k	岩溶率	
K_v	体积裂隙率	
K_T	面积裂隙率	
K_L	线性裂隙率	
L	长度	L
M	含水层厚度	L
	开采模数	LT^{-1}
n	孔隙度	
	外法线方向	
	蒸发指数	
n_e	有效孔隙度	
P	压力	MLT^{-2}
	经验频率	
p	压强	$ML^{-1}T^{-2}$
p_a	大气压强	$ML^{-1}T^{-2}$
Q	流量、补给量、排泄量等	L^3T^{-1}
q	单宽流量	L^2T^{-1}
	源汇项	T^{-1}
R	影响半径	L
	水力半径	L
r_w	抽水井半径	L
Re	雷诺数	
Re_c	临界雷诺数	
S_w	饱和度	
S_r	持水度	
S_{l0}	土壤孔隙最低温度时饱和湿度	ML^{-3}
S_0	土壤孔隙最大绝对湿度	ML^{-3}
T	导水系数	L^2T^{-1}
	绝对温度	K
t	时间	T
U	势函数	
u	流速	LT^{-1}
V	岩石总体积	L^3
V_s	固体骨架体积	L^3
V_K	岩石溶隙体积	L^3
V_T	岩石裂隙体积	L^3
V_e	有效体积	L^3
V_n	岩土孔隙体积	L^3
v	渗流速度	LT^{-1}

续表

符号	说明	量纲
$W_{弹}$	承压水的弹性储存量	L^3
x	坐标	L
	湿周	L
y	坐标	L
z	坐标	L
	位置水头	L
α	大气降水入渗系数	
	衰减指数	
	泉流量衰减系数	
	多孔介质体积压缩系数	$M^{-1}LT^2$
β_w	水的体积压缩系数	$M^{-1}LT^2$
Γ	研究区边界	
Γ_1	第一类边界	

符号	说明	量纲
Γ_2	第二类边界	
ε	潜水蒸发强度	LT^{-1}
ε_0	潜水位近于地表时的蒸发强度	LT^{-1}
η	地下径流系数	T^{-1}
μ	给水度	
	动力黏滞系数	$ML^{-1}T^{-1}$
μ_s	释水（储水）率	L^{-1}
μ^*	弹性释水（储水）系数	
σ	总应力	$ML^{-1}T^{-2}$
	表面张力	MLT^{-2}
Δ	Δt 时段内地下水位平均埋深	L
Δ_0	地下水位极限埋深	L

数字资源清单

序号	资源名称	资源类型
资源 0.1	地下水水位下降	微课
资源 0.2	泉水、河流流量衰减	微课
资源 0.3	海水入侵	微课
资源 0.4	次生沙漠化与次生盐碱化	微课
资源 1.1	认识地下水	微课
资源 1.2	空隙及孔隙	微课
资源 1.3	裂隙	微课
资源 1.4	溶隙	微课
资源 1.5	水在岩土中的赋存形式	微课
资源 1.6	容水性持水性和透水性	微课
资源 1.7	透水性	微课
资源 1.8	含水层	微课
资源 1.9	包气带	微课
资源 1.10	认识潜水	微课
资源 1.11	潜水等水位线图	微课
资源 1.12	认识承压水	微课
资源 1.13	承压水等水压线图	微课
资源 1.14	认识孔隙水	微课
资源 1.15	洪积物中的地下水	微课
资源 1.16	冲积物和湖积物中的地下水	微课
资源 1.17	认识裂隙水	微课
资源 1.18	认识岩溶水	微课
资源 1.19	岩溶水的特征	微课
资源 1.20	特殊类型的地下水	拓展资源
资源 2.1	地下水的物理性质	微课
资源 2.2	我国水文地球化学发展状况	拓展资料
资源 2.3	地下水的化学成分及其化学性质	微课
资源 2.4	地下水化学成分的形成作用	微课
资源 3.1	认识地下水补给	微课
资源 3.2	大气降水补给过程	微课

续表

序　号	资　源　名　称	资源类型
资源 3.3	大气降水补给量的确定	微课
资源 3.4	含水层之间的补给	微课
资源 3.5	其他补给来源	微课
资源 3.6	认识地下水排泄	微课
资源 3.7	泉	微课
资源 3.8	泄流	微课
资源 3.9	蒸散发排泄	微课
资源 3.10	人工排泄	微课
资源 3.11	认识地下水径流	微课
资源 3.12	地下水径流的分类和影响因素	微课
资源 3.13	地下水系统	微课
资源 4.1	地下水动态预测	微课
资源 4.2	地下水均衡	微课
资源 5.1	潜水与承压水的释水机制	微课
资源 5.2	地下水流与渗流	微课
资源 5.3	达西定律拓展阅读材料	拓展资料
资源 5.4	达西实验	微课
资源 5.5	达西定律内涵与适用性	微课
资源 5.6	渗流连续性方程	微课
资源 5.7	承压水运动偏微分方程	微课
资源 5.8	潜水运动偏微分方程	微课
资源 5.9	地下水运动定解条件	微课
资源 6.1	裘布依公式	微课
资源 6.2	泰斯公式	微课
资源 6.3	泰斯规律	微课
资源 6.4	配线法	微课
资源 6.5	直线法	微课
资源 8.1	水文地质试验	微课
资源 9.1	地下水资源特点	微课
资源 9.2	地下水的优点	微课
资源 10.1	地下水污染	微课
资源 10.2	高放射性废料的地质处置	拓展资料
资源 11.1	地方砷中毒	拓展资料

目　录

绪论

水是人类赖以生存的不可缺少的宝贵资源。作为水资源重要组成部分的地下水资源，具有水质较好、分布较广泛、动态变化较稳定以及便于就地开发利用等优点，是理想的供水水源。尤其是在地表水资源短缺的国家或地区，地下水的资源功能发挥得更加突出，地下水往往是主要的，甚至是唯一的生活和生产的供水水源。

地下水又是自然生态系统及环境的重要组成部分，如何合理地开发、利用、管理和保护地下水资源，发挥其生态服务功能，使地下水资源得到可持续利用，以支持经济社会的可持续发展，已成为摆在人们面前的一个时代问题。

0.1 地下水资源开发利用概况

0.1.1 国外地下水资源开发利用概况

根据最新的估计，2017年全球淡水资源取用量为3.88万亿m^3/a。20世纪以来，全球多数国家的地下水开采量大幅增加，总开采量由20世纪80年代中期的5500亿m^3/a，增长到2017年的9590亿m^3/a。其中，印度、美国、中国、巴基斯坦为地下水开采量最多的四个国家，年开采量分别为2510亿m^3/a、1120亿m^3/a、1054亿m^3/a、651亿m^3/a。世界38%的灌溉面积以及25%的灌溉用水来自地下水，全球人口家庭生活用水总量的一半也来自地下水。在前述四个国家，超过50%的地下水用于农业灌溉，东南亚，以及丹麦、匈牙利等欧洲国家地下水在城乡居民生活供水的占比较高。

地下水在各国的经济社会发展中起到了积极的作用，但地下水的过量开采已在全球范围内的许多地区产生了含水层疏干、地面变形（地面沉降、地面塌陷、地裂缝）、海（咸）水入侵、地下水污染等环境地质问题，在引水灌溉而排水不足的地区又造成土壤次生盐渍化等问题。现将国外主要国家地下水开发利用现状及存在问题概述如下。

1. 美国

美国地下水开发利用历史较长。早在19世纪后期，加利福尼亚州（以下简称“加州”）中央谷地、芝加哥、南达科他州等地已开采地下水，主要用于农业灌溉和生活用水。加州中央谷地为地下水开采强度最大的地区之一，达到47万$m^3/(km^2 \cdot a)$，地下水水位累计下降了近80m，累计地面沉降量最大可达8.8m（1940—1970年）。20世纪60年代末期，开始从加利福尼亚州北部引地表水，减少地下水开采量，以缓解地面沉降的发展。此外，地下水的开发还引起了海水入侵、地下水污染、地表径流减少等问题。美国地下水开发利用程度高，1985年地下水开采量就已达到1013

亿 m^3/a，占全国淡水利用量的 21.7%。至 2015 年地下水开采量增加到 3.12 亿 m^3/a。以中西部高平原区地下水开采量为最大，年开采量超过年补给量，地下水水位持续下降，潜水含水层部分被疏干，含水层饱和厚度减少超过 10%的地区已达高平原含水层分布面积的 1/4。过量开采地下水，导致地下水水位持续下降，水井出水量衰减，水泵扬程加大，抽水成本也相应增加。

2. 印度

古代印度就有利用大口浅井汲取地下水的历史，20 世纪 30 年代，在恒河平原开始打深度 100m 以内的管井取水灌溉。地下水开采量中 90%以上用于农业灌溉，用于居民供水和工业供水的量不足地下水开采量的 10%。印度多年平均可恢复地下水资源量为 4500 亿 m^3，目前抽水量达 1350 亿 m^3/a，已利用 30%左右。由于地下水开采的地区分布不均，有些地区地下水尚有进一步扩大开采的潜力，而另一些地区地下水已经出现了大面积超采。旁遮普邦、哈里亚纳邦和西拉贾斯坦邦的主要问题是地下水盐度的增加；古吉拉特邦北部和拉贾斯坦邦南部的地下水已被氯化物污染；南部基岩山区的单井出水量在减少，随着井深的加大，地下水的开发费用也在逐渐增加。根据国际水资源管理研究所的研究成果，由于地下水的开采、含水层的疏干，使印度农业收成的 1/4 受到严重威胁。

与地下水开发利用有关的环境问题除了过量开采造成的含水层疏干外，还有另一类问题，即人工引用地表水灌溉造成许多地区的地表积水，如印度全国的积水面积约 600 万 hm^2。在 12 个主要灌溉区，设计的灌溉面积为 1100 万 hm^2，其中有 200 万 hm^2 为积水面积，造成了 100 万 hm^2 的土壤次生盐渍化。

3. 也门

也门地下水开采所产生的问题已严重影响人们的日常生活。在也门的高平原区，地下水开采量已超过补给量的 4 倍。目前，也门可能是世界上在全国范围内地下水开采量超过补给量的唯一一个国家。

4. 孟加拉国

孟加拉国西部地下水已遭受砷污染，在沿海地区，为了灌溉而大量开采地下水，使该地区含水层发生了海水入侵。这些问题不仅影响着该地区不断增长的人口对水资源的需求，而且制约着该地区经济的发展。

5. 阿拉伯国家

阿拉伯地区是世界上最缺水的地区之一。2020 年，22 个阿拉伯国家中有 19 个低于人均每年 $1000m^3$ 的可更新水资源短缺警戒线。预计到 2050 年，将有 17 个阿拉伯国家低于人均每年 $500m^3$ 的绝对缺水警戒线。尽管阿拉伯国家积极利用其他常规和非常规水资源来满足其淡水需求，但在 22 个阿拉伯国家中，至少有 11 个国家主要依赖地下水作为主要供水水源，地下水开采量占利比亚、吉布提、沙特阿拉伯和巴勒斯坦等国家取水总量的 80%以上。

近年来，地下水的无序开发已严重影响着阿拉伯国家脆弱的生态环境，导致一些地区湿地的消失，如约旦的艾兹赖格绿洲就是地下水过量开采破坏生态环境的一个典型例子。该湿地面积为 $7500hm^2$，是大量珍稀的本地水生和陆地物种的良好栖息地，其绿洲被国际公认为候鸟的主要栖息地，由于农业灌溉及首都安曼的城市用水，上游大量的机井过量开采地下水，使湿地遭到破坏。在20世纪80年代的10年内，地下水过量开采已使地下水水位埋深从2.5m增加到7m，许多补给绿洲的泉水已干枯，其流量从1981年的1000万m^3/a下降到1991年的100万m^3/a，结果是整个生态系统遭到破坏，地下水的盐度从1.2‰增加到3.0‰，绿洲附近的旅游收入明显下降。

0.1.2 我国地下水资源开发利用概况

1. 地下水资源开发利用历史

地下水在我国的供水中起着举足轻重的作用，尤其是在地表水资源相对贫乏的北方地区。我国的地下水开发利用历史悠久，大体可分为五个阶段。

(1) 原始开发阶段（20世纪50年代以前）。全国机井很少，地下水的开采以人工开挖的浅井为主，主要开采潜水，多用于人畜饮用，只有少数用于农田灌溉和工业生产。在个别城市，如上海市，建立了具有相当规模的承压水水源地，并引发了地面沉降现象。

资源0.1

(2) 初步开发阶段（20世纪50年代初至60年代末）。此阶段用于农田灌溉的机井得到初步发展，到60年代末，全国配套机井总数超过50万眼，全国地下水年开采量接近200亿m^3。上海市深层承压水的超采问题已相当严重。

(3) 大规模开发阶段（20世纪70年代初至70年代末）。截至1979年年底，全国配套机井总数已达到229万眼，年开采量达到618亿m^3左右。此阶段由于地下水开发利用缺乏科学评价和统一规划，加之管理不善，导致了相当一部分机井质量低劣，并产生了多处大面积超采区。

(4) 加速开发阶段（20世纪80年代初至20世纪末）。国民经济快速发展，用水量不断增加。截至1997年年底，全国已有配套机井343万眼，年地下水开采量近1000亿m^3。随着地下水的大规模开发利用，负面效应也明显地暴露出来。因大量超采地下水而引发的地面沉降、地面塌陷、海水入侵、土地次生荒漠化以及水质恶化等生态环境地质问题及地质灾害日趋严重，逐渐引起了政府和社会的广泛关注。

(5) 强化管理阶段（21世纪初以来）。为了有效遏制因超采地下水而引发的环境地质问题，2003年水利部印发了《关于加强地下水超采区水资源管理工作的意见》（水资源〔2003〕118号），对推进地下水超采区的生态治理，加强超采区水资源的统一管理，提出了明确的目标和任务。这也标志着以地下水超采区生态治理为重点的“全国地下水保护行动”正式启动。地下水开采量较大的省（如河北、河南、山东等）以及因地下水超采环境地质问题突出的地区（如江苏省的苏州、无锡、常州，简称“苏锡常地区”）相继制定了地下水资源的限采、禁采规划。2021年9月15日国务院第149次常务会议通过《地下水管理条例》（国令第748号），自2021年12月1日起施行。《地下水管理条例》从调查与规划、节约与保护、超采治理、污染防治、监督管理等方面做出规定，也反映出新时期党中央、国务院对地下水管理工作的高度重视。

2. 地下水资源开发利用情况

根据水利部《2020年中国水资源公报》的统计成果，2020年全国地下水供水量

892.5 亿 m^3，与 2019 年相比，减少 41.8 亿 m^3，与 2017 年相比减少 124.2 亿 m^3。从各省（自治区、直辖市）2020 年地下水供水量情况看，供水量超过 100 亿 m^3 的有黑龙江、新疆和河南三省（自治区），供水量分别为 129.4 亿 m^3、124.3 亿 m^3 和 105.8 亿 m^3，三省地下水供水量之和占全国当年地下水总供水量的 40.2%；供水量在 50 亿～100 亿 m^3 之间的有河北、内蒙古、山东、辽宁四个省（自治区），2020 年地下水供水量超过 50 亿 m^3 的省份全部在我国北方，北方六个水资源一级区的地下水供水量为 820.5 亿 m^3，占该年全国地下水供水量的 91.9%；南方四个水资源一级区地下水供水量之和仅占全国地下水供水量的 8.1%。

目前，我国的地下水实际供水量中，用于农业灌溉的比重最大，因此，丰水年的地下水供水量较少，枯水年的供水量较多。2020 年全国平均降水量 706.5mm，比多年平均值偏多 10.0%（比 2019 年偏多 8.5%）。2020 年全国矿化度不大于 2g/L 的地下水资源量为 8553.5 亿 m^3，比多年平均值偏多 6.1%，其中：平原区地下水资源量为 2022.4 亿 m^3，山丘区地下水资源量为 6836.1 亿 m^3，平原区与山丘区之间的地下水资源重复计算量为 305.0 亿 m^3，全国平原浅层地下水总补给量为 2093.2 亿 m^3。2020 年水资源一级区地下水供水量情况见表 0－1。

表 0－1　　2020 年水资源一级区水资源量

水资源一级区	降水量 /mm	地表水资源量 /亿 m^3	地下水资源量 /亿 m^3	地下水与地表水资源不重复量 /亿 m^3	地下水供水量 /亿 m^3
全国	706.5	30407.0	8553.5	1198.2	892.5
北方六区	373.1	5594.0	2820.1	1051.0	820.5
南方四区	1297.0	24813.0	5733.4	147.2	72.0
松花江区	649.4	1950.5	647.3	302.6	168.1
辽河区	589.4	470.3	200.0	94.7	95.2
海河区	552.4	121.5	238.5	161.6	147.8
黄河区	507.3	796.2	451.6	121.2	110.5
淮河区	1060.9	1042.5	463.1	261.2	141.2
长江区	1282.0	12741.7	2823.0	121.2	40.3
其中：太湖	1543.4	292.3	54.5	20.8	0.1
东南诸河区	1582.3	1665.1	429.4	12.1	3.6
珠江区	1540.5	4655.2	1068.7	13.8	23.9
西南诸河区	1091.9	5751.1	1412.4	0	4.2
西北诸河区	159.6	1213.1	819.6	109.7	157.8

注　松花江、辽河、海河、黄河、淮河、西北诸河六个水资源一级区简称北方六区；长江（含太湖）、东南诸河、珠江、西南诸河四个水资源一级区简称南方四区。

资源 0.2

0.1.3　与地下水开发利用有关的环境问题

对地下水资源的不合理开发利用，直接结果导致地下水位持续下降，进而引发河流、泉水流量衰减，还产生许多环境地质问题，主要有以下几个方面。

1. 地面沉降

地面沉降是一种地面变形现象。地面沉降是由于开采深层承压水，降低了开采含水层的水头压力，从而导致黏土、亚黏土隔水层（弱透水层）及含水层中黏土、亚黏土质透镜体以及含水层本身被压缩，引起地面区域性下沉的现象（图 0-1）。

图 0-1　某地因地面沉降引起的井管抬升

在我国，由于开采深层承压水，不少地区或城市先后发生了地面沉降，有些地区已相当严重，如河北省沧州市、天津市、江苏省的苏锡常地区、浙江省嘉兴市、上海市等。一些位于山间盆地以开采深层承压水为主要供水水源的城市，如西安市、太原市、大同市等，也有地面沉降现象的发生。

地面沉降造成的灾害是严重的。地面沉降使原有的地面高程下降，从而降低了防洪、排涝、抵御风暴潮的标准和能力，影响工农业生产和人民生命财产的安全；地面沉降使得桥梁的净空减少，影响正常航运；地面沉降特别是不均匀沉降，严重危及建筑物和市政设施的安全，造成水库大坝、河堤、楼舍等建筑物产生裂缝，甚至溃坝或倒塌。

2. 地面塌陷

地面塌陷也是一种地面变形现象，多发生在隐伏岩溶地下水开采区，因此，又称岩溶塌陷。由于过量开采岩溶水，疏干或部分疏干了溶洞，受重力作用，溶洞之上的松散覆盖物塌落，地面形成坑、槽、沟等塌陷现象，即为地面塌陷。在我国北方、云贵高原、广东、广西等开采岩溶水的地区，岩溶塌陷现象比较普遍。由于岩溶塌陷具有突发性，所以破坏性很大，往往造成人身伤亡和重大经济损失，尤其是在人群密集区及交通枢纽地带危害更大（图 0-2）。

3. 海（咸）水入侵

海（咸）水入侵主要包括海水入侵、咸水入侵、咸潮入侵。天然条件下，地下水自陆地向海洋方向排泄，咸淡水界面因地下含水层入海排泄量波动变化而维持着动态

图 0-2　某火车站铁道旁的地面塌陷

平衡。海水入侵是因各种自然因素（如连续干旱、海平面上升等）和人类活动（主要是过量开采地下淡水）导致滨海地区淡水体的水头低于附近海水的水头，海水与淡水之间的水动力平衡被破坏，造成咸淡水界面（过渡带）向陆地方向移动的现象。

资源 0.3

据统计，世界上已有几十个国家和地区发现了海水入侵，如美国、英国、日本、意大利、澳大利亚、墨西哥、印度、巴基斯坦等。我国于 1964 年首先在大连市发现海水入侵，随后青岛市也出现海水入侵问题。海（咸）水入侵方式与海岸类型和地下水开发利用密切相关，如我国北部环渤海地区（如辽宁营口、辽河三角洲、天津滨海新区、河北沧州—黄骅、山东莱州湾等）为泥质海岸，以咸水入侵为主，主要与地下水过量开采有关。而长江口、珠江口的入侵方式则是以咸潮入侵为主，表现出受河流入海径流量和海洋潮汐作用等的综合因素影响的特点。在东南沿海（如广东湛江、广西北海、钦江三角洲、海南儋州新英湾等）以及山东龙口、河北北戴河、辽宁大连等地的砂质海岸以海水入侵为主。

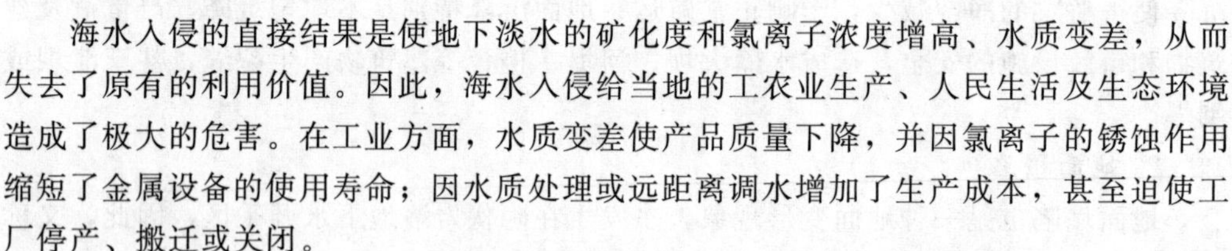

海水入侵的直接结果是使地下淡水的矿化度和氯离子浓度增高、水质变差，从而失去了原有的利用价值。因此，海水入侵给当地的工农业生产、人民生活及生态环境造成了极大的危害。在工业方面，水质变差使产品质量下降，并因氯离子的锈蚀作用缩短了金属设备的使用寿命；因水质处理或远距离调水增加了生产成本，甚至迫使工厂停产、搬迁或关闭。

在我国滨海平原，有矿化度大于 2g/L 的微咸水、咸水分布区，约 5 万 km^2 左右，在咸水含水层的上、下，往往发育浅层淡水和深层淡水。当对咸水分布区内的浅层淡水、深层淡水或对咸水分布区的前缘地下淡水区进行过量开采时，会造成地下咸水向淡水含水层渗透补给，使原有的地下淡水变咸，即扩大了地下咸水区分布面积和增加了咸水含水层的分布厚度，这种现象称为咸水入侵。

与海水入侵一样，咸水入侵的直接结果也是使地下淡水变咸和地下淡水资源量减少，也造成了与海水入侵类似的灾害。

资源 0.4

4. 土壤次生荒漠化

我国是世界上受荒漠化危害最严重的国家之一，西北地区是气候干旱、降水量稀少、生态环境脆弱的地区。据统计，全国有 332 万 km^2 的土地受到不同程度的荒漠化影响，西北地区占到 80%。由于水资源严重不足，且水土资源组合不平衡，下游过量开采地下水，造成地下水位急剧下降，天然绿洲退缩，植物群落因脱墒而枯萎、死亡，林木草场严重退化，导致土地沙化面积不断扩大（图 0-3）。

5. 土壤次生盐渍化

在一些地表水资源比较丰富、引水条件较好的干旱半干旱或半干旱半湿润地区，由于大量引用地表水，进行大定额粗放型渠灌，造成潜水水位长期处于高水位状态，潜水蒸发使得土壤盐渍化而导致作物受渍。这种在干旱半干旱地区由人为因素导致盐分聚积于地表形成盐渍土的过程称为土壤次生盐渍化（图 0-4）。

图 0-3　土壤次生荒漠化

图 0-4　土壤次生盐渍化

土壤中水分过分饱和以及含盐量过大，都会严重影响作物的生长发育，使作物单产大幅度减少。根据 2003 年土地利用现状调查，我国盐碱地面积约为 $10\times10^4 km^2$，1991—2003 年间，次生盐渍化治理速度仍赶不上退化速度，净增加约 $1464km^2$。盐渍化现象比较集中的地区有柴达木盆地、塔里木盆地以及天山北麓的山前冲积平原地带、三江平原、松嫩平原、河套平原、银川平原、华北平原及黄河三角洲。在这些地区，减少引灌水量，并适当开发利用地下水，使地下水位控制在合理的深度，降低潜水蒸发强度，既可以起到节约地表水、充分利用地下水的作用，又可以收到改良土壤、减轻或消除土壤次生盐渍化和增加作物单产的效果。

0.2　地下水水文学发展简史

水文学作为地球科学的一个分支，主要研究地球系统中水的存在、分布、运动和循环变化规律，水的物理、化学性质，以及水圈与大气圈、岩石圈和生物圈的相互关系。按研究对象可分为：河流水文学、湖泊水文学、冰川水文学、河口海岸水文学、水文气象学、地下水水文学等。作为水文学的一个重要分支，地下水水文学主要研究地下水的形成和储存条件，地下水的运动，地下水的水量、水位、水质和水温的动态变化与预报，地下水资源评价与管理等。

地下水水文学作为一门独立学科，其发展历史大致可分为以下四个过程。

1. 萌芽阶段（19 世纪以前）

这一阶段人类对地下水的认识还是朦胧的、感性的和主观的。据《华阳国志·蜀志》载："秦孝文王以李冰为蜀守，穿广都盐井诸坡地。"《管子·地员篇》的前半篇，主要是记述地下水的情况。在 7 世纪 80 年代，法国数学家马利奥特观测计算了降雨量和渗入地下水的量，认为地下水来源于大气降水。

2. 奠定阶段（19 世纪）

1856 年法国水力学家达西（Henry Darcy）通过实验建立了地下水运动的线性渗透定律，即达西定律，为定量研究地下水提供了理论基础。1863 年法国水力学家裘布依（J. Dupuit）在达西定律的基础上，提出了裘布依公式。

19 世纪末，欧洲完成了第二次工业革命，生产有了巨大的发展，要求寻找更多的地下水水源。同时，由于科学的发展和交流，出现了不少有关地下水的著作。奥地利的福熙海姆（P. Forchheimer）1886 年提出关于地下水等势面和流网的概念，并将高等数学方法广泛应用于地下水流问题。这些都为地下水水文学学科的建立奠定了理论基础。

3. 创立和初步发展阶段（20 世纪上半叶）

20 世纪初期和前期建立了地下水水文学，此外，地下水非稳定流理论也得以建立并得到发展。如法国水力学家布西涅斯克（M. J. Boussinesq）1904 年推导出"潜水含水层中地下水非稳定运动的基本微分方程"，即布西涅斯克方程。美国学者门泽尔（O. E. Meinzer）在 1923 年出版了两本著作：《美国地下水的形成及其原理讨论》（*The Occurrence of Groundwater in the United States with a Discussion of Principles*）和《水文学定义中的地下水纲要》（*Outline of Groundwater in Hydrology with Definitions*），它们对地下水水文学的建立产生了重大影响。

1935 年美国学者泰斯（C. V. Theis）在数学家鲁宾（C. I. Lubin）的帮助下，利用水流和热流的相似性，根据热传导问题的非稳定流求解方法，给出了当水井抽水时井附近地下水位变化的非稳定流解，创立了地下水运动的非稳定流理论，这一非稳定流问题的解即泰斯公式。泰斯公式的正式数学推导是由雅可布（C. E. Jacob）于 1940 年完成的，他在"论弹性承压含水层中的水流"（On the flow of water in an elastic artesian aquifer）一文中，在门泽尔实践的基础上，推导了承压水非稳定流的基本微分方程，并求出井流问题的解，给出了确定弹性储水系数和导水系数的图解方法。

休伯特（M. K. Hubbert）1940 年在《地下水运动理论》（*The Theory of Groundwater Motion*）中，介绍了大流域地下水的天然流动。

在水化学方面，派柏（A. M. Piper）1944 年提出水化学分析资料整理的三线图，直到现在仍被广泛应用。

4. 飞速发展阶段（20 世纪下半叶）

进入 20 世纪下半叶后，由于生产的飞速发展和人口的急剧增长，人们对水资源的需求越来越大。地下水已是许多国家的主要供水水源，大规模地开发利用地下水，仅计算一口井的水量已满足不了实际的需求，要求评价整个流域甚至区域的地下水资源。计算机技术的发展为这一科学要求提供了技术基础。

解析解由于存在许多限制，不能很好地处理复杂的区域地下水计算问题，因此模型技术得到了发展和应用，20 世纪五六十年代电模拟技术被广泛应用，到 70 年代后期电模拟技术已基本被数学模型方法所取代，利用数学模型的数值解计算地下水问题，已成为国际通用的方法。数值计算中，以有限差分法和有限单元法应用最为普遍；美国地质调查局开发的 MODFLOW 软件（三维有限差分法），由于通用性强且简单、实用，成为世界上目前应用最广泛的地下水软件。

20 世纪下半叶地下水水文学的一个重大进展是关于地下水污染和污染物运移的研究。以色列学者贝尔（J. Bear）1972 年在其著作《多孔介质流体动力学》（*Dynamics of fluids in porous media*）中介绍了溶质运移的对流-弥散方程。到 80 年代末以后，地下水污染和污染物运移的研究已成为地下水的主要研究领域。

20 世纪下半叶地下水的随机数学模拟也快速发展。80 年代在关于溶质运移的现场实验中，发现多孔介质有很强的非均质性，在很近的范围内渗透系数就可能相差许多倍。用传统方法计算的结果和实际偏离很大，从而促进了随机数学模拟方法在地下水中的应用研究。以色列学者达根（G. Dagen）和美国学者吉尔哈（L. W. Gelhar）做出了开创性的工作，1997 年达根和美国学者纽曼（S. P. Neuman）的著作《地下水流和溶质运移：随机方法》（*Subsurface flow and transport：A stochastic approach*）对该领域进行了系统的介绍。

0.3 中国地下水科学发展概况

在中国，研究地下水的学科通常称为水文地质学或地下水水文学。它既是地质学的一个组成部分，又是水文学的一个重要分支。社会需求一直是中国地下水水文学学科发展的动力。20 世纪 50 年代，大规模的经济建设迫切需要足够的地下水资源，寻找优质地下水是学科发展的主要方向；60 年代后期，大规模地开发利用地下水，造成许多地区出现了地面沉降、地面塌陷和地下水污染等一系列环境地质问题，大范围区域地下水资源评价及合理开发成为学科的重要研究内容。90 年代中期，随着社会文明的进步和生活水平的提高，与环境及生态有关的一系列地下水环境问题越来越受到人们的关注。总体来看，中国地下水科学的发展和主要研究领域包括以下几个方面。

1. 水文地质调查

全国性的水文地质调查工作始终是中国地下水学科发展的源泉和基础，也是中国地下水水文学的特色。该项工作从 1955 年始，历经 40 多年，不仅提高了全国区域水文地质研究的水平，而且为国民经济建设和社会发展提供了系统、完整的水文地质基础资料，至今仍发挥着重要作用。

至 1980 年我国已基本完成了全国区域水文地质普查工作，掌握了区域地下水分布条件和含水层结构特征，基本查清了中国主要地区的水文地质条件和地下水资源概况。1999 年地质大调查以来，重点查明了中国西部地区和北方重点地区主要大型地下水盆地或含水系统的地下水资源总量，评价了区域地下水资源的可持续利用潜力及其空间分布。

2. 水文地球化学

在中国，水文地球化学的发展可以分为两个阶段，20 世纪 50—80 年代为第一阶段，80 年代以后为第二阶段。第一阶段，主要从苏联引进水文地球化学学科，经历了引进吸收、创新发展的历程，形成了具有中国特色的水文地球化学理论和方法体系。这一时期中国的水文地球化学研究以区域性调查和了解区域含水层化学特征为主。水文地球化学第二阶段的发展主要是全面吸收和引进国外先进的理论技术和方法。在此基础上，形成了含水系统中化学组分迁移形式评价的热力学-水化学-数学模型体系，确立了地下环境条件下水化学场演化的定量评价技术与方法。

3. 地下水污染

中国水文地质学者早在 20 世纪 80 年代已开始关注地下水污染问题。最早期的研究与污水农业灌溉、污水土地处理、矿坑废水排放等实际问题有关，主要研究的污染物包括氮的化合物、磷酸盐、硫酸盐、重金属、酚、氰化物等，研究方法多为区域性的调查工作，有机污染物的研究基本空白。90 年代以前，我国学者广泛开展了含水系统中污染物的存在形态、迁移规律和污染趋势预测的试验和模拟研究。90 年代以来，随着环境问题的日趋严重和测试技术的进步，中国地下水污染研究进入了新的阶段，研究人员相继展开了地下水脆弱性评价理论方法和案例研究。

4. 地质微生物与微生物修复

20 世纪 90 年代以前，中国在地质微生物研究方面尚在初级阶段。由于认识水平、研究手段和方法的限制，地质微生物学的研究仅限于水-岩作用、地质风化、变价元素迁移过程中的生物作用现象的分析与论述，对于地质微生物群落结构与演化的认识基本空白。

90 年代至今，随着对地质作用过程中微生物研究的迫切需要，以及对被污染地下水系统功能恢复技术研发的极大需求，尤其是现代微生物学研究方法与手段的不断发展，如探针技术、分子生物学技术、核磁共振、显微技术等的广泛应用，中国地质微生物学和污染地下水系统生物修复的研究取得了显著进展。

5. 地下水数值模拟和随机方法

在中国，地下水数值模拟的发展始于 20 世纪 70 年代初，经几十年的努力，该模拟方法已得到广泛应用。70—80 年代，各高校和研究所各自开发了不同的应用程序，用来解决实际问题；90 年代，随着国外商业软件的引入，中国地下水模拟软件的开发受到了极大的影响。总体来讲，中国地下水数值模拟领域的应用水平较高，理论研究较少、软件开发相对落后。

随机水文地质研究在中国起步较晚，从事该领域研究的中国学者不多。近年来，中国在这一领域的研究有所增加，由最初的跟踪性研究，发展至今在部分研究方向接近国际前沿。

6. 地下水管理模型

中国于20世纪80年代中后期开始地下水管理模型的研究与应用工作，在不长的时间里，几乎所有以地下水为主要供水水源的大城市，针对不同问题都建立了地下水管理模型。这些研究大大推进了中国地下水科学管理的进程。20世纪90年代以来，随着可持续发展理论的引入，人们对环境问题的重视及运筹学算法的发展，地下水管理模型无论从管理的内容还是建模的方法上都有了很大的发展，国内外学者都致力于研究更实用的地下水管理模型。

7. 非饱和带水文学

非饱和带水文学在中国起步较晚。就非饱和带水文学的主要研究内容——土壤物理学来说，中国早在20世纪30年代就开展了与此相关的土壤质地分类及土壤水对植物生长的影响研究。中华人民共和国成立以后，研究主要围绕国家建设和农业生产进行，研究内容主要集中在土壤物理性质与植物生长、水分利用的关系。20世纪70年代以来，随着土壤水分能量概念的引进和一些比较先进的测试手段的应用，中国非饱和带水文学在土壤水分运动和溶质运移、土壤—植物—大气连续体系统水分循环等方面的研究取得了长足的进步。进入21世纪，中国农业面临着人口基数大、粮食消费水平不断增加、耕地面积不断减少、土壤退化和水资源严重不足与污染等诸多问题。开展非饱和带水文学的研究，能够为改善耕地质量、提高农田生态系统的资源利用率、保证粮食安全、实现农业和环境的可持续发展提供理论支持。

0.4 《地下水水文学》的基本内容

《地下水水文学》的基本内容主要包括以下几个方面：

(1) 地下水的赋存。阐述地下水的存在形式、赋存环境、地下水的基本类型及各类型地下水的特点。

(2) 地下水的物理化学性质。主要介绍地下水的物理性质、化学特征、地下水化学成分的形成作用及成因类型。

(3) 地下水的补给、径流与排泄。主要介绍地下水补给来源、排泄去路，地下水径流类型及径流系统，以及一些常见补给量与排泄量的计算方法。

(4) 地下水的运动。包括地下水运动的基本理论、地下水向河渠的运动、地下水向井的稳定运动和非稳定运动。

(5) 地下水动态及其观测。主要阐述地下水动态的影响因素、类型以及确定性模型和随机模型对地下水动态的预测。

(6) 地下水污染。阐述地下水污染的基本概念及特点、地下水的污染源及污染途径、地下水污染修复技术。

(7) 地下水资源评价。介绍地下水资源的特点、地下水资源的分类、地下水资源评价的基本原则、常见地下水资源量的计算方法、地下水水质的评价方法。

(8) 地下水资源管理。主要阐述地下水资源管理的基本含义、地下水资源管理的主要内容以及常用的技术方法。

复习思考题

1. 我国的地下水开发利用历史悠久，大致可以分为哪几个阶段？
2. 地下水水文学的发展历史可分为哪几个发展过程？

参考文献

[1] 吴季松，李砚阁，等.21世纪初期中国地下水资源开发利用［M］. 北京：中国水利水电出版社，2004.

[2] 张元禧，施鑫源. 地下水水文学［M］. 北京：中国水利水电出版社，1998.

[3] 朱学愚，钱孝星. 地下水水文学［M］. 北京：中国环境科学出版社，2005.

[4] United Nations Educational，Scientific and Cultural Organization .The United Nations World Water Development Report 2022［R］. France，www. unwater. org.

第1章 地下水及其赋存

1.1 自然界水的分布、循环与均衡

1.1.1 自然界水的分布

在地球形成后的初期，由于热动态的影响，地球物质在铅直方向上发生分异，形成不同的层圈。从球心往外分别为地核、地幔、地壳和大气圈。与此同时，水分的析出和聚集，在地球表层构成了水圈，其后又出现了生物圈。自然界的水包含于上述各层圈中，但不同层圈其水分含量、分布及物理化学状态都有很大差别。

1.1.1.1 浅部层圈水

根据水的状态特点，把从大气圈到地壳的上半部称为地球的浅部层圈。大气水、地表水和地下水分布在此层圈内。这些水不受高温高压影响，其化学状态均以 H_2O 分子形式存在。按物理状态分，有气态水、液态水和固态水，其中以液态水为主。据推测，整个地球浅部层圈水的总量约为 14.08 亿 km^3。不同层圈中水的总量相差极为悬殊，大气圈中的水仅占总水量的 0.0009%，地壳浅部的水约占 1.711%，生物圈中的水约占总水量的 0.0001%，而地表水圈中的水却占了 98.288%，其中绝大部分分布于海洋，成为地球浅部层圈水的主体部分（表 1-1、图 1-1）。

表 1-1　地球浅部层圈水的分布

各层圈中的水及其分布类型		水的总量/万亿 m^3	百分比/%
大气圈	大气水	12.9	0.0009
生物圈	生物水	1.12	0.0001
地表水圈	海洋水	1338000	96.538
	冰盖及冰川	24064.1	1.736
	湖泊水	176.4	0.013
	沼泽水	11.47	0.0008
	河流水	2.12	0.0002
地壳浅部	土壤水	16.5	0.001
	地下水	23700	1.711

注　据《中国水利百科全书　水文与水资源分册》（中国水利水电出版社，2004）。

1.1.1.2 深部层圈水

地壳的下部下地幔与地核之间为地球的深部层圈。这一层圈里所包含的水分比浅部层圈要多得多，但因深度大、环境的温度和压力增高，使水的物理化学状态发生了变化。在地壳下部 15～35km 处，地温达 400～425℃，同时压力也很大，故这里的水不可能以普通液态水或一般气态水形式存在，而成为一种被压密的气水溶液。

关于地壳以下地幔带的含水量，有学者通过不同方式得到基本相同的结论，即未经去气作用的地幔物质含有

5%～7%的水。若假定地幔总重量为 4×10^{24} kg，其中熔融物质占25%，则地幔软流圈中所含水分总量相当于现代海洋水总量的35～50倍。

资源1.1

1.1.2　自然界水的循环

存在于地球浅部层圈和深部层圈的水，彼此密切联系，处于不断运动和相互转化之中，这一过程称为自然界的水循环。通过循环使整个自然界的水构成一个动平衡系统。

自然界的水循环按其循环途径的长短、循环速度的快慢以及涉及层圈的范围，可分为水文循环和地质循环两类（图1-2）。

1.1.2.1　水文循环

水文循环是指地球浅部层圈中的水，即大气水、地表水及地壳浅部地下水相互间的交替转换。水文循环的速度较快，途径较短。

海洋水:96.538%
冰盖及冰川:1.736%
地下水:1.711%
湖泊水:0.013%
土壤水:0.001%
大气水:0.0009%
沼泽水:0.0008%
河流水:0.0002%
生物水:0.0001%

图1-1　地球浅部层圈水的分布

水文循环的动力主要为太阳辐射和地球引力。如图1-2中的第7至第10环节及图1-3所示，海洋和陆地表面的水在太阳辐射作用下被蒸发成为水汽进入大气圈，随气流漂移，水汽在适宜的条件下重新凝结，以雨、雪等形式降落地表。降落的水分，一部分沿地形坡度从高处向低处流动，汇入江河，称为地表径流；另一部分渗入岩土中，变成地下水，地下水由水头高处向水头低处运动，称为地下径流；其余部分则进入海洋。地表水中，有些通过蒸发重新成为水汽，返回大气圈；有些渗入地下，成为地下水；其余部分则汇入海洋。渗入地下的水，有些通过土面蒸发直接返回大气圈；有些被植被吸收，通过叶面蒸发而返回大气圈；其余部分则形成地下径流。地下径流或直接流入海洋，或在径流过程中流出地表转化为地表水，然后再返回海洋；或在流动过程中多次由地下转化到地表，又由地表转入地下，最终返回海洋。如此周而复始，循环不已。

自然界的水文循环按其范围不同可分为大循环和小循环。水分从海洋蒸发，以固态或者液态的形式降落到陆面，最后又以地表和地下径流的形式再回到海洋，这种循环称为大循环或外循环。当水从海洋表面蒸发，又降落到海洋表面或者水从陆地上的湖泊、河流、植被叶面和地下水蒸发，重新降落回到陆地，这种局部性的水循环称为小循环或内循环。

地表水体处于不断的循环转化中。一方面，水通过不断转化使水质得以净化；另一方面，水通过不断循环使水量得以更新再生。水资源的不断更新再生，可以保证在其再生速度水平上的持续利用。大气水总量虽然小，但是循环更新一次只要8天，每年平均更换约45次；河水的更新期是16天；海洋水全部更新一次需要2500年；地下水根据其不同埋藏条件，更新的周期由几个月到若干万年不等。

由上述可知，海洋的水面蒸发是构成大陆上大气降水的主要来源，但陆地上河

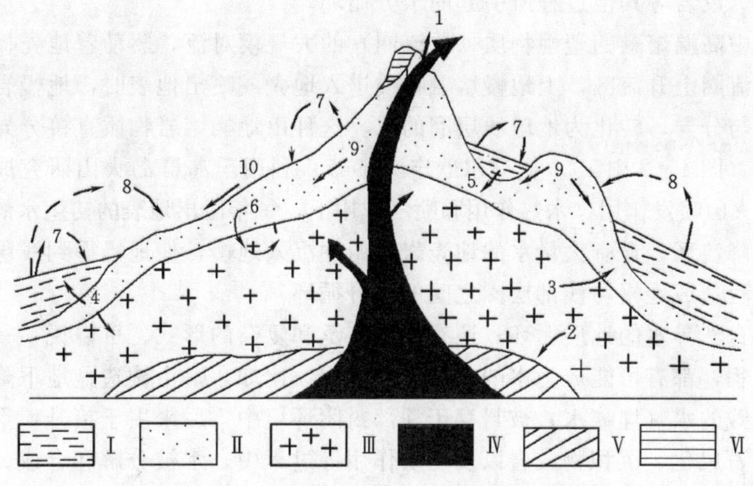

图 1-2 自然界的水循环（据阿勃拉莫夫）

Ⅰ—海洋自由水；Ⅱ—沉积盖层；Ⅲ—地壳晶质岩；Ⅳ—岩浆源；Ⅴ—地幔岩；Ⅵ—大陆冰盖；1—来自地幔源的初生水；2—返回地幔的水；3—岩石重结晶脱出水（再生水）；4—沉积成岩时排出水；5—和沉积物一起形成的埋藏水；6—与热重力和化学对流有关的地内循环；7—蒸发和降水（小循环）；8—蒸发和降水（大循环）；9—地下径流；10—地表径流

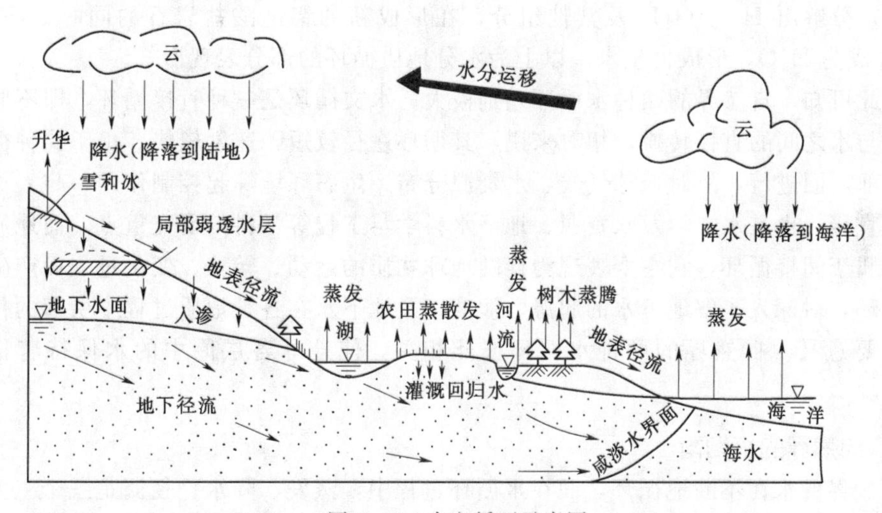

图 1-3 水文循环示意图

湖、地表及植物叶面的蒸发，同样也是大陆范围内大气降水的来源。后者对距海较远的内陆干旱、半干旱地区尤其有重大的意义。因此，在干旱和半干旱地区，采取修运河、渠道、水库、大面积植树造林等一系列人为加强小循环的措施，就可以有效地改变当地的自然条件（如改变干旱气候条件等）。同时加强小循环也是增加地下水资源的有效途径（如利用地表水进行人工回灌，可增加地下水资源量）。

1.1.2.2 地质循环

地球浅部层圈水与深部层圈水之间的相互转化过程称为地质循环。

图 1-2 概要地表示了自然界水的地质循环的途径，即上地幔带物质对流运动及

风化、变质、成岩等其他过程所引起的水分循环。

上地幔中高温熔融的塑性物质（软流圈）的大规模对流，驱动着地壳板块的不断运移。在软流圈上升流区，上地幔熔融物质进入地壳或喷出地表时，地幔岩中的水分也随之上升与分异，转化为地球浅层圈的水。这种由地幔熔岩物质直接分异出来的水称为初生水（图 1－2 中 1）。据马尔欣宁（1967）利用千岛群岛火山研究成果，全球所有岛弧在火山喷发作用、水热作用和喷气作用下，每年溢出地表的初生水约为 2 亿 t。在软流圈下降流区，含有大量水的地壳岩块俯冲沉入地幔，使地幔得到浅层圈水的补充。上述过程造成地幔与浅部层圈之间的水分循环。

此外，自然界水的地质循环，还有更为广泛和复杂的形式。可以说，一切有水参与的地质过程，都有可能成为水的地质循环过程。比如，一个构造盆地下降时，和沉积物一起埋藏的水（埋藏水）被封存于深部封闭环境中，后来由于抬升，重被揭露于地表；在岩石风化、沉积物成岩以及变质作用等过程中，水被分解和合成。例如，在有水参与下，铝硅酸盐（长石）的风化过程如下：

$$\underset{\text{(钾长石)}}{KAlSi_3O_8} + H_2O \longrightarrow \underset{\text{黏土矿物(高岭土)}}{Al_4(Si_4O_{10})(OH)_8} + \underset{\text{(胶体)}}{SiO_2} + \underset{\text{(溶液)}}{K^+ + OH^-}$$

据推断，当原生铝硅酸盐岩石完全风化为黏土时，必须有 15%～30%（重量）的水分被分解，并进入矿物的组成。在变质作用过程中，黏土矿物和碳酸盐岩的重结晶作用，分解出 H^+、OH^- 及其他组分，在形成新的铝硅酸盐岩石的同时，H^+ 和 OH^- 合成为 H_2O，形成再生水。以上为水分地质循环的部分表现形式。

由此可知，自然界的两种水循环差别极大。水文循环是一种直接循环，即不同层圈中水与水之间的直接转换。相对来说，其循环途径较短，速度较快。由于此种循环是在浅部层圈进行，故对地球气候、水资源分布、生态环境等起控制作用，与人类关系最为直接，也是水文学及水资源、地下水科学与工程等学科的研究重点。而地质循环一般属于间接循环，它主要表现为伴随地球物质的运动、转移、变化过程而产生的水分循环，对深入了解地下水的起源、演变以及地下水在各种地质过程中所起的作用有着重要意义。自然界的两种水循环彼此相关，使地球各层圈中的水保持着稳定状态。

1.1.3　自然界的水均衡

自然界的水在不断地循环，而在水循环过程中，蒸发、降水、径流是三个主要环节，称为水分循环三要素。在一定的时间、区域内，水分循环三要素之间的数量关系，称为水均衡。因此，蒸发、降水和径流亦称为水均衡要素。

根据质量守恒定律，任何区域，在任何一段时间内，水分的收入和支出是平衡的，这就是水均衡原理。根据这一原理，可以列出任一区域的水均衡方程式。对全球来说，多年平均蒸发量等于多年平均降水量，因此地球上的水量在多年长期内并无明显增减变化。

对海洋来说，多年平均蒸发量等于多年平均降水量和陆地径流流入海洋的多年平均径流量之和，即

$$Z_m = X_m + Y \tag{1-1}$$

在陆地上，多年平均蒸发量等于陆地上的多年平均降水量与陆地径流流出的多年平均径流量之差，即

$$Z_c = X_c - Y \tag{1-2}$$

将以上两式相加，即得

$$Z_m + Z_c = X_m + X_c \tag{1-3}$$

式中：Z_m 为海洋面多年平均蒸发量；X_m 为海洋面多年平均降水量；Z_c 为陆面多年平均蒸发量；X_c 为陆面多年平均降水量；Y 为陆地径流流入海洋的多年平均径流量。

式（1-3）即为全球水均衡方程式。它表明：在多年间，海洋和陆地上蒸发量之和，等于降落到海洋和陆地上降水量之和，即全球的蒸发量等于全球的降水量。

人类活动不仅可以改变水循环的强度和路径，而且可以改变水均衡的状况。目前，人类活动改变水均衡的主要方式包括：①修建水库和引水渠；②凿井开采地下水。人工水库多修建在山区或丘陵区，或是丘陵区与平原区的交界处。在丰水期把多余的部分地表径流蓄积起来，在枯水期放出去，灌溉农田，对径流的时空分布起着调节作用。大型调水工程通常是把丰水区的水引向缺水区（如我国的南水北调工程），特别是把湿润地区的水引向干旱地区，这对改变大陆内部的水均衡，改善干旱地区的水分状况，具有重要作用。凿井开采地下水可能使潜水水位下降，进而产生：①原有的潜水蒸散发大大减少，甚至消失；②原来向河流排泄的地下水量（即基流量）减少，直至消失，甚至使河水补给地下水等，这将促进地下水与大气水、地表水之间的相互转化。

1.2 地下水的赋存

1.2.1 岩土中的空隙

自然界的岩土，无论是松散沉积物还是固结的基岩，皆贯穿着大小不等和形状不一的空隙，大者如可溶性岩石中的溶洞，小者如只有在显微镜下才能观察到的微孔隙、微裂隙。不含空隙的岩土是不存在的，正是这些空隙为地下水提供了储存的场所和运移的通道。

岩土空隙的特征有种种表现，诸如空隙的大小、多少、形状、分布特点以及连通情况等，通常把这些统称为岩土的空隙性。它对地下水的分布、埋藏、运动具有重要的控制意义（图 1-4）。

资源 1.2

将岩土空隙作为地下水储存场所与运动通道研究时，可以分为三类，即松散沉积物中的孔隙、坚硬不可溶岩石中的裂隙以及可溶性岩石中的溶隙（为溶隙、溶孔、溶穴、地下暗河的总称）。

1.2.1.1 孔隙

松散岩土是由大小不等的颗粒组成的。颗粒与颗粒之间充满着空隙，空隙相互连通并呈孔状，故称作孔隙。

松散岩土的空隙性主要表现为孔隙的多少与大小。孔隙的多少用孔隙度（或孔隙

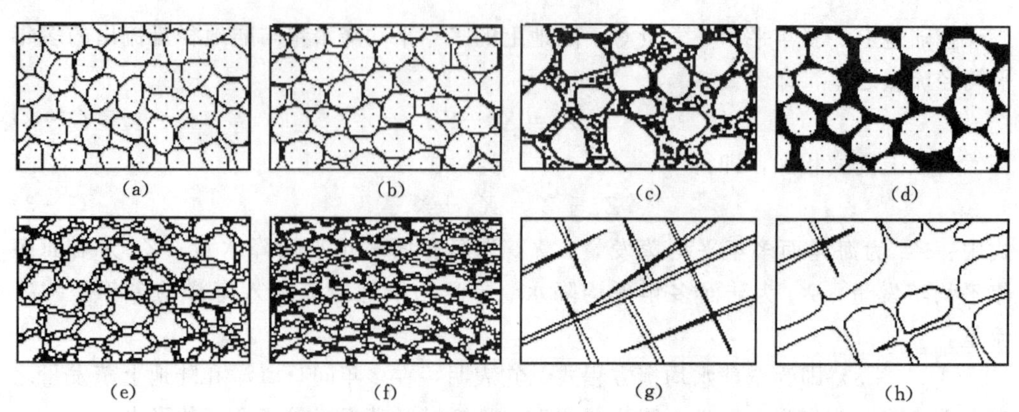

图1-4　岩土中的各种空隙（据迈因策尔修改补充）

(a) 分选良好，排列疏松的砂；(b) 分选良好，排列紧密的砂；(c) 分选不良的，含泥、砂的砾石；(d) 经过部分胶结的砂岩；(e) 具有结构性孔隙的黏土；(f) 经过压缩的黏土；(g) 具有裂隙的岩石；(h) 具有溶隙的可溶岩

率）表示，以 n 表示孔隙度，V_n 表示岩土的孔隙体积，V 表示包括孔隙在内的岩土总体积，则孔隙度就是一定体积岩土中的孔隙体积与该岩土总体积之比，用小数或百分数表示。即

$$n=\frac{V_n}{V} \text{ 或 } n=\frac{V_n}{V}\times 100\% \tag{1-4}$$

对地下水运动而言，更有意义的是有效孔隙度 n_e，其表达式为

$$n_e=\frac{V_e}{V} \tag{1-5}$$

式中：V_e 为岩土中相互连通的孔隙体积，不包括死端孔隙体积和结合水所占据的体积，即有效孔隙体积。

另一个表示岩土孔隙多少的指标为孔隙比 e，可用式（1-6）表示：

$$e=\frac{V_n}{V_s}=\frac{n}{1-n} \tag{1-6}$$

式中：V_s 为岩土中固体骨架体积。

由式（1-6）可得

$$n=\frac{e}{1+e} \tag{1-7}$$

孔隙度的大小主要取决于颗粒排列情况及分选程度。另外，颗粒形状及胶结情况对孔隙度也有影响。对于黏性土，结构及次生孔隙常是影响孔隙度的重要因素。

为了说明颗粒排列方式对孔隙度的影响，可以设想一种理想情况，即颗粒均为大小相等的球体。根据几何学的计算，当其作立方体排列时［图

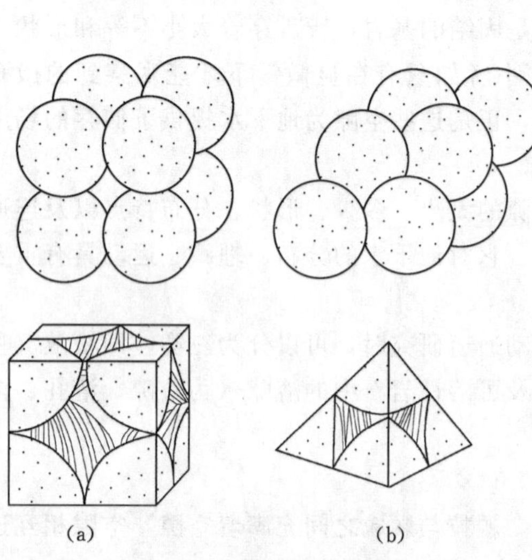

图1-5　颗粒的排列形式

(a) 立方体排列；(b) 四面体排列

1－5（a）]，孔隙度为47.64%；当其作四面体排列时［图1－5（b）]，孔隙度仅为25.95%。实际上，立方体排列为最疏松排列，而四面体排列则属于最紧密排列，自然界松散岩土的颗粒排列及其孔隙度大多介于两者之间。表1－2给出了自然界中典型岩土的孔隙度。

表1－2　几种典型岩土孔隙度数值表（据D. K. Todd等，2005）

岩土名称	孔隙度/%	岩土名称	孔隙度/%
砾石（粗粒）	28*	黄土	49
砾石（中粒）	32*	泥炭	92
砾石（细粒）	34*	片岩	38
砂（粗粒）	39	粉砂岩	35
砂（中粒）	39	黏土岩	43
砂（细粒）	43	页岩	6
粉砂	46	冰碛物（含大量粉砂）	34
黏土	42	冰碛物（含大量砂）	31
砂岩（细粒）	33	凝灰岩	41
砂岩（中粒）	37	玄武岩	17
石灰岩	30	辉长岩（风化）	43
白云岩	26	花岗岩（风化）	45
沙丘砂	45		

*　表示样本受到扰动，其余为未受扰动的样本。

应当注意的是，上述分析中并未涉及球状颗粒的大小，表明孔隙度与颗粒大小无关，即颗粒直径不同的等粒岩土，当排列方式相同时，孔隙度完全相同，如图1－6所示。

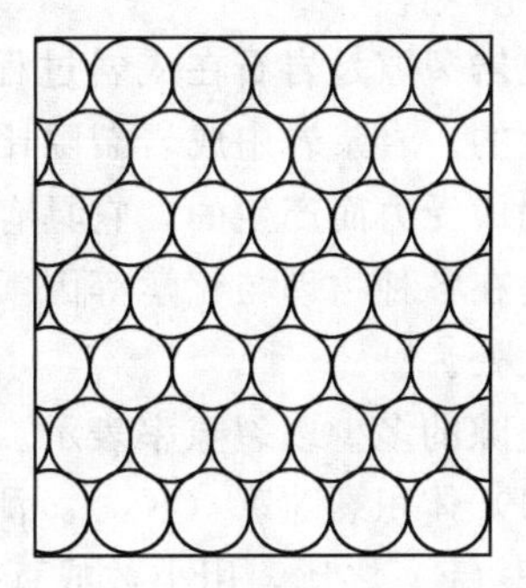

图1－6　颗粒直径不同的等粒岩土

自然界的松散岩土颗粒一般大小不等，此时颗粒的分选程度便成为松散岩土孔隙度大小的主要影响因素。分选程度是用来表征岩土颗粒大小相差的程度。其值为：在颗粒成分累积曲线上，取累积含量为60%处的颗粒直径 d_{60} 除以累积含量为10%处

的颗粒直径 d_{10}。分选程度越差，颗粒大小相差越大，孔隙度便越小。这是因为细小颗粒充填于粗大颗粒之间的孔隙中，使得孔隙度大大降低［图1-4（c）］。当某种岩土由两种大小不等的颗粒组成，且粗大颗粒之间的孔隙完全为细小颗粒所充填时，则此岩土的孔隙度等于由粗粒和细粒单独组成时岩土孔隙度的乘积。例如：若一种等粒粗砂的孔隙度 $n_1=40\%$，另一种等粒细砂的孔隙度 $n_2=40\%$，当细砂完全充填于粗砂孔隙中时，混合砂的孔隙度 $n_3=n_1n_2=16\%$。

自然界岩土的颗粒形状也多是不规则的。组成岩土的颗粒形状越是不规则，棱角越明显，通常排列就越松散，孔隙度就越大，原因在于突出部分相互接触，使颗粒架空。黏土的孔隙度往往可以超过上述最大孔隙度，这是因为黏土颗粒表面常带有电荷，在沉积过程中黏土颗粒聚合而构成颗粒集合体，可形成直径比颗粒本身还大的结构孔隙［图1-4（e）］。此外，黏性土中往往还发育有虫孔、根孔、干裂缝等次生孔隙。

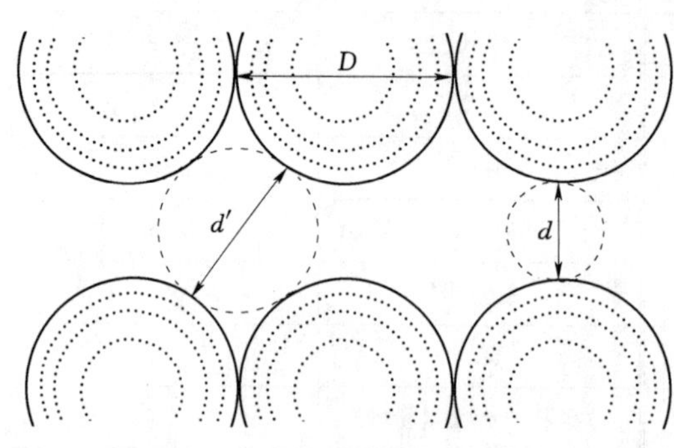

图1-7　孔喉与孔腹通过孔隙通道中心切面图（假定颗粒为等粒球体，呈立方体排列）
D—颗粒直径；d—孔喉直径；d′—孔腹直径

孔隙大小对地下水运动影响很大。孔隙通道最细小的部分称作孔喉，最宽大的部分称作孔腹（图1-7）；对分选不好、颗粒大小相差悬殊的松散岩土来说，孔隙的大小取决于孔喉，因为细小颗粒把粗大颗粒的孔隙填充了［图1-4（c）］。因此，讨论孔隙大小时可用孔喉直径进行比较。

1.2.1.2　裂隙

资源1.3

裂隙是坚硬岩石中发育的各种裂缝空隙。它是岩石形成过程或形成后的地质历史时期中地质作用的结果。坚硬岩石一般不存在或只保留一部分颗粒之间的孔隙，它的空隙主要是在各种应力作用下形成的裂隙，即成岩裂隙、构造裂隙与风化裂隙［图1-4（g）］。

成岩裂隙是岩石在成岩过程中，由于冷凝收缩（岩浆岩）或固结干缩（沉积岩）而产生的。岩浆岩中成岩裂隙比较发育，如玄武岩的柱状节理。构造裂隙是岩石在构造变动中受力而产生的，它具有方向性，分布不均一，如各种构造裂隙、断层。风化裂隙是在各种物理与化学等因素的作用下，岩石遭受破坏而产生的裂隙，主要分布于近地表处。

裂隙的多少以裂隙率表示。裂隙率（K）多采用三种方法表示：

（1）体积裂隙率（K_V）。测定岩石裂隙体积（V_T）与该岩石（包括裂隙在内）的体积（V）之比，用小数或百分数表示。即

$$K_V=\frac{V_T}{V}\text{ 或 }K_V=\frac{V_T}{V}\times 100\% \quad (1-8)$$

（2）面裂隙率（K_T）。测定岩石面积上裂隙面积 $\sum Lb$ 与该岩石（包括裂隙在内）的面积（F）之比，用小数或百分数表示。即

$$K_T=\frac{\sum Lb}{F} \text{ 或 } K_T=\frac{\sum Lb}{F}\times 100\% \tag{1-9}$$

式中：L 为裂隙长度；b 为裂隙宽度。

（3）线裂隙率（K_L）。测定岩石直线上裂隙宽度之和 $\sum b$ 与该测定直线长度 L 之比，用小数或百分数表示。即

$$K_L=\frac{\sum b}{L} \text{ 或 } K_L=\frac{\sum b}{L}\times 100\% \tag{1-10}$$

裂隙率可在野外或在坑道壁测量裸露岩层表面的裂隙求得，但在测定过程中要注意裂隙的方向、延伸长度、宽度、充填情况等，因为这些都对水的运动有很大影响。

1.2.1.3　溶隙

可溶性岩石，如盐岩、石膏、石灰岩和白云岩等，在地下水溶蚀作用下会产生空隙，这种空隙称为溶隙。

溶隙的多少以岩溶率表示。岩溶率（K_K）是测定岩石溶隙体积（V_K）与该岩石总体积（V）之比，用小数或百分数表示。即

资源 1.4

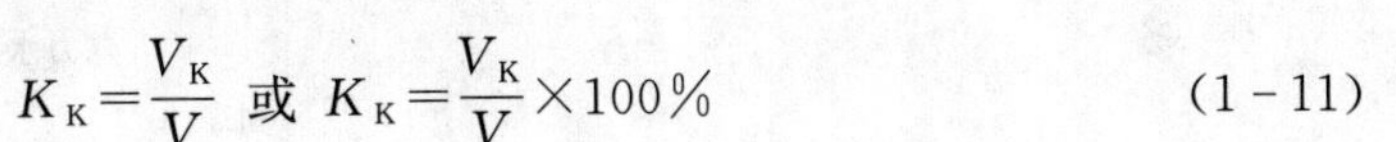

$$K_K=\frac{V_K}{V} \text{ 或 } K_K=\frac{V_K}{V}\times 100\% \tag{1-11}$$

岩溶发育极不均匀，大的溶洞宽达数十米，高数十米乃至百余米，长达几千米至几十千米，而小的溶孔直径仅几毫米。岩溶发育带内岩溶率可达百分之几十，而发育带附近岩石的岩溶率几乎为零。

由此可见，孔隙、裂隙、溶隙三者的空隙特征具有显著差别，其特征对比见表 1-3。

表 1-3　　孔隙、裂隙和溶隙的空隙特征

特征	空隙类型		
	孔隙	裂隙	溶隙
空隙的形成	松散沉积物中空隙相互连通并呈孔状	与裂隙成因有关：成岩裂隙、构造裂隙、风化裂隙	可溶性岩石在含侵蚀性 CO_2 的地下水作用下形成
分布特征	分布于松散岩土的颗粒之间，比较均匀	分布于坚硬不可溶岩石中，具有方向性，不均匀	分布于可溶性岩石中，极不均匀
数量指标	孔隙度	裂隙率	岩溶率
影响因素	排列形式、分选程度、颗粒形状及胶结情况	裂隙的成因	岩石的可溶性、透水性；水的侵蚀性、流动性
连通性	连通性良好	连通性较差	一般不连通
各向异性	各向异性不显著	各向异性明显	各向异性明显
地下水的运动特征	地下水分布与流动都比较均匀	地下水相互联系较差，分布与流动往往不均匀	地下水的分布与流动通常极不均匀

自然界岩土中空隙的发育状况远较上面所述及的复杂。例如，松散岩土固然以孔隙为主，但某些黏土干缩后可产生裂隙，而这些裂隙的水文学意义远远超过其原有的孔隙。固结程度不高的沉积岩，往往既有孔隙，又有裂隙。可溶性岩石，由于溶蚀不均匀，有的部分发育成溶穴，而有的部分则为溶隙，有时还可保留原生的孔隙与裂隙。因此，在研究岩土空隙时，必须注意观察，收集实际资料，在事实的基础上分析空隙形成的原因及控制因素，查明其发育规律，只有这样，才有利于分析地下水储存与运动的条件。

1.2.2　水在岩土中的赋存形式

水在岩土中有各种不同的存在形式，如图1-8所示。

资源1.5

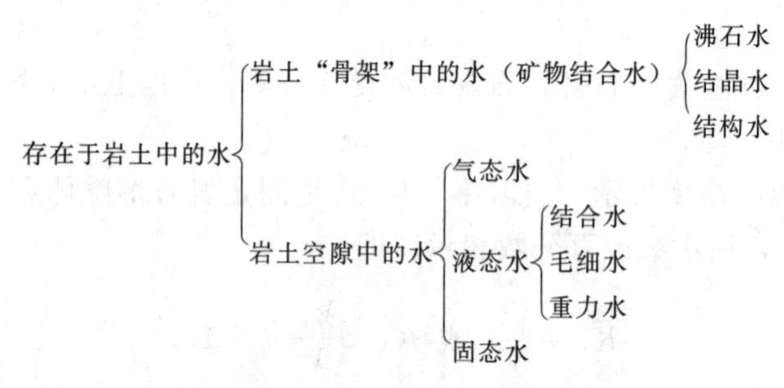

图1-8　水在岩土中的存在形式

本书重点研究的是岩土空隙中的重力水。

1.2.2.1　气态水

储存和运动于未饱和岩土空隙中的气态水，可以是地表大气中的水汽渗入的，也可以是岩土中其他水分蒸发而成的。气态水可以随空气的流动而运动，也可以在空气不流动的条件下，从水汽压力（绝对湿度）大的地方向小的地方迁移。当岩土空隙内空气中水汽增多而达到饱和时，或当温度变化而达到露点时，水汽开始凝结，成为液态水。气态水在一定温度、压力条件下，与液态水相互转化，两者之间保持动平衡。

1.2.2.2　结合水

松散岩土的颗粒表面及坚硬岩石空隙壁面均带有电荷，水分子为偶极体，由于静电吸引，固相表面具有吸附水分子的能力（图1-9）。根据库仑定律，电场强度与距离平方成反比。因此，距离固相表面越近，水分子受到的静电引力越大；反之，距离越远，吸引力越弱，水分子受自身重力的影响就越显著。把受固相表面的引力大于水分子自身重力的那部分水，称为结合水。此部分水束缚于固相表面，不能在自身重力作用下运动。

随着固相表面对水分子吸引力自内向外逐渐减弱，结合水的物理性质也随之发生变化。最接近固相表面的结合水称为强结合水，其外层称为弱结合水（图1-9）。

强结合水（又称吸着水）的厚度一般认为相当于几个水分子直径，也有人认为可达几百个水分子直径。其所受到的引力相当于1万个大气压，水分子排列紧密，密度平均为2g/cm^{3}左右，溶解盐能力弱，力学性质与固体物质相同，具有较大的抗剪强度，不受重力影响，不能流动，但可以转化为气态水而移动。

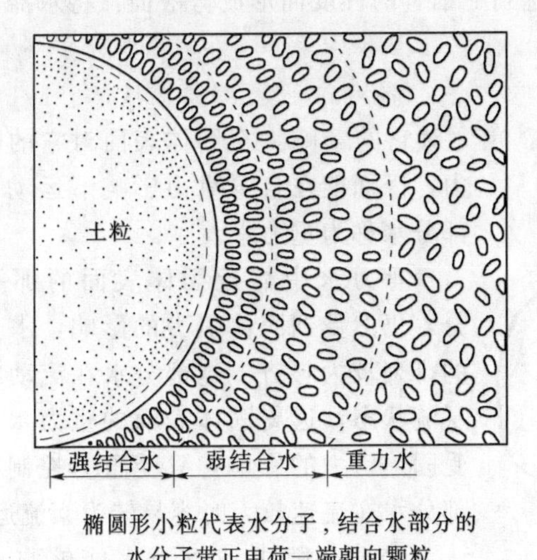

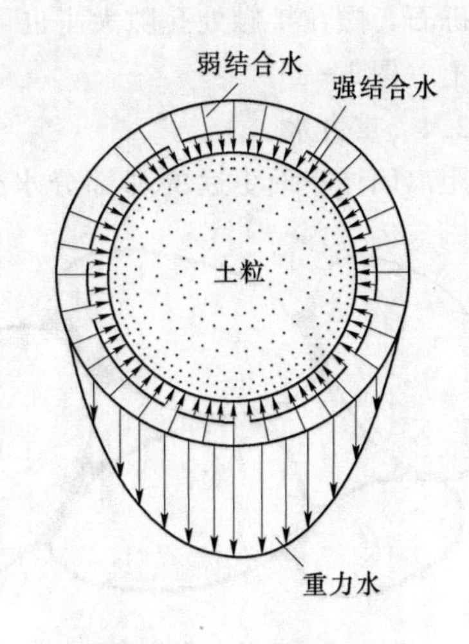

图 1-9　结合水与重力水

弱结合水（又称薄膜水）处于强结合水的外层，其厚度说法不一，为几十、几百或几千个水分子直径。水分子排列不如强结合水紧密，密度较普通液态水大，为1.3～1.774g/cm^3，具有较高的黏滞性和抗剪强度，溶解盐类的能力较低。弱结合水的抗剪强度及黏滞性由内层向外层逐渐减弱，当施加的外力超过其抗剪强度时，最外层的水分子即发生流动。弱结合水的外层能被植物吸收利用。

1.2.2.3　毛细水

将一根玻璃毛细管插入水中，毛细管内的水面即会上升到一定高度，这便是人们熟悉的毛细现象。松散岩土中细小的孔隙通道犹如天然的毛细管，因此在地下水面以上的包气带中广泛存在毛细水。在毛管力的作用下，水从地下水面沿着小孔隙上升到一定高度，形成一个毛细带，此带中的毛细水下部有地下水面支持，故称为支持毛细水（图 1-10）。

细粒岩土与粗粒岩土交互成层时，在一定条件下，由于上下弯液面毛管力的作用，在细土层中会保留与地下水面不相连接的毛细水，这种毛细水称为悬挂毛细水（图 1-10）。

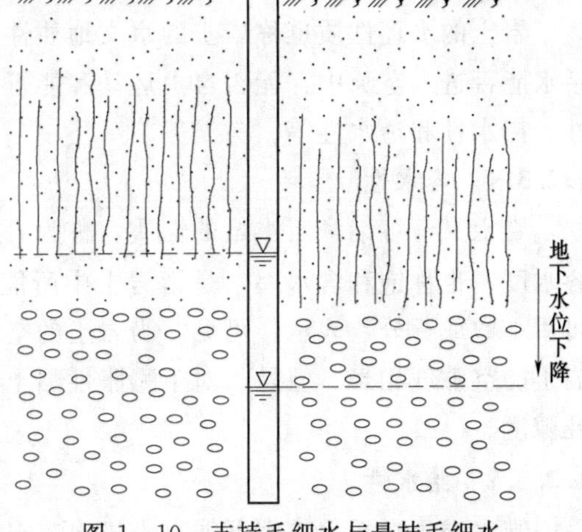

图 1-10　支持毛细水与悬挂毛细水

图 1-10 中井左侧表示高水位时砂层中支持毛细水；右侧表示水位降低后砂层中的悬挂毛细水砾石层中孔隙直径已超过毛细管，故不存在支持毛细水。

在包气带中，颗粒接触点上还可以悬留孔角毛细水（触点毛细水），即使是粗大的卵砾石，颗粒接触处孔隙大小也可以达到毛细管的程度而形成弯液面，将水滞留在孔角上（图1-11）。

1.2.2.4　重力水

距离固体表面更远的那部分水分子，重力对它的影响大于固体表面对它的吸引力，因而能在自身重力影响下运动，这部分水称为重力水。

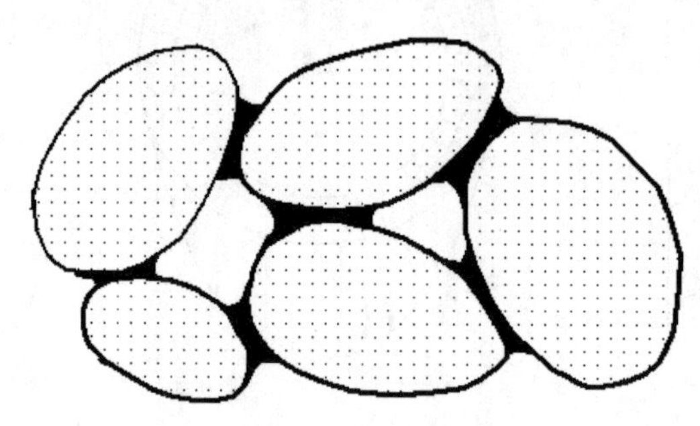

图1-11　孔角毛细水

重力水中靠近固体表面的那一部分，仍然受到固体引力的影响，水分子的排列较为整齐。这部分水在流动时呈层流状态。远离固体表面的重力水，不受固体引力的影响，只受重力控制，这部分水在流速较大时容易转为紊流运动。

岩土空隙中的重力水能够自由流动，井、泉取用的地下水都属于重力水，它是地下水水文学研究的主要对象。

1.2.2.5　固态水及矿物中的水

岩土的温度低于0℃时，空隙中的液态水转为固态水。我国北方冬季常形成冻土，如东北及青藏高原有一部分岩土中的地下水多年保持固态，称其为多年冻土。

除了存在于岩土空隙中的水，还有存在于矿物晶体内部及其间的水，这就是结构水、结晶水及沸石水。如方沸石（$Na_2Al_2Si_4O_{12} \cdot nH_2O$）中就含有沸石水，它以水分子的形式存在于矿物晶格空隙之中，与矿物结合得不是很牢固，在加热时可以从矿物中分离出去。

1.2.3　岩土的水理性质

资源1.6

岩土的水理性质也称岩土的水文地质性质，它表示岩土控制水分活动的性质，包括水能否进入空隙中，能否自由运动和能否被取（排）出等。主要包括容水性、给水性、持水性和透水性等。

1.2.3.1　容水性

岩土具有容纳一定水量的性质，称为岩土的容水性，其度量指标是容水度（S_c）。容水度，也称饱和含水率，是指岩土中所能容纳的最大的水体积与岩土总体积之比，可用小数或百分数表示。可见，当岩土的空隙完全被水所充满时，容水度在数值上与岩土的空隙度相当。但是，对于膨胀性黏土，其饱水后体积增大，这时的容水度大于孔隙度。

1.2.3.2　给水性

饱水岩土在重力作用下能自由排出一定水量的性质，称为岩土的给水性，在数量上用给水度（μ）衡量。给水度是指饱水岩土在重力作用下释出水的体积与岩土总体积之比，以小数或百分数表示。

对于均质的松散岩土，给水度的大小与岩性、初始地下水位埋深以及地下水位下降速率等因素有关。岩性的差异导致空隙的大小和多少不同，颗粒粗大的松散岩土，裂隙比较宽大的坚硬岩石以及具有溶隙的可溶岩，空隙宽大，重力释水时，滞留于岩土空隙中的结合水与孔角毛细水较少，理想条件下给水度的值接近孔隙度、裂隙率和岩溶率。若空隙细小（如黏性土），重力释水时，大部分水以结合水与悬挂毛细水形式滞留于空隙中，给水度往往很小。

当初始地下水位埋藏深度小于最大毛细上升高度时，地下水位下降后，重力水的一部分将转化为支持毛细水而保留于地下水面之上，从而使给水度偏小。观测与实验表明，当地下水位下降速率大时，给水度偏小，其原因是：重力释水并非瞬时完成，往往滞后于水位下降；此外，迅速释水时大小孔道释水不同步，大的孔道优先释水，在小孔道中形成悬挂毛细水而不能释出（张人权等，2018）。

表 1-4　常见岩土的给水度

（据 D. K. Todd 等，2005）

岩土名称	给水度/%	岩土名称	给水度/%
砾石（中粒）	24	砂（细粒）	23
砂（粗粒）	27	粉砂	8
砂（中粒）	28	黏土	3

对于均质的颗粒较细小的松散岩土，只有当其初始水位埋藏深度足够大、水位下降速率十分缓慢时，释水才比较充分，给水度才能达到其理论最大值。

给水度是地下水水文学计算中非常重要的参数之一，几种常见松散岩土的给水度见表 1-4。

1.2.3.3　持水性

饱水岩土在重力作用下，排出重力水后仍能保持一定水量的性质，称为岩土的持水性。持水性在数量上用持水度来衡量。饱水岩土在重力释水后，仍能保持的水体积与岩土总体积之比，即为持水度（S_r）。持水度有时也采用重量比，可用小数或百分数表示。前已述及，被吸附在岩土隙壁表面的结合水是不受重力影响的，所以，在重力作用下岩土所能保持的水量主要是结合水及孔角毛细水，个别情况下也包括一部分悬挂毛细水。

松散岩土的持水度与颗粒大小密切相关。例如比表面积（单位体积中固相表面积）大的细颗粒黏土，其结合水含量大，持水度就大，有时可与容水度相等；砂的持水度较小；具有宽大裂隙与溶隙的岩石，持水度是微不足道的。

给水度、持水度与容水度有如下关系：

$$\mu + S_r = S_c \qquad (1-12)$$

1.2.3.4　透水性

资源 1.7

岩土允许重力水透过的能力，称为岩土的透水性。凿井取水时，其他条件相同，岩层透水性越好，则可取出的水量越大，说明透水性是影响水量的重要因素。表征岩土透水性的定量指标是渗透系数（K）。

岩土可以透水的根本原因在于岩土本身具有相互连通的空隙，水在这些相互连通的空隙中流动，因此，岩土空隙的大小、多少及连通性直接影响着岩土的透水性。

空隙的大小较其数量的多少而言，对岩土透水性的影响更为显著。空隙大，水在其中流动所受的阻力就小，水流速度就快，透水性就强；空隙小，如黏性土的细小孔隙大都被结合水充满，结合水的密度大，黏滞性大，在常压下，运动是极其困难的，因而透水性就弱。对于坚硬的基岩，空隙的数量对其透水性影响甚为显著，裂隙率、岩溶率越高，说明裂隙数量越多，岩溶越发育，透水性越好。

同一种岩土在不同方向上透水性也会不同。例如，地下水平分布的砂砾石层，其水平方向的透水性较垂向上的大；坚硬岩层，由于地质构造的影响，其裂隙及岩溶具有明显的方向性，因而透水性也具有方向性。

除了空隙因素外，岩土颗粒的大小、分布、形状、排列等其他因素对岩土透水性也有影响，对于松散岩土，分选程度对其渗透性的影响，往往要超过孔隙度。

岩土的水理性质对比见表1-5。

表1-5　岩土的水理性质

名称	容水性	给水性	持水性	透水性
含义	岩土能容纳一定水量的性能	饱水岩土在重力作用下自由排出水的性质	饱水岩土在重力释水后仍能保持水的能力	岩土允许重力水透过的能力
度量指标	容水度 S_c	给水度 μ	持水度 S_r	渗透系数 K
主要影响因素	空隙多少	空隙大小，空隙多少	与岩土颗粒大小有关（主要为结合水）	空隙大小，岩土胶结情况
在供水中的意义	容水性好表明可能的供水意义大	给水性越好表明供水的意义越大	持水性越好表明供水的意义越小	透水性越好越容易获得补给

1.2.4　含水层、隔水层及弱透水层

资源1.8

自然界的岩层按其透水性能的好坏，可分为透水层与隔水层；按其给水性和透水性能的好坏可分为含水层与隔水层（弱透水层）。能够透过并给出相当数量水的岩层称为含水层。相反，隔水层则是不能透过或给出水，或者透过与给出水的数量很小的岩层。具有供水意义的含水层应具备下列条件。

1.2.4.1　储水空间

构成含水层，首先要具有良好的储水空间，也就是说应当具有空隙空间。岩层的空隙越大、数量越多、连通性越好，则透水性能就好，重力水就越易渗入，越易流动，这种条件下有利于形成含水层。

1.2.4.2　储存地下水的地质构造条件

岩层虽具备了储水空间，但要保存地下水还必须具备一定的地质构造条件。

在透水性良好的岩层下有隔水（不透水或弱透水）的岩层存在，以免重力水向下全部漏失；或在水平方向上有隔水地质体阻挡，以免侧向流失。这样才能使运动于空隙中的重力水较长久地储存起来，充满空隙岩层，形成含水层。如果地质构造不利于地下水储存，那么岩层虽然透水，它只能起到暂时的透水通道作用，这种岩层为透水而不含水的岩层，即透水层。

1.2.4.3　良好的补给来源

岩层具备了良好的储水空间和地质构造条件，如果补给来源不足，仍不能形成含

水层，因为这种岩层在枯水期往往水量较小。只有当岩层有了充足的补给来源，能给出一定量的水时，才能构成含水层。

隔水层并不等于其中不含水，而是因为其空隙小，所含的水绝大部分属于不受重力作用影响的结合水。隔水层是相对含水层而存在的，自然界没有不透水的岩层，只是透水性有强弱之分。含水层与隔水层有其相对性。例如，利用地下水作为供水水源时，某一岩层能够给出的水量较小，对于水源丰沛、需水量很大的地区，由于远不能满足供水需求，而被视为隔水层；但在水源匮乏、需水量又很小的地区，同一岩层便能在一定程度上满足，甚至能充分满足供水需求，在这一地区，这种岩层便可看作为含水层。

在一定条件下，含水层和隔水层可以相互转化。例如，黏土在一般条件下不能透水，但当水头差达到足以克服其中结合水的抗剪强度时，结合水便产生移动而起到透水作用，在此种情况下的黏土层就成为含水层。

在相当长的一个时期内，人们把隔水层看作是绝对不透水与不释水的。20 世纪 40 年代以来，雅可布提出了越流的概念后，人们才开始认识到，在原来划入隔水层的地层中，有一类是弱透水层。所谓弱透水层是指那些渗透性相当差的岩层，在一般的供排水中它们所能提供或排出的水量微不足道，似乎可以看作隔水层。但是，在发生越流时，由于驱动水流的水力梯度大，且发生渗透的过水断面很大（等于弱透水层分布范围），因此，相邻含水层通过弱透水层交换的水量相当大，这时把它称作隔水层就不合适了。松散沉积物中的黏性土，坚硬基岩中裂隙稀少而狭小的岩层（如砂质页岩、泥质粉砂岩等）都可以归入弱透水层之列。

1.3 不同埋藏条件下的地下水

地下水是指埋藏于地表以下的各种形式的重力水。

地下水的埋藏条件是指地下水在垂直剖面中所处的位置，以及地下水在含水层中的分布与运动是否受到隔水层的限制。

地表面与地下水面之间与大气相通的含有气体的地带，称为包气带或非饱和带。该带岩土空隙没有被液态水所充满，包含有与大气相连通的气体。

地下水面以下，岩土的空隙全部被水充满的地带，称为饱水带。饱水带中，根据含水层埋藏条件的不同，地下水可分为潜水和承压水。

1.3.1 包气带水

资源 1.9

存在于包气带中的地下水称为包气带水。当包气带存在局部隔水层（弱透水层）时，局部隔水层（弱透水层）上会积聚具有自由水面的重力水，这便是上层滞水（图 1-12）。包气带中包含土壤吸着水、薄膜水、毛细水、气态水、过路的重力渗入水以及局部隔水层之上的重力水。

上层滞水与大气连通，主要受大气降水补给，以蒸发形式或向隔水底板边缘进行排泄。上层滞水的显著特点是动态变化大，雨季时获得补充积存一定水量，旱季水量逐渐耗失。当分布范围较小或补给不足时，便不能终年保持有水。因此，一般不能作为供水水源，但在缺水地区往往成为较有意义的小型供水水源地。

有时也将包气带水称为非饱和带水，包气带水居于大气水、地表水和饱和带水相互转化、交替的地带，包气带水是水转化的重要环节，研究包气带水形成及运动规律，对剖析水的转化机制及掌握地下水的补排、均衡和动态规律均具有重要意义。

1.3.2　潜水

资源 1.10

地表以下，第一个稳定分布的隔水层之上，具有自由水面的地下水称为潜水。潜水没有隔水顶板或只有局部的隔水顶板。潜水的表面为自由水面，称作潜水面；从潜水面到隔水底板的距离为潜水含水层的厚度（图1-12中的M），潜水面到地面的距离为潜水面埋藏深度，简称潜水埋深（图1-12中的D）。潜水含水层厚度与潜水面埋藏深度随潜水面的升降而发生相应的变化。潜水面到隔水底板之间的距离为该点潜水水头（图1-12中的h），潜水面上某点的高程为该点的潜水水位（图1-12中的H）。

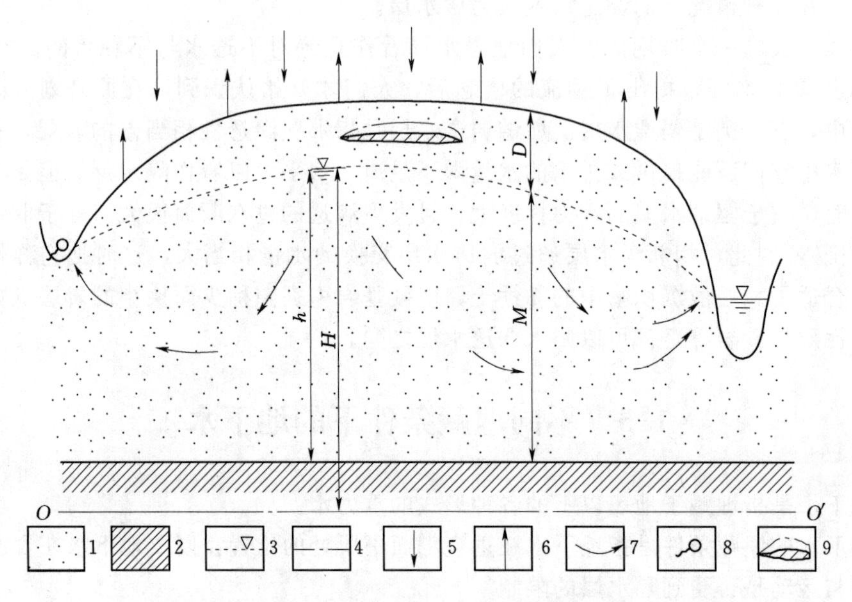

图1-12　上层滞水、潜水分布示意图

1—含水层；2—隔水层；3—潜水面；4—潜水基准面；5—大气降水入渗；6—蒸发；7—潜水流向；8—泉；9—上层滞水；h—潜水水头；M—潜水含水层的厚度；D—潜水埋深；O—O'—基准面；H—潜水水位

1.3.2.1　潜水的特征

因潜水通过包气带与地表相通，使其具有以下特征：

（1）潜水具有自由水面。由于潜水含水层顶部没有连续的隔水层或弱透水层，与包气带直接连通，水面不承受静水压力，是一个仅承受大气压力的自由表面。潜水在重力作用下，由水位高的地方向水位低的地方流动。

（2）潜水的补给区和分布区一般是一致的。潜水通过包气带直接与地表相通，在其分布区直接或间接地接受大气降水、地表水、凝结水以及包气带水等的补给，使其补给区与分布区往往是一致的。另外，潜水的天然排泄方式有三类：一类是直接流入其他含水层（如越流）；另一类是径流到地形低洼处，以泉、泄流等形式向地表或地表水体排泄，这便是径流排泄；最后一类是通过土面蒸发或植物蒸腾的形式进入大气，这便是蒸发排泄。

（3）潜水的水位、含水层厚度、流量、化学成分随地区和季节有明显的变化。由于潜水与大气圈及地表水圈联系密切，气象、水文因素的变动对其影响就甚为显著。丰水季节（或年份），潜水接受的补给量大于排泄量，潜水面上升，含水层厚度增大，埋藏深度变小；干旱季节（或年份），排泄量大于补给量，潜水面下降，含水层厚度变小，埋藏深度变大。

（4）潜水的水质受气候、地形及岩性条件的影响。湿润气候及地形切割强烈的地区，有利于潜水的径流排泄，往往形成含盐量不高的淡水。干旱气候下由细颗粒组成的盆地平原，潜水以蒸发排泄为主，常形成含盐高的微咸水、咸水。潜水容易受到污染，对潜水水源应注意卫生防护。

资源 1.11

另外，潜水积极参与水循环，资源易于补充恢复，但受气候影响，且含水层厚度一般比较有限，其资源通常缺乏多年调节性。

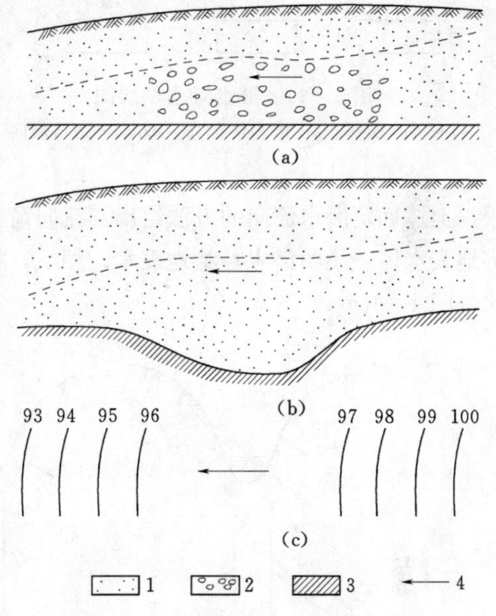

图 1-13 潜水面的形状（据李正根，1980）

(a) 岩土透水性变化时；(b) 含水层厚度变化时；(c) 等水位线（单位：m）

1—砂土；2—砾石；3—隔水层；4—潜水流向

1.3.2.2 潜水面形状

潜水在重力作用下经常处于流动状态，在流动过程中受到周围各种因素的影响，从而形成了不同形状的潜水面。既可以是倾斜的、抛物线形的，也可以在特定条件下呈水平状态，多数情况下是上述各种形状的复杂组合（图 1-13）。

潜水面形状首先受水文网控制，在地形切割强烈的山区，河流往往切割潜水面而起着排泄潜水的作用，潜水面也因此向河流方向倾斜。潜水面的起伏变化及坡度大小与水文网分布及切割深度有关。在地表水流侵蚀不显著的平原地区，潜水面相应比较平缓。在河流下游，河床往往高于地面，河水位高于河流两岸的潜水位，潜水接受河水补给。由此可见，潜水面的形状与地形起伏大体一致。

潜水面的形状可以用潜水等水位线图来表示。潜水等水位线图就是潜水面的等高线图，它是根据潜水面上各点的水位标高，并按一定的间距把水位相等的各点连接成线而成（图 1-14）。等水位线图不仅定量刻画了潜水面的形状，实际上还包含了各种水文地质内容，具体如下：

（1）潜水的流向。垂直于等水位线由高水位指向低水位的方向即为该处潜水的

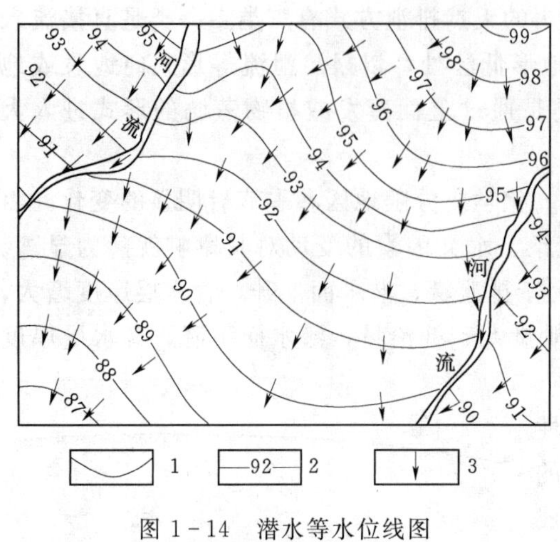

图1-14　潜水等水位线图

1—等水位线；2—潜水位标高，m；3—潜水流向

流向。

（2）潜水的水力梯度。沿潜水流向，相邻两条等水位线的水位差与两者之间的水平距离之比就是该范围内潜水的水力梯度。

（3）潜水的埋藏深度。将等水位线图绘制在地形等高线图上，则等水位线与地形等高线相交之点的两者高程之差，即为该点潜水的埋藏深度。如果交点处两者高程相同，则该处潜水埋藏深度为零，这便是潜水在地表出露之处，如泉、沼泽、湖泊和河流等。

（4）潜水与地表水的补排关系。在确定潜水与地表水存在水力联系的前提下，根据上述确定潜水流向的方法绘出其流向箭头。如果在地表水水体附近潜水的流向箭头指向地表水体，说明潜水补给地表水；相反，如果箭头背离地表水体，则说明地表水补给潜水（图1-15）。

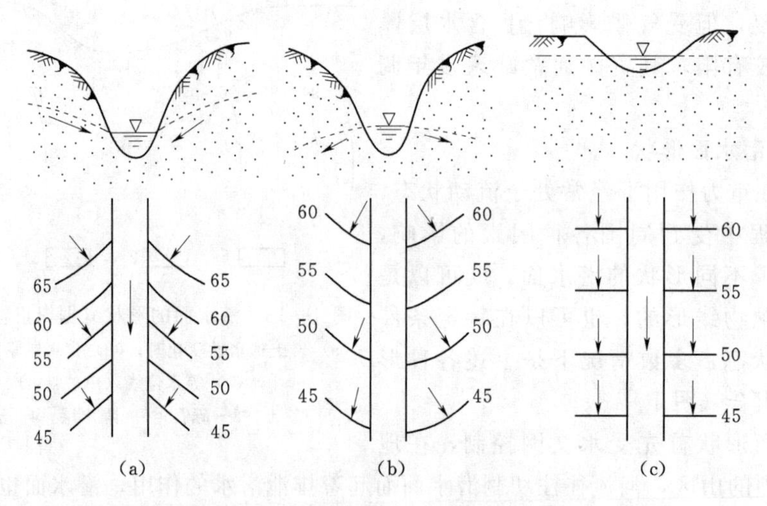

图1-15　潜水与河水之间的补排关系（单位：m）

(a) 潜水补给河水；(b) 河水补给潜水；(c) 无补排关系

此外，还可以根据潜水等水位线的疏密、水力梯度的大小分析含水层的透水性及隔水底板的形状等（图1-13）。

1.3.3　承压水

充满于上下两个相对隔水层之间的具有承压性质的地下水，称作承压水（图1-16）。承压含水层上部的隔水层（弱透水层）称作隔水顶板，下部的隔水层（弱透水层）称作隔水底板。隔水顶、底板之间的垂直距离为承压含水层厚度。

1.3.3.1　承压水的特征

由于承压水具有隔水顶板，因而它具有与潜水不同的一系列特征：

资源 1.12

（1）承压性。承压性是承压水的一个重要特征。图 1-16 为一向斜盆地，含水层中心部分埋没于隔水层之下，是承压区；两端出露于地表，为非承压区。含水层从出露较高的地区得到补给，向另一侧出露位置较低的地区排泄。由于受到隔水顶板的限制，含水层充满水，水自身承受压力，并以一定压力作用于隔水顶板，当钻孔揭穿隔水顶板时，钻孔中的水位将上升到含水层顶板以上一定高度才能静止。钻孔中静止水位到含水层顶面之间的距离称为承压高度（h），井中静止水位的高程就是承压水在该点的测压水位（H）。测压水位高于地表的范围是承压水的自溢区，此区内井孔能够自喷出水。

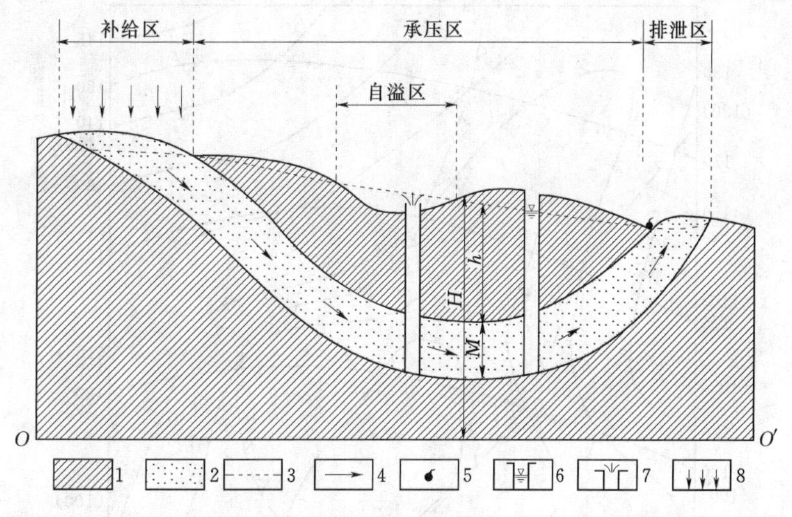

图 1-16　自流盆地中的承压水

1—隔水层；2—含水层；3—潜水位及测压水位；4—地下水流向；5—泉；6—钻孔；7—自流孔；8—大气降水补给；
h—承压高度；M—承压含水层的厚度；O—O'—基准面；H—测压水位

（2）承压水的补给区和分布区不一致。承压水的主要补给来自于大气降水与地表水的入渗。由于承压水具有隔水顶板，因而大气降水及地表水只能在出露于地表的补给区（潜水分布区）获得补给，故补给区常小于分布区，并通过范围有限的排泄区，以泉或其他径流方式向地表或地表水体泄出。当承压水顶底板为弱透水层时，除了在含水层出露区获得补给外，还可以从上、下其他含水层获得越流补给，也可以向上、下含水层进行越流排泄。

（3）承压水的动态比较稳定，其资源具有多年调节能力。承压水因受隔水顶板的限制，它与大气圈、地表水的联系较差，因此，气象、水文因素的变化对承压水的影响较小，承压水动态比较稳定。同时由于其补给区大多小于承压区的分布，故承压水资源不像潜水那样容易补充和恢复，因其分布范围及厚度较大，往往具有多年调节性能。

（4）承压水的化学成分一般比较复杂。承压水的水质取决于埋藏条件及其与外界联系的程度，可以是淡水，也可以是含盐量很高的卤水。与外界联系越密切，参与水循环越积极，承压水的水质就越接近于入渗的大气降水与地表水，通常为含盐量低的淡水。有的承压含水层，与外界几乎不发生联系，可以保留沉积物沉积时的水。当承压含水层中保留经过浓缩作用的古海水时，含盐量可以达到数百克每升。

（5）承压含水层的厚度，一般不随补给量的增减而发生显著变化。在接受补给或进行排泄时，承压含水层对水量增减的反应与潜水含水层不同。潜水随着潜水位的变化，含水层厚度也发生变化，而承压含水层接受补给时，由于隔水顶板的限制，含水层厚度并不发生显著变化。获得补给时，测压水位上升，由于压强增大，含水层中水的密度变大，孔隙水压力增大，砂土固体骨架承受的压力减小，含水层骨架发生少量

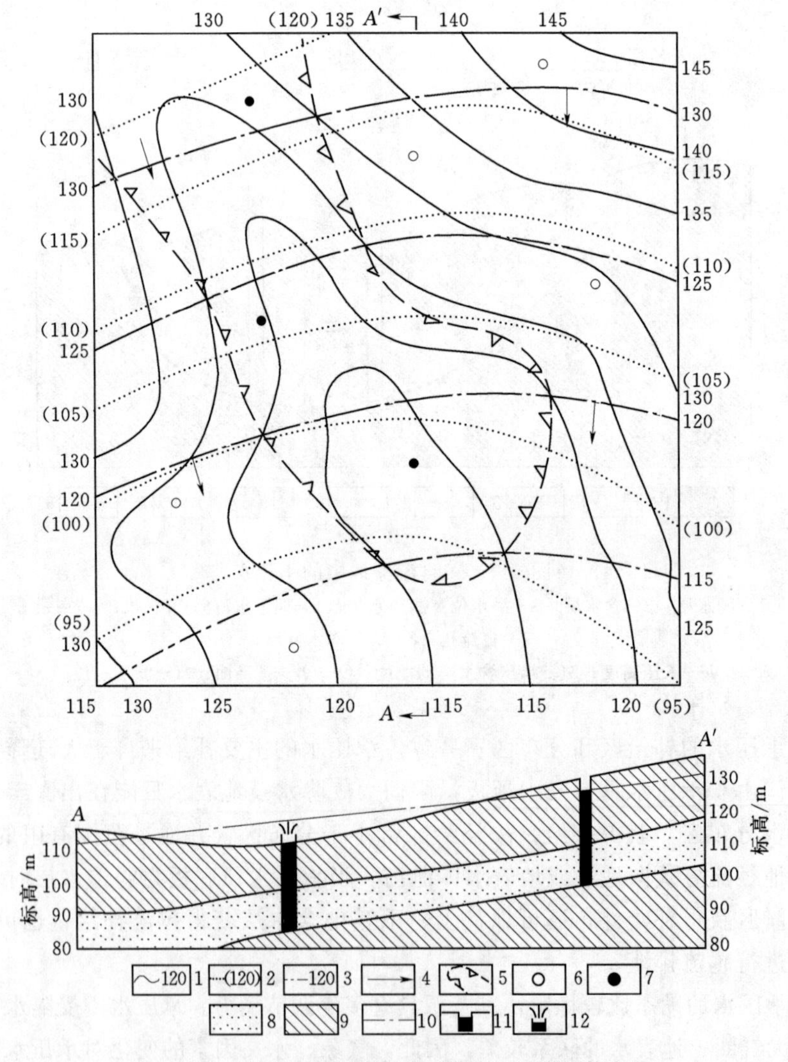

图 1-17　承压水等水压线图（附含水层顶板等高线）

1—地形等高线，m；2—含水层顶板等高线，m；3—等测压水位线，m；4—地下水流向；5—承压水自溢区；6—钻孔；7—自流井；8—含水层；9—隔水层；10—测压水位线；11—钻孔；12—自流井

回弹，孔隙度增大，含水层厚度也有极少量增加。同理，承压含水层排泄时，含水层中水的密度减小，且含水层厚度有极少量减小。

（6）承压水一般不易受污染。由于隔水顶板的存在，承压水一般不易受污染，但一旦污染后则很难使其净化。因此，利用承压水作为供水水源时，应更加注意水源的卫生防护。

1.3.3.2　承压水等水压线图

将某一承压含水层测压水位相等的各点连线，即得等水压线图（图1-17）。根据等水压线图可以确定承压水的流向和水力梯度。承压水的测压水面只是一个虚构的面，并不存在这样一个实际的水面，只有当钻孔穿透上覆隔水层达到含水层顶面时，孔中才能见到地下水，随后孔中水位将上升到测压水位高度。因此，等水压线图通常要附以含水层顶板等高线图。

资源 1.13

根据等水压线图可以确定承压水的流向和水力梯度，以及承压含水层的承压水头、埋藏深度等，但无法判断承压含水层和其他水体的补排关系。因为任一承压含水层接受其他水体的补给必须同时具备两个条件：①其他水体（地表水、潜水或其他承压含水层）的水位必须高出此承压含水层的测压水位；②其他水体与该含水层之间必须有一定的水力联系。同样，当此承压含水层测压水位高于其他水体，且与其他水体有一定的水力联系时，则前者向后者排泄。

1.4　不同含水介质中的地下水

岩土中的空隙按其成因可分为孔隙、裂隙和溶隙。赋存于其中的地下水相应为孔隙水、裂隙水和岩溶水。由于含水介质的岩层所经历的地质历程和地质作用不同，因此赋存其间的地下水，其富集程度和分布规律也各具特点。

1.4.1　孔隙水

存在于岩层孔隙中的地下水，称为孔隙水。我国自中新生代以来，在许多盆地和平原中沉积了巨厚的松散沉积物，蕴藏着丰富的地下水资源。在不同沉积环境中形成的不同成因类型的沉积物，其地貌形态、地质结构、沉积物颗粒粒度及分选性等均各具特点，使赋存其中的孔隙水分布及与外界的联系程度也不同。

资源 1.14

根据沉积物的成因类型，孔隙水可分为洪积物中的地下水、冲积物中的地下水、湖积物中的地下水、黄土中的地下水、滨海三角洲沉积物中的地下水等。

1.4.1.1　洪积物中的地下水

洪积物是山区季节性雨水或融雪水汇集而成的暂时性水流的堆积物，广泛分布于山间盆地及山前平原地带，尤以干旱、半干旱的地区最为发育。地貌上表现为以山口为顶点的扇形或锥形，扇锥之间形成洼地。此类扇、锥越近山口坡度越陡，向外逐渐趋于平缓而没入平原之中，因此称为冲洪积扇或洪积扇或冲积锥。

洪积物的地貌反映了它的沉积特征。被狭窄而陡急的河床束缚的集中水流，出山口后分散，流速向外依次变慢，水流携带的物质，随地势与流速的变化而依次堆积。扇的顶部，多为砾石、卵石、漂砾等，沉积物往往不显层理，或仅在其间所夹细粒层中显示层理。向外过渡为以砾石及砂为主，开始出现黏性土夹层，层理明显。没入平原的部分，为砂与黏性土的互层。流速的陡变决定了洪积物分选不良，即使在卵砾石为主的扇顶，也常出现砂和黏性土的夹层或团块，甚至出现黏性土与砾石的混杂沉积物，向下分选变好（图 1-18）。

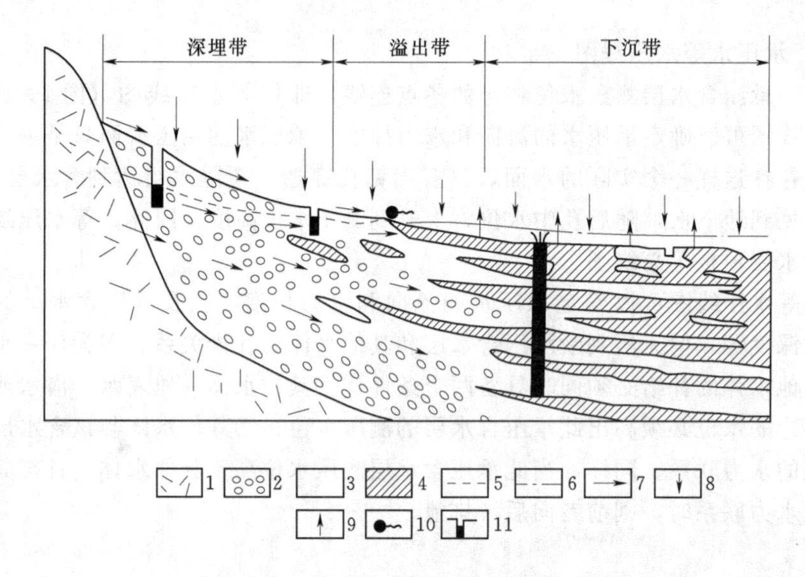

图 1-18　半干旱地区洪积扇水文地质剖面示意图（据王大纯等，2006）
1—基岩；2—砾石；3—砂；4—黏性土；5—潜水位；6—承压水测压水位；7—地下水流向；8—降水入渗；9—蒸发；10—下降泉；11—井（涂黑部分表示有水）

根据地下水的埋深、径流条件及水化学特征，一般可将洪积扇中的地下水划分为三个水文地质带（图 1-18）：

资源 1.15

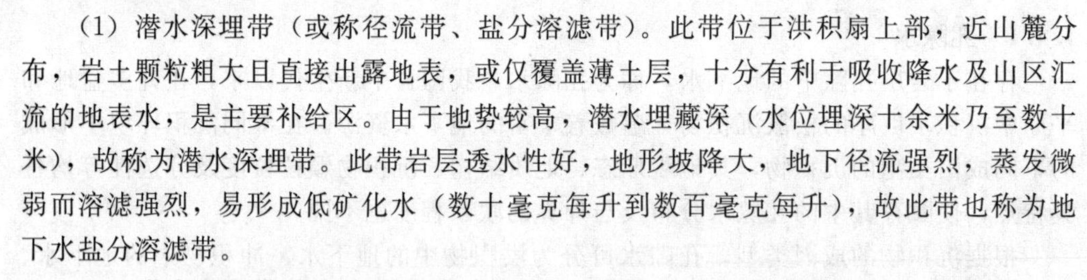

（1）潜水深埋带（或称径流带、盐分溶滤带）。此带位于洪积扇上部，近山麓分布，岩土颗粒粗大且直接出露地表，或仅覆盖薄土层，十分有利于吸收降水及山区汇流的地表水，是主要补给区。由于地势较高，潜水埋藏深（水位埋深十余米乃至数十米），故称为潜水深埋带。此带岩层透水性好，地形坡降大，地下径流强烈，蒸发微弱而溶滤强烈，易形成低矿化水（数十毫克每升到数百毫克每升），故此带也称为地下水盐分溶滤带。

（2）潜水溢出带（或称盐分过路带）。此带位于洪积扇中部，离山口较远，地形坡度变缓（但仍大于地下水水力坡度），颗粒变细，透水性变差，地下径流受阻，潜水壅水使水位接近地表，因此地下水埋藏深度变浅，在适宜条件下以泉或沼泽的形式溢出地表，故称为潜水溢出带。在干旱或半干旱的气候条件下，由于地下水埋藏浅，径流途径加长，蒸发作用强烈，水的矿化度显著增高，水化学成分逐渐由重碳酸盐型变为重碳酸—硫酸盐型、硫酸—重碳酸盐型或硫酸盐型，故此带又称为盐分过路带。

（3）潜水下沉带（或称垂直交替带、盐分堆积带）。此带位于洪积扇下部，常与冲积、湖积物等形成复合堆积平原。由于地形平坦、岩性透水性较弱，故地下径流缓慢。在地下水向地表排泄和蒸发的影响下，潜水埋藏深度比溢出带稍有加深，故称为潜水下沉带，但水位埋深仍然很浅。蒸发作用强烈，水以垂直交替为主，故又称为垂直交替带。由于潜水蒸发强烈，水的矿化度较高（一般大于3g/L），在地表常形成盐渍化，故又称为盐分堆积带。

由以上论述可知，从山口到平原（盆地），由于水动力条件控制着沉积作用，洪积扇显示了良好的地貌岩性分带：地貌上坡度由陡变缓，岩性由粗变细，从而决定了岩层透水性由好到差，地下水位埋深由大到小，补给条件由好到差；随之，排泄方式由以径流为主转化到以蒸发为主（干旱半干旱气候下），水化学作用由溶滤到浓缩，矿化度由小到大，水化学类型产生相应的变化；地下水位的变幅也由大到小。

在特定的自然地理、地质背景下，洪积扇中的地下水又有其独特性。例如，洪积扇顶部潜水埋藏深度通常较大，不利于取用地下水，因此，城镇大多分布于溢出带以上最利于取用地下水的地带，这在我国华北地区很普遍。

1.4.1.2　冲积物中的地下水

冲积物是经常性水流形成的沉积物。河流的上、中、下游冲积作用不同，形成冲积物的岩性和结构特征也不同，因而各河段的水文地质条件也不尽相同。

（1）河流上游山区河谷冲积层地下水。河流上游山区河谷，由于河床坡度大，水流急，冲积物不发育。仅在河弯凸岸有卵砾石堆积，分布范围狭窄，厚度不大，其中赋存潜水。这种潜水含水层透水性强，主要接受基岩地下水和降水补给，地下水与河水有密切的水力联系，化学成分一般与河水相近，为低矿化的淡水。如东北嫩江上游冲积层厚仅2～8m，上部局部覆盖很薄的黏土层，含水层为砂砾石层，水井的单位涌水量为0.28～2.2L/(s·m)、矿化度为0.1～0.4g/L，为重碳酸钙型水。

资源1.16

（2）河流中游丘陵、半山区河谷冲积层地下水。河流中游，河床纵向坡度变缓，在河流的垂向下切与侧向侵蚀的作用下，河流弯曲，河床加宽，冲积层逐渐加厚，并有阶地发育。冲积层常具有二元结构的特征，地下水主要埋藏在下部砂砾石层中，由于上层细粒物质具有相对的隔水性，使下层砂砾石层中的地下水具有微承压性。从纵向上看，河流由上部到下部，冲积层厚度逐渐加大，砂砾石层颗粒由粗变细；从横向上看，由于不同阶地的成因不同，其岩性结构也有很大差异。高阶地可能是基岩组成的侵蚀阶地，也可能是坡积、洪积、古冰碛、古湖积或古冲积物组成的堆积阶地，这些成因的高阶地一般较贫水；而低阶地，特别是一级阶地或河漫滩都是由现代冲积物组成，且与河流有密切的水力联系，水质好，水量大。中游河流各冲积层中地下水一般接受基岩地下水及大气降水的补给，在洪水期还可以得到河水补给。径流条件比上游差，多向河水排泄。

（3）河流下游平原冲积层地下水。河流下游地区，多数为平原，河床坡度小，流速减慢，河流从中上游携来的大量泥沙堆积下来，河床变浅，冲积层一般厚度大，颗粒细，岩性复杂。不同的地区，由于地壳沉降幅度和气候条件的差异，沉积物的岩性和厚度也有较大的差异，水文地质条件也因此不同。

1.4.1.3　湖积物中的地下水

湖积物属于静水沉积，其颗粒分选良好，层理细密，岸边浅水处为沉积砂砾等粗粒物质，向湖心逐渐过渡为黏土。构成主要含水层的砂砾，展布广、厚度大（单层厚度甚至可达100m以上），剖面上为层状或延伸远的长透镜体状。随着沉积物形成时的湖盆规模、气候、新构造运动等的不同，砂砾含水层的规模也各有不同。

当没有河流穿越湖泊时，波浪力是唯一的分选营力。在近岸浅水带波浪力影响所及的范围内，波浪反复淘洗沉积物，粗粒留在岸边，细粒落于远岸处，波浪力所影响不到的湖心，则被细小的黏粒所占据，典型条件下湖心黏土层理十分细密。

湖盆规模随着气候与构造运动的变化而变化。潮湿气候下湖盆变大，干燥气候下湖盆变小。构造下沉时湖盆不断扩大，构造下降缓慢或停顿时，湖盆淤积逐步变小。沉积物的变化对湖盆规模的变化也有一定的影响。构造不断沉降，使湖盆在同一部位不断接受粗粒物质，可形成分布广泛且厚度巨大的含水砂砾石层。气候的周期性干湿交替（或构造下降与停顿交替）使得砂砾石层与黏土层交替堆积，形成多个被黏土分隔的含水砂层。

总的说来，我国第四纪初期湖泊众多，湖积物发育，后期因湖泊萎缩，湖积物多被冲积物所覆盖，裸露于地表的粗粒湖泊沉积物也很少见。由于湖积物往往是砂砾石与黏土的互层，因此垂向越流补给比较困难。侧向上，分布广泛的粗粒湖积含水砂砾石层主要通过进入湖泊的冲积砂层与外界联系。湖积物虽然有规模较大的含水砂砾石层，但赋存于其中的地下水资源并不丰富。

1.4.1.4　黄土中的地下水

黄土质地均一，富含钙质，无层理，具有大孔隙及垂直节理。我国是世界上黄土最为发育的国家之一，包括下更新统黄土（有的地区微显红色）、中更新统老黄土和上更新统黄土。在新构造运动、黄土本身的性质以及流水的长期侵蚀等因素作用下，黄土高原沟谷深切，地形破碎，加上气候干旱少雨，导致地下水呈现间断分布的特点。

黄土高原被侵蚀后，仍保持有大片平缓倾斜的黄土平台，称其为黄土塬。黄土塬一般情况下，多发育在古地形切割不强、沟谷间距较大的地区，地下水多赋存于孔隙和裂隙发育的黄土状土层中。每个塬各自成为独立的水文地质单元，塬面接受降水的入渗补给，在塬边各沟谷中以泉的形式排泄，潜水在塬区的中心埋藏浅，含水层厚度大，向边缘水位埋深增大，含水层变薄。

由于构造作用强度的差异，黄土塬的基底轮廓比较复杂，具有双层结构，上部为黄土潜水层，下部分布有第四纪下更新世不同岩相和前第四纪的承压含水层。根据其结构可以划分为下伏洪积相、冲湖积相、湖沼相、基岩四种类型，其中以下伏洪积相、冲湖积相承压水水量较丰富，且水质较好。

黄土塬的凹地是相对富水地段，一般潜水位埋深10～20m，单位涌水量0.4～1.86L/(s·m)，水量比塬面周围大5～10倍以上。凹地的成因有三种：洪积扇前缘的凹地、地表水侵蚀的凹地、受基底新构造控制的凹地。一般说来，侵蚀凹地和构造凹地富水性较好，洪积扇前缘的凹地次之。

被侵蚀成长条状的黄土丘陵称为黄土梁。顶部浑圆，呈馒头形的孤立黄土丘陵称为黄土峁。

黄土丘陵有许多梁、峁区是继承了第三纪末期的梁峁地形，黄土比较均匀地覆盖在第三系之上。当第三系为泥岩隔水层时，则组成倾斜蓄水构造，上面透水的黄土层便成为潜水含水层，其补给源主要为大气降水的入渗，蓄存条件极差，分布零星，水量不足。梁峁之间的宽浅沟谷（也称为掌地及杖地），汇集部分地下水，埋深一般只有十余米，成为当地居民生活及家畜用水水源。梁峁地区往往每个沟系或每条沟各自成为一个独立的水文地质单元。如甘肃静宁县灵芫黄土梁坡上的民井，含水层厚度小于1m，潜水埋深10～30m，涌水量每日几立方米；黄土梁的顶宽小于200m时，斜坡坡度10°～20°，部分大于20°。

黄土中可溶盐含量高，其分布区降水量又较少。因此，黄土中的地下水矿化度普遍较高。最干旱的北部地区，黄土含可溶盐0.5%～0.8%，地下水矿化度一般3～10g/L，为硫酸盐-氯化物型水。

1.4.1.5　滨海三角洲沉积物中的地下水

河流挟持大量泥沙汇入海洋时，在滨海地区分叉，河水与海水相混使得流速迅速减小，泥沙便在河口处堆积下来，形成沙岛、沙坝、沙嘴等地形，这些地形进一步相连便形成了三角洲。三角洲的组成物质由陆地向海洋颗粒逐渐变细；在剖面上，自上而下一般可分为三部分，包括：①顶积层（包括水上、水下两部分），由冲积、湖积和沼泽相物质交互沉积而成；②前积层，由河相和海相物质交互沉积而成；③底积层，由海相淤泥和黏土物质组成。在平面上，可把顶积层的水上部分划分为三角洲平原带（相）、三角洲前缘带（相）、前三角洲带（相）。顶积层水下部分和前积层的一部分合称三角洲前缘带（相），前积层下部和底积层合称前三角洲带（相）。

在边岸地区海相岩层中，地下水多为咸水或微咸水，河湖相沉积物中可能赋存有淡水。由于海侵影响，沉积物中的淡水可能被咸化，海退时，咸化的地下水在降水入渗和山区淡水补给的作用下又被冲淡，因此在地表水体附近，常出现淡水带或淡水透镜体。

1.4.2　裂隙水

资源1.17

存在于岩层裂隙中的地下水称为裂隙水。裂隙水的埋藏、分布和运动规律主要受到岩石的裂隙成因类型、裂隙性质以及裂隙发育程度的控制。与松散沉积物中的孔隙水相比，因裂隙通道在空间上的展布具有明显的方向性，且裂隙岩层间的水力联系差、水量分布不均匀等特点，使得裂隙水具有强烈的不均匀性和各向异性。

裂隙水的分布及其形成条件直接受裂隙成因的控制。因此，按裂隙的成因将裂隙水分为风化裂隙水、成岩裂隙水和构造裂隙水。

1.4.2.1　风化裂隙水

暴露于地表的岩石，在温度变化和水、空气、生物等风化营力作用下形成风化裂隙。风化裂隙常在成岩裂隙与构造裂隙的基础上进一步发育，形成密集均匀、无明显方向性、连通良好的裂隙网络。风化营力决定着风化裂隙层呈覆盖于地表的壳状，一般厚数米到数十米，未风化的母岩成为相对隔水的底板，故风化裂隙水一般为潜水，被后期沉积物覆盖的古风化壳可赋存承压水（图1-19）。

风化裂隙水一般以大气降水入渗补给为主要来源。在基岩出露的山区，地形切割

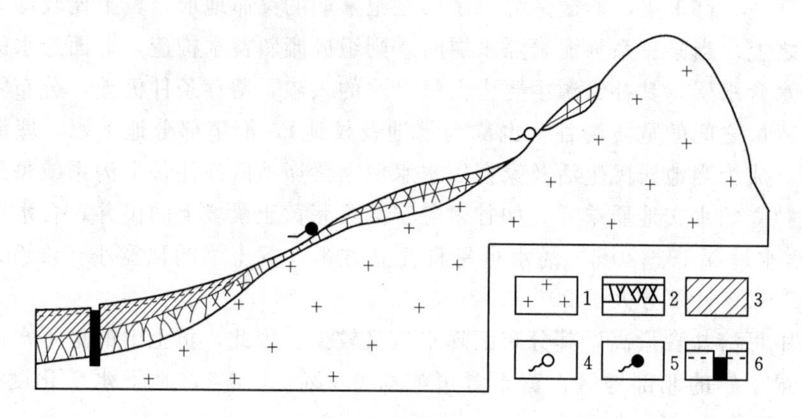

图1-19　风化裂隙水示意图

1—母岩；2—风化带；3—黏土层；4—季节性泉；5—常年性泉；6—井及地下水位

强烈，有利于地下水的流动与排泄，易出露于地表成泉。风化裂隙水的矿化度一般较低，常小于0.5g/L，属于重碳酸盐型水。

风化裂隙水的富集受地形因素的控制。在地形平坦、剥蚀作用微弱，且地形条件有利于汇集降水的地区，有利于风化壳的发育和保存，可能形成规模较大、常年能提供一定水量的风化裂隙含水层。通常情况下，风化壳规模相当有限，风化裂隙含水层水量不大，就地补给、排泄，遇旱季泉流量变小或干涸。

1.4.2.2　成岩裂隙水

成岩裂隙是岩石在成岩过程中受内部应力作用而产生的原生裂隙。沉积岩固结脱水、岩浆岩冷凝收缩等均可产生成岩裂隙。但是，沉积岩及深成岩浆岩的成岩裂隙通常多是闭合的，含水意义不大。

最为发育的陆地喷溢的玄武岩，其成岩裂隙大多张开且密集均匀，连通良好，常构成储水丰富、导水通畅的层状裂隙含水系统。美国夏威夷群岛玄武岩裂隙水十分丰富，州首府火奴鲁鲁即以此作为供水水源，钻孔总涌水量达7.5m^3/s之多。因玄武岩岩浆成分的不同及冷凝环境的差异，玄武岩成岩裂隙发育的程度各不相同。如我国内蒙古一带大面积分布的第三纪玄武岩，厚度达数十米至百余米，柱状节理发育，其下泥质岩则构成隔水底板而形成潜水，水质良好，是该地区主要供水水源之一。

成岩裂隙水按埋藏条件可分为潜水和承压水。在喷发岩地区广泛地分布着成岩裂隙水，如黑龙江省阿荣旗兴权堡，由于玄武岩成岩裂隙发育，含有丰富的裂隙潜水，位于河谷地段100m深的钻孔，抽水时涌水量达18.7L/s，地下水位埋深0.14m。玄武岩等脆性岩石与凝灰岩、凝灰质页岩等柔性岩石互层时，前者常构成含水层，后者则构成隔水层，形成层间裂隙承压水或自流水。如云南阿直盆地的二叠系玄武岩，在向斜构造中形成承压含水层，承压水的水头高出地表17m。

1.4.2.3　构造裂隙水

1. 构造裂隙的概述

构造裂隙是在地壳运动过程中，岩石在构造应力作用下产生的。它是所有裂隙成因类型中最常见的，分布范围最广的，是裂隙水研究的主要对象。通常所说的裂隙水区别于孔隙水，具有强烈的非均匀性、各向异性、随机性等特点也主要是针对构造裂隙水而言的。

构造裂隙的发育因空间位置的不同具有很大的差异，这主要与应力作用有关。例如，在背斜或穹隆状隆起的核部、枢纽的倾伏端、挠褶的连接部位等，由于应力集中，裂隙发育常形成和褶皱轴平行与垂直的两组密集且张开性好的裂隙。而在褶皱两翼及单斜岩层中，裂隙发育相对较稀疏，张开性也较差。

构造裂隙的张开度、延伸度、密度以及导水性等在很大程度上受岩层性质（如岩性、单层厚度、相邻岩层的组合情况）的影响。在塑性岩石（如页岩、泥岩等）中，常形成闭合的甚至是隐蔽的裂隙，这类岩石的构造裂隙一般密度较大，张开性差，延伸不远，缺少对地下水储存的“有效裂隙”，尤其是具有导水意义的“有效裂隙”，多构成相对隔水层，只有在暴露于地表之后，经过卸荷及风化才具有一定的储水及导水能力。脆性岩石如致密石灰岩、岩浆岩、钙质胶结砂岩等，其构造裂隙一般比较稀疏，张开性好，延伸远，具有较好的导水性。

构造裂隙的特点是具有明显而又比较稳定的方向性，这种方向性主要受构造应力场的控制。一般在一个地区岩层中的主要裂隙按其与地层走向的关系可分为纵裂隙、横裂隙、斜裂隙，层状岩石中还包括层面裂隙与顺层裂隙（图 1-20）。纵裂隙与岩层走向大体平行，在层面裂隙的作用下，纵向裂隙的延伸方向一般就是岩层导水能力最大的方向；横裂隙一般是张性的，张开宽度大但延伸不远，呈两端尖灭的透镜体状；斜裂隙是由剪应力形成的，延伸长度及张开性都相对差一些。

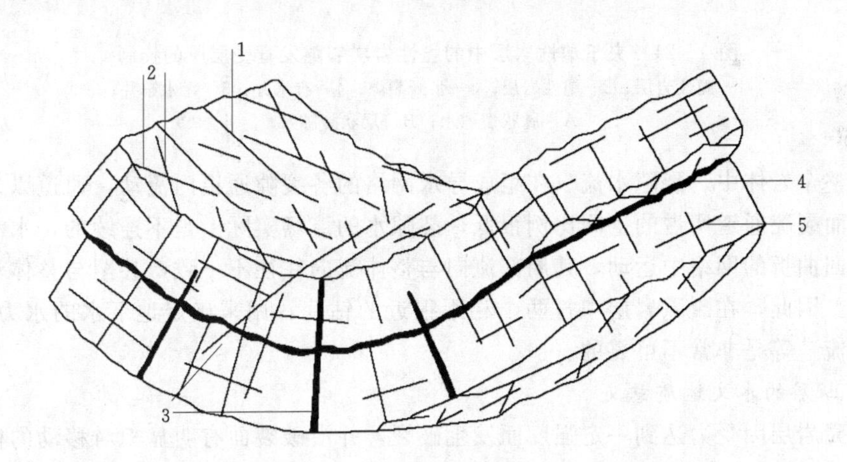

图 1-20　层状岩石构造裂隙示意图
1—横裂隙；2—斜裂隙；3—纵裂隙；4—层面裂隙；5—顺层裂隙

2. 构造裂隙水的特征

裂隙系统决定了赋存于其中的水流的特征。如在层面裂隙非常发育，延伸广，具有一定张开性，且与其他方位组的裂隙以不同角度相交，彼此相互连接组合的各类脆性层状岩层（沉积岩、岩浆岩中的喷出岩）中，赋存于其中的水具有统一的水力联系和连续的水面。对于块状岩石（岩浆岩中的侵入岩、变质岩）或层面裂隙不发育的层状厚层岩石，由于裂隙发育稀疏，在地质体内，可能出现若干个互不连通的裂隙系统，各系统中的水彼此无水力联系，无统一水面，形成所谓脉状裂隙水。

裂隙含水系统通常具有树状或脉状结构，一些大的导水通道作用突出，使裂隙水表现出明显的不均匀性。钻孔或坑道如未揭露系统中的主干裂隙，由于次一级的裂隙储水能力有限，故涌水量不大；若钻孔或坑道揭露含水裂隙网的主干裂隙，广大范围内裂隙网络中的水便逐级汇于主干通道，出现相当大的水量。在同一裂隙岩层中打井或开挖坑道时，由于一个裂隙含水系统是不同级次裂隙的集合体，即使同一岩层中又可能包含着若干个规模不同、互不联系的裂隙含水系统，涌水量一般差异很大。夹于塑性岩层中的脆性岩层，其裂隙的发育程度明显地受地层厚度的控制，一般脆性岩层较薄时，裂隙较发育，而脆性岩层较厚时，裂隙发育较差（图 1 - 21）。

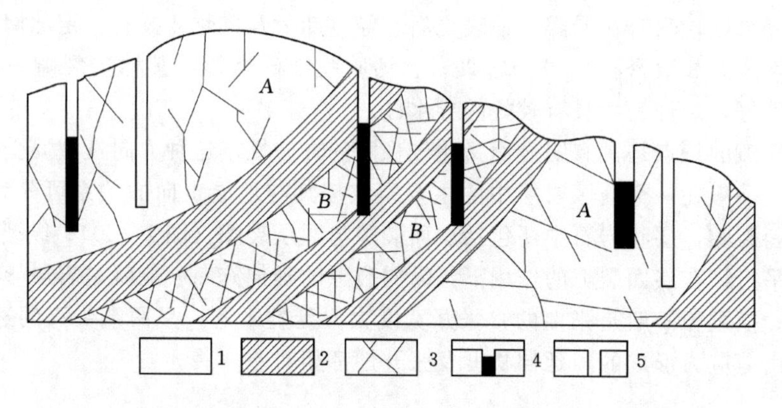

图 1 - 21　夹于塑性岩层中的脆性岩层裂隙发育受层厚的控制

1—脆性岩层；2—塑性岩层；3—张开裂隙；4—有水井；5—无水干井；

A—脉状裂隙水；B—层状裂隙水

在整个岩体中，裂隙水流只在组成导水网络的各裂隙通道内流动，通道以外没有水流，而裂隙通道所占的空间比例很低，裂隙水的流场实际上是不连续的，水流被限制在迂回曲折的网络中运动，其局部流向与整体流向往往不一致，甚至与整体流向正好相反。因此，在裂隙岩层中打两个相距很近的钻孔，用来确定地下水的水力梯度、流向、流速等是非常不可靠的。

3. 断层的水文地质意义

地壳岩层因受力达到一定强度而发生破裂，并沿破裂面有明显相对移动的构造称为断层，断层具有特殊的水文地质意义。大的断层可延伸数十千米至数百千米，断层带宽达数百米，切穿若干岩层。在断层带上往往岩石破碎，易被风化侵蚀，故沿断层线常常发育为沟谷，有时出现泉或湖泊。

断层两盘的岩性及断层力学性质控制着断层的导水—储水特征。发育于脆性岩层中的张性断裂，中心部分多为松散多孔的构造角砾岩，两侧一定范围内则为张开度及裂隙率都增大的裂隙增强带，具有良好的导水能力。发育于含泥质较多的塑性岩层中的张性断裂，构造岩夹有大量泥质，两侧的裂隙增强也不如脆性岩层中明显，往往导水性差，甚至隔水。

发育于透水围岩中的导水断层，不仅是储水空间，还兼具集水廊道的功能。钻孔或坑道揭露断层带的某一部位时，水位下降迅速波及导水畅通的整个断层带，形成延展相当长的水位低槽，断层带就像集水廊道一样，汇集广大范围围岩裂隙中的水，因此，涌水量较大且稳定。

当存在厚层隔水层且断层断距较大时，原来连通的含水层可能被切割成为相对独立的块段。由于这种含水块段与外界的水力联系减弱，甚至阻止与外界的水力联系，故有利于排水疏干而不利于供水，正是由于这种阻隔作用，大的断层往往成为含水系统的边界（图 1-22）。

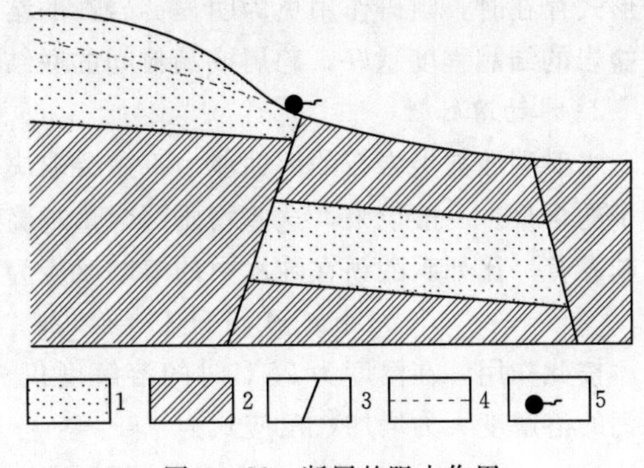

图 1-22　断层的阻水作用

1—含水层；2—隔水层；3—断层；4—地下水位；5—泉

1.4.3　岩溶水

岩溶（喀斯特）是水流与可溶性岩石相互作用的过程及由此而产生的地质现象的总称。岩溶水又称“喀斯特水”，是赋存于岩溶化岩体中的地下水的总称。由于介质的可溶性以及水对介质的差异性溶蚀，岩溶水在流动过程中不断扩展介质的空隙，改变其形状，同时改变其补给、径流、排泄条件及地下水的动态特征等。岩溶水系统是一个能够通过水与介质相互作用不断自我演化的动力系统。

岩溶水系统形成的初期，与裂隙系统没有很大的不同，但是处于演化后期的岩溶水系统，由于管道系统发育，大范围内的水汇成一个完整的地下河系，使其具有空间分布极不均一、时间上变化强烈、流动迅速和排泄集中的特征。

水量丰富的岩溶含水系统是理想的供水水源，但由于其水量大且分布极不均匀，往往又对采矿构成了巨大威胁。易于发生渗漏的岩溶化岩层给修建水利工程带来许多困难。我国可溶性岩石分布约占全国面积的 1/3，岩溶及岩溶水的研究具有重要的实际意义。

资源 1.18

1.4.3.1　岩溶发育的基本条件

研究岩溶水的特征和分布规律，要首先了解其存在的空间与形成的条件。岩溶化过程实际上就是水作为营力对可溶性岩石的改造过程，因此，岩溶发育必不可少的两个基本条件是：岩石具有可溶性和地下水具有溶蚀能力。

1. 岩石的可溶性

可溶性岩石的存在是岩溶发育的物质基础。岩石的可溶性主要取决于岩石的成分、结构和岩层的组合关系等。主要成分和次要成分的组合不同对岩溶的溶解速度也有影响，在其他条件相同的情况下，不同岩石岩溶发育差异性也很大。如方解石和白云石，方解石的溶解度虽小，但溶解速度比白云石大 3～4 倍，所以在水流畅通的情况下，由方解石组成的厚层灰岩岩溶更为发育；白云质灰岩或灰质白云岩，岩溶发育程度就比较微弱。

在碳酸盐类岩石中，硅质、泥质等不溶物质含量越大，溶蚀作用就越弱。因为不溶物质阻碍了水与岩石中可溶成分的接触，尤其是这些不溶物质呈分散状态或以胶结物形式存在时，阻碍作用更为明显。岩石的结构情况不同，其溶解速度也不相同。碳酸盐岩的结晶程度越好，碎屑或晶粒间的联结越疏松，越有利于溶蚀。

2. 水的溶蚀性

水对碳酸盐类岩石的溶蚀能力，主要取决于水中游离 CO_2、氢离子浓度、硫酸根离子的含量。一般说来，这些物质的含量越高，水对可溶岩的溶蚀能力就越强，岩溶就越发育。比如碳酸钙在纯水中的溶解反应为

$$CaCO_3 + H_2O \rightleftharpoons Ca^{2+} + HCO_3^- + OH^- \quad (1-13)$$

按此作用，在温度为25℃时的溶解度仅为14.2mg/L，当水中溶有 CO_2 时，碳酸钙的溶解度大为增加，反应式为

$$CO_2 + H_2O \rightleftharpoons H_2CO_3 \rightleftharpoons H^+ + HCO_3^- \quad (1-14)$$

由于碳酸离解产生 H^+，使式（1－13）右侧的 OH^- 浓度降低，从而使反应向右方进行，促使更多的碳酸钙溶解。

除了上述两个基本条件外，岩石的透水性及水的流动性也是岩溶发育的重要条件。各种碳酸盐岩虽有原生孔隙，但孔隙细小、连通性差，如果没有构造裂隙，水很难进入可溶岩发生溶蚀作用。在水流停滞的条件下，随着 CO_2 的不断消耗，当达到化学平衡状态时，水成为饱和溶液而完全丧失侵蚀能力；只有当地下水不断流动，富含 CO_2 的渗入水不断补充更新，水才能经常保持侵蚀性，溶蚀作用才能持续进行。控制岩溶发育的各种自然地理、地质因素在很大程度上是通过影响地下水的径流起作用的（图1－23）。

1.4.3.2　岩溶水的特征

1. 岩溶水的分布及运动特征

岩溶介质是一种极不均匀、各向异性显著的含水介质，赋存的地下水必然受到内部结构的影响和控制。岩溶水的分布不均匀性取决于岩溶含水层中岩溶系统展布的格局，一般岩溶水的富水性在水平和垂直方向上变化很大，在岩溶含水层中，不同地段地下水之间的水力联系有明显的各向异性。

资源1.19

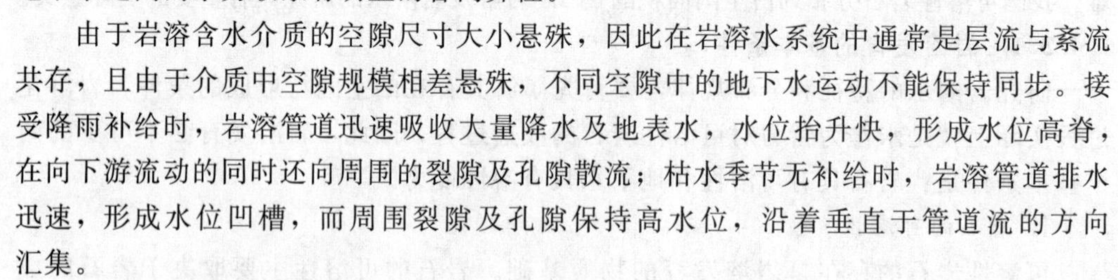
由于岩溶含水介质的空隙尺寸大小悬殊，因此在岩溶水系统中通常是层流与紊流共存，且由于介质中空隙规模相差悬殊，不同空隙中的地下水运动不能保持同步。接受降雨补给时，岩溶管道迅速吸收大量降水及地表水，水位抬升快，形成水位高脊，在向下游流动的同时还向周围的裂隙及孔隙散流；枯水季节无补给时，岩溶管道排水迅速，形成水位凹槽，而周围裂隙及孔隙保持高水位，沿着垂直于管道流的方向汇集。

2. 岩溶水的补给、排泄和径流特征

岩溶水的主要补给源为大气降水与地表水。典型的岩溶化碳酸盐岩含水层，由于深部洞穴坍塌而在地表形成一系列通向地下水面的溶斗、落水洞与竖井，降水通过岩溶含水介质时被迅速吸收。一般大气降水是面状补给地下水的，但在岩溶高度发育的地区，降水直接灌入处于低洼处的溶斗和落水洞，短时间内即可顺畅地到达岩溶水水

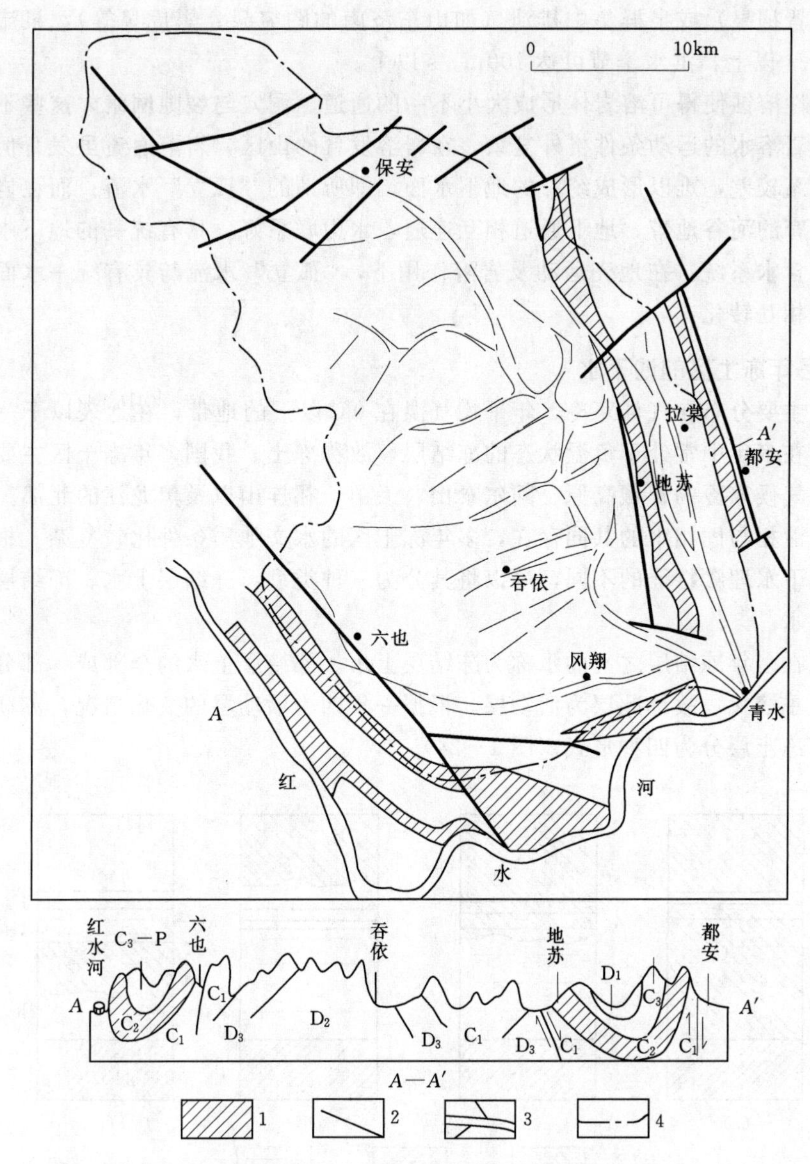

图 1-23 广西地苏地下河系略图（据广西水文工程地质队）

1—相对隔水层；2—断层；3—地下暗河；4—地下河系分水岭界线（平面图中分水岭界线内未标注者均为石灰岩及白云岩；剖面图中未标注者均为石灰岩及白云岩）

面。我国南方岩溶发育的地方，降水入渗系数一般大于 0.8，而在岩溶发育较差的北方，降水入渗系数仅为 0.3 左右。

随着含水介质岩溶发育，岩溶水水力坡度逐渐变小，水位大幅度下降，原来成为岩溶水排泄去路的河流反而成为地下河系的地上部分，整条河流流入地下成为岩溶水的补给源，这在岩溶化地区是屡见不鲜的。

岩溶水排泄的最大特点是排泄集中，排泄量大。由于地下河系发育，地下水往往在数百平方千米甚至数千平方千米范围内构成一个统一的水系，由一个岩溶泉（如山西太原的晋祠泉）或泉群集中排泄（如山东济南的趵突泉、黑虎泉等），泉流量常常可达 $1m^3/s$ 以上，洪水季节可达 $100m^3/s$ 以上。

差异性溶蚀使得可溶岩体形成大小不一的通道、洞穴与裂隙网络，这些不均匀的通道使得岩溶水的运动条件格外复杂。在岩溶发育的山区，岩溶通道虽发育但彼此之间水力联系较差，难以形成统一的地下水面，即所谓的“孤立”水流；而在岩溶平原及岩溶发育的河谷地带，地下通道相互连通，水力联系好，具有统一的地下水面，构成统一的含水系统。在地壳运动及岩溶作用下，“孤立”水流与具有统一水面的岩溶水流可以相互转化。

1.4.4　多年冻土区的地下水

冻土主要分布在气候寒冷、年平均气温在0℃以下的地带，在地表以下一定深度范围内存在多年中常处于负温状态的冻结层，故称冻土。我国多年冻土区主要分布在海拔高、气候寒冷的青藏高原、阿尔泰山、天山、祁连山以及黑龙江的北部。

由于液相与固相水的共同存在，多年冻土区的水文地质条件比较复杂。根据多年冻土区地下水埋藏特征的不同，可以将其分为三种类型：冻结层上水、冻结层间水和冻结层下水。

埋藏在多年冻结层之上的水称为冻结层上水。冻结层上水的全部或一部分在冬季冻结，夏季溶化，故称此层为活动层。根据一年四季活动层的变化情况，苏联奥佛琴尼科夫将冻土层分为四种形式（图1-24）。

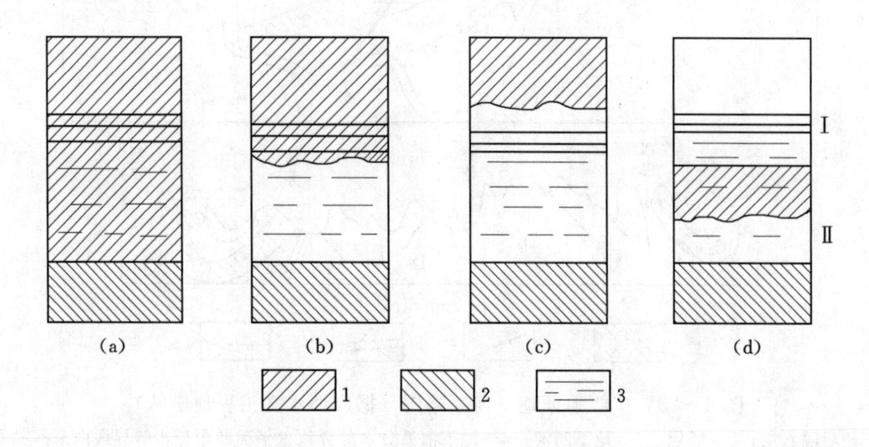

图1-24　各种形式的冻结层上水

(a) 全部季节冻结的冻结层上水；(b) 部分季节冻结的冻结层上水；(c) 季节冻结未达到冻结层上水；(d) 未溶解的季节冻结层将冻结层上水分为两层（Ⅰ和Ⅱ）液态水

1—季节冻层；2—多年冻层；3—季节性或常年的液态水

冻结层上水的补给主要为暖季的大气降水及高山、高原区的冰雪溶水的补给，靠近地表水体可接受地表水补给，另外，冻结层下水通过溶区上升也成为其补给源。冻结层上水一般水量不大，且随季节变化明显，只作小型企业供水或季节性工程水源。

冻结层间水埋藏在多年冻结层内部，既有液态也有固态形式。它不随季节发生变化，形态稳定，除溶区外，液态水以层状、透镜体状、脉状、管状存在于固态水之间，通常具有承压性。

冻结层间水的补给来源主要为冻结层上水和冻结层下水。补给源不同，冻结层间水的动态和成分也就不同。当由冻结层上水补给时，一般水温较低，变化较大；当由冻结层下水补给时，水温较高，变化较小。冻结层间水涌水量受季节性影响不大，水量稳定，可作为中小型的供水水源。

埋藏在多年冻土层下部的水称为冻结层下水，一般以液态存在，温度在零度以上，水温随深度增加而增高。冻结层下水只能通过溶区得到补给和进行排泄，而且补给、排泄条件较差。

冻结层下水动态稳定，水量丰富且水质较好，是多年冻土区的可靠供水水源，可作为中型及大型供水的水源。

复习思考题

1. 什么是岩土的空隙性？岩土的空隙有哪几类，分别用什么指标来表示，各有什么特点？

2. 什么是岩土的水理性质？岩土的水理性质有哪些？各用什么指标表示？

资源 1.20

3. 什么是含水层和隔水层？包气带水、潜水、承压水的定义及各自的特点是什么？

4. 孔隙水可分为哪几种成因类型？

5. 何谓裂隙水？裂隙水与孔隙水相比有何不同之处？

6. 岩溶水发育的基本条件有哪些？与其他类型水相比有哪些独特之处？

参考文献

[1] 国家技术监督局．水文地质术语：GB/T 14157—93［S］．北京：中国标准出版社，1993.
[2] 王大纯，张人权，等．水文地质学基础［M］．北京：地质出版社，2006.
[3] 王德明．普通水文地质学［M］．北京：地质出版社，1986.
[4] 区永和，陈爱光，王恒纯．水文地质学概论［M］．北京：中国地质大学出版社，1988.
[5] 张元禧，施鑫源．地下水水文学［M］．北京：中国水利水电出版社，1998.
[6] 廖资生，束龙仓，林学钰．基岩裂隙水专家系统［M］．西安：陕西科学技术出版社，1997.
[7] 朱学愚，钱孝星．地下水水文学［M］．北京：中国环境科学出版社，2005.
[8] D K Todd，L W Mays. Groundwater Hydrology［M］．3rd ed. Hoboken：John Wiley & Sons，2005.
[9] 张人权，梁杏，靳孟贵，等．水文地质学基础［M］．7版．北京：地质出版社，2018.

第2章 地下水的物理性质和化学成分

地下水赋存并运动在岩土的空隙中，参与自然界的水循环，在运动过程中不断与周围介质发生复杂的物理和化学作用，从而具有一定的物理性质并含有一定的化学成分。同时，地下水在循环运动过程中，其物理性质和化学成分也在不断地变化。因此，对地下水的物理性质和化学成分进行研究，将有助于了解地下水的形成及其发展演化规律。另外，在利用地下水或防治地下水危害时，也需要研究地下水的水质属性。所以，对地下水物理性质和化学成分的研究，不仅具有理论意义，同时具有重要的实际意义。

2.1 地下水的物理性质

2.1.1 温度

地壳表层有两个热能来源：一个是太阳的辐射，另一个是来自地球内部的热流。根据受热源影响的情况，地壳表层可分为变温带、常温带及增温带。

资源 2.1

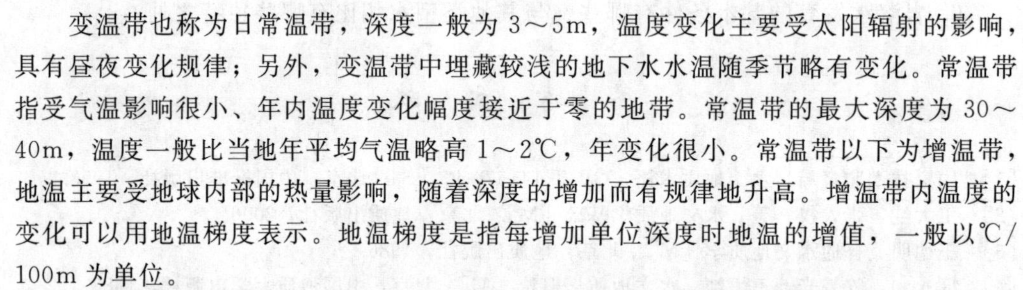

变温带也称为日常温带，深度一般为 3～5m，温度变化主要受太阳辐射的影响，具有昼夜变化规律；另外，变温带中埋藏较浅的地下水水温随季节略有变化。常温带指受气温影响很小、年内温度变化幅度接近于零的地带。常温带的最大深度为 30～40m，温度一般比当地年平均气温略高 1～2℃，年变化很小。常温带以下为增温带，地温主要受地球内部的热量影响，随着深度的增加而有规律地升高。增温带内温度的变化可以用地温梯度表示。地温梯度是指每增加单位深度时地温的增值，一般以℃/100m 为单位。

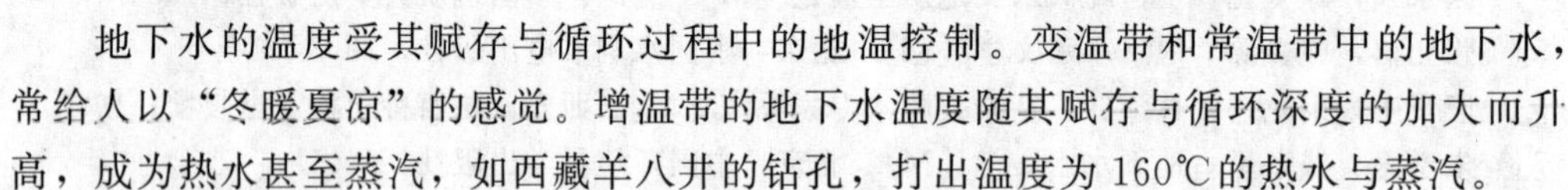

地下水的温度受其赋存与循环过程中的地温控制。变温带和常温带中的地下水，常给人以“冬暖夏凉”的感觉。增温带的地下水温度随其赋存与循环深度的加大而升高，成为热水甚至蒸汽，如西藏羊八井的钻孔，打出温度为 160℃的热水与蒸汽。

已知年平均气温为 t、年常温带深度为 h、地温梯度为 r，可概略计算某一深度 H 的地下水水温 T：

$$T=t+(H-h)r \tag{2-1}$$

同样，利用地下水水温 T，可以推算其大致循环深度 H：

$$H=\frac{T-t}{r}+h \tag{2-2}$$

地温梯度的平均值为 3℃/100m。通常变化于 1.5～4℃/100m 之间，但个别新火山活动区可以很高，如西藏羊八井的地温梯度为 300℃/100m。

根据地下水温度将地下水划分为：过冷水（＜0℃）、冷水（0～20℃）、温水（20～42℃）、热水（42～100℃）和过热水（＞100℃）。

地下水的温度对水中化学成分的含量影响很大。一般情况下，水温升高，化学反应速度和盐的溶解度也随之升高，如钠盐和钾盐，但钙盐的溶解度则随温度升高而降低。因此，冷水常是钙质的，而热水、温水常是钠质的。对于气体成分，地下水的温度越高，溶解度越小。

2.1.2　颜色

地下水一般是无色的，但有时由于水中的悬浮物和溶解物质的影响，地下水呈现出不同的颜色。如含硫化氢，地下水呈暗绿色；含低价铁，呈浅灰蓝色；含高价铁，呈黄褐色；含硫细菌，呈红色；含腐殖酸，呈暗黑或黑黄色等，见表2-1。

表2-1　　水中存在的物质与水的颜色关系

水中存在的物质	低价铁	高价铁	硫化氢	硫细菌	锰的化合物	腐殖酸
水的颜色	灰蓝	黄褐	暗绿	红色	暗红	暗黄或黑黄

2.1.3　透明度

地下水的透明度取决于水中固体与胶体悬浮物的含量。含量越多，其对光线的阻碍程度越大，水越不透明。按透明度可将地下水分为四级：透明的、微浊的、混浊的和极浊的，见表2-2。

表2-2　　地下水透明度分级表

分　级	鉴　定　特　征
透明的	无悬浮物及胶体，60cm水深可见3mm粗线
微浊的	有少量悬浮物，小于60cm、大于30cm水深可见3mm粗线
混浊的	有较多悬浮物，半透明状，小于30cm水深可见3mm粗线
极浊的	有大量悬浮物和胶体，似乳状，水很浅也不能清楚看见3mm粗线

2.1.4　嗅（气味）

地下水通常是无气味的，但当其中含有某些离子或气体时，则会产生特殊气味。如含硫化氢时具有臭鸡蛋味，含亚铁离子很多时具有铁腥味，含腐殖质时有鱼腥味等。气味的强弱与温度有关，一般在低温下不易判别，而在40℃左右时，气味最显著。故在测定地下水气味时，应将水稍稍加热，以使气味明显、易辨。地下水按气味的强弱分为六级，详见表2-3。

表2-3　水中气味强度等级

等　级	程　度	说　　明
Ⅰ	无	没有任何气味
Ⅱ	极微弱	有经验分析者能觉察
Ⅲ	弱	注意辨别时，一般人能察觉
Ⅳ	显著	易于察觉，不加处理不能饮用
Ⅴ	强	气味引人注意，不适饮用
Ⅵ	极强	气味强烈扑鼻，不能饮用

2.1.5　味

地下水的味道取决于它的化学成分。纯水是无味的，但由于地下水中溶解了多种物质，包括盐类和气体，因此具有一定的味感。如含氯化钠的水具有咸味，含硫酸钠的水具有涩味，含硫酸镁或氯化镁的水具有苦味，含碳酸或重碳酸的水清凉可口，含大量有机物的水略具甜味等。水的味道在20～30℃时最为显著，因此，测定地下水味道时应该将水稍稍加热。

2.1.6 密度和比重

某种物质的质量和其体积的比值，即单位体积的某种物质的质量，称为该物质的密度。大部分液体的密度随温度的升高而减小，但水的密度较为特殊。在4℃时纯水的密度最大，为1kg/L。在0℃时其密度为0.99987kg/L。当水的温度从0℃上升到4℃时，水的密度反而随温度的上升而增大。由于地下水储存于地下，承受一定的压力，因此地下水的密度受压力影响，其体积压缩系数为4.7×10^{-5}/atm[1]，实际应用中，通常认为水几乎是不可压缩的。同时，水中溶解的化学成分越多，水的密度越大。海水入侵到含水层中，地下水达到海水的密度，约为1.03kg/L。

比重也称相对密度，某种物质的比重是该物质的密度与在标准大气压下3.98℃时纯水的密度（999.972kg/m^3）的比值，因此，水的比重与水的密度变化规律相同。液体比重说明了它们在另一种流体中是下沉还是漂浮。比重无量纲，由于水的密度在4℃最大，因此其比重在4℃时也最大。

2.1.7 导电性和导热性

地下水的导电性取决于其中溶解的电解质的数量和质量，即离子的含量与其离子价。离子含量越多，离子价越高，水的导电能力也越强。此外，由于温度影响电解质的溶解，从而也影响到水的导电性。水的导热性比其他液体要小。在20℃时水的导热率为0.5987J/(m·s·℃)。

2.1.8 放射性

地下水的放射性取决于其中所含放射性元素的数量，地下水或强或弱都具有放射性，但一般极为微弱。储存和运动于放射性矿床以及酸性火山岩分布区的地下水，其放射性相应有所增强。

2.2 地下水的化学特征

地下水中的化学元素迁移、集聚与分散的规律，是水文地球化学的研究内容。这一研究地下水水质演变的学科，与研究地下水水量变化的学科——地下水动力学，共同构成了地下水水文学的理论基础。地下水中元素迁移不能脱离水的流动，因此水文地球化学的研究必须与地下水动力学的研究紧密结合。地下水水质的演变具有时间上继承的特点，自然地理条件与地质发展历史对地下水的化学特征具有深刻的影响；因此，不能从纯化学的角度，孤立静止地研究地下水的化学成分及其形成，而必须从水与环境长期相互作用的角度出发，去揭示地下水化学演变的内在依据与规律。

[1] 1atm≈100kPa。

地下水不是化学意义上的纯净水，而是一种复杂的溶液。赋存于岩石圈中的地下水，不断与岩土发生化学反应，并在与大气圈、水圈和生物圈进行水量交换的同时，交换化学成分。人类活动对地下水化学成分的影响，在时间上虽然只占漫长地质历史的一瞬间，然而，在许多情况下这种影响已深刻地改变了地下水的化学特征。

地下水的化学成分是地下水与环境（自然地理、地质背景以及人类活动）长期相互作用的产物。一个地区地下水的化学特征，反应了该地区地下水的历史演变。研究地下水的化学成分，可以回溯一个地区的水文地质历史，阐明地下水的起源与形成。

水是最为常见的良好溶剂，它溶解岩土的组分，搬运这些组分，并在某些情况下将这些组分从水中析出。水是地球中元素迁移、分散与富集的载体，许多地质过程（岩溶、沉积、成岩、变质、成矿）都涉及地下水的化学作用。

资源 2.2

为了各种实际目的利用地下水，都对水质有一定要求。例如，饮用水要求不含对人体健康有害的物质；锅炉用水在工业用水中对水质的要求较高，水在蒸汽锅炉中处于高温、高压状态下，水中的化学物质可能发生一些不良的化学反应，导致成垢、起泡和腐蚀作用的发生，从而影响到锅炉的安全生产，为此要进行水质评价。本书第 11 章将专门探讨这一问题。

地下水中化学组分的形成、分布、迁移、富集与分散的规律及其在生产实际中的应用，是水文地球化学的研究内容。它不仅研究地下水的化学成分及其形成作用与途径，而且探索地下水在地球圈层中所起的地球化学作用，因为无论是外生循环还是内生循环的地质作用都有水的参与。这一研究地下水化学成分演变的学科，与研究地下水水量变化的学科——地下水动力学，共同构成了地下水水文学的基础。地下水中元素迁移不能脱离水的流动，因此水文地球化学的研究必须与地下水动力学的研究紧密结合。

2.2.1 地下水的化学成分

地下水中含有各种气体、离子、胶体物质、有机质以及微生物等。

2.2.1.1 地下水中的气体成分

资源 2.3

地下水中常见的气体成分有 O_2、N_2、CO_2、CH_4 及 H_2S 等，尤其以前三种为主。通常情况下，地下水中气体含量不高，每升水中只有几毫克到几十毫克。但是，地下水中的气体成分却很有意义。一方面，气体成分能够说明地下水所处的地球化学环境；另一方面，地下水中的有些气体会增加水溶解盐类的能力，促进某些化学反应，比如 CO_2。

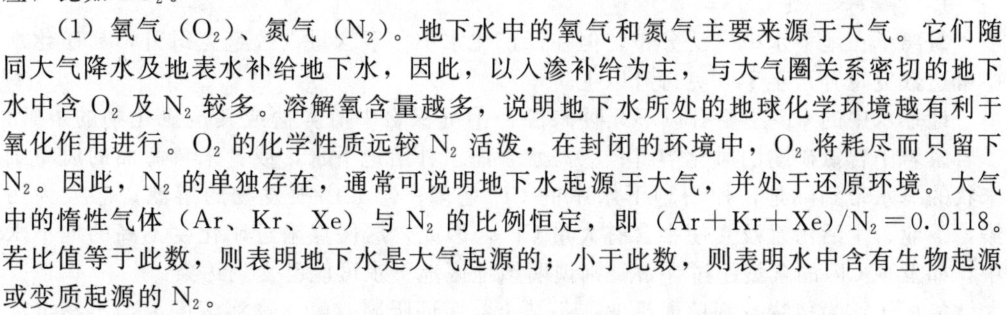
(1) 氧气（O_2）、氮气（N_2）。地下水中的氧气和氮气主要来源于大气。它们随同大气降水及地表水补给地下水，因此，以入渗补给为主，与大气圈关系密切的地下水中含 O_2 及 N_2 较多。溶解氧含量越多，说明地下水所处的地球化学环境越有利于氧化作用进行。O_2 的化学性质远较 N_2 活泼，在封闭的环境中，O_2 将耗尽而只留下 N_2。因此，N_2 的单独存在，通常可说明地下水起源于大气，并处于还原环境。大气中的惰性气体（Ar、Kr、Xe）与 N_2 的比例恒定，即 $(Ar+Kr+Xe)/N_2=0.0118$。若比值等于此数，则表明地下水是大气起源的；小于此数，则表明水中含有生物起源或变质起源的 N_2。

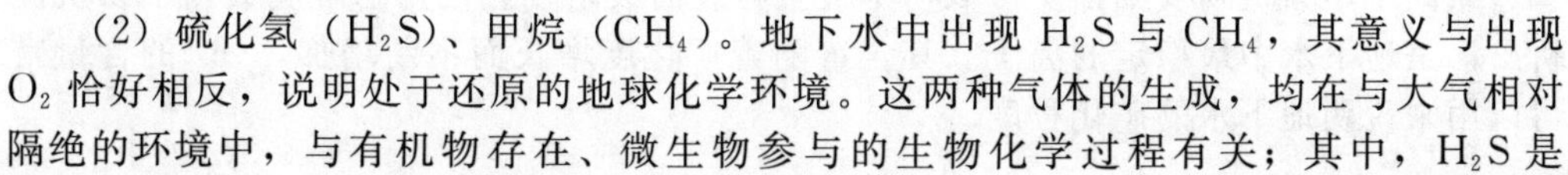
(2) 硫化氢（H_2S）、甲烷（CH_4）。地下水中出现 H_2S 与 CH_4，其意义与出现 O_2 恰好相反，说明处于还原的地球化学环境。这两种气体的生成，均在与大气相对隔绝的环境中，与有机物存在、微生物参与的生物化学过程有关；其中，H_2S 是

SO_4^{2-} 的还原产物。

(3) 二氧化碳（CO_2）。作为地下水补给源的降水和地表水虽然也含有 CO_2，但其含量通常较低。地下水中的 CO_2 主要来源于土壤。有机质残骸的发酵作用与植物的呼吸作用，使土壤中源源不断地产生 CO_2，并溶入流经土壤的地下水中。含碳酸盐类的岩石，在深部高温中，也可以变质生成 CO_2：

$$CaCO_3 \xrightarrow{400℃} CaO + CO_2 \tag{2-3}$$

因此，在少数情况下，地下水中可能富含 CO_2，甚至高达 1g/L 以上。地下水中含 CO_2 越多，其溶解碳酸盐类和对结晶岩进行风化作用的能力越强。

2.2.1.2　地下水中的离子成分

地下水中分布最广、含量较多的离子共计七种，即氯离子（Cl^-）、硫酸根离子（SO_4^{2-}）、重碳酸根离子（HCO_3^-）、钠离子（Na^+）、钾离子（K^+）、钙离子（Ca^{2+}）及镁离子（Mg^{2+}）。构成这些离子的元素，或者是地壳中含量较高，且在水中有一定的溶解度，如 K、Na、Ca、Mg；或者是地壳中含量不大，但是其溶解度相当大的，如 Cl 及 SO_4^{2-} 中的 S。Si、Al、Fe 等元素，虽然在地壳中含量很大，但由于其难溶于水，地下水中含量通常不大。

一般情况下，随着 TDS 的变化，地下水中占主要地位的离子成分也随之发生变化。低矿化水中常以 HCO_3^- 及 Ca^{2+}、Mg^{2+} 为主；高矿化水中则以 Cl^- 及 Na^+ 为主；中等矿化水中，阴离子常以 SO_4^{2-} 为主，主要阳离子则可以是 Na^+，或是 Ca^{2+}。

表 2-4　地下水中常见盐类的溶解度(0℃)

单位：g/100mL

盐　类	溶解度	盐　类	溶解度
NaCl	35.7	$MgSO_4$	22
KCl	28	$CaSO_4$	0.18
$MgCl_2$	52.8	Na_2CO_3	7
$CaCl_2$	59.5	$MgCO_3$	0.01
Na_2SO_4	4.9	$CaCO_3$	0.0012

地下水的 TDS 与离子成分之间的对应关系，主要是因为水中盐类溶解度不同造成的（表 2-4）。

总的来说，氯化物的溶解度最大，硫酸盐次之，碳酸盐较小。钙的硫酸盐，特别是钙、镁的碳酸盐，溶解度最小；随着矿化度增大，钙、镁的碳酸盐首先达到饱和并沉淀析出，继续增大时，钙的硫酸盐也饱和析出，因此，矿化度越高，易溶的氯化钠也越占优势。

1. 氯离子（Cl^-）

氯离子在地下水中广泛分布，但在低矿化水中一般含量仅数毫克每升，高矿化水中可达数克每升乃至 100 克每升以上。

地下水中的 Cl^- 主要有以下几种来源：①沉积岩中所含盐或其他氯化物的溶解；②岩浆岩中含氯矿物的风化溶解；③海水，海水补给地下水，或者来自海面的风将细末状的海水带到陆地，使得地下水中的 Cl^- 增多；④火山喷发物的溶滤；⑤人为污染，工业、生活污水及粪便中含有大量 Cl^-，因此，居民点附近矿化度不高的地下水中，如发现 Cl^- 的含量超过寻常，则说明该地区地下水可能已受到污染。

氯离子不为植物及细菌所摄取，不被土粒表面吸附，氯化物溶解度大，不易沉淀析出，是地下水中最稳定的离子。其含量随着矿化度增长而不断增加，Cl^- 的含量常可以用来说明地下水的矿化程度。

2. 硫酸根离子（SO_4^{2-}）

在高矿化度水中，SO_4^{2-} 的含量仅次于 Cl^-，可达数克每升，个别达数十克每升；在低矿化水中，一般含量仅数毫克每升到数百毫克每升；中等矿化的水中，SO_4^{2-} 常成为含量最多的阴离子。

地下水中的 SO_4^{2-} 来自含石膏（$CaSO_4 \cdot 2H_2O$）或其他硫酸盐的溶解。硫化物的氧化，则使本来难溶于水的 S 以 SO_4^{2-} 形式大量进入水中。例如：

$$\underset{\text{(黄铁矿)}}{2FeS_2} + 7O_2 + 2H_2O \longrightarrow 2FeSO_4 + 4H^+ + 2SO_4^{2-} \tag{2-4}$$

煤系地层常含有很多黄铁矿，因此流经这类地层的地下水往往以 SO_4^{2-} 为主，金属硫化物矿床附近的地下水也常含有大量 SO_4^{2-}。

化石燃料的燃烧给大气提供了人为作用产生的 SO_2 与氮氧化物，氧化并吸收水分后构成富含硫酸及硝酸的降雨——“酸雨”，从而使地下水中的 SO_4^{2-} 增加。

由于 $CaSO_4$ 的溶解度较小，限制了 SO_4^{2-} 在水中的含量，所以，地下水中 SO_4^{2-} 远不如 Cl^- 来得稳定，最高含量也远低于 Cl^-。

3. 重碳酸根离子（HCO_3^-）

地下水中的重碳酸根有几个来源。首先来自含碳酸盐的沉积岩与变质岩（如大理岩）：

$$CaCO_3 + H_2O + CO_2 \longrightarrow 2HCO_3^- + Ca^{2+}$$
$$MgCO_3 + H_2O + CO_2 \longrightarrow 2HCO_3^- + Mg^{2+} \tag{2-5}$$

$CaCO_3$ 和 $MgCO_3$ 是难溶于水的，当水中有 CO_2 存在时，会溶解一定数量的碳酸盐，水中 HCO_3^- 的含量取决于与 CO_2 含量的平衡关系。

岩浆岩与变质岩地区，HCO_3^- 的主要来源为铝硅酸盐矿物的风化溶解，如：

$$\underset{\text{(钠长石)}}{Na_2Al_2Si_6O_{16}} + 2CO_2 + 3H_2O \longrightarrow 2HCO_3^- + 2Na^+ + H_4Al_2Si_2O_9 + 4SiO_2 \tag{2-6}$$

$$\underset{\text{(钙长石)}}{CaO \cdot 2Al_2O_3 \cdot 4SiO_2} + 2CO_2 + 5H_2O \longrightarrow 2HCO_3^- + Ca^{2+} + 2H_4Al_2Si_2O_9 \tag{2-7}$$

地下水中 HCO_3^- 的含量一般不超过数百毫克每升，HCO_3^- 几乎总是低矿化水的主要阴离子成分。

4. 钠离子（Na^+）

钠离子在低矿化水中的含量一般很低，仅数毫克每升到数十毫克每升，但在高矿化度水中则是主要的阳离子，其含量最高可达数十克每升。

Na^+ 来自沉积岩中岩盐及其他钠盐的溶解，还可来自海水。在岩浆岩和变质岩地区，则来自含钠矿物的风化溶解。酸性岩浆岩中有大量含钠矿物，如钠长石；因此，在 CO_2 和 H_2O 的参与下，将形成低矿化的以 Na^+ 及 HCO_3^- 为主的地下水。由于 Na_2CO_3 的溶解度比较大，故当阳离子以 Na^+ 为主时，水中 HCO_3^- 的含量可超过与 Ca^{2+} 伴生时的上限。

5. 钾离子（K^+）

钾离子的来源以及在地下水中的分布特点，与钠相近。它来自含钾盐类沉积岩的溶解，以及岩浆岩、变质岩中含钾矿物的风化溶解。在低矿化水中含量甚微，而在高矿化水中较多。虽然在地壳中钾的含量与钠接近，钾盐的溶解度也相当大。但是，在

地下水中 K^+ 的含量要比 Na^+ 少得多，这是因为 K^+ 大量地参与形成不溶于水的次生矿物（水云母、蒙脱石、绢云母），并易为植物所吸收。由于 K^+ 的性质与 Na^+ 相近，含量少，所以一般情况下，将 K^+ 归并到 Na^+ 中，不加区分。

6. 钙离子（Ca^{2+}）

钙是低矿化地下水中的主要阳离子，其含量一般不超过数百毫克每升。在高矿化水中，由于阴离子主要是 Cl^-，而 $CaCl_2$ 的溶解度相当大，故 Ca^{2+} 的绝对含量显著增大，但通常仍远低于 Na^+。矿化度格外高的水，钙离子也可成为主要离子。

地下水中的 Ca^{2+} 来源于碳酸盐类沉积物及含石膏沉积物的溶解，以及岩浆岩、变质岩中含钙矿物的风化溶解。

7. 镁离子（Mg^{2+}）

镁的来源及其在地下水的分布与钙相近。来源于含镁的碳酸盐类沉积岩（白云岩、泥灰岩）的溶解，此外，还来自于岩浆岩、变质岩中含镁矿物的风化溶解，如：

$$(Mg \cdot Fe)_2SiO_4 + 2H_2O + 2CO_2 \longrightarrow MgCO_3 + FeCO_3 + Si(OH)_4$$

$$MgCO_3 + H_2O + CO_2 \longrightarrow Mg^{2+} + 2HCO_3^- \qquad (2-8)$$

Mg^{2+} 在低矿化水中含量通常较 Ca^{2+} 少，通常不成为地下水中的主要离子成分，部分原因是地壳组成中 Mg 比 Ca 少。

除了以上主要离子成分外，地下水中还有一些次要离子，如 H^+、Fe^{2+}、Fe^{3+}、Mn^{2+}、NH_4^+、OH^-、NO_2^-、NO_3^-、CO_3^{2-}、SiO_3^{2-} 及 PO_4^{3-} 等。

2.2.1.3　地下水中的有机物

有机物种类繁多，主要有氨基酸、蛋白质、糖（碳水化合物）、葡萄糖、有机酸、烃类、醇类、羟酸、苯酚衍生物、胺等。各种不同形式的有机物主要由 C、H、O 三种元素组成，占全部有机物的 98.5%，另外还有少量的 N、P、K、Ca 等元素。

地下水中以真溶液形式存在的有机化合物含量甚微，多为 10^{-9} 级，甚至是 10^{-12} 级。近些年来，随着分析技术的发展，人们对地下水微量有机物的污染日益关注，研究的程度也日益加深。按其物理化学性质，有机物可分为极性的（离子型的）和非极性的（非离子型的），其中每一大类又可分为挥发性的和非挥发性的。就目前已有资料而言，非极性的难溶挥发性有机物是地下水中危害最大的主要有机污染物。它们多数为卤代烃类，是疏水有机物。

地下水中到底有多少种有机污染物，目前还不完全了解。但是，根据最新的文献，美国地下水中的化学物质有 200 多种，其中有机污染物约 175 种。但另一文献报道，当今世界上有机化合物约 200 万种，并且以每年 25 万个新配方的惊人速度增长。其中每年有 300～500 种成为商品，饮用水供水（包括地表水及地下水）中已检出的有机污染物超过 1200 种，随着调查研究的深入，估计其数目会迅速增加。就其污染物的种类、污染的范围及其普遍性以及对人类的危害而言，地下水有机污染物已排在所有污染物的首位，引起相关学者的极大关注。

一般来说，许多有机化合物是非水溶性的（脂溶性的），所以其水溶解度很低。即使如此，还有许多有机污染物的溶解度大于饮用水最大允许浓度。例如表 2-5 中所列的五种杀虫剂，尽管其溶解度很小，但都大大超过饮用水最大允许浓度。

2.2.1.4　地下水中的胶体

地下水中的胶体分为无机胶体和有机胶体两大类。无机胶体中主要有 $Fe(OH)_3$、

$Al(OH)_3$ 及 H_2SiO_3 等，这些成分很难以离子状态溶解于水中。有机胶体是以碳、氢、氧为主的高分子化合物，在地球表面分布很广，尤其是在热带和沼泽地区，地下水中这些组分的含量都很高。

表 2-5 五种杀虫剂的水溶解度（0℃） 单位：g/100mL

化合物	饮水最大允许浓度（$\times10^{-6}$）	溶解度（常温）（$\times10^{-6}$）
异狄氏剂	0.00002	0.02
高丙体六六六	0.0004	0.7
甲氧滴滴涕	0.01	0.01
毒杀芬	0.0005	0.3
2，4-D	0.01	62

2.2.1.5 地下水中的微生物

地下水中重要的微生物主要有三种类型：细菌、真菌和藻类。除光合细菌外，细菌和真菌可以归入还原者一类生物，它们能把复杂的化合物分解成比较简单的物质，并从中提取能量，满足其繁衍和代谢需要。藻类能够利用阳光，把光能转变为化学能储存起来，因此，藻类被归入生产者一类微生物，不过，在无阳光条件下，藻类只能利用化学能来满足其代谢需要。

微生物既能在潜水中繁殖，也可以在深循环地下水中繁衍。微生物所适应的温度范围很宽，可以在零下几度到零上 85～90℃的温度范围内生存。地下水的总溶解固体（total dissolved solids，TDS）一般对微生物的繁衍影响不明显，但 TDS 过高会抑制微生物的活动能力。

细菌、真菌和藻类被称为活的催化剂，由于微生物的催化作用，使得水和土壤中的大量化学过程得以进行。水中发生的重要化学反应，尤其是那些含有有机物和氧化还原过程的反应，大多数是通过细菌的催化作用才得以完成的。微生物在地下水化学成分的形成和演变过程中起着重要的作用，在地下水中有各种不同的细菌存在，其中有适于在氧化环境中生存和繁殖的硝化菌、硫细菌、铁细菌等喜氧细菌，也有适于在还原环境中生存和繁殖的脱氮菌、脱硫菌、甲烷生成菌、氨生成菌等。由于这些细菌的生命活动，可出现脱硝酸作用、脱硫酸作用、甲烷生成作用和氨生成作用等；也可以出现与此相反的作用，如硫酸根生成作用、硝酸根生成作用和铁的氧化作用等，从而导致地下水化学成分的相应变化。

2.2.1.6 地下水中的其他组分

地下水中的微量组分，有 Br、I、F、B、Sr 等。

有机质也经常以胶体方式存在于地下水中。有机质的存在，常使地下水酸度增加，并有利于还原作用。

2.2.2 地下水化学成分的综合指标

在水样分析中，除了测定地下水中各种组分的含量外，往往还要测定一些综合指标，或者根据单项水质分析结果求得某些综合指标的计算值。这些综合指标包括总溶解固体、含盐量、酸度、碱度、硬度、化学需氧量、生化需氧量、钠吸附比等。这些综合指标可以反映地下水某些方面的性质，更可以进一步揭示地下水的循环演化规律。

按反映地下水不同方面的性质，可将这些指标分为三组，分别为：反映地下水质量的指标、反映地下水环境状态的指标和反映地下水酸碱平衡的指标。

2.2.2.1 反映地下水质量的指标

1. 总溶解固体

总溶解固体（TDS），也称为矿化度或总矿化度，是指水中溶解的各种化学组分的总量，包括溶于水中的离子、分子及络合物，但不包括悬浮物和溶解气体。其测定方法：在 105～110℃下，用蒸干水样后残留物的重量来表示，单位为 mg/L 或 g/L。由于该测定方法较为繁琐，可以利用单项水质指标通过计算求得，计算方法为：溶解组分（气体成分除外）总和减去 1/2 的 HCO_3^-。因为水样蒸干过程中，约有 1/2 的 HCO_3^- 变成 CO_2 气体。按地下水的总溶解固体划分的地下水水质类型见表 2-6。

表 2-6　按总溶解固体划分的地下水类型

单位：g/L

类型	淡水	微咸水	咸水	盐水	卤水
总溶解固体	<1	1～3	3～10	10～50	>50

2. 含盐量

含盐量是指水样中各组分的总量，其单位为 mg/L 或 g/L，与总溶解固体相比，含盐量无需减去 1/2 的 HCO_3^-。

3. 硬度

硬度以水中 Ca^{2+}、Mg^{2+} 等阳离子的总和来度量。其计算方法为：将 Ca^{2+}、Mg^{2+} 离子转化为等当量的 $CaCO_3$，其单位是 mg/L。

硬度也称总硬度，它是碳酸盐硬度和非碳酸盐硬度的总称。碳酸盐硬度是指 Ca^{2+} 和 Mg^{2+} 与 CO_3^{2-} 和 HCO_3^- 结合的硬度，如算得的数值大于总硬度，其差值称为负硬度。总硬度与碳酸盐硬度的差值为非碳酸盐硬度，即与非碳酸氢根结合的 Ca^{2+}、Mg^{2+} 的总量。由于水煮沸时，与 HCO_3^- 结合的 Ca^{2+}、Mg^{2+} 形成碳酸盐沉淀析出而除去，碳酸盐硬度又称暂时硬度。而与其他阴离子，如 Cl^-、SO_4^{2-} 和 NO_3^- 等结合的 Ca^{2+}、Mg^{2+} 在蒸干的过程中不会沉淀析出，非碳酸盐硬度又称为永久硬度。按地下水的硬度（以 $CaCO_3$ 计）划分的地下水水质类型见表 2-7。

表 2-7　按硬度划分的地下水类型

类　型	极软水	软　水	微硬水	硬　水	极硬水
硬度/(mg/L)	<75	75～150	150～300	300～450	>450

4. 钠吸附比

钠吸附比用符号 *SAR* 表示，计算公式如下：

$$SAR=\frac{Na^+}{\sqrt{(Ca^{2+}+Mg^{2+})/2}} \tag{2-9}$$

SAR 为一无量纲数，是用来描述 K^+、Na^+ 等与 Ca^{2+}、Mg^{2+} 进行阳离子交换吸附的指标。

2.2.2.2　反映地下水环境状态的指标

1. 化学需氧量

化学需氧量（Chemical Oxygen Demand，COD），是指化学氧化剂氧化水中有机物和还原无机物所消耗氧的总量，单位为 mg/L。常用的氧化剂有 $KMnO_4$、$K_2Cr_2O_7$ 和 KIO_3。由于三种氧化剂的氧化能力不同，所以其测定的结果不同。为了使分析结果有可比性，使用 COD 时应注明所用的氧化剂。

2. 生化需氧量

生化需氧量（Biochemical Oxygen Demand，BOD），是指微生物在降解水中有机物的过程中所消耗氧的总量，单位为mg/L。因为微生物降解有机物的速度和程度与温度和时间有关，要使水中有机物完全生物降解需要很长的时间。通常在将20℃下，培养微生物5天所测得的BOD值，称BOD_5。由于微生物的氧化能力有限，氧化过程漫长，测得的BOD通常小于COD值。

3. 总有机碳

总有机碳（Total Organic Carbon，TOC），是指水中各种形式有机碳的总量，单位为mg/L。测量方法是测定高温燃烧时所产生的CO_2的量。

4. 氧化还原电位

氧化还原电位（*Eh*）是表征水系统氧化还原状态的指标，单位为V或mV。如果*Eh*为正值，说明地下水系统处于氧化状态；如果*Eh*为负值，说明地下水系统处于还原状态。

2.2.2.3　反映地下水酸碱平衡的指标

1. 碱度

碱度是表征地下水中和酸的能力的指标。碱度主要取决于水中HCO_3^-和CO_3^{2-}的含量。当然，水中的其他弱酸，如硅酸、磷酸甚至是OH^-等都具有中和碱的能力，但是，一般在地下水中含量甚微。所以用HCO_3^-和CO_3^{2-}的量来表示。

2. 酸度

酸度是表征地下水中和碱的能力的指标。组成水中酸度的物质可归纳为三类：①强酸，如HCl、HNO_3和H_2SO_4等；②弱酸，如碳酸和各种有机酸；③强酸弱碱盐，如$FeCl_3$和$Al_2(SO_4)_3$等。水中这些物质对强碱的总中和能力称为总酸度。

2.2.3　库尔洛夫式

由于地下水中的成分主要以离子状态存在，所以水分析的结果应以离子的形式表示。地下水的化学组分中离子的毫克数（以mg计）与离子当量之比称为离子的毫克当量，即

毫克当量＝离子毫克数/离子当量

其中　　离子当量＝离子的原子量/离子的电价

所以，毫克当量又可以表示为离子数量（以mmol计）与离子电价之积。为了获得水中离子的含量百分比，反映其在水中所起的作用，可引入毫克当量百分数。

离子的毫克当量百分数＝（离子的毫克当量数/所有离子的毫克当量数）×100%

为了简明反映地下水的化学特点，可采用库尔洛夫式表示。将阴阳离子分别标示在横线上下，按毫克当量百分数自大而小顺序排列，小于10%的离子不予标示。每种成分的含量标示在该成分的右下角，原来化学式中相应的数字角标可以移动到右上角。横线前依次表示气体成分、特殊成分及总溶解固体（以字母*M*表示），三者单位均为g/L，横线后以字母*t*表示水温，单位为℃。

举例如下：

$$H^2S_{0.021}CO^2_{0.031}H^2SiO^3_{0.07}M_{3.2}\frac{Cl_{84.8}SO^4_{14.3}}{Na_{71.6}Ca_{27.8}}t^0_{52} \tag{2-10}$$

2.3　地下水化学成分的形成作用及成因类型

2.3.1　地下水化学成分的形成作用

资源 2.4

地下水的主要补给来源为大气降水，其次为地表水体，如江河、湖等。这些水体本身就含有 O_2、N_2、CO_2 等气体以及 Ca、Mg、Na 等盐类。渗入地下后，与围岩发生化学作用，使地下水中离子、分子、气体等成分不断变化，所以地下水是一种复杂的溶液。地下水化学成分形成作用主要有溶滤作用、浓缩作用、脱硫酸作用、脱碳酸作用、阳离子交换吸附作用、混合作用等。

2.3.1.1　溶滤作用

在水与岩土的相互作用中，岩土中一部分物质转入地下水中，这就是溶滤作用。溶滤作用的结果，岩土失去一部分可溶物质，地下水则补充新的组分。

水分子是偶极分子，岩土与水接触时，组成结晶格架的盐类离子，被水分子带相反电荷的一端所吸引；当水分子对离子的引力足以克服结晶格架中离子间的引力时，离子脱离晶架，被水分子所包围，溶入水中。

表 2-8　不同盐类的溶解度（0℃）

单位：g/100mL

盐　类	溶解度	盐　类	溶解度
$CaCO_3$	0.0012	Na_2SO_4	4.9
$Ca(HCO_3)_2$	0.0385	K_2SO_4	10.03
$MgCO_3$	0.01	NaCl	35.7
K_2CO_3	0.178	KCl	28
Na_2CO_3	7	$MgCl_2$	52.8
$CaSO_4$	0.18	$CaCl_2$	59.5
$MgSO_4$	22		

实际上，当矿物盐类与水溶液接触时，同时发生两种相反的作用：溶解作用与结晶作用，前者使离子由结晶格架进入到水中，而后者使离子由溶液固着在几个晶体格架上。随着溶液中盐类离子增加，结晶作用增强，溶解作用相应减弱。当某个时刻，溶解与结晶达到平衡，溶液中某种盐类的含量即为其溶解度。

不同矿物盐类，由于结晶格架中离子间的吸引力不同而具有不同的溶解度。表2-8为地下水中某些盐类在0℃时的溶解度。

从表2-8中可以看出，氯化物的溶解度最大，碳酸盐的溶解度较小，其中 $CaCO_3$ 的溶解度最小。

同时，对同一种矿物盐类，其溶解度随温度的变化而变化。一般情况下，温度上升，结晶格架内离子的震荡运动加剧，离子间引力削弱，水的极化分子易于将离子从结晶格架中“拉出”。因此，盐类溶解度通常随温度上升而增大。但是，某些盐类例外，如 Na_2SO_4 在温度上升时，由于矿物结晶中的水分子逸出，离子间引力增大，溶解度反而降低；$CaCO_3$ 及 $MgCO_3$ 的溶解度也随温度的上升而降低。几种常见盐类溶解度随温度变化的情况如图2-1所示。

溶滤作用的强度，即岩土中组分转入水中的速率，取决于如下几个因素：

(1) 组成岩土的矿物盐类的溶解度。显然，含盐沉淀物中的 NaCl 将迅速进入地下水中，而以 SiO_2 为主要成分的石英岩，是很难溶于水的。

(2) 岩土的空隙特征。松散的岩土层空隙度大，水与岩土接触的面积大，可以有充足的时间和空间进行溶滤；缺乏裂隙的致密基岩，水难以与矿物盐类接触，溶滤作用便无从发生。

(3) 水的溶解能力、流动状况和交替强度也起到了很重要的作用。水对某种盐类的溶解能力随该盐类浓度增加而减弱。某一盐类的浓度达到其溶解度时，水对该盐类便失去了溶解能力。因此，总的来说，TDS 较低的水溶解能力强，而 TDS 较高的水溶解能力弱。地下水流动的速度缓慢，甚至停滞，随着时间的推移，水中溶解盐类增多，CO_2、O_2 等气体逐渐减少，最终将失去溶解能力，溶滤作用结束；地下水流动迅速，TDS 较低的大气降水和地表水不断入渗更新含水层中原有的溶解能力降低的水，地下水便可以保持其溶解能力，岩土中的组分不断向水中转移，溶滤作用强烈。

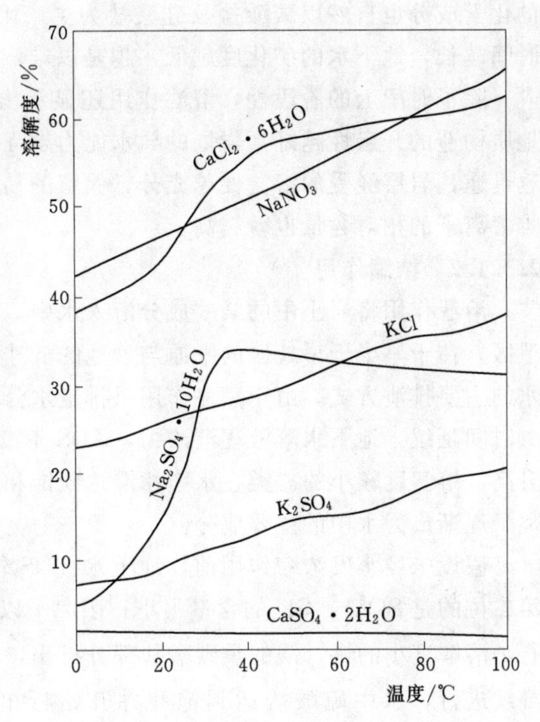

图 2-1　几种常见盐类溶解度随温度变化的情况

除了上述三个因素外，地下水的温度、水中气体的含量和 pH 值也起到了关键性的作用。如前所述，绝大多数盐类的溶解度随温度升高而增大，后面还会提到，温度升高会产生脱碳酸作用，所以热水的溶滤作用较强。水中 CO_2、O_2 等气体能决定某些盐类的溶解能力。水中 CO_2 含量越高，溶解碳酸盐及硅酸盐的能力越强。O_2 的含量越高，溶解硫化物的能力越强。水的 pH 值越低，水的溶解能力越大，绝大多数金属离子只有在酸性地下水中才能存在。

在影响溶滤作用的诸多因素中，地下水的径流与交替强度是决定溶滤作用强度的最活跃、最关键的因素。

不过，需要指出的是，溶滤作用并不等同于单纯的化学溶解作用。溶滤作用是一种与一定的自然地理、地质环境相联系的历史过程。经受构造运动与剥蚀作用的岩层，接受来自大气降水及地表水的入渗补给开始溶滤。假设岩层中含有氯化物、硫酸盐、碳酸盐及硅酸盐等各种矿物盐类。开始，最易溶解的氯化物首先进入水中，成为地下水中主要的化学组分。随着溶滤作用的延续，岩层中的氯化物由于不断地溶解并被水流带走，逐渐贫化，相对易溶的硫酸盐成为地下水中的主要组分。溶滤作用长期持续，硫酸盐溶解消耗，岩层中保留下来的几乎只是难溶的碳酸盐及硅酸盐，地下水的化学成分也自然以碳酸盐及硅酸盐为主。因此，一个地区经受的溶滤作用越强烈，时间越长，地下水的矿化度越低，越是以难溶离子为其主要成分。

除了时间上的阶段性，溶滤作用还显示出空间上的差异性。气候越是潮湿多雨，地质构造的开启性越好，岩层的导水能力越强，地形切割越强烈，地下径流与水交替越迅速，岩层经受的溶滤便越充分，保留的易溶盐类便越贫乏，地下水的TDS越低，难溶离子的相对含量也就越高。

2.3.1.2 浓缩作用

溶滤作用将岩土中的某些成分溶入水中，地下水的流动又把这些溶解物质带到排泄区。在干旱半干旱地区的平原与盆地的低洼处，地下水位埋深较浅，蒸发成为地下水的主要排泄方式。由于蒸发作用只排走水分，盐分仍旧保留在余下的地下水中，随着时间延续，地下水溶液逐渐浓缩，TDS不断增大。与此同时，随着地下水TDS的升高，溶解度较小的盐类在水中相继达到饱和而沉淀析出，易溶盐类（如氯化物）的离子逐渐成为水中的主要成分。

假设未经蒸发浓缩作用前，地下水TDS较低，阴离子以重碳酸根离子为主，居第二位的是SO_4^{2-}，Cl^-的含量很小；阳离子以Ca^{2+}和Mg^{2+}为主。随着蒸发浓缩的进行，溶解度小的钙、镁的重碳酸盐部分析出，SO_4^{2-}及Na^+逐渐成为主要成分；浓缩继续进行，水中硫酸盐达到饱和并开始析出，结果形成以Cl^-、Na^+为主的高矿化水。

产生浓缩作用必须同时具备下述条件：干旱或半干旱的气候，低平地势，地下水位埋深较浅，有利于毛细作用的颗粒细小的松散岩土；最后一个必备的条件是地下水流动系统的势汇——排泄处，因为只有水分源源不断地向某一范围供应，才能从其他地区带来大量的盐分，并使之聚集。干旱气候下浓缩作用的规模从根本上说取决于地下水流动系统的空间尺度以及其持续的时间尺度。

当上述条件都具备时，浓缩作用十分强烈，有的情况下可以形成TDS大于300g/L的地下咸水。

2.3.1.3 脱碳酸作用

水中CO_2的溶解度受环境的温度和压力控制。CO_2的溶解度随温度升高或压力降低而减小，一部分CO_2便成为游离CO_2从水中逸出，这便是脱碳酸作用。脱碳酸作用的结果，使地下水中HCO_3^-、Ca^{2+}、Mg^{2+}减少，TDS降低，该过程的反应方程式如下：

$$Ca^{2+}+2HCO_3^- \longrightarrow CO_2\uparrow + H_2O + CaCO_3\downarrow$$
$$Mg^{2+}+2HCO_3^- \longrightarrow CO_2\uparrow + H_2O + MgCO_3\downarrow \tag{2-11}$$

深部地下水上升泉，泉口往往形成钙华，这就是脱碳酸作用的结果。温度较高的深层地下水，由于脱碳酸作用使Ca^{2+}、Mg^{2+}从水中析出，阳离子通常以Na^+为主。

2.3.1.4 脱硫酸作用

在还原环境中，当有机物存在时，脱硫酸细菌能使SO_4^{2-}还原为H_2S，该过程的反应方程式如下：

$$SO_4^{2-}+2C+2H_2O \longrightarrow H_2S+2HCO_3^- \quad (2-12)$$

结果使地下水中 SO_4^{2-} 减少以至消失，HCO_3^- 增加，pH 值变大。

封闭的地质构造，如储油构造，是产生脱硫酸作用的有利环境。因此，某些油田水中出现 H_2S，而 SO_4^{2-} 含量很低。这一特征可以作为寻找油田的辅助标志。

2.3.1.5 阳离子交换吸附作用

岩土颗粒表面带有负电荷，能够吸附阳离子。一定条件下，颗粒将吸附地下水中某些阳离子，而将其原来吸附的部分阳离子转化为地下水中的组分，这便是阳离子交换吸附作用。

不同的阳离子，其吸附于岩土表面的能力不同，按吸附能力，自大而小顺序为

$$H^+ > Fe^{3+} > Al^{3+} > Ca^{2+} > Mg^{2+} > K^+ > Na^+ \quad (2-13)$$

从式（2-13）中可以看出，离子价越高，离子半径越大，水化离子半径越小，吸附能力越大。H^+ 则是一个例外。

当阳离子含量以 Ca^{2+} 为主的地下水进入主要吸附着 Na^+ 的岩土时，水中的 Ca^{2+} 便置换岩土所吸附的一部分 Na^+，使地下水中 Na^+ 增多而 Ca^{2+} 减小。

地下水中某种离子的相对浓度增大，则该种离子的交换吸附能力也随之增大。例如，当地下水中以 Na^+ 为主，而岩土中原来吸附有较多的 Ca^{2+}，那么，水中的 Na^+ 将反过来置换岩土吸附的部分 Ca^{2+}。海水入侵陆相沉积物时，就会发生这种置换作用。

2.3.1.6 混合作用

成分不同的两种水汇合到一起，形成化学成分与原来两者都不相同的地下水，这便是混合作用。海滨、湖畔或河边，地表水往往混入地下水中；深层地下水补给浅部含水层时，都会发生混合作用。

混合作用的结果，可能发生化学反应而形成化学类型完全不同的地下水。例如，当以 $SO_4{}^{2-}$、Na^+ 为主的地下水与 HCO_3^-、Ca^{2+} 为主的水混合时，会发生如下的化学反应：

$$Ca(HCO_3)_2+Na_2SO_4 \longrightarrow CaSO_4\downarrow+2NaHCO_3 \quad (2-14)$$

Ca^{2+} 与 SO_4^{2-} 结合形成石膏沉淀析出，便形成以 HCO_3^-、Na^+ 为主的地下水。

两种水的混合也可能不产生明显的化学反应。例如，当 TDS 较高的氯化钠型海水混入 TDS 较低的重碳酸钙镁型地下水中，基本上不发生化学反应。这种情况下，混合水的 TDS 与化学类型取决于参与混合的两种水的成分及其混合比例。

2.3.1.7 人类活动的影响

人类活动对地下水化学成分的形成作用有着重要的影响。这种影响表现在两个方面：一方面，人类活动所产生的废弃物使地下水发生污染，如生活污水、工业废水及农业生产中大量使用的农药、化肥等进入地下水，使地下水富集了天然状态下含量甚微的有毒元素，如酚、氰、汞、镉、砷、铅、亚硝酸等；另一方面，人类活动改变了地下水的形成条件，从而使地下水化学成分发生相应的变化，这种变化有利有弊。在一定的水文地质条件下，滨海地区过度开发地下水会导致海水入侵，污染地下淡水。干旱半干旱地区，不合理的灌溉会使潜水位上升，在蒸发浓缩作用下，水去盐留造成

大面积土地次生盐渍化。而合理地兴修水库、修建灌溉渠道，则会使地下水获得更多地表淡水的补给，使水质变好。干旱半干旱地区，通过挖沟打井，改变地下水的径流排泄条件，则可使原来向咸化发展的地下水逐步淡化。

2.3.2　地下水化学成分的基本成因类型

从形成地下水化学成分的基本成分出发，可将地下水分为三个主要成因类型：溶滤水、沉积水和内生水。其中溶滤水是渗入成因，沉积水是沉积-埋藏成因，内生水是火山—岩浆成因。

2.3.2.1　溶滤水

溶滤水一般是大气起源的，通过降水落到地面与岩土相互作用而形成的地下水。

从这个意义上讲，溶滤水的化学成分特征从水分在大气圈存在时就开始了。降落到地表及渗入地下后，经历植物与土壤的影响、岩石与水的相互作用，在干旱半干旱地区还有蒸发浓缩作用，因此，要从水分的渗入途径来研究溶滤水的化学成分。

1. 大气降水的成分特征

一般来说，大气降水的 TDS 较低，一般地区仅为 0.02～0.05g/L，在海边可超过 0.1g/L。其化学成分特征取决于地区条件。地区的地理景观不同，人类活动影响的程度不同，大气降水的成分也存在较大差别。海洋上及靠近海岸的降水，由于海水飞沫的卷入，Na^{+} 和 Cl^{-} 的含量相对较高；远离海洋，靠近内陆，则以 Ca^{2+} 和 HCO_3^{-} 为主。人类活动使大气圈中形成各种酸类物质进入雨水，形成酸雨。除了盐类之外，大气降水还有可溶性气体，如二氧化碳、氧、氮及惰性气体等。

总之，大气降水 TDS 较低，侵蚀性能强，具有能使各种元素在水中大量溶解积累的能力。

2. 植物、土壤的影响

雨水降到地表，多数情况下，首先与植物和土壤相遇，植物与土壤对水成分的改变有很大的影响。

干旱气候条件下，植物的蒸腾作用可以引起潜水位降低，从而使潜水的 TDS 升高，水化学类型改变。植物还具有能从溶液中吸收并在体内积累某些化学物质的能力，如重金属离子等。而根部呼吸作用放出的 CO_2 能降低土壤的 pH 值，并能促进很多矿物质进入到溶液当中。

土壤的作用也很明显，它可以使水中富含离子、气体和有机物质。降水本身含氧，可以氧化土壤中的有机物质，从而使水又补充了一部分新的 CO_2，并富集各种有机酸。因此，林区可以见到呈酸性的地下水。而在碱土分布区，则可形成碱性水。

3. 地下水与岩石的相互作用

地下水通过土壤进入岩石，水的成分将进一步发生变化。水的成分特征主要取决于围岩性质及水的交替情况。石灰岩、白云岩分布区的地下水，HCO_3^{-}、Ca^{2+}、Mg^{2+} 为其主要成分。含石膏的沉积岩区，水中 SO_4^{2-} 与 Ca^{2+} 含量较多。酸性岩浆岩地区的地下水，阳离子以 Na^+ 为主，阴离子为 HCO_3^-。基性岩浆岩地区，地下水常富含 Mg^{2+}。煤系地层分布区与金属矿床分布区多形成硫酸盐水。

4. 蒸发浓缩作用

当水蒸发时，其中所含的盐量并不随蒸发减少，因此地下水浓度相对增大，这种作用即为蒸发浓缩作用。在干旱、半干旱气候条件下，蒸发浓缩作用成为地下水TDS增加和化学成分形成的主要因素。潮湿地区，水位埋深较浅的地段，地下水通过植物的蒸腾也会产生浓缩作用。

除此之外，氧化还原作用、阳离子交换作用，对溶滤水化学成分的形成也有很大影响。

如前所述，溶滤水的渗透途径决定了其化学成分。但是，这并不意味着地下水流经什么岩土，就必须具有何种化学成分，换句话说，随着溶滤的进行，岩土中的化学组分也在不断发生变化。岩土的各种组分，其迁移能力各不相同。潮湿气候下，原来含有大量易溶盐类（如 NaCl、$CaSO_4$）的沉积物，经过长期溶滤，易迁移的离子组分已经淋洗得比较充分，地下水所能溶滤的组分逐渐以难溶物质（如 $CaCO_3$、$MgCO_3$、SiO_2 等）为主。因此，在潮湿气候区，尽管原来地层中所含的组分很不相同，有易溶的有难溶的，但是其浅部经过充分溶滤后，最终浅层地下水很可能都是 TDS 较低的重碳酸水，难溶的 SiO_2 在水中也占到相当的比重。

2.3.2.2 沉积水

沉积水也称沉积—埋藏水或封存水。它埋藏于地质构造比较封闭的部分，其成分在一定程度上反映了埋藏这些水的沉积物的特点。

沉积水的形成一般始于湖盆水或海水，伴随沉积作用和成岩作用的进行，一部分水也同沉积物一起被埋藏、封存起来。由于水-岩之间的相互作用以及环境中温度、压力和氧化还原条件的变化，水的成分也发生了相应的变化，从而形成沉积水。

沉积水的形成一般经历如下几个阶段：

（1）挤压阶段。地壳下降，沉积作用开始形成，同时形成沉积水。由于覆盖层的压力及沉积物的压缩，软泥中的水受挤压进入砂层，使原来砂层中的水逐渐被代替。随着沉积物的加厚，这些水逐渐与地表水失去水力联系而被封存起来。伴随温度、压力的增高，发生一系列的物理化学作用，使封存起来的水不断浓缩盐化，易溶组分浓度升高，难溶组分析出逐渐贫化。

（2）渗入阶段。地壳上升，降水入渗到沉积物中，形成渗透水，这种水逐渐淋滤稀释沉积水，代替沉积水。这一过程使水向淡化方向发展。

（3）下一个挤压阶段。地壳再次下降，盆地内又开始沉积更年轻的堆积物，渗透作用停止，开始新的循环。在新的挤压阶段，渗透水又被沉积物中的沉积水代替。

经过漫长的地质年代，沉积水的化学成分会发生复杂的变化。以海相淤泥为例来说明这种复杂的变化。

海水 TDS 较高，达 35g/L，主要化学成分为 NaCl。在海水与海底沉积物接触的地带，海水逐渐向淤泥中渗入，形成海相淤泥沉积水，与海水相比有以下特点：

①TDS 很高，最高可达 300g/L；②硫酸根离子减少乃至消失；③钙的相对含量增大，钠含量相对减少；④富集溴、碘，碘的含量升高尤为显著；⑤出现硫化氢、甲烷、铵、氮；⑥pH 值升高。

TDS 升高，一般认为是海水在泻湖中蒸发浓缩所致。脱硫酸作用使原始海水中的 SO_4^{2-} 减少以至消失，出现 H_2S，水中 HCO_3^- 增加，水的 pH 值提高。HCO_3^- 的增加与 pH 值的提高，使一部分 Ca^{2+}、Mg^{2+} 与 HCO_3^- 作用生成 $CaCO_3$ 与 $MgCO_3$ 沉淀析出，Ca^{2+}、Mg^{2+} 减少。水中 Ca^{2+}、Mg^{2+} 的减少，使水与淤泥间阳离子交换吸附平衡遭到破坏，淤泥吸附的部分 Ca^{2+} 转入水中，水中部分 Na^+ 被淤泥吸附。甲烷、铵、氮等是细胞与蛋白质分解以及脱硝酸作用的产物。溴与碘的增加是生物富集并在其遗骸分解时进入水中所致。

2.3.2.3　内生水

早在 20 世纪初，曾把温热地下水看作岩浆分异的产物。后来发现，在大多数情况下，温泉是大气降水渗入到深部加热后重新升到地表形成的。近些年来，某些学者通过对地热系统的热均衡分析得出，仅靠水渗入深部获得热量无法解释某些高温水的出现，认为应有 10%～30% 来自地球深部层圈的高热流体的加入。这样，源自地球深部层圈的内生水流又逐渐为人们所重视。有人认为，深部高矿化卤水的化学成分也显示了内生水的影响。

内生水的研究迄今还很不成熟，但由于它涉及地下水水文学乃至地质学的一系列重大理论问题，因此，今后地下水水文学的研究领域将向地球深部圈层扩展，更加重视内生水的研究。

2.3.3　地下水化学成分的分析内容与分类图示

2.3.3.1　地下水化学分析内容

地下水化学成分的分析是研究地下水水质及地下水污染的基础，工作目的与要求不同，分析项目与精度也不相同。在水文地质调查中，通常包括简分析和全分析；为了配合专门任务，还可以进行专项分析。

简分析用于了解地下水中主要化学成分的含量，这种分析可在野外利用专门的水质分析仪就地进行。简分析项目少，精度要求低，简便快速，成本低，技术上容易掌握。分析项目除物理性质外，还应定量分析以下各项：HCO_3^-、SO_4^{2-}、Cl^-、Ca^{2+}、总硬度、pH 值。通过计算可求得水中各主要离子含量及 TDS。定性分析项目则不固定，经常测定的有 NO_3^-、NO_2^-、NH_4^+、Fe^{2+}、Fe^{3+}、H_2S、耗氧量等。

全分析项目较多，要求精度高。通常在简分析的基础上进行，较为全面地了解地下水化学成分，并对简分析结果进行校核。但是全分析也并非分析水中全部成分，一般定量分析以下各项：HCO_3^-、SO_4^{2-}、Cl^-、CO_3^{2-}、NO_2^-、NO_3^-、Ca^{2+}、Mg^{2+}、K^+、Na^+、NH_4^+、Fe^{2+}、Fe^{3+}、H_2S、耗氧量、pH 值及 TDS。

在进行地下水化学成分分析的同时，必须对有关的地表水体取样进行分析对比。因为地表水与地下水有密切的水力联系，它可能是地下水的补给来源，也可能是地下水的排泄去路。前一种情况，地表水的成分将影响地下水的成分；后一种情况，地表水的成分反映了地下水化学成分变化的最终结果。对于作为地下水主要补给来源的大气降水的化学成分，至今一直很少被注意，原因是它所含的物质数量很少。但是，必须看到，在某些情况下，不考虑大气降水的成分，就不能正确地阐明地下水化学成分的形成。

地下水化学分析的结果，将离子含量以毫克每升与毫克当量每升表示。水中离子含量可以用毫克当量每升及毫克当量百分数表示。后者分别以阴、阳离子的毫克当量各为100%，求取各阴、阳离子所占的毫克当量百分比。

2.3.3.2 地下水化学分类与图示方法

1. 舒卡列夫分类

苏联学者舒卡列夫的分类方法是根据地下水中六种主要离子（K^+合并到Na^+中）及TDS划分的。含量大于25%毫克当量的阴离子和阳离子进行组合，共分成49种类型的水，每种类型的水以一个阿拉伯数字作为代号。按TDS又划分为四组：A组TDS小于1.5g/L，B组1.5～10g/L，C组10～40g/L，D组大于40g/L。分类见表2-9。

表2-9　舒卡列夫分类

超过25%毫克当量离子	HCO_3^-	$HCO_3^-+SO_4^{2-}$	$HCO_3^-+SO_4^{2-}+Cl^-$	$HCO_3^-+Cl^-$	SO_4^{2-}	$SO_4^{2-}+Cl^-$	Cl^-
Ca^{2+}	1	8	15	22	29	36	43
$Ca^{2+}+Mg^{2+}$	2	9	16	23	30	37	44
Mg^{2+}	3	10	17	24	31	38	45
Na^++Ca^{2+}	4	11	18	25	32	39	46
$Na^++Ca^{2+}+Mg^{2+}$	5	12	19	26	33	40	47
Na^++Mg^{2+}	6	13	20	27	34	41	48
Na^+	7	14	21	28	35	42	49

根据以上规则，不同化学成分的水都可以用一个简单的符号代替，并赋以一定的成因类型。例如，1—A型水即TDS小于1.5g/L的HCO_3-Ca型水，属于沉积岩地区典型的溶滤水；而49—D型则是TDS大于40g/L的Cl－Na型水，成因类型为海水及海相沉积有关的地下水，或者是大陆盐化潜水。

这种分类简单明了，在我国广泛应用。但是缺点也很明显，以25%毫克当量划分水型带有明显的人为性；其次，在分类中，对于大于25%毫克当量的离子未反映其大小顺序，不能够细致地表现水质变化。

2. 苏林分类

该方法不是按水中成分的实际含量表示水的化学类型，而是依据基本阴阳离子的等摩尔组合关系和阴阳离子之间的亲和力次序划分水型。

(1) 离子的亲和力次序是$Cl^->SO_4^{2-}>HCO_3^-$，$Na^+>Mg^{2+}>Ca^{2+}$（这里的亲和力是指水溶液中稳定共存的倾向）。

(2) 阴阳离子的亲和顺序除与上述亲和力有关外，还与等摩尔组合规律有关。如当$r_{Na^+}>r_{Cl^-}$时，Na^+首先与Cl^-亲和，剩余部分再与SO_4^{2-}亲和。在这种情况下，水中除了NaCl外，还有Na_2SO_4成分，当Na^+与Cl^-、SO_4^{2-}亲和后还有剩余，才与

HCO_3^- 亲和。这时水中除了 NaCl，Na_2SO_4 外，还出现 $NaHCO_3$。

(3) 以 Na^+ 或 Cl^- 的最后亲和确定水型。如 Na^+ 与 Cl^-、SO_4^{2-} 亲和后没有剩余，可命名为 Na_2SO_4 型水；如果 Na^+ 与 Cl^-、SO_4^{2-} 亲和后又与 HCO_3^- 亲和，则命名为 $NaHCO_3$ 型水。

根据上述原理，对下列几种情况加以讨论：

1) 若 $r_{Cl^-} < r_{Na^+}$，$r_{HCO_3^-} > r_{(Ca^{2+}+Mg^{2+})}$，则形成 $NaHCO_3$ 型水（重碳酸钠型水）。

2) 若 $r_{Cl^-} < r_{Na^+}$，$r_{HCO_3^-} < r_{(Ca^{2+}+Mg^{2+})}$，则形成 Na_2SO_4 型水（硫酸钠型水）。

3) 若 $r_{Cl^-} > r_{Na^+}$，$r_{HCO_3^-} < r_{(Ca^{2+}+Mg^{2+})}$，则形成 $MgCl_2$ 型水（氯化镁型水）。

4) 若 $r_{Cl^-} > r_{Na^+}$，$r_{HCO_3^-} > r_{(Ca^{2+}+Mg^{2+})}$，则出现 $CaCl_2$ 型水（氯化钙型水）。

3. 派柏（Piper）三线图

派柏三线图由两个三角形和一个菱形组成，如图 2-2 所示。左下角三角形的三条边分别代表阳离子中 $Na^+ + K^+$、Ca^{2+} 及 Mg^{2+} 的毫克当量百分数。右下角三角形表示阴离子 Cl^-、SO_4^{2-} 及 HCO_3^- 的毫克当量百分数。任一水样的阴阳离子的相对含量分别在两个三角形中以标号的圆圈表示，两者引线在菱形中相交于一点，此点即该水样在菱形中的位置点。圆圈综合表示此水样的阴阳离子相对含量，按一定比例尺画的圆圈大小表示 TDS 值。

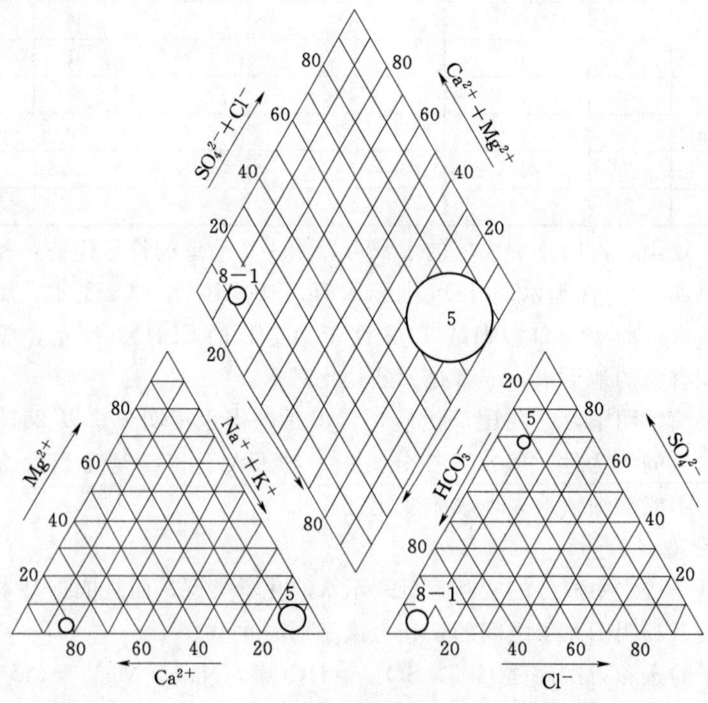

图 2-2 派柏三线图

落在菱形中不同区域的水样具有不同的化学特征（图 2-3）。1 区碱土金属离子超过碱金属离子，2 区碱大于碱土，3 区弱酸根超过强酸根，4 区强酸大于弱酸，5 区碳酸盐硬度超过 50%，6 区非碳酸盐硬度超过 50%，7 区碱及强酸为主，8 区碱土及

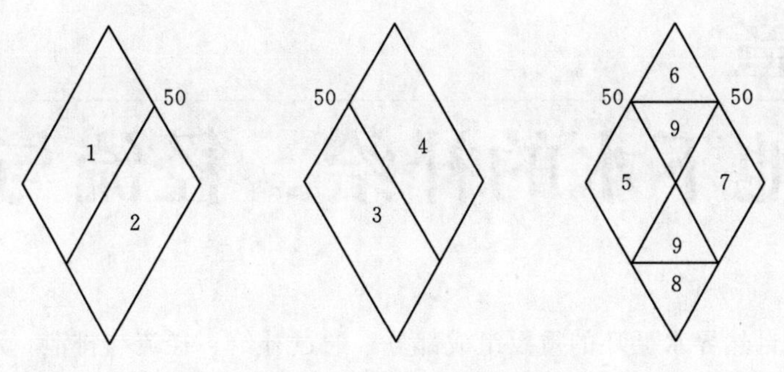

图 2-3 派柏三线图分区

弱酸为主，9 区任一对阴阳离子含量均不超过 50%毫克当量百分数。

这一图解的优点是不受人为因素的影响，从菱形中可看出水样的一般化学特征，在三角形中可以看出各种离子的相对含量。将一个地区的水样标在图上，可以分析地下水化学成分的演变规律。

复习思考题

1. 地下水有哪些主要的物理性质？
2. 地下水中有哪些主要的离子成分？
3. 水化学成分的综合指标有哪些？
4. 简述地下水化学成分的主要形成作用。
5. 地下水有哪些基本成因类型？

参考文献

[1] 王大纯，张人权，史毅虹，等．水文地质学基础［M］．北京：地质出版社，2006.
[2] 戚筱俊．工程地质水文地质［M］．北京：中国水利水电出版社，1997.
[3] 朱学愚，钱孝星．地下水水文学［M］．北京：中国环境科学出版社，2005.
[4] 周福俊，李绪谦，杜全友．水文地球化学［M］．长春：吉林大学出版社，1993.
[5] 沈照理，朱宛华．水文地球化学基础［M］．北京：地质出版社，1993.
[6] 王德明．普通水文地质学［M］．北京：地质出版社，1986.
[7] 钱会，马致远．水文地球化学［M］．北京：地质出版社，2005.

第3章

地下水的补给、径流与排泄

地下水是自然界水循环的重要组成部分，通过补给、径流与排泄，不断地参与地球浅层圈的水文循环。补给和排泄是含水层或含水系统与外界进行水量交换，同时也是进行能量、热量、盐量交换的两个环节，径流则是在含水层或含水系统内部进行水量和盐量积累和输送的过程，因此，补给、径流与排泄决定着地下水的水量、水质与水温在空间和时间上的变化规律。

3.1 地下水的补给

含水层或含水系统从外界获得水量的过程称作补给。补给除了获得水量，还获得一定的盐量或热量，使含水层或含水系统的水化学成分与水温发生变化。此外，补给获得水量的同时，也获得能量，增加地下水的势能，促使地下水不停地流动。

对地下水补给的研究包括补给来源、影响补给的因素及补给量的大小。地下水的补给来源有大气降水、地表水、凝结水、其他含水层（或含水系统）的水、侧向补给、人工补给、融雪水和融冻水等。

资源 3.1

3.1.1 大气降水的补给

大气降水是指从大气中呈液态或固态降落的水，主要为降雨和降雪，还有露、霜、雹等其他形式。

落到地面的大气降水，归结起来有四个去向：转化为地表径流，蒸散发返回大气圈，入渗补足包气带水分亏缺形成土壤水，继续下渗形成地下径流，如图 3-1 所示。

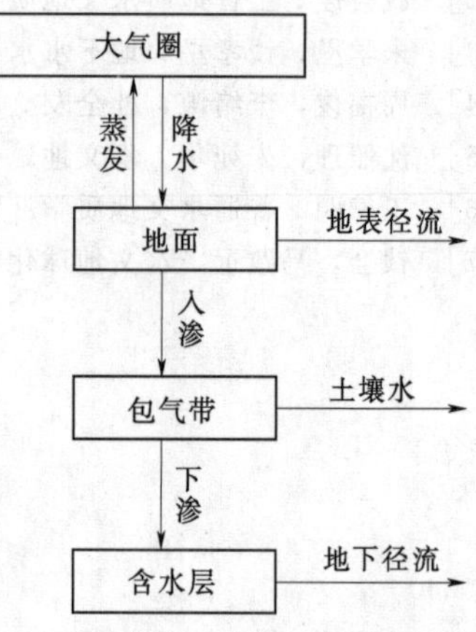

图 3-1 大气降水补给地下水过程示意图

3.1.1.1 大气降水入渗过程及其机制

大气降水到达地表，如果降水强度小于土壤下渗能力，初始时段降水将全部渗入地下，不会产生地面径流；如果降水强度大于土壤下渗能力，则一部分降水形成地面径流，其余部分渗入地下。渗入地下的降水，先经过渗润阶段，即下渗水分主要在分子力的作用下，被土壤颗粒吸附形成薄膜水。当土壤初始含水量很小时，这一阶段非常明显；当土壤初始含水量大于田间持水量时，这一阶段不明显。此后水分继续向下入渗，经历渗漏阶段，即下渗水分主要受毛管力、重力作用，在土壤孔隙中向下作非稳定流动，并逐步充填土壤孔隙，直到全部孔隙为水充满而饱和。通常也把以上两个阶段统称为渗漏阶段。最后进入渗透阶段，即土壤孔隙被水分充满而饱和时，水分在重力作用下呈稳定流动，到达地下水面，补给地下水。总之，在此种下渗模式下，大气降水一般应首先补足包气带水分亏缺（捷径式下渗并非如此），多余的水分才能继续下渗补给地下水。

资源 3.2

降水入渗过程非常复杂，下面仅对表面保持一定水深时，下渗水流在均质土壤中沿垂线的运动规律及含水量分布情况进行介绍，这是最简单、最具代表性的垂直入渗问题，只有在对其下渗规律充足认识的基础上，才能定性分析其他条件下的降水入渗过程。图 3-2 为包德曼（Bodman）和考尔曼（Colman）（1943）在表面保持 5mm 水深时，对不同均质土壤进行实验得到的下渗水流沿垂线的运动规律及含水量的分布情况，由图 3-2 显示，下渗过程中的土壤含水量自地表向下可以划分为四个有显著差别的水分带，从而反映其下渗水流垂向的运动特征。

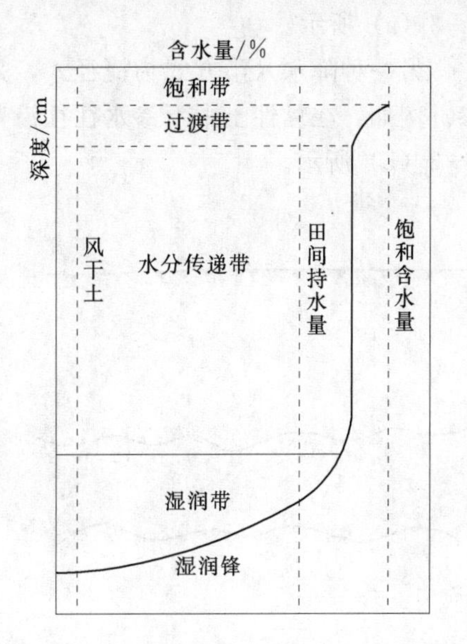

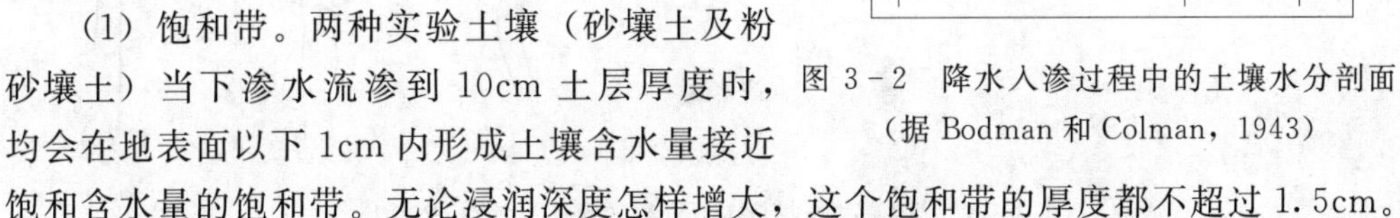

（1）饱和带。两种实验土壤（砂壤土及粉砂壤土）当下渗水流渗到 10cm 土层厚度时，均会在地表面以下 1cm 内形成土壤含水量接近饱和含水量的饱和带。无论浸润深度怎样增大，这个饱和带的厚度都不超过 1.5cm。

图 3-2　降水入渗过程中的土壤水分剖面（据 Bodman 和 Colman，1943）

（2）过渡带。上连饱和带下接传导带，其间土壤含水率明显降低，是一个土壤含水率变化的过渡带，故而得名。

（3）水分传递带。土壤含水量基本保持在饱和含水量与田间持水量之间，沿垂线均匀分布。随着供水历时的延长湿润锋不断下移，水分传递带不断向下延伸，但其含水量保持不变。

（4）湿润带。土壤含水量自上而下迅速降低直至初始含水量，其前缘为湿润锋，在毛管力作用下不断向下推进。

当湿润锋到达地下水面，就完成了大气降水补给地下水的全过程。

事实上，自然条件下的大气降水入渗补给过程远比上述过程复杂得多，这是因为降水在下渗过程中所必须经过的包气带中多孔介质分布与其岩性在形成过程中均具有随机性，导致不同地区甚至是同一地区不同深度上的包气带所具有的水文地质特征及其结构都存在差异，如岩性的层状结构，这种结构对包气带水分运移产生重要作用，从而影响着大气降水入渗补给地下水的具体过程。此外，土壤初始含水量也会影响大气降水在包气带中的运动过程，一般说来，当土壤初始含水量小于田间持水量时，降水入渗初期，部分面积发生入渗，且为非稳定入渗，随着入渗时间的增加，逐渐转为稳定流全面积入渗；当土壤初始含水量大于田间持水量时，降水入渗初期就会发生全面积入渗，虽然也存在非稳定流入渗，但过程极为短暂便转为稳定流运动。

按降水后包气带水的下渗方式来分，上述积水条件下的降水入渗过程属于活塞式下渗，它是入渗水的湿润锋整体向下推进，即上部新的入渗水推动下部较老的水作面状下移。此类下渗主要发生于较均质的、孔隙大小差别不大的砂层中，如图3-3（a）所示。

另一种降水入渗方式为捷径式，是指水流不作面状推进，而沿着某些通路优先下渗。例如，在黏性土中下渗水往往沿着某些大孔道——根孔、虫孔及裂隙移动，如图3-3（b）所示。

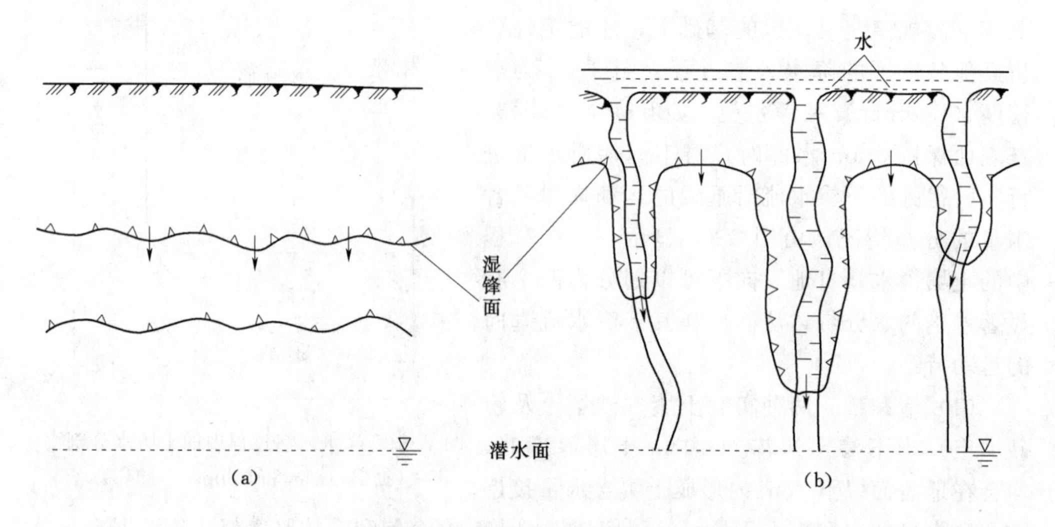

图3-3　活塞式与捷径式下渗（据王大纯，2006）

（a）活塞式下渗；（b）捷径式与活塞式下渗的结合

捷径式下渗与活塞式下渗比较，主要有两点不同：

（1）活塞式下渗是年龄较“新”的水推动其下的年龄较“老”的水，始终是“老”水比“新”水先到达含水层，“老”水在下，“新”水在上；捷径式下渗时“新”水可以超前于“老”水到达含水层，即可能同一平面上“新”水在下，“老”水在上。

（2）对于捷径式下渗，入渗水不必补足包气带水分亏缺，即可下渗补给含水层；活塞式下渗，入渗水则需全部补足上层包气带水分亏缺后，才会继续下渗。这两点对于分析污染物质在包气带中的运移具有重要意义。

3.1.1.2　影响大气降水补给地下水的因素

影响大气降水补给地下水的因素较为复杂，主要有：雨前土壤含水量、包气带岩性、地下水埋深、降水量、降水强度和持续时间、植被以及地形等。

雨前土壤含水量较小，干燥土将吸收大量渗入地表的降水，少量降水只能形成薄膜水而不能形成重力水，因而无法补给地下水；若雨前土壤含水量较大，并接近田间持水量，则渗入的降水几乎不再被土壤吸收而直接形成重力水，因而即便只有少量降水也会对地下水产生补给。此外，在次降水量相等的情况下，同一地区雨前土壤含水量较大时所引起的潜水位升幅明显大于雨前土壤含水量较小时所引起的潜水位升幅，且次降水量越大，这种差别越显著。

包气带岩性对降水入渗补给的影响主要反映在土壤的颗粒组成上。一般情况下，土壤粒径越粗，其持水性越小，透水性越强，对入渗越有利。砂性土透水性强，入渗速度大，田间持水能力低，蓄水能力小，包气带水分亏缺量小，在其他条件相同时，砂性土地区比黏性土地区降水入渗补给量要大。

地下水埋深的大小，直接决定地下水位以上包气带的蓄水能力，一般说来，包气带越厚，意味着消耗于包气带的水量越多。在降水相同时，入渗补给地下水的有效雨量将随地下水埋深的增大而减少，但这并不意味着地下水埋藏很浅时，地下水得到的降水补给量就多，事实上，此种情况得到的补给反而很少。因为这时土壤表层已处于毛细水饱和带范围内，降水无法或很少下渗，它的全部或大部分将成为地表径流流走。当地下水埋深增大后，包气带的蓄水能力才有所增大。因此，在地表以下一定深度范围内，降水入渗补给量随地下水埋深的增大而增加，超过一定深度，则随地下水埋深的增大而减小。

降水量的大小对地下水补给量大小起控制作用，一般随降水量增加，地下水得到的补给量将增加。

短期的小雨小雪在入渗过程中主要润湿浅部的包气带，雨停后又很快耗失于蒸发，对地下水的补给作用很小。急骤的暴雨水量过于集中，使得包气带来不及吸收，尤其是在地形坡度大的地方，大部分降水以地表径流的方式流走，最终补给地下水的水量甚小。只有长时间连续的绵绵细雨最有利于地下水的补给。

森林、草地可阻滞降水转化为地表径流，防止水土流失；植物形成的有机质，有利于保护土层结构免受降水淋蚀。植物的根系还可增加表土的透水性，这些均有利于降水补给。但是浓密的植被，尤其是农作物，以蒸腾方式强烈消耗包气带水，造成大量水分亏缺。尤其在气候干旱的地区，农作物复种指数的提高，会使降水补给地下水的份额明显降低。

地形的陡缓明显影响着降水对地下水的补给：地形陡峻的山区，降水到达地表后不易蓄积而很快地沿地表流走，因而不利于对地下水的补给；平坦尤其是地形低洼处，有利于地下水接受补给。我国西北的黄土高原，由于地形陡，且缺乏植被覆盖，常常容易造成水土流失，不利于降水对地下水的补给。

应当注意，影响降水入渗补给地下水的因素是相互制约、互为条件的整体，不能孤立地割裂开来加以分析。例如，强烈岩溶化地区，即使地形陡峻，地下水位埋深达数百米，由于包气带渗透性极强，连续集中的暴雨也可以全部吸收，有时吸收量可达降水量的70％～90％。又如，地下水位埋深较大的平原、盆地，经过长期干旱后，一般强度的降水不足以补偿其包气带的水分亏缺，这时，集中的暴雨反而可成为地下水的有效补给来源。

此外，土壤含水量随降水而变化，进而影响植被的生长，而植被生长状况又会影响降水入渗量、土壤含水量。已有研究表明，在其他条件相同的情况下，植被的存在将减少降水入渗补给量，该补给量差异有时可达到两个数量级。

3.1.1.3　大气降水补给地下水水量的确定

大气降水补给地下水水量即大气降水通过包气带补给地下水的水量，其计算方法有多种，以下简述之。

资源 3.3

1. 地中渗透仪法

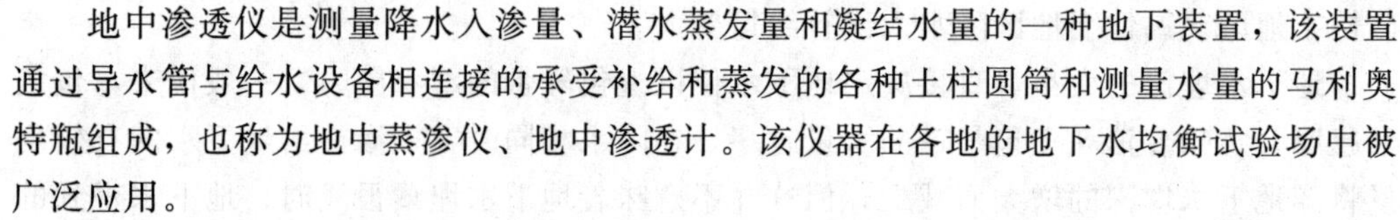

地中渗透仪是测量降水入渗量、潜水蒸发量和凝结水量的一种地下装置，该装置通过导水管与给水设备相连接的承受补给和蒸发的各种土柱圆筒和测量水量的马利奥特瓶组成，也称为地中蒸渗仪、地中渗透计。该仪器在各地的地下水均衡试验场中被广泛应用。

图 3-4 为地中渗透仪的具体结构装置：左边圆筒内装有均衡地段的标准土柱，土柱下方为过滤层，右边给水观测部分由供水（盛水）用的有刻度的马利奥特瓶和控制地中蒸渗仪筒内水位高度的水位调节管及接渗瓶组成。两部分以导水管连接，将两端构成统一的连通管。圆筒可装填各种待测类型土壤，圆筒内可根据需要种植各种作物或者不种植作物。

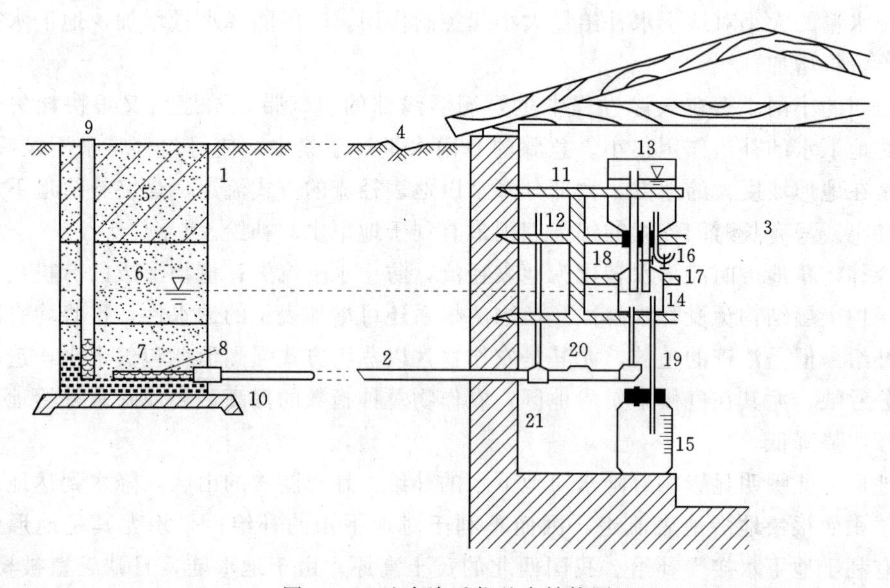

图 3-4　地中渗透仪基本结构图

1—入渗（蒸发）皿；2—导水管；3—地下观测室；4—室边排水沟；5—原状土样；6—皿内水位；7—过滤层；8—过滤管；9—检查管；10—防沉底座；11—支架；12—测压管；13—马利奥特瓶；14—水位调整管；15—接渗瓶；16—加水管；17—出水管；18—通气管；19—接渗管；20—阀门；21—防水墙

工作原理如下：首先调整水位调整管 14，使其内水面与渗透仪中的设计地下水面（6，相当于潜水埋深）保持在同一高度上。当渗透仪中的土柱接受降水入渗或凝结水的补给时，其补给量将会通过导水管 2 流入接渗瓶 15 内，可直接读出补给水量；当土柱内的水面产生蒸发时，便可由水位调整管 14 供给水量，再从马利奥特瓶 13 读出供水水量（即潜水蒸发消耗量）。在测定凝结补给量时，应在渗透仪上方加棚，以隔离降水。

该方法测得的潜水蒸发量和降水入渗补给量虽然是实测值，但仍很难如实模拟天然的入渗补给条件。如前已述，潜水面的埋深对潜水补给量有很大影响，同样，对潜水蒸发量也有一定影响。天然条件下，潜水面在雨季因降水入渗补给而升高，旱季因蒸发排泄而降低，处于连续不断的变动中，而地中渗透仪的每一圆筒中的潜水面都是固定的，因而其实测结果的可靠性还有待进一步证实，且此法只适用于松散岩层，使其应用受到限制。

2. 地下水动态分析法

该方法是利用地下水长期观测资料，通过降水入渗所引起的地下水位变化，来确定降水入渗补给量。

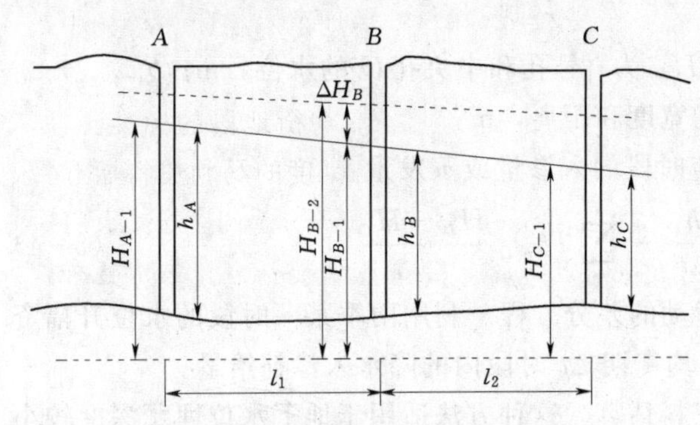

图 3-5 同一剖面上观测孔的水位变化图（据霍崇仁，1988）

(1) 利用同一剖面上三个观测孔水位资料计算求得。如图 3-5 所示，根据同一剖面上三个观测孔的水位资料，按有限差分方程式计算降水入渗量为 $Q_{雨渗}$。

设三个观测孔编号依次为 A、B、C。AB 之间的距离为 l_1，BC 之间的距离为 l_2；t_1 到 t_2 的时间间隔为 Δt，岩土的给水度为 μ，渗透系数为 K；在时间 t_1 时，A 孔的水位为 H_{A-1}，含水层厚度为 h_A，B 孔为 H_{B-1} 和 h_B，C 孔为 H_{C-1} 和 h_C；在时间 t_2 时，B 孔水位增高至 H_{B-2}，与 H_{B-1} 相差 ΔH_B。则有限差分方程为

$$Q_{雨渗}=\Delta H_B\mu-\frac{2K\Delta t}{l_1+l_2}\left[\frac{(h_A+h_B)(H_{A-1}-H_{B-1})}{2l_1}-\frac{(h_B+h_C)(H_{B-1}-H_{C-1})}{2l_2}\right] \tag{3-1}$$

(2) 泰森多边形法。在典型地段布置观测孔组，并有一个水文年以上的水位观测资料时，可用差分方法计算均衡期的降水入渗补给量或潜水蒸发量，只要观测资料可靠，计算结果便有代表性。

观测孔按任意方式布置，如图 3-6 所示。把 $i=1$、2、3、4、5 各孔分别与中央孔 O 连线，在连线的中点引垂线，各垂线相交围成的多边形（图中的虚线所围区域）叫泰森多边形。

以泰森多边形作为均衡段，按水量均衡关系有：

$$\mu F\frac{\Delta h_O}{\Delta t}=\sum_{i=1}^{n}Q_i+Q_{垂} \tag{3-2}$$

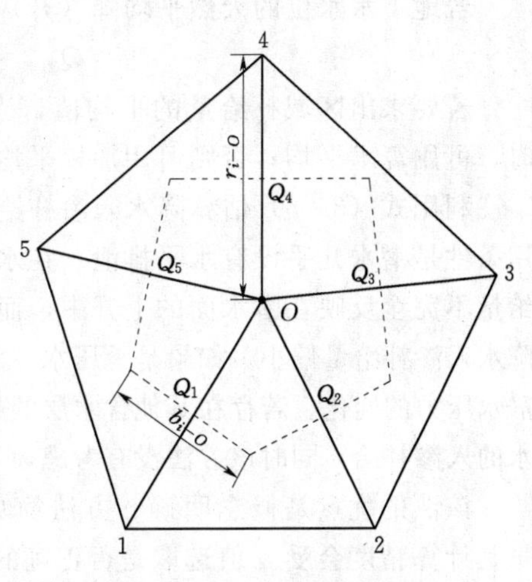

图 3-6 泰森多边形示意图（据曹剑峰，2006）

式中：F 为泰森多边形的面积，m^2；μ 为给水度（无量纲）；Δh_O 为中央孔在 Δt 时段的水位变幅，m；$\sum_{i=1}^{n} Q_i$ 为流经泰森多边形各边的交换流量之和，流入时 $Q_i>0$，流出时 $Q_i<0$，m^3/d；$Q_{垂}$ 为泰森多边形内的入渗量或蒸发量，m^3/d。

按照达西定律，各边的交换流量为

$$Q_i = Tb_{i-O} \frac{H_i - H_O}{r_{i-O}} \tag{3-3}$$

式中：T 为导水系数，m^2/d；H_i、H_O 为 i 号孔和中央孔 O 的水位，m；b_{i-O}、r_{i-O} 为中央孔和周围各孔之间过水断面的宽度和距离，m。

把 Q_i 代入式（3-2），得到相应时段的入渗量或蒸发量：

$$Q_{垂} = \mu F \frac{\Delta h_O}{\Delta t} - \sum_{i=1}^{n} Tb_{i-O} \frac{H_i - H_O}{r_{i-O}} \tag{3-4}$$

式（3-4）就是均衡段地下水运动的差分方程。利用雨季某一时段的水位升幅资料（$\Delta h_O>0$），由式（3-4）可求得均衡期 Δt 时段内的降水入渗补给量。

（3）利用降水前后地下水观测资料估算。这种方法适用于地下水位埋藏深度较小的平原区。我国北方平原区地形平缓，地下径流微弱，地下水从降水获得补给，消耗于蒸发和开采，且无越流补给。在一次降水的短时间内，水平排泄量和蒸发消耗量都很小，可以忽略不计。

根据降水前后的地下水水位观测资料，$Q_{雨渗}$ 可近似求得

$$Q_{雨渗} = \mu(H_{max} - H \pm \Delta Ht) \tag{3-5}$$

式中：$Q_{雨渗}$ 为降水入渗补给量，m；μ 为地下水位变动带内的给水度（无量纲）；H_{max} 为降水后观测孔中的最大水柱高度，m；H 为降水前观测孔中的水柱高度，m；ΔH 为临近降水前，地下水水位的天然平均降（升）速，m/d；t 为观测孔水柱高度从 H 变到 H_{max} 的时间，d。

若地下水水位的天然平均降（升）速 ΔH 很小，则式（3-5）可简化为

$$Q_{雨渗} = \mu(H_{max} - H) \tag{3-6}$$

若要求出区域补给量的平均值，当区内观测点分布比较均匀，且 $Q_{雨渗}$ 值较接近时，可用算术平均；否则可用加权平均或绘制等值线图来计算其平均值。

利用式（3-6）估算降水入渗补给量，方法简单，资料容易获得，这种方法的适用条件是潜水几乎没有水平排泄。在水力坡度大、地下径流强烈的地区，降水入渗补给量不完全反映在潜水面的上升中，而有一部分水从水平方向排泄掉，则导致计算的降水入渗补给量偏小。如果是承压水，水位的上升不是由于当地水量的增加，而是由于静水压力的变化。若存在其他含水层的越流补给，也不能简单地把水量的增加归结为降水的入渗补给，同时该方法没有考虑地下水的蒸发。若有以上情况，本方法则不适用。

该法的优点是概念明确、方法简单，所以已成为平原区估算 $Q_{雨渗}$ 的常用方法。虽其计算精度会受 μ 值选取是否正确的影响，但一般可以满足地下水资源量计算精度的要求。潜水面上升幅度最好采用自记水位计的记录。

全年的降水入渗补给量可用式（3-7）计算：

$$Q_{雨渗}=\sum_{i=1}^{n}\mu(H_{max}-H\pm\Delta Ht) \tag{3-7a}$$

或
$$Q_{雨渗}=\sum_{i=1}^{n}\mu(H_{max}-H) \tag{3-7b}$$

式中：n 为全年降水的次数。

3. 水量平衡法

因大气降水主要补给潜水，故根据质量守恒定律，建立研究区的潜水水量平衡方程，可确定降水入渗补给量。

潜水均衡方程式为

$$A-B=\mu\Delta H \tag{3-8}$$

$$\mu\Delta H=(Q_{雨渗}+Q_{河渗}+Q_{凝结}+Q_{侧入}+Q_{越入})-(Q_{蒸发}+Q_{溢出}+Q_{侧出}) \tag{3-9}$$

式中：A 为潜水的收入项；B 为潜水的支出项；μ 为给水度；ΔH 为潜水位变幅；$Q_{雨渗}$ 为降水入渗补给量；$Q_{河渗}$ 为地表水入渗补给量；$Q_{凝结}$ 为凝结水补给量；$Q_{侧入}$ 为上游断面潜水流入量；$Q_{越入}$ 为下覆承压含水层越流补给潜水水量，若潜水向承压水越流排泄，则其前符号相反；$Q_{蒸发}$ 为潜水蒸发量（包括土面蒸发及叶面蒸腾）；$Q_{溢出}$ 为潜水以泉或泄流形式的排泄量；$Q_{侧出}$ 为下游断面潜水流出量。具体如图 3-7 所示。

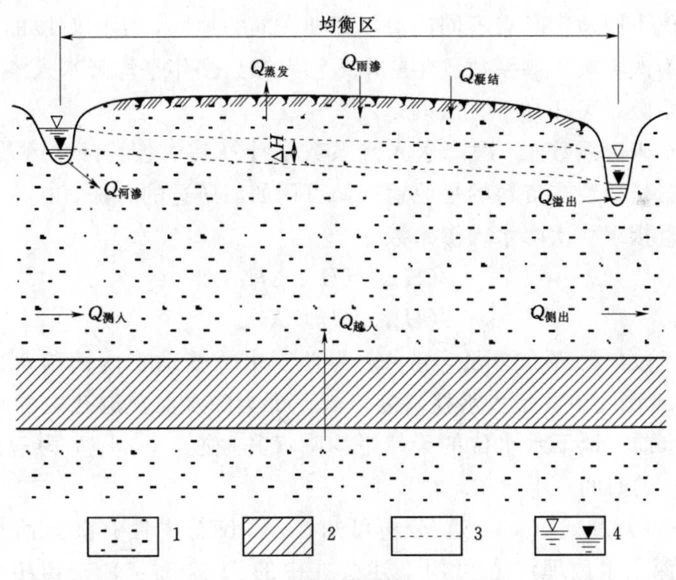

图 3-7 潜水均衡示意图（据区永和修改，1988）
1—潜水含水层；2—隔水层；3—潜水面；4—河水位

由式（3-8）及式（3-9），已知均衡方程中的其他项，即可确定降水入渗补给量 $Q_{雨渗}$ 值。

在一定条件下，某些均衡项可取消。例如，通常凝结水补给很少，$Q_{凝结}$ 可忽略不计；地下径流微弱的平原区，可认为 $Q_{侧入}$、$Q_{侧出}$ 趋近于零；无越流的情况下，$Q_{越入}$ 不存在；地形切割微弱，径流排泄很小，$Q_{溢出}$ 可从方程中消除；去掉以上各项后，式

（3－9）可简化为

$$\mu\Delta H=Q_{雨渗}+Q_{河渗}-Q_{蒸发} \tag{3-10}$$

多年平均条件下，$\mu\Delta H=0$，则得

$$Q_{雨渗}+Q_{河渗}=Q_{蒸发} \tag{3-11}$$

式（3－11）为典型的干旱半干旱平原潜水均衡方程式，它表示入渗补给潜水的水量全部消耗于蒸发，而大气降水入渗补给为蒸发去掉地表水入渗补给量。

典型的湿润山区潜水均衡方程式为

$$Q_{雨渗}+Q_{河渗}=Q_{溢出} \tag{3-12}$$

即入渗补给的水量全部以径流形式排泄，其中大气降水入渗补给量为径流量去除地表水入渗补给量。

4. 降水入渗系数法

大气降水入渗补给地下水的量也可用式（3－13）确定：

$$Q_{雨渗}=1000X\alpha F \tag{3-13}$$

式中：$Q_{雨渗}$为降水入渗补给地下水量，m^3；X 为年降水量，mm；α 为降水入渗系数；F 为补给区面积，km^2。

降水入渗系数 α 是一个地区单位面积上降水入渗补给地下水的量与总降水量的比值，是一个无量纲系数。它不是一个常数，其值在 0～1 之间，并随空间和时间的变化而变化，不仅不同地区具有不同的值，即便在同一地区，不同时段的降水入渗系数也不同，可分为次降水入渗系数、年降水入渗系数、多年平均降水入渗系数等。

降水入渗系数 α 可用如下方法确定：

（1）次降水入渗系数 α。次降水入渗系数是计算其他各类降水入渗系数的基础。在有地下水动态长期观测资料的平原地区，可用如前所述的方法直接求得地下水入渗补给量，亦可直接求得次降水入渗系数 α：

$$\alpha=\mu(H_{max}-H\pm\Delta Ht)/X \tag{3-14}$$

或

$$\alpha=\mu(H_{max}-H)/X \tag{3-15}$$

式中：X 为 t 时段内的降水总量，m；μ 为地下水位变动带内的给水度（无量纲）；H_{max} 为降水后观测孔中的最大水柱高度，m；H 为降水前观测孔中的水柱高度，m；ΔH 为临近降水前，地下水水位的天然平均降（升）速，m/d；t 为观测孔水柱高度从 H 变到 H_{max} 的时间，d。

由式（3－14）和式（3－15）分析可知，α 不仅与岩性有关，而且与降水量以及雨前水位埋深（水位埋深 Δ 可用上述公式中的 H 来确定）密切相关，因此为确保计算结果更加精确，应建立 $\alpha-X-\Delta$ 关系曲线，如果有可能可建立曲线的拟合方程。

（2）年降水入渗系数 α。年降水入渗系数是指年降水入渗补给量与年降水总量的比值。其求解方法有多种，以下简述之：

1）按地下水埋深变化情况分别计算。

a. 当地下水埋深变化不大，一般采用地下水动态分析法，设年内有 n 次降水，其中 k 次降水对地下水有补给，则年降水入渗系数 α 为

$$\alpha=\frac{\sum_{i=1}^{k}P_i}{X} \tag{3-16}$$

式中：P_i 为补给地下水的第 i 次降水入渗补给量（$i=1$，2，3，…，k）；X 为全年降水量。

b. 当地下水埋深较大时，在假设一系列地下水埋深条件下，利用 $\alpha-X-\Delta$ 关系曲线，计算年降水入渗系数。

2）采用直线斜率法求解。据水均衡原理，在无地表水补给的情况下：

$$Q_{雨渗}=X-Y_d-E \tag{3-17}$$

若令

$$h=X-Y_d \tag{3-18}$$

则

$$Q_{雨渗}=h-E \tag{3-19}$$

式中：X 为年降水量，mm；Y_d 为年总径流深，mm；E 为年蒸发量，mm；$Q_{雨渗}$ 为降水入渗补给量，mm。

通过变换，可得到：

$$\alpha=\frac{h-E}{X} \tag{3-20}$$

或

$$h=E+\alpha X \tag{3-21}$$

式（3-21）属直线方程，α 为该直线方程的斜率。

该方法的优点是应用方便，只要有径流和降水两项资料即能求得 α。但方法本身也存在着缺点和不足，例如在均衡方程中没有考虑包气带的作用，且当存在其他补排条件时便不能应用，因此只能是近似解。该方法一般在覆盖层薄、透水性好的基岩裂隙水或喀斯特水分布地区，可以接近于实际数值。

3）根据排泄量求解。在某些低山丘陵区（特别是干旱半干旱的岩溶区），当降水是地下水的唯一补给源，泉水是唯一的排泄方式时（地下水的蒸发量、储存量变化量可忽略不计），泉水的年总流量约等于降水的年入渗补给量。因此，取泉水年总流量与该泉域内大气降水总量的比值，即为该泉域的年降水入渗系数 α。若再将该泉域的 α 值用到地质、水文地质条件类似的更大区域，就可得到大区域的降水入渗补给量。同理，对于某些封闭型的地下水系统，当降水是地下水唯一的补给源，而地下水的开采量（最大降深的稳定开采量）又已达到极限（其他地下水消耗量可忽略）时，其年开采总量除以该地下水系统的年总降水量，可得出该地下水系统的年降水入渗系数 α，也可推广到条件类似的更大区域，进行降水入渗补给总量的计算。

5. 水文学法

在缺乏地下水长期观测资料，但有河流流量资料的地区，可用水文学方法推求流域平均的降水入渗补给量，主要有两种途径：水文分割法和总径流对比法。本书只对水文分割法做简要介绍。

一条河流的流量由两部分组成：一部分是本次或本时段形成的地表径流；另一部分为地下径流，又称基流。地下径流是由降水入渗补给地下水，经地下汇流补给河流形成的，即地下水的泄流。可以通过分割河流流量过程线把地表径流和地下径流区分开来，这种方法称为水文分割法。如果通过水文分割法能求得某次降水或某一时段降水形成的地下径流，则该值相当于该次降水或该时段降水的入渗补给量。具体求解过程详见 3.2.2 小节。

6. 水分通量法

水分通量法是计算降水入渗补给量的一种重要的物理方法。该方法无需考虑水分在土壤中的实际运动过程，通过已知断面的水分通量推求降水入渗补给量。水分通量法一般是零通量面法和定位通量法相结合使用。

3.1.2　地表水对地下水的补给

3.1.2.1　地表水补给概述

地表水是地球表面的各种形式天然水的总称。地表水补给是指地表水（水库、河流、湖泊、坑塘等）与地下水之间存在水头差，且地表水位高于沿岸地下水位时，地表水入渗补给地下水的过程。

河流是地表水体中最主要和最具代表性的水体，河流与地下水之间的补排关系，取决于河水位与地下水位（潜水位）之间的关系，这种关系一般是沿着河流纵断面变化的。山区河流深切，河水位常低于地下水位，起排泄地下水的作用，如图 3－8 中 *a* 所示，洪水期则河水补给地下水；山前由于河流堆积作用加强，河床抬高，地下水埋藏深度大，则河水常年补给地下水，如图 3－8 中 *b* 所示；冲积平原上游地区，河水位与地下水位接近，汛期河水补给地下水，非汛期河水排泄地下水，如图 3－8 中 *c* 所示，季节性变化较大；而在冲积平原的中下游部分，由于堆积作用强烈，形成所谓“地上河”，如黄河下游，此时河水常年补给地下水，如图 3－8 中 *d* 所示。

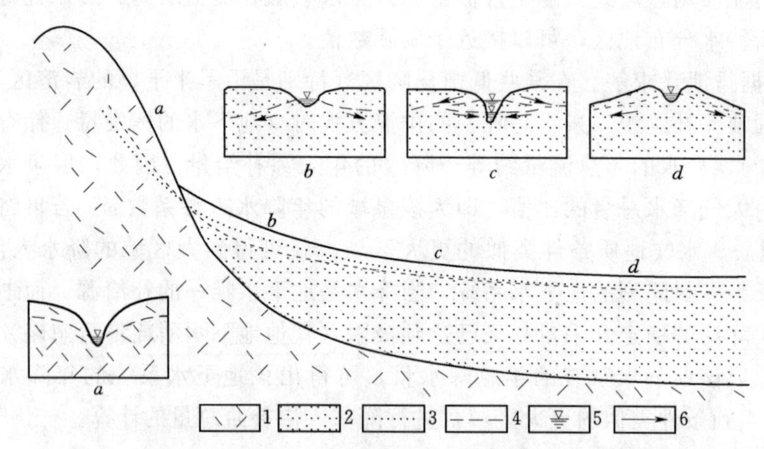

图 3－8　地表水与地下水的补给关系（据王大纯，2006）

1—基岩；2—松散沉积物；3—地表水位（纵剖面）；4—地下水位；5—地表水位（横剖面）；6—补给方向

图 3－9 及图 3－10 分别为河水与地下水之间补排关系示意图，其中图 3－9 为地下水补给河水，致使河水水量增加，图 3－9（a）中以地下水的流动方向说明此关系，图 3－9（b）中地下水流线指向河流，表明河流得到补给。图 3－10 为河水补给地下水，图 3－10（a）同样以地下水流方向直观地说明了两者之间的补排关系为地下水接

受河流的补给，图 3－10（b）中地下水流线指向背离河流，表明地下水从河流获得补给。

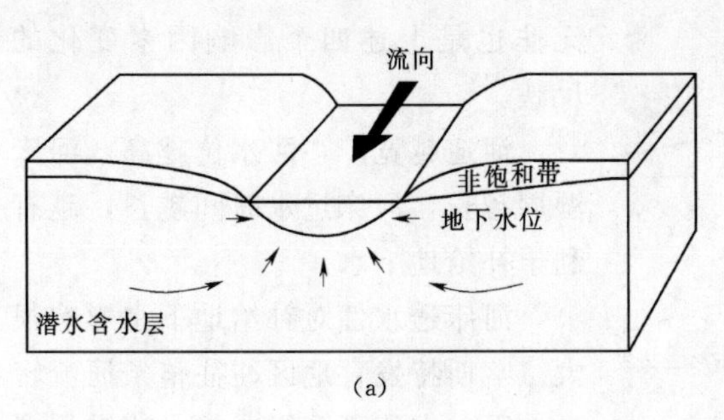

(a)

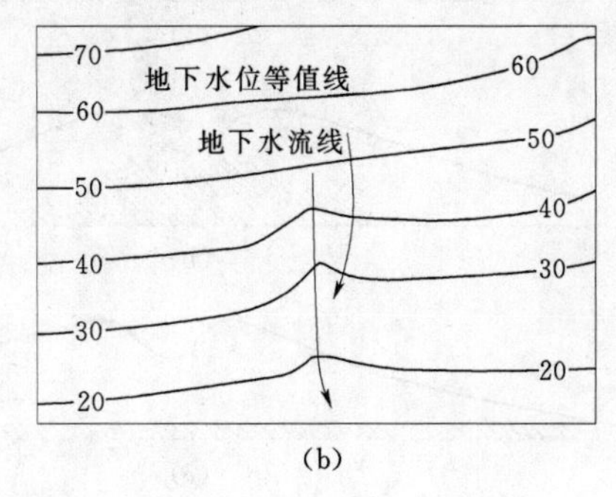

(b)

图 3－9　地下水补给河水（单位：m）

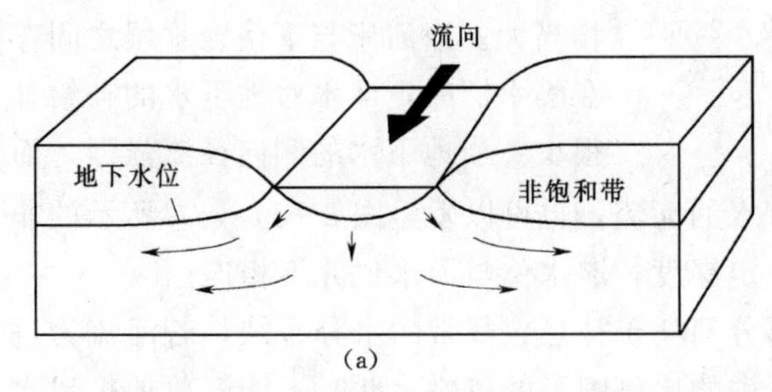

(a)

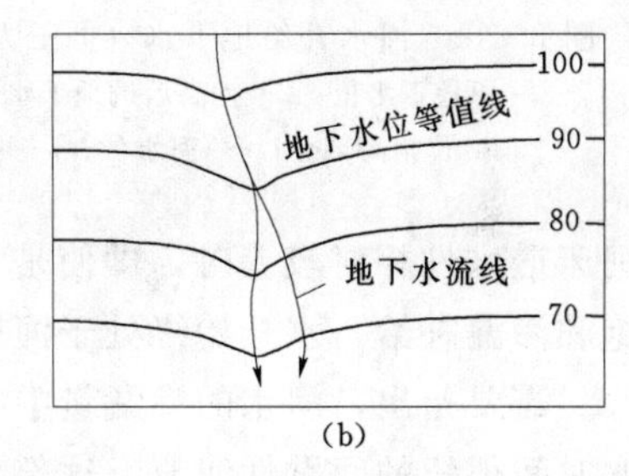

(b)

图 3－10　河水补给地下水（单位：m）

我国北方有许多间歇性河流，每年仅在汛期的一两个月有水。汛前，河床以下包气带处于水分亏缺状态；汛期开始，河水首先浸湿包气带，补足水分亏缺，其后产生垂直下渗，使河床下潜水面形成水丘，如图 3－11（a）所示，此时河水还未与地下水相连；随着河水的不断下渗，地下水面不断抬高，水丘逐渐抬升与扩大，使地下水与河水联成一体，如图 3－11（b）所示；河水退去，水丘逐渐趋平，使一定范围内的地下水位普遍抬高，如图 3－11（c）所示。

大气降水和地表水是地下水的两种主要补给来源，两者对地下水的补给存在空间和时间分布特征的不同，见表 3－1。

表 3－1　　大气降水与地表水对地下水的补给特征对比

补给来源	大 气 降 水	地　表　水
空间分布	面状补给，范围普遍且较均匀	线状补给，局限于地表水体周边
时间分布	持续时间有限	持续时间长，或是经常性的

3.1.2.2　影响地表水补给地下水的因素

河流补给地下水时，补给量的大小取决于下列因素：①透水河床长度与浸水周界（相当于过水断面）；②河床透水性；③河水位与地下水位的水头差（影响水力梯度）；④河床过水时间。同时，河流对地下水的补给量可因人为因素的影响而发生变化。如

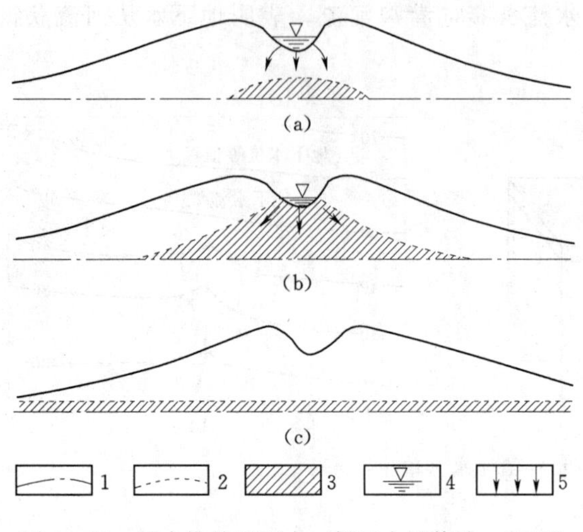

图 3-11　河水补给地下水（据王大纯修改，2006）
1—原地下水位；2—抬高后的地下水位；3—地下水位抬高部分；4—河水位；5—补给方向

傍河取水，人为地增大了河水位与地下水位的差值，从而增加了河水对地下水的补给。事实上人为因素的影响无非也是上述四个影响因素变化的反映。

河道越宽广，河水位越高，河床湿周越长，河床过水时间越长，越有利于补给地下水。

河床透水性对补给地下水影响很大。喀斯特发育地区往往整条河流转入地下。由卵砾石组成的山前洪积扇上缘，地表水呈辐射状散流，渗漏量相当大。当河床与下伏含水层之间存在隔水层时，河水对地下水的补给却很少。当地下水的侧向径流强烈，而河床透水性相对较差时，即使是常年有水的河流，也可以发生图 3-11（a）所示的非饱和渗漏补给，水丘始终处于河床下一定深度，潜水位与河水位并不相连。

需要指出，河水的渗漏量中有一部分消耗于补足包气带的水分亏缺，若河流为过水时间很短的间歇性河流，这部分水所占的比例则不能忽略，此时不能简单地把河水渗漏量当作河水对地下水的补给量。

干旱地区的平原或盆地，降水稀少，对地下水的补给通常很少。发源于山区的河流，高山冰雪融水或高山降水往往成为主要的，甚至是其唯一的地下水补给来源。如河西走廊中段地区，96%的地下水来自于河水补给。

3.1.2.3　地表水补给地下水水量的确定

1. 河流渗漏量的确定

(1) 实测河流上、下游流量直接推求。这是一种最简单、最直接的方法，只需在河流可能发生渗漏地段的上、下游段各测一断面流量，分别为 Q_1 和 Q_2，则河流的渗漏量 $Q_{河渗}$ 为

$$Q_{河渗}=Q_1-Q_2 \tag{3-22}$$

当测流范围内存在支流时，应测定支流入口处的流量，计算时必须考虑到支流的流量。

需要注意：该方法应用于常年性河流，所得河流渗漏量即为补给地下水的量；运用于间歇性河流，因其需先补足包气带水分亏缺，才入渗补给地下水，实际地下水得到的补给量要小于计算所得到的河流渗漏量。

(2) 水文分析法。此法适用于两岸无地下水动态观测资料的河道，其渗漏补给量为

$$Q_{河渗}=(Q_{上}-Q_{下})(1-\lambda)\frac{L}{L'} \tag{3-23}$$

式中：$Q_{河渗}$ 为河道渗漏量，m^3/a；$Q_{上}$、$Q_{下}$ 分别为上、下游水文站实测流量，m^3/a；

λ 为两测站间水面蒸发量与两岸浸润带蒸发量之和占（$Q_上-Q_下$）的比率，由试验确定，一般数量很小，仅占渗漏补给量的5%左右；L 为计算河道或河段的长度，m；L'为两测站间河段长度，m。

根据岩性和水文地质条件的不同，将河道划分为几种不同的类型，在每一类中，选择平直的测水段，在其上、下端设置测水站（应尽量利用已有的水文测站），测定上端的流入量 $Q_上$ 和下端的流出量 $Q_下$，则

$$\Delta Q_L=\frac{Q_上-Q_下}{L'} \tag{3-24}$$

式中：ΔQ_L 为单位河长损失量，$m^3/(a\cdot m)$。河道的损失量 $Q_{河损}$ 应为

$$Q_{河损}=\Delta Q_L L \tag{3-25}$$

则河道渗漏补给量为

$$Q_{河渗}=(1-\lambda)Q_{河损} \tag{3-26}$$

由上述推导过程可以看出，如能概化出各类河道单位河长损失量 ΔQ_L 和流入量 $Q_上$ 之间的经验关系公式，即可计算出输水损失量 $Q_{河损}$。

(3) 当河流与含水层有天然水力联系时渗漏量的估算。根据河流两侧地下水长期观测孔或现有民用井（垂直于河流布设）取得的观测资料进行估算，计算公式为

$$q=K\bar{h}I \tag{3-27}$$

式中：q 为单位长度河流向一侧的渗漏量，$m^3/(d\cdot m)$；K 为含水层平均渗透系数，m/d；$\bar{h}$ 为含水层平均厚度，m；I 为地下水水力坡度。

对一侧补给的总水量，可根据河道引水时间和具有水力联系的长度进行计算：

$$W=qLT \tag{3-28}$$

式中：W 为侧向补给地下水的总量，m^3 或万 m^3；L 为河水与地下水存在水力联系的河段长度，m；T 为河道内过水时间，d。

若河道为两侧补给，则分别进行计算再累加，然后再根据计算区的面积折合成水柱高度（mm）。

2. 水库对地下水补给量的确定

当岸边岩性均一、隔水层埋藏不深且水平时，如图 3-12 所示，其渗漏补给量可按下式计算：

$$q=K\frac{H_1-H_2}{L}\frac{H_1+H_2}{2} \tag{3-29}$$

$$Q_{库渗}=qB \tag{3-30}$$

式中：q 为水库单宽剖面渗透流量，$m^3/(d\cdot m)$；$Q_{库渗}$ 为水库总渗漏流量，m^3/d；K 为库岸岩土的渗透系数，m/d；H_1 为水库水位距隔水底板的高度，m；H_2 为邻谷水位距隔水底板的高度，m；L 为水库与邻谷的距离，m；B 为水库渗漏断面总长度，m。

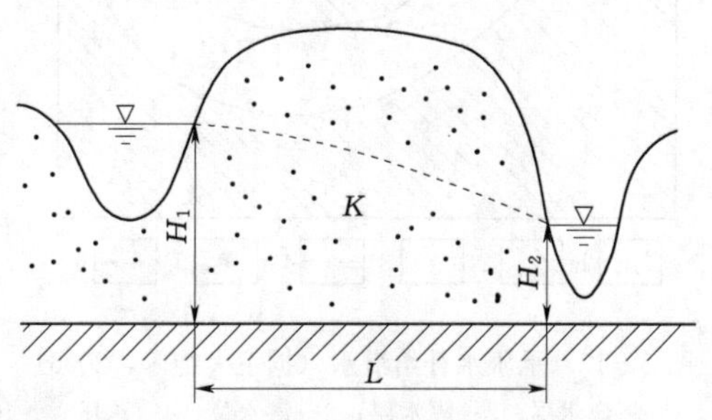

图 3-12 水库渗漏补给计算图
（据霍崇仁，1988）

3.1.3　凝结水的补给

当空气中的湿度超过饱和湿度时，超过的那部分水汽将凝结成液态水，这种气态水转化为液态水的过程称为凝结作用。夏、秋季，气温变化较大。上午和中午，大气和土壤都吸热增温，下午到晚上主要为降温过程，土壤散热快，大气散热慢，地温首先降低，当降至一定程度时，土壤孔隙中水汽达到饱和，即凝结成水滴，绝对湿度随之降低。此时由于气温较高，大气中绝对湿度也较土壤中大，空气中水汽向土壤孔隙中运动，随着温度的不断降低，不断补充，在地下水面上也不断凝结。

温度越高，饱和湿度值越大。同时，温度又随时间而变化，当空气和土壤中水汽遇温度急剧降低时，空气和土壤中的非饱和水汽就可能变为饱和，而形成凝结水。凝结水补给即指水汽凝结形成重力水下渗补给地下水的过程。

根据上述分析，凝结水可分两部分进行计算：第一部分，土壤孔隙中水蒸气由于温度变化，而发生凝结作用所产生的水量；第二部分，由于土壤中绝对湿度的降低，空气中水蒸气向土壤中扩散的那部分水量。则凝结水补给地下水的总量为

$$Z_c = W_1 + W_2 \tag{3-31}$$

式中：W_1 为土壤孔隙中水蒸气凝结所产生的水量；W_2 为空气中水蒸气向土壤中扩散的水量。

一般情况下，凝结形成的水非常有限，但在高山、沙漠等昼夜温差大的地方，凝结作用对地下水的补给作用不能忽略。如我国内蒙古沙漠地带，在风成细沙中不同深度均有水汽凝结。

3.1.4　含水层之间的补给

当两个含水层之间具有水力联系，且存在水头差时，则水头高的含水层向水头低的含水层补给，其补给方式通常有下列几种：①两含水层相互连通产生直接补给（图 3-13、图 3-14）；②通过切穿隔水层的导水断层进行补给（图 3-15）；③隔水层分

资源 3.4

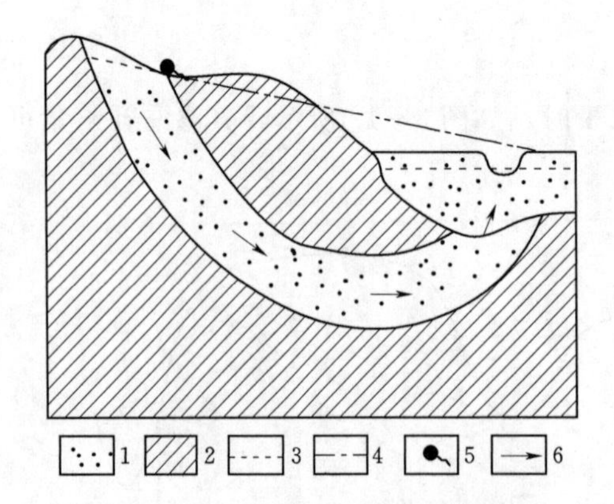

图 3-13　承压水补给潜水（据王大纯等，2006）
1—含水层；2—隔水层；3—潜水位；4—承压水测压水位；5—下降泉；6—地下水流向

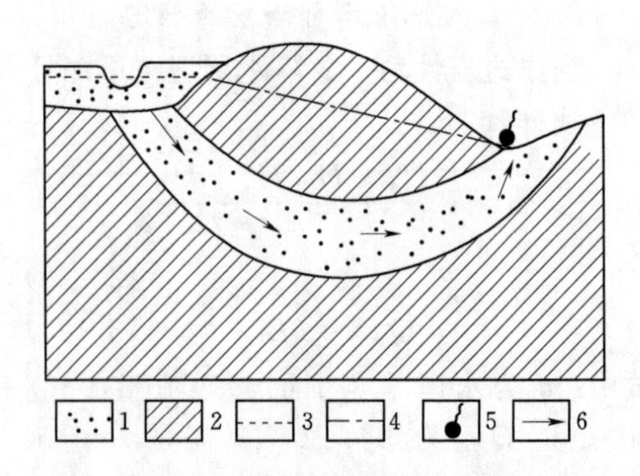

图 3-14　潜水补给承压水（据王大纯等，2006）
1—含水层；2—隔水层；3—潜水位；4—承压水测压水位；5—上升泉；6—地下水流向

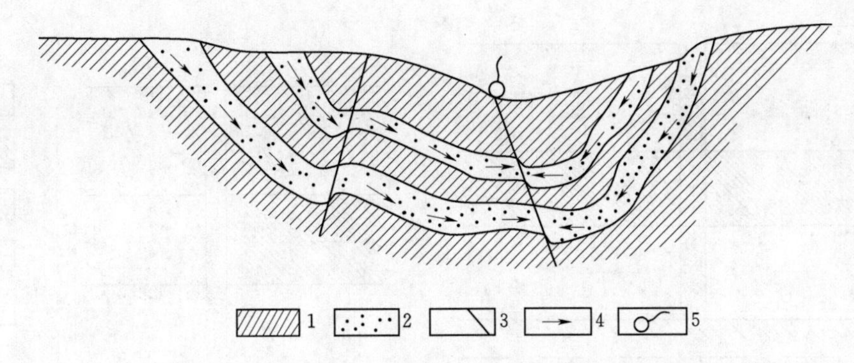

图 3-15 含水层通过导水断层发生水力联系（据王大纯等，2006）

1—隔水层；2—含水层；3—导水断层；4—地下水流向；5—泉

布不稳定时，在其缺失部分，相邻的含水层便通过“天窗”发生水力联系（图 3-16）；④越流补给，松散沉积物含水层之间的黏性土层并不完全隔水，具有一定水头差的相邻含水层通过此类弱透水层发生的渗透，称为越流（图 3-16）；⑤穿越数个含水层的钻孔或止水不良的分层钻孔，往往成为含水层之间人为的联系通道（图 3-17）。

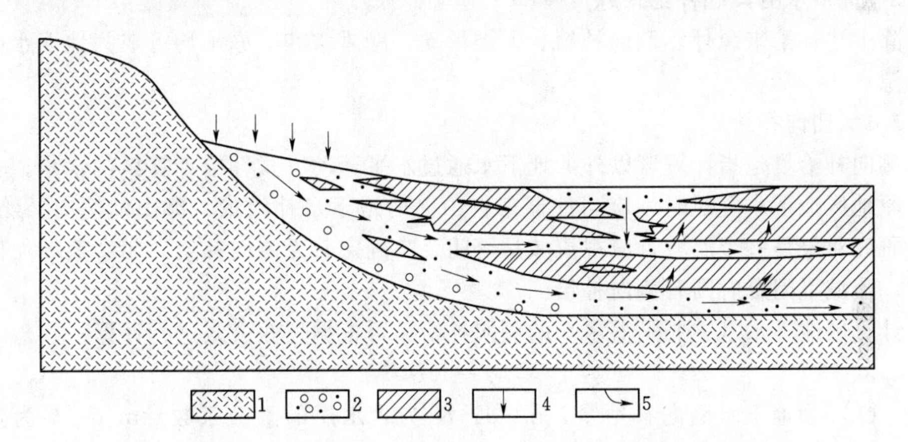

图 3-16 松散沉积物中含水层通过“天窗”及越流发生水力联系（据王大纯等，2006）

1—基岩；2—含水层；3—弱透水层；4—降水补给；5—地下水流向

对图 3-18 加以分析可以计算越流补给量的大小。按达西定律，单位水平面积弱透水层的越流量 $Q_{越}$ 为

$$Q_{越}=KIA=K\frac{H_A-H_B}{M}A \tag{3-32}$$

式中：K 为弱透水层垂向渗透系数；I 为驱动越流的水力梯度；H_A 为含水层 A 的水头；H_B 为含水层 B 的水头；M 为弱透水层厚度（等于渗透途径）；A 为发生越流的面积。

由此可见，相邻含水层之间水头差越大，弱透水层厚度越小，其垂向透水性越好，则单位面积越流量便越大。弱透水层的垂向渗透系数虽然很小，越流强度也不大，但由于越流补给是相邻两含水层的整个平面范围，因此相邻两含水层间地下水的补给量仍是相当可观的，往往不能忽略。

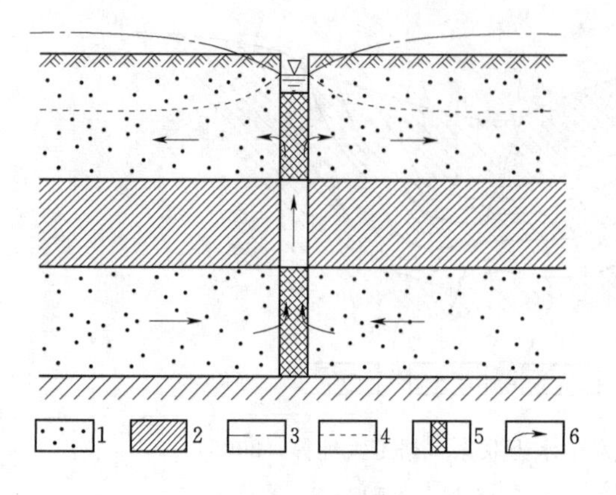

图 3－17　含水层通过钻孔发生水力联系（据王大纯等，2006）
1—含水层；2—隔水层；3—承压水测压水位；4—潜水位；5—滤水管；6—水流方向

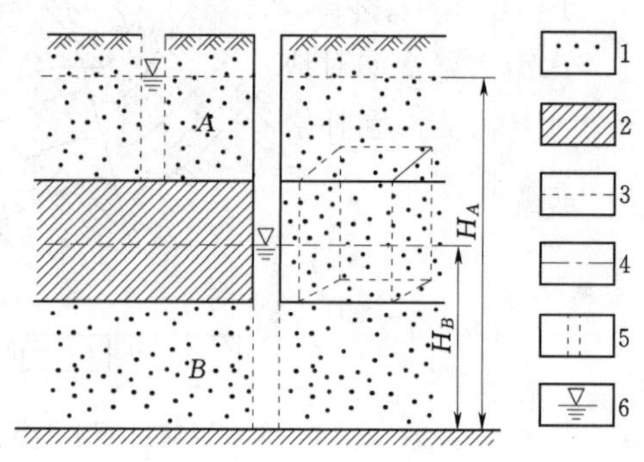

图 3－18　影响越流的因素（据王大纯等，2006）
1—含水层；2—隔水层；3—A 含水层潜水位；4—B 含水层测压水位；5—井，虚线部分下滤水管；6—井中水位

3.1.5　地下水的其他补给来源

除上述补给来源外，侧向补给、人类活动、融雪水和融冻水均可成为地下水的补给来源。

3.1.5.1　侧向补给

资源 3.5

侧向补给量是指计算区以外的地下水通过水平运动方式补给计算区的水量。在研究平原地区地下水资源时，应当计算来自山前的地下水补给量，即山前侧向补给量。如果研究对象是一个流域，应视流域是否闭合来确定有无侧向补给，闭合流域无侧向补给，流域不闭合时则有侧向补给。

计算区地下水（主要是潜水）的侧向补给，可根据达西公式进行计算：

$$Q_{侧入}=KIhB \tag{3-33}$$

式中：$Q_{侧入}$为地下水侧向补给量，m^3/d；K 为含水层的渗透系数，m/d；h 为潜水含水层饱和厚度，m；B 为过水断面宽度，m；I 为地下水水力坡度，可用地下水等水位线图或钻孔（井）水位差计算求得。

应注意的是，当地下水的 K、I、h、B 值在空间有变化时，需分段计算侧向补给，然后叠加求其总补给量，即

$$\sum Q_{侧入}=\sum_{i=1}^{n}(KIhB)\ (i=1,2,\cdots,n) \tag{3-34}$$

式中：n 为计算断面个数；其他符号意义同前。

3.1.5.2　人类活动造成的地下水补给

修建灌溉工程以及对潜水采用地面、河渠、坑塘蓄水渗补，对承压水采用井、孔灌注等方式进行地下水人工补给等人类活动也会增加地下水的补给。

利用河水灌溉农田的地区，一般灌溉水入渗在地下水总补给量中占很大比重，可分为两部分：一是渠系渗漏补给；二是田间渗漏补给。有的地区利用当地的水源（如抽取地下水）进行灌溉，灌溉水入渗后地下水得到的补给，称之为灌溉回渗，它是当

地的水资源重复量。

1. 渠系渗漏补给

大型沟渠渗漏对地下水的补给，主要集中在渠道沿线，故需单独进行计算，其计算方法与河流渗漏补给的计算方法相同，但应注意如采用断面测流法时，需除去包气带所消耗的水量。渠系渗漏补给量计算方法还常采用渠系渗漏补给系数法，具体计算公式为

$$Q_{渠渗}=mQ_{渠首引} \tag{3-35}$$

$$m=\frac{Q_{渠渗}}{Q_{渠首引}}=\frac{Q_{渠首引}-Q_{净}-Q_{损}}{Q_{渠首引}} \tag{3-36}$$

式中：$Q_{渠渗}$ 为渠系渗漏补给量，指灌区斗渠以上各级渠道渗漏对地下水的补给量；$Q_{渠首引}$ 为渠首引水量；$Q_{净}$ 为经由渠系输送到田间（即进入农渠）的净灌水量；$Q_{损}$ 为渠系沿途水面蒸发损失、湿润包气带水量损失、入渗过程中的蒸发损失以及退水填底损失等的总和；m 为渠系渗漏补给系数，它是渠系渗漏补给地下水的水量与渠首引水量的比值，其值可参考表 3-2。

表 3-2　　渠系渗漏补给系数 m 值（引自水利电力部水文局，1987）

分　区	衬砌情况	渠床下岩性	地下水埋深/m	渠系有效利用系数 η	修正系数 r	渠系渗漏补给系数 m
长江以南地区和内陆河流域农业灌溉区	未衬砌	亚黏土、亚砂土	<4	0.30～0.60	0.55～0.90	0.22～0.60
	部分衬砌	亚黏土、亚砂土	<4	0.45～0.80	0.35～0.85	0.19～0.50
			>4	0.40～0.70	0.30～0.80	0.18～0.45
	衬砌	亚黏土、亚砂土	<4	0.50～0.80	0.35～0.85	0.17～0.45
			>4	0.45～0.80	0.35～0.80	0.16～0.45
北方半干旱半湿润区	未衬砌	亚黏土	<4	0.55	0.32	0.144
		亚砂土	<4	0.40～0.50	0.35～0.50	0.18～0.30
		亚黏土、亚砂土	<4	0.40～0.55	0.32	0.14～0.30
	部分衬砌	亚黏土	<4	0.55～0.73	0.32	0.09～0.14
			>4	0.55～0.70	0.30	0.09～0.135
		亚砂土	<4	0.55～0.68	0.37	0.12～0.17
			>4	0.52～0.73	0.35	0.10～0.17
	衬砌	亚黏土、亚砂土	<4	0.55～0.73	0.32～0.40	0.09～0.17
		亚黏土	<4	0.65～0.88	0.32	0.04～0.112
		亚砂土	<4	0.57～0.73	0.37	0.10～0.16

此外河渠渗漏补给量的计算方法还有现场试验法、经验公式法、解析方法和数值方法。

2. 田间渗漏补给

灌溉水（引自地表水或地下水）进入田间后，经过包气带，而后渗透补给地下水的水量称为田间渗漏补给量，包括田面渗漏和田间渠道（斗渠和斗渠以下各级渠道）的渗漏补给量。有的灌区既有渠灌（引河水灌溉）又有井灌，则田间渗漏补给量为

$$Q_{田渗}=\beta_{渠} Q_1+\beta_{井} Q_2 \tag{3-37}$$

式中：$Q_{田渗}$为田间渗漏补给量，m^3/a，灌区田间入渗的过程与降水入渗相似，在有田间工程设施的灌区，一般不会产生地面径流；Q_1、Q_2分别为引取地表水和地下水的年内田间灌溉净用水量，m^3/a；$\beta_{渠}$、$\beta_{井}$分别为渠灌和井灌田间渗漏补给系数，含义是渗漏补给量占田间灌溉净用水量（地表水或地下水）的百分率。

年内田间灌溉净用水量可由渠首引水量乘以渠系有效利用系数求得。当无渠首引水量资料时，则用实灌亩次乘以灌水定额（指一次灌水单位面积上的灌水量）估算。由于各地灌区技术发展不平衡、降水分布不均匀以及旱田、水田需水量的差别等原因，使灌水定额各地均不相同。

灌溉入渗补给系数主要的影响因素是包气带上部岩性、地下水位埋深和灌溉定额，其值可参考表3-3。

表3-3　田间灌溉入渗补给系数β值（引自水利电力部水文局，1987）

地下水埋深/m	灌水定额/(m^3/亩)	岩性		
		亚黏土	亚砂土	粉细砂
<4	40～70	0.10～0.17	0.10～0.20	
	70～100	0.10～0.20	0.15～0.25	0.20～0.35
	>100	0.10～0.25	0.20～0.30	0.25～0.40
4～8	40～70	0.05～0.10	0.05～0.15	
	70～100	0.05～0.15	0.05～0.20	0.05～0.25
	>100	0.10～0.20	0.10～0.25	0.10～0.30
>8	40～70	0.05	0.05	0.05～0.10
	70～100	0.05～0.10	0.05～0.10	0.05～0.20
	>100	0.05～0.15	0.10～0.20	0.05～0.20

在缺乏试验资料地区，可采用降水前土壤含水量较低（前期基本无雨）、降水量大致相当于灌水定额、无地面径流条件下的次降水入渗系数近似地代表田间入渗补给系数。

3. 人工补给

通过某种工程设施，将符合回灌标准的水，人工灌入地下储水岩层中，以增加地下水资源总量的方法称为地下水人工补给。人工补给地下水的目的主要是补充与储存地下水资源，抬高地下水位以改善地下水开采条件。同时还有以下目的：储存热源用于锅炉用水，储存冷源用于空调冷却，控制地面沉降，防止海水倒灌与咸水入侵淡水含水层等。人工补给地下水通常采用地面、河渠、坑池蓄水渗补及井孔灌注等

方式。

3.1.5.3　融雪水、融冻水补给

我国西北、东北高寒地区每年积雪时间长，包气带和部分饱水带土层温度常处于0℃以下，形成冻土，在土层冻结期几乎无入渗补给；至夏季才开始逐渐消融，其入渗补给地下水量的大小与积雪的厚度、包气带冻土厚度、化冻时间长短及气温高低等因素有关。有些高寒地区在融冻期的入渗补给系数相对较大，有时竟高达0.8以上。但在我国大小兴安岭北部、青藏高原、阿尔泰山、天山等地的多年冻土区，由于季节解冻范围仅限于地表以下4～5m深度内，再向下直至50～60m深度内则常年处于负温，形成天然的隔水介质，往往得不到直接的入渗补给。

3.2　地下水的排泄

资源3.6

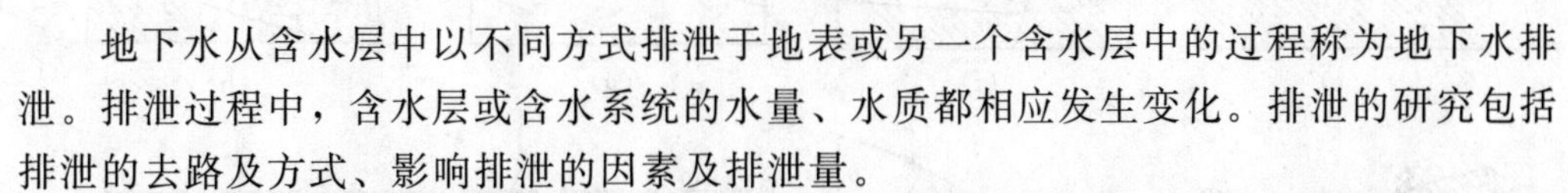

地下水从含水层中以不同方式排泄于地表或另一个含水层中的过程称为地下水排泄。排泄过程中，含水层或含水系统的水量、水质都相应发生变化。排泄的研究包括排泄的去路及方式、影响排泄的因素及排泄量。

地下水通过泉（点状排泄）、向河流泄流（线状排泄）及蒸散发（面状排泄）等形式向外界排泄。此外，一个含水层或含水系统中的水可向另一个含水层或含水系统排泄，即越流排泄，此时，对于后者来说，即从前者获得补给。用井孔抽取地下水或用钻孔、渠道、坑道等疏干地下水则属于地下水的人工排泄。

3.2.1　泉

泉是地下水的天然露头。地下水在地表面与含水层或含水通道相交点出露成泉，一般在山区丘陵及岗前地带的沟谷与坡脚泉水出露较多，在平原区则少见。

3.2.1.1　泉的分类

1. 根据补给泉的含水层的性质划分

根据补给泉的含水层的性质，可将泉划分上升泉及下降泉两大类。

资源3.7

上升泉，为承压水的天然露头，地下水在静水压力作用下，上升并溢出地表的泉；下降泉，为潜水或上层滞水的天然露头，是地下水受重力作用自由流出地表的泉。仅仅根据泉口的水流是否上涌，来判断是上升泉或下降泉，是不可靠的。下降泉泉口的水流有时也可显示上升运动，而通过松散覆盖物出露的上升泉，泉口附近的水流也可能呈下降运动。因此，必须根据补给泉的含水层的埋藏条件，来确定泉是上升泉还是下降泉。

2. 根据出露原因划分

根据泉出露的原因，可将泉分为侵蚀泉、接触泉、溢流泉、断层泉和接触带泉。

（1）侵蚀泉。沟谷等侵蚀作用切割含水层而形成的泉，如图3-19（a）、（b）、（h）所示。

（2）接触泉。由于地形切割，沿含水层和隔水层接触处出露的泉，如图3-19（c）所示。大的滑坡体前缘常有泉出露，这是由于滑坡体破碎，透水性良好，而滑坡床相对隔水，按其成因也属一种接触泉。

(3) 溢流泉。当潜水流前方透水性急剧变弱，或由于隔水底板隆起，潜水流动受阻而溢出地表的泉，称为溢流泉，如图3-19 (d)、(e)、(f)、(g) 所示。

(4) 断层泉。地下水沿断层带出露的泉，如图3-19 (i) 所示。

(5) 接触带泉。岩脉或侵入体与围岩接触带因冷凝收缩而产生裂隙，地下水沿此接触带上升而形成的泉，如图3-19 (j) 所示。

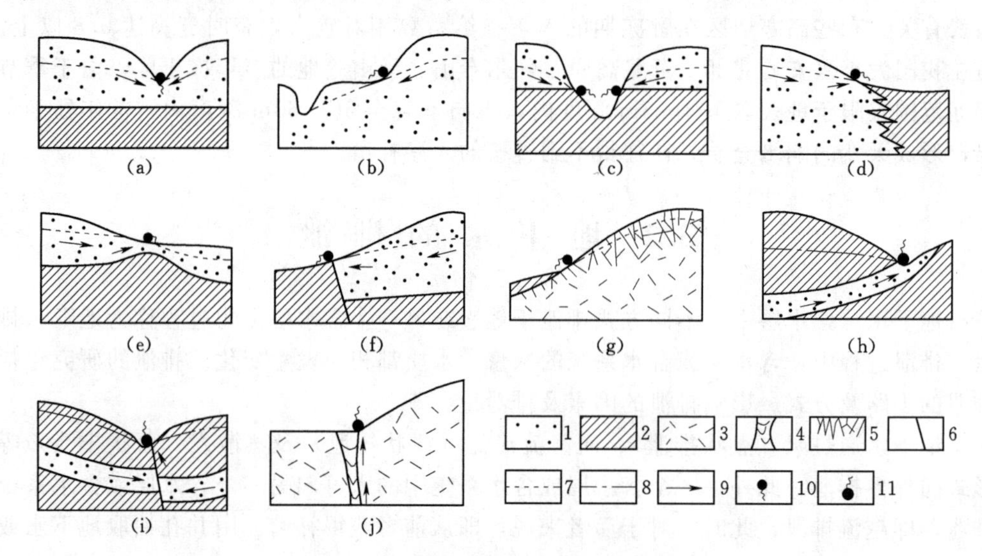

图3-19　泉的类型（据王大纯等，2006）

1—透水层；2—隔水层；3—坚硬基岩；4—岩脉；5—风化裂隙；6—断层；
7—潜水位；8—测压水位；9—地下水流向；10—下降泉；11—上升泉

3.2.1.2　泉的研究意义

通常地下水在地形、地质、水文地质条件适宜的地方，才以泉的形式涌出地表，因此，它的出露及其特点反映出岩层富水性、地下水类型、补给、径流、排泄以及动态均衡等方面的一系列特征：

(1) 通过地层中泉的出露及涌水量大小，可以确定地层的含水性和含水层的富水程度。

(2) 泉的分布反映含水层或含水通道的分布，以及补给区和排泄区的位置。

(3) 通过对泉水的运动特征和动态的研究，可以帮助判断地下水的类型。如下降泉来自潜水或上层滞水的排泄，动态变化较大；而上升泉来自承压水的排泄，动态较稳定。

(4) 泉的标高反映泉域地下水位标高。

(5) 泉的化学成分、物理性质与气体成分，不仅可反映当地地下水的水质特点，同时其特征和变化，也可反映泉的形成条件及补给水源的径流环境。

(6) 泉水的温度反映地下水的埋藏条件，如水温近于气温，说明含水层埋藏较浅，补给源较近；如果是温泉，则多来自地下深部。

(7) 泉的研究有助于判断地质构造。由于许多泉常出露于不同岩层的接触带或断裂构造带处，因此，当在地面上见到与这些地层界线或构造带有关的泉时，则可判断被覆盖的构造位置。

(8) 喀斯特地区的泉水有的水量很大，可直接开采利用。

(9) 某些大泉具有重要的供水意义，甚至是主要的或唯一的供水水源地，有的泉群可成为旅游资源，这些对国家经济的发展具有重要的实际意义。

3.2.1.3 泉的动态

泉的流量变化程度，通常用流量不稳定系数表示。流量不稳定系数为泉的最小流量与最大流量之比。按不稳定系数的大小可将泉分为五种类型（表 3-4）。一般来说，作为供水水源时，应采用流量最大且稳定的泉。

表 3-4 泉按不稳定系数的分类

泉的种类	泉的特点	不稳定系数
Ⅰ	极稳定的	1
Ⅱ	稳定的	1～0.5
Ⅲ	不稳定的	0.5～0.1
Ⅳ	很不稳定的	0.1～0.03
Ⅴ	极不稳定的	<0.03

影响泉的动态因素主要包括以下几个方面：

(1) 气象、水文因素。因下降泉为潜水或上层滞水补给，受气象、水文因素影响较大，故其随季节变化显著，并与气象、水文要素变化一致。丰水季节，流量增大；枯水季节，流量减少，有的甚至干枯，泉的动态不稳定。上升泉为承压水补给，受气象、水文因素影响较小，泉的动态较为稳定。

(2) 水文地质条件。通常补给泉的含水层分布范围和厚度越大，接受补给的面积和水量也越大。补给时间越长，泉距补给源越远，含水层透水性越弱，则泉的动态越稳定；反之，则越不稳定。

(3) 补给泉的含水层的透水性。不同透水性的含水层补给的泉，其动态也不相同：由岩溶含水层补给的下降泉，动态一般极不稳定（岩溶上升泉除外）。由于透水性好，地下径流迅速，有补给或排泄时，波及范围很大，从而影响泉的动态。

(4) 补给泉的地下水循环深度。补给泉的地下水循环深度不同，泉的动态稳定程度也不同。有的断层泉，由于其补给地下水循环较深，气象因素对其影响较小，动态就较为稳定。

地下水有时也以泉的形式集中排泄于河底、湖底或海底，这类水下泉与一般泉的区别是出露于水下而不在地面。

3.2.2 泄流

多数情况下，地下水是分散排入地表水体的。当河流切割含水层时，地下水沿河呈线状排泄，称为泄流。随着河流所处的水文地质条件的不同，河水与地下水之间的联系状况也不同，一般可分为四种情况：

资源 3.8

(1) 潜水与河水无直接水力联系，如图 3-20 (a) 所示。

(2) 潜水与河水有直接水力联系，如图 3-20 (b) 所示。

(3) 潜水与河水有周期性直接水力联系，如图 3-20 (c) 所示。

(4) 承压水与河水有直接水力联系，如图 3-20 (d) 所示。

除上述基本情况外，有时也可有混合型的，即潜水与承压水同时与河水发生水力联系。

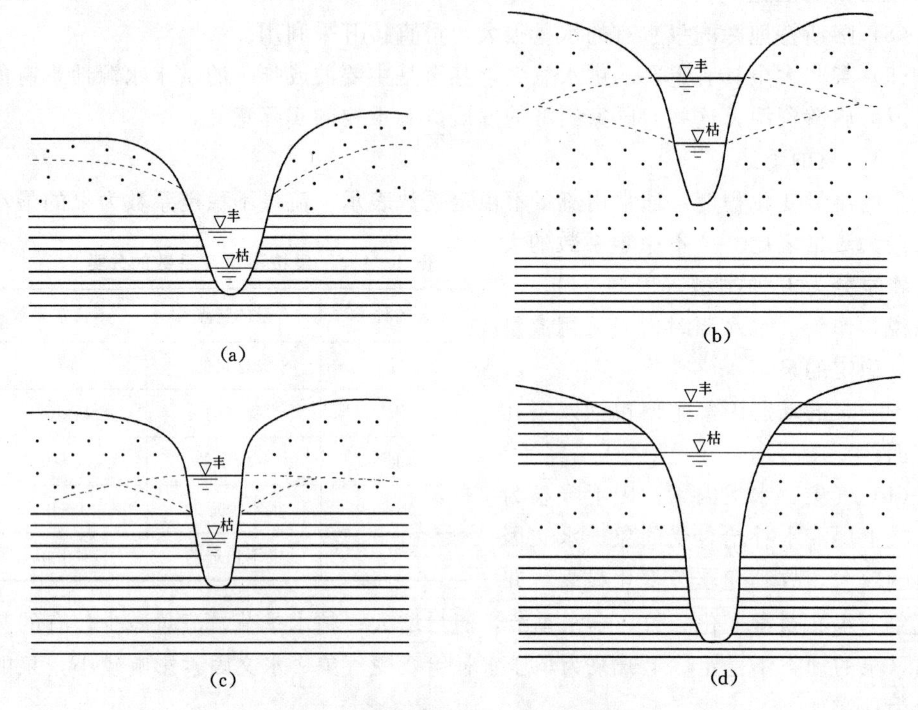

图 3-20　河水与地下水的相互关系

(a) 潜水与河水无直接水力联系；(b) 潜水与河水有直接水力联系；
(c) 潜水与河水有周期性直接水力联系；(d) 承压水与河水有直接水力联系

含水层　隔水层　丰水期河水位　枯水期河水位

常年有水的河流，枯水季节河水流量全由地下水泄流供给，汛期主要由流域内降水汇聚形成，同时也可能包含部分泄流水量。

在切割强烈的河流上、中游地段泄流现象较为常见。其泄流量的大小取决于地下水位与河水位的高差、含水层的透水性能以及河床切入含水层的深度与长度等因素。泄流不像泉那样集中，因此泄流量不便直接测定。通常情况下，一个闭合流域的河川基流量大致等于地下水的排泄量。一般可在河流上选定断面，定期测定河水流量，得出河流流量过程线，再从河流流量过程线中分割出地下水泄流量的方式求得，这部分泄流量称为基流。

基流分割方法如下。

1. 标准退水曲线分割法

一次流量过程线可用洪量分截成段，即 Aa 段、ab 段、bB 段，如图 3-21 所示，将 Aa 段称涨水段，ab 段称洪量段，bB 段称退水段。在退水段上流量随时间的变化过程线称退水曲线。

退水初期，流量由上游河网蓄水消退和潜水补给构成；后期则完全由地下水泄流构成。完全由地下水泄流所组成的退水曲线称标准退水曲线。

标准退水曲线的确定可采用做图法，如图 3-22 所示。即选取若干个流量过程线的退水段，采用同一纵横比例尺，横轴重合，左右移动，使退水曲线尾部达到最大重合，做下包线，即得标准退水曲线。

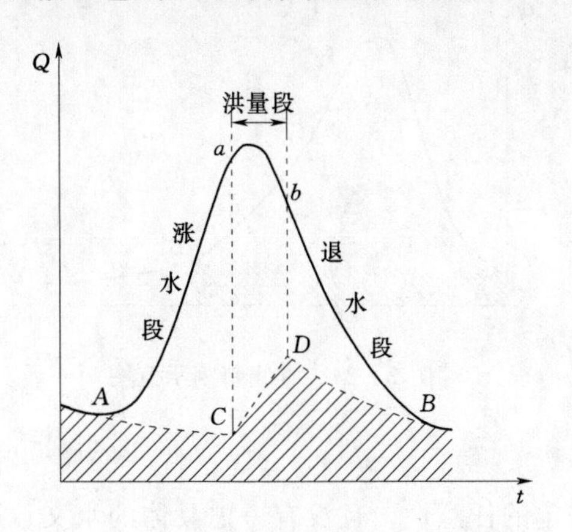

图 3-21　标准退水曲线分割地下水泄流量

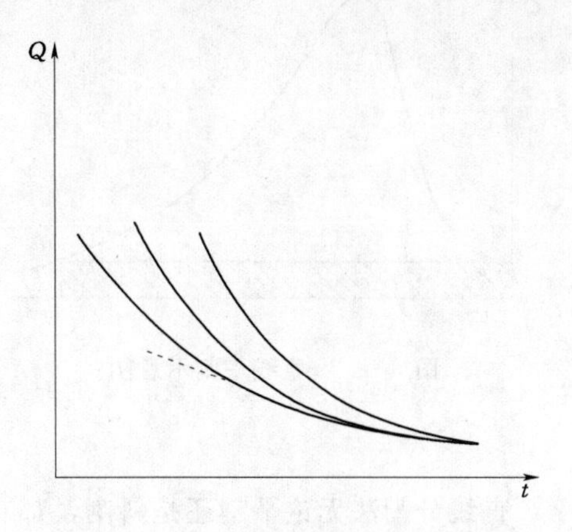

图 3-22　做图法求标准退水曲线

标准退水曲线分割法的基本步骤如下：

（1）按前述确定标准退水曲线。

（2）在流量过程线上确定洪量段 ab，即确定单位时段内（1d、3d、7d、…）的最大流量段，单位时段可根据河流大小的具体情况确定，小河时段短，大河时段长。

（3）确定流量过程线上的起涨点 A 和退水点 B。

（4）将标准退水曲线与 A 点以左的退水段重合向右延伸，与过 a 点垂直于横坐标 t 的直线相交于 C；再将标准退水曲线与 B 点以右的退水段重合后向 B 点以左延伸，与过 b 点垂直于横坐标 t 的直线相交于 D，连接 $ACDB$，阴影部分为基流量，如图 3-21 所示，即地下水泄流量。

这种方法适用于河水与潜水无直接水力联系（地下水径流不受河水涨落影响）的情况，如图 3-20（a）所示。由于标准退水曲线是利用若干次实测流量过程线的退水段进行综合后求得的，故该方法在一定程度上反映了地下水泄流的规律，所得基流量比较接近于实际情况。但在推求标准退水曲线和按标准退水曲线延伸的过程中，带有一定的任意性。

2. 直线分割法

可分为平割和斜割两种。

（1）平割。平割是最简单的分割方法。如图 3-23 所示，即从流量过程线上的起涨点 A 引横坐标轴的平行线与退水段相交于 B，AB 线以下的阴影部分即为基流量。该方法适用于洪水前期水量很枯、基流由承压水补给的情况，因为承压水的排泄量一般可以认为是一个固定不变的数值。

（2）斜割。即先在河流流量过程线上确定起涨点 A 与退水点 B'，然后用直线连接 AB'形成一条斜线，则 AB'以下阴影部分的水量即为地下水向河流的排泄量。B'点在流量过程线上的位置是将已求得的标准退水曲线与流量过程线退水段尾部相重合，两线的分离点即得到 B' 点，如图 3-24 所示。此法适用于地下水径流不受河水涨落影响的情况。

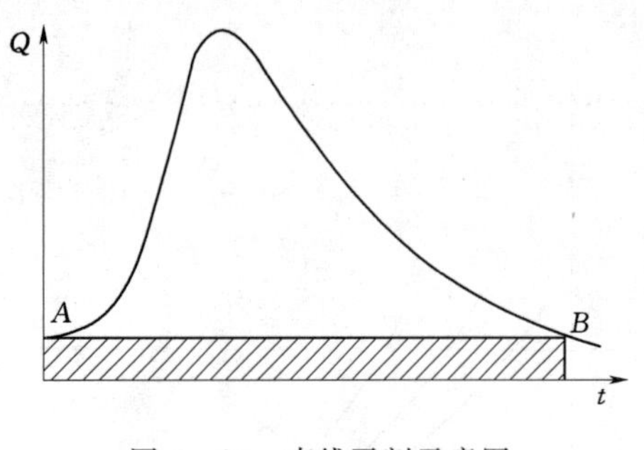

图 3-23　直线平割示意图

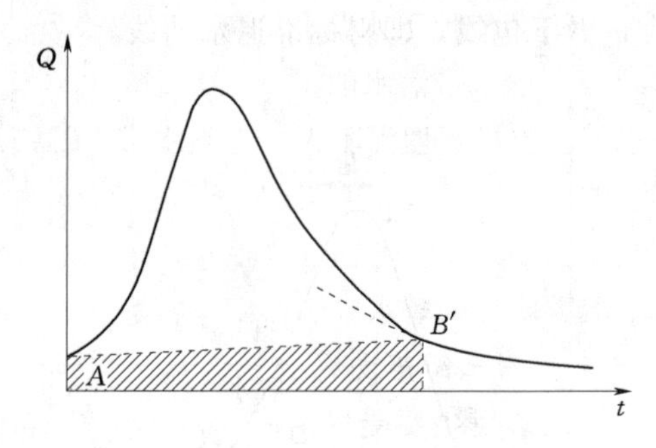

图 3-24　直线斜割示意图

直线分割法无论平割还是斜割，都有一定的任意性，且没有考虑具体的水文地质条件，方法较为粗略，但简单易行，便于使用，对一般性估算地下水排泄量仍可行，故被广泛采用。

3. 库捷林法

洪水时期河道水位抬高，可以近似认为基流量等于零。但是在起涨点 A 以前已流入河中的地下水，不可能立即流出出口断面。假定流域上游最远点流到出口断面需经过 BF 时段（等于由上游最远点到本出口断面的距离除以洪峰移动速度），则 AF 即为实际基流退水线，图 3-25 中，D 为退水点，即此点向右全部流量由地下水补给，而在 E 时刻，上游最远点已开始接受地下水补给。因此，DE 线左侧为地表径流，右侧为基流。故分割后，阴影部分即为基流量。这种方法的优点是考虑到具体的水文地质条件。

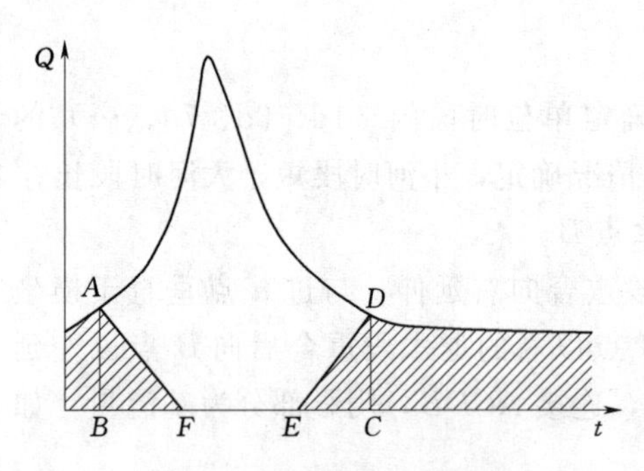

图 3-25　用库捷林法在流量过程线上分割地下径流量

3.2.3　蒸散发

地下水的蒸散发排泄包括土面蒸发与蒸腾，一般低平地区，尤其是干旱气候条件下松散沉积物构成的平原与盆地中，蒸散发往往是地下水的主要排泄方式。准确评价地下水蒸散发量不但是地下水资源量计算的关键，还是深入了解地下水—地表水—大气降水相互转换机理的核心问题，同时，对植被生态的保护也具有重要意义。

3.2.3.1　土面蒸发

1. 土面蒸发的分类

资源 3.9

（1）与饱水带无直接联系的土壤水的蒸发。包气带上部的水，包括孔角毛细水、悬挂毛细水及过路毛细水（自然还包括结合水）都不与潜水面发生直接联系。这部分水由液态转为气态而蒸发排泄，造成包气带水分亏缺，会间接影响饱水带接受降水补给的份额，但不会直接消耗饱水带的水量。这类蒸发会使土壤水发生季节性的浓缩，但在雨季又可得到降水补充而淡化，只要不用高矿化度水去灌溉土壤，土壤不会积累盐，也不会使地下水盐化。

（2）饱水带潜水的蒸发。地下水沿潜水面上的毛细孔隙上升，在潜水面之上形成毛细水带。当潜水埋深不大，毛细水带上缘离地面较近，大气相对温度较低时，毛细弯液面上的水不断由液态转为气态，逸入大气，潜水则源源不断地通过毛细作用上升补给，使蒸发不断进行。土面蒸发的结果，使盐分滞留浓集于毛细带的上缘。降水时，部分盐分淋溶重新进入潜水。因此，强烈的蒸发排泄将使土壤及地下水不断盐化。

2. 影响土面蒸发的主要因素

土面蒸发主要受气候、潜水埋深、包气带岩性等因素的影响。具体如下：

（1）气候越干燥，相对湿度越小，土面蒸发便越强烈。

（2）潜水埋深越浅，土面蒸发越强烈。图 3-26 为地处半干旱地区的河北省石家庄市利用地中渗透仪测得的潜水蒸发量与其地下水位埋深的关系图。当潜水位埋藏深度小于 2m 时，越接近地表，土面蒸发越大；深度大于 2m，潜水蒸发明显减弱。据估算，石家庄市潜水埋深大于 5m 时，潜水蒸发即趋近于零，但在干燥炎热的气候条件下，潜水埋深为十几米或更大时，蒸发仍相当显著。

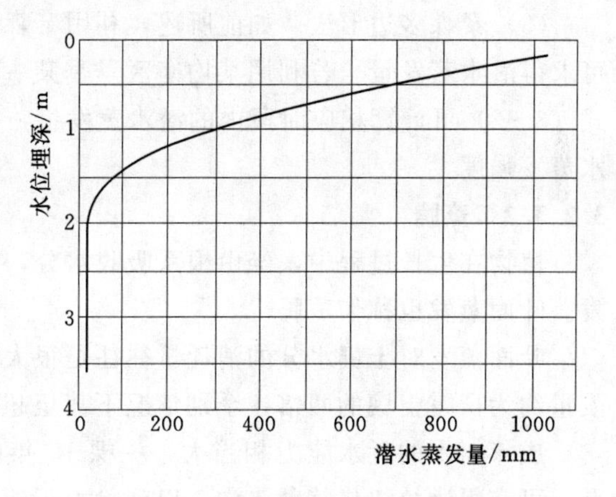

图 3-26 河北省石家庄市潜水蒸发量与水位埋深关系曲线
（据河北省地质局水文地质观测总站）

（3）包气带岩性主要通过其对毛细水上升高度与速度的控制作用而影响潜水蒸发。砂最大毛细上升高度太小，而亚黏土与黏土的毛细上升速度又太低，均不利于潜水蒸发。粉质亚砂土、粉砂等组成的包气带，毛细上升高度大，而毛细上升速度又较快，故潜水蒸发最为强烈。

3. 潜水蒸发量的计算

（1）经验公式法。计算蒸发量一般需先确定潜水蒸发强度，常采用如下方法：

1）阿维里扬诺夫公式（1965）：

$$\varepsilon=\varepsilon_0\left(1-\frac{\Delta}{\Delta_0}\right)^n \tag{3-38}$$

式中：ε 为潜水蒸发强度，m/d；ε_0 为潜水位近于地表时的蒸发强度，m/d；Δ 为 Δt 时段内地下水平均埋藏深度，m；Δ_0 为潜水停止蒸发时的地下水埋深，也称极限埋深，m；n 为与包气带土质、气候有关的蒸发指数，一般取 1～3。

2）沈立昌双曲线型公式：

$$\varepsilon=\frac{K\mu\varepsilon_0^a}{(1+\Delta)^b} \tag{3-39}$$

式中：K 为标志土质、植被、水文地质条件及其他因素的综合系数；μ 为潜水位变动带土壤给水度；a、b 为指数；其他符号意义同前。

3）叶水庭指数型公式：

$$\varepsilon=\varepsilon_0 10^{-a\Delta} \tag{3-40}$$

式中：a 为衰减指数；其他符号意义同前。

上述公式皆定性地反映了与潜水蒸发有关的各因素之间的物理概念。如潜水蒸发强度与潜水埋深成反比，与潜水接近地表时的蒸发强度成正比。只要根据观测资料求得反映地区特征的指数和参数值，就可以定量计算潜水蒸发强度和蒸发量。

（2）地中渗透仪法。如图 3-4 所示，其工作原理可参考降水入渗补给量的测定原理。当土柱内的水面产生蒸发时，便可由水位调整管供给水量，再从马利奥特瓶读出供水水量，此即潜水蒸发消耗量。

（3）泰森多边形法。如前所述，利用泰森多边形求解降水入渗补给量的方法同样可求得潜水蒸发量。若利用某均衡区旱季某一时段的水位降落资料（$\Delta h_0<0$），代入式（3-2）可计算相应时段内的潜水蒸发量，根据求得的潜水蒸发量可求得相应的潜水蒸发强度。

3.2.3.2　蒸腾

植物在生长过程中，经由根系吸收水分，并通过叶面蒸发逸失的过程称为叶面蒸发。叶面蒸发也称作蒸腾。

叶面蒸发对土壤水分的消耗量往往是很大的。据估计，植被繁茂的土壤全年的蒸发量约为裸露土壤的两倍，个别情况下甚至超过露天水面蒸发量。

成年树木的耗水能力相当大，一棵 15 年的柳树每年可消耗 $90m^3$ 以上的水。因此，可在渠边植树代替截渗沟，以消除由于地下水位上升而引起的土壤次生盐渍化。

3.2.4　不同含水层之间的排泄

3.1 节的最后介绍了地下水来自其他含水层的补给，事实上，一个含水层或含水系统接受来自其他含水层或含水系统的水量，对前一含水层或含水系统而言为补给，而对另一含水层或含水系统而言即为排泄。所以此部分内容可参阅 3.1 节有关叙述。

3.2.5　人工排泄

资源 3.10

人工排泄主要包括人工开采地下水及人工排水两种。

通过工程措施，如凿井提水等方式开采地下水，这是地下水排泄的一种重要途径。在地下水开发程度高的地区，人工开采地下水已成为这些地区最重要的地下水排泄方式，占地下水排泄量的绝大部分。大量开采地下水，在不同程度上引发了当地的环境地质问题，如地下水水位的持续下降、地面沉降、地面塌陷、海水入侵等，从而严重影响了当地经济和社会的可持续发展，因此人工开采地下水必须引起有关部门的高度关注，严格控制地下水的开采量。

为给农作物创造适宜的生长环境，或为了土地利用和资源开发，常采用人工措施排除地下水降低地下水位，这类人工排水措施也是地下水排泄的主要方式之一。人为措施一般采用明沟、暗管和竖井等工程措施，通过人工措施可将地下水转化为地表水予以排除，或排泄进入其他含水层。

3.3 地下水的径流

由补给区向排泄区运动的地下水流称为地下径流，径流是连接补给与排泄的中间环节，将地下水的水量与盐量由补给区传输到排泄区，从而影响含水层或含水系统水量与水质的时空分布。研究地下水径流包括径流方向、径流强度、径流量、径流基本类型以及影响径流的因素等。

资源 3.11

3.3.1 地下水径流方向与水交替类型

地下水的径流方向，即地下水的运动方向，一般来讲是从补给区流向排泄区，从水位高处流向水位低处，这是一般的规律，但具体的表现形式尚有不同之处：当含水层分布面积广，大致水平，地下水的流动近似平行，则为一种平面式的运动。在洪积扇中，地下水从扇顶向边部放射式流动，地下径流则为放射状，如图 3-27 所示。此外，地下水运动方向往往是多向的，如带状分布的向斜或单斜含水层，当有横沟切割时，地下水产生顺含水层走向的纵向径流，还可产生顺倾向的横向径流，并沿断层向上运动，如图 3-28 所示。

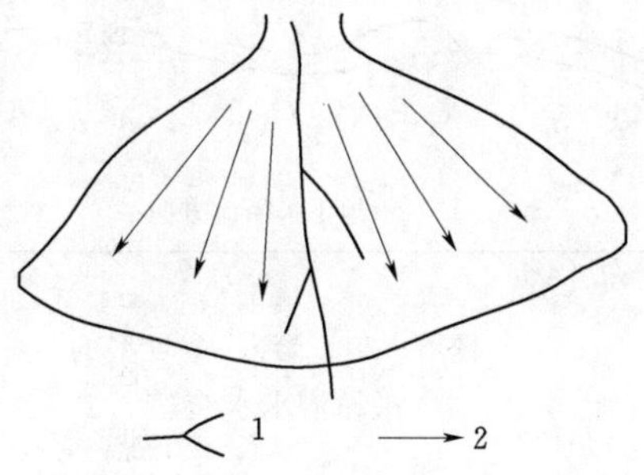

图 3-27　洪积扇的地下径流示意图

1—河流；2—地下水流向

根据地下水径流方向的特征不同，可将地下水水交替分为以下三种类型：

(1) 垂向交替。在无出口的内陆盆地，地下水的补给来源以大气降水入渗补给为主，或存在地表水的垂直渗漏补给，而地下水的排泄出路只有潜水蒸发。由此，地下水的交替循环主要是在垂向进行，如图 3-29 所示的渗入-蒸发型的平原潜水水交替即属这一类型。

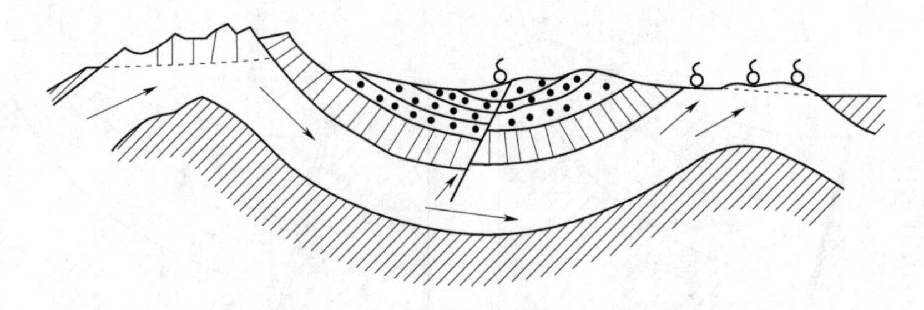

图 3-28　顺倾向的横向径流示意图

(2) 侧向交替。在泉和地表水排泄处，如排泄基准面低、排泄条件好的地方，地下水的水交替循环主要在水平方向上进行，补给来源可以是各种形式。

(3) 混合交替。介于上述两类型之间，两类地下水交替兼而有之，自然界的地下水大都属于混合交替，但有以垂向交替为主和以侧向交替为主之别。

3.3.2　地下水径流强度与径流量

地下水的径流强度可用单位时间内通过单位断面的流量来表示，即渗透流速表征。因此，径流强度与含水层的透水性、补给区到排泄区间的水头差成正比，而与流经距离成反比。因此，对于潜水来说，含水层透水性越好、地形切割越强烈且相对高差越大，补给越丰富，则地下径流越强。而对于承压含水层来说，其径流强度主要取决于构造开启程度。含水层出露部分越多，透水性越好，补给区到排泄区的距离越短，两者的水位差越大，则径流强度越大（图3-30）。

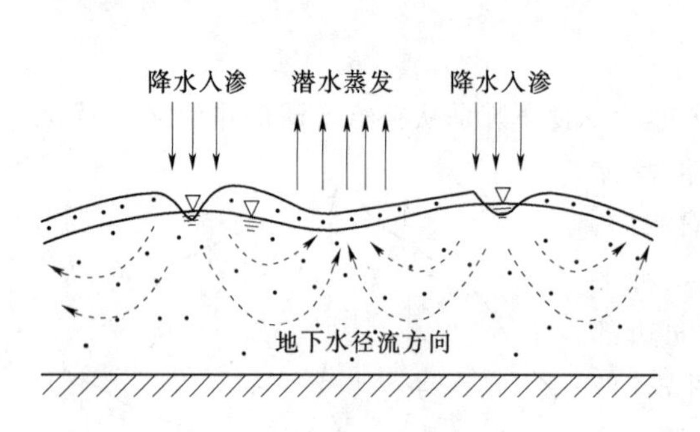

图3-29　渗入-蒸发型的平原潜水水交替

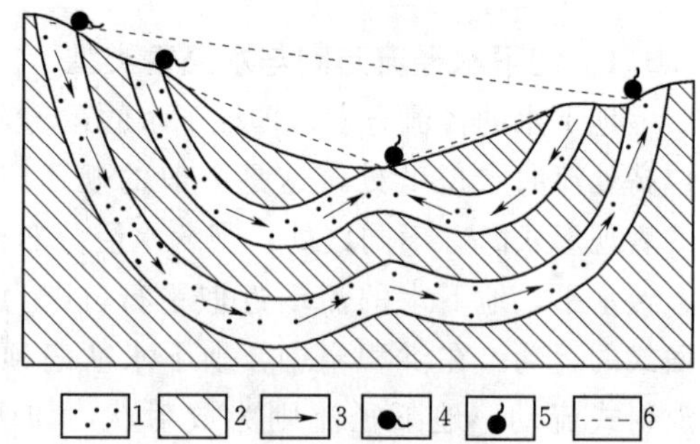

图3-30　构造开启程度对承压水径流强度的影响

1—含水层；2—隔水层；3—地下水流向；4—下降泉；5—上升泉；6—测压水位

断块构造盆地中的承压含水层，其径流条件在很大程度上取决于断层的导水性。断层带阻水时，排泄区位于含水层出露的地形最低点，与补给区相邻，承压区则在另一侧。地下水沿含水层一侧向下流动，到一定深度后，再反向而上，如图3-31（a）所示，此时，浅部径流强度大，向深部变弱。当断层导水良好时，构成排泄通路，地下水由含水层出露地表部分的补给区流向断层带排泄区，如图3-31（b）所示。

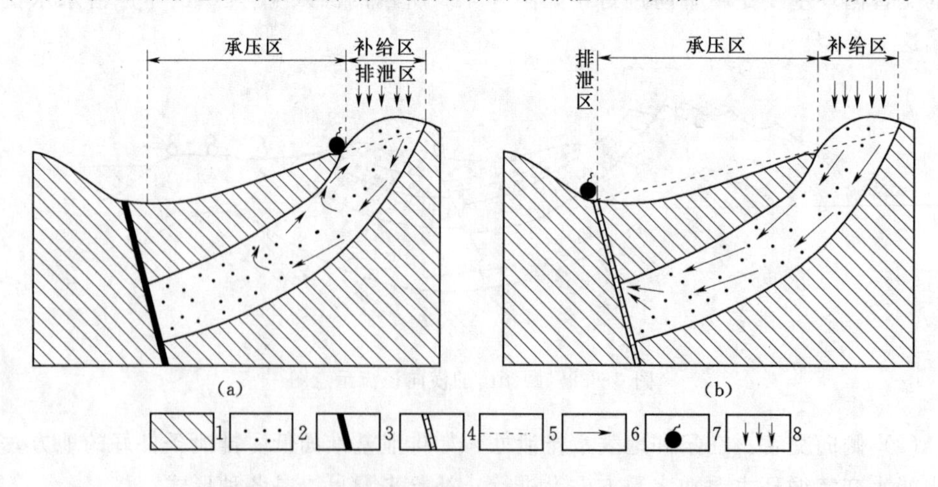

图3-31　断块构造盆地中承压含水层的径流模式

1—隔水层；2—含水层；3—阻水断裂；4—导水断裂；5—地下水位；6—地下水流向；7—泉；8—大气降水补给

地下水径流量的大小还取决于含水层的厚度和地下水的补排条件，并常以地下径流模数 M（地下水径流率）或地下径流系数 η 表征。

地下径流模数（M）表示 $1km^2$ 含水层分布面积（F）上的地下水径流量，其计算公式为

$$M_{年}=\frac{Q_{径}}{365\times 8.64\times 10^4 F} \tag{3-41}$$

式中：F 为含水层或含水系统分布面积，km^2；$Q_{径}$ 为年内地下水径流总量，m^3/a，在山区相当于大气降水及地表水的年补给量（年排泄量），平原区则应利用达西公式计算求得。

由于不同地区含水层厚度不同，故地下水径流模数不能用来衡量、比较地下水的径流强度（地下水径流强度用平均渗透流速衡量），它只能说明一个地区或一个含水层中以地下水径流形式存在的地下水量的多少。

地下径流系数 η 是指地下水径流量 Q 与同一时段内含水层分布面积 F 上的降水总量 P 之比，即

$$\eta=0.001\times\frac{Q}{PF}\times 100\% \tag{3-42}$$

式中：P 为年降水总量，mm；其他符号的含义和单位同上。

3.3.3 地下水径流基本类型与地下水径流系统

按地下水径流方向、径流强度等地下水交替特征，可将地下径流分为以下五种基本类型：

（1）畅流型［图 3-32（a）］。地下水的流线近似平行，水力梯度大且沿流向变化不大，侧向交替占绝对优势，垂向交替极弱，补排条件良好，地下水径流通畅，水交替积极，形成水质良好、矿化度很低的淡水资源。

（2）汇流型［图 3-32（b）］。地下水的流线在平面上呈汇集状，水力梯度由小变大。水交替在承压含水层属侧向交替；但在潜水盆地则主要属混合型，

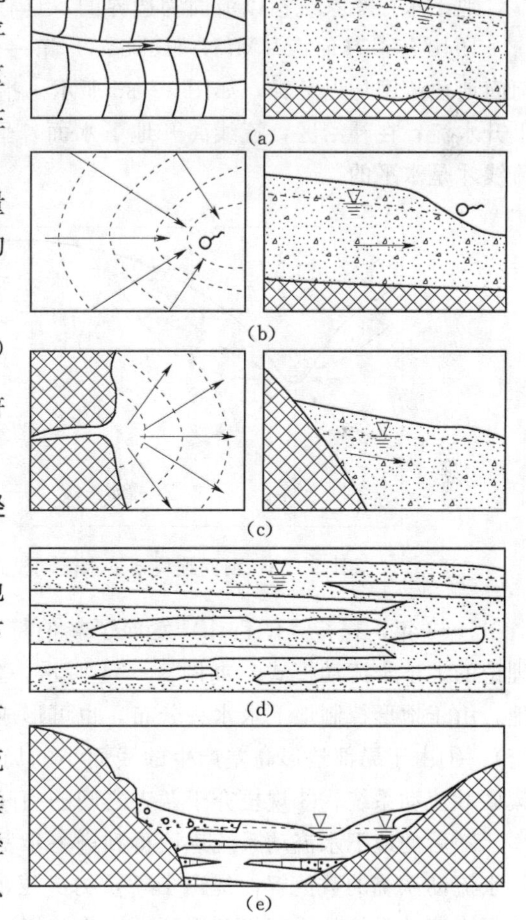

图 3-32 地下水径流基本类型示意图
1—隔水层；2—含水层；3—黏土夹层；4—等水位线；5—潜水位；6—径流方向

资源 3.12

其中间部位垂向交替比重较大，而在边缘处则以侧向交替为主。排泄条件取决于出口条件，一般情况下水交替较积极。

(3) 散流型［图3-32 (c)］。地下水的流线与汇流型相反，在平面上呈散射状，水力梯度由大变小。其水交替属以侧向为主的混合型。但在潜水排泄区附近垂向交替比重加大。径流交替强度沿程由强变弱，并形成水化学水平分带规律。

(4) 缓流型［图3-32 (d)］。水力梯度很小，潜水面或地下水测压水面近似水平，地下水流动缓慢，流线大致平行或略有变化。水交替微弱，属以垂向交替为主的混合型。地下水的矿化度一般较高。

(5) 滞流型［图3-32 (e)］。水力梯度趋于零，地下径流停滞，对于潜水来说为渗入-蒸发型，属垂向水交替类型；对于承压水来说为垂向越流补排。地下水的矿化度一般也较高，水质不良。

地下水径流系统指以流面为边界的，具有统一补给、径流和排泄的地下水单元。

资源3.13

1940年，赫伯特（M. K. Hubbert）第一个明确提出地下水存在垂直运动，并以河间地块流网加以解释，如图3-33所示。指出排泄区的流线是指向地下水面的，为上升水流；在补给区，流线离开地下水面，呈下降水流；只有在两者之间的过渡带，流线才是水平的。

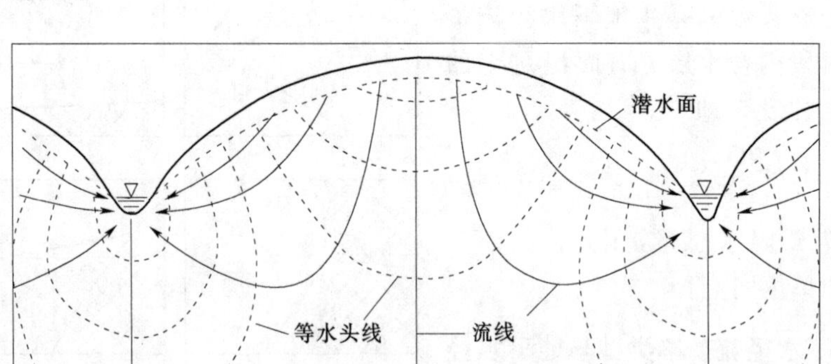

图3-33　河间地块地下水流动模式（据M. K. Hubbert，1940）

1963年，托特（J. Toth）发展了赫伯特理论，提出了均质各向同性潜水盆地中理论的地下水流动模式，如图3-34所示，他指出，即使对于均质各向同性潜水盆地，由于地形控制地下水水头分布，也可形成规模不同的三个层次流动系统（径流系统）：①由于局部地形高差产生的浅而小的局部流动系统；②由区域地势控制的大规模区域流动系统；③规模介于两者之间的中间流动系统。

随后的地下水流动系统理论得到进一步发展，不仅得出了层状非均质介质中的地下水流动系统的数值解，提出了“重力穿层流动”概念，并应用到非均质介质场中；地下水流动系统的物理机制得到进一步解释，并建立了一套着重于解决水质问题的地下水流动系统的概念与方法。目前，常采用方便、快捷的数值模拟软件，如MODFLOW、FEFLOW等对地下水二维及三维各向异性非均质介质中稳定与非稳定流进行模拟。

应当注意，在大规模开采与排水等人类活动影响下，地下水含水系统的水头将重

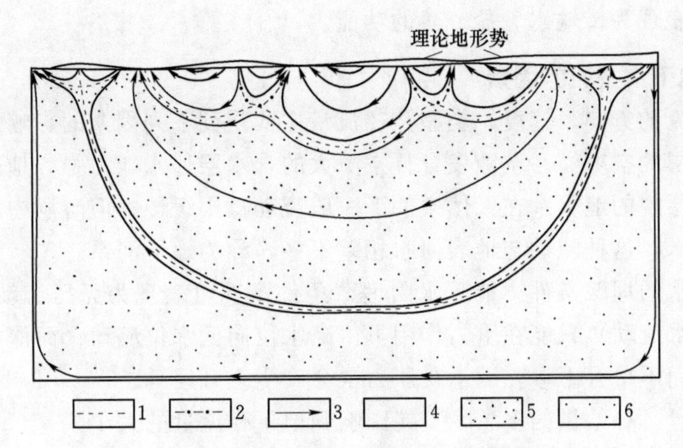

图 3-34　均质各向同性潜水盆地中的理论流动系统（J. Toth，1963）
1—不同级别流动系统的分界；2—同一级别流动系统的分界；3—流线；
4—局部流动系统；5—中间流动系统；6—区域流动系统

新分布，径流方向随之改变，形成新的径流系统，原先的补给区与排泄区甚至相互易位。

总之，自然界中地下径流形式多样，以我国华北平原为例，在总的地势控制下，由山前向滨海地区地下水作纵向流动；同时，山前下渗的地下水流在平原中某些部位上升；在局部地形控制下，浅层地下水由河流及河流古河道下渗，越流补给深层水，而在河间洼地则由深部向浅部作上升越流运动，这种径流模式可从水质变化上得到证明，如图 3-35 所示。不管地下水的径流形式如何复杂，总离不开从高水位向低水位流动这一基本原则。

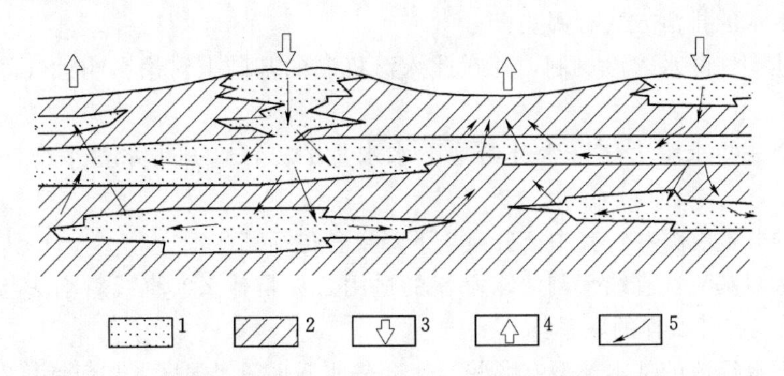

图 3-35　冲积平原地下水径流模式（据王大纯等，2006）
1—含水层；2—隔水层；3—降水；4—蒸发；5—地下水流向

比较地下水含水系统与地下水径流系统（地下水流动系统），两者是不同类型的地下水系统，地下水含水系统在概念上是含水层的扩大，两者的差别主要表现为：①前者的结构包括水与介质两部分，后者着重考虑水的本身；②前者边界是固定的地质边界，因此系统的数目与空间形态是相对稳定的，后者以流面为边界，其数目、空间形态及流向都可以在外界因素（包括人类活动）影响下发生变化；③在功能上，前者具有储存、释放和调节地下水水量、储热、输热及对盐分的溶解、迁移和积聚等功能，后者主要表现为传输水、盐、热的功能。

3.3.4　影响地下水径流的因素

地下水径流的方向、速度、类型、径流量主要受到下列因素的影响。

（1）含水层的空隙性。空隙发育且空隙大的含水层透水能力强，地下水流动速度就快。如细砂层中的地下水在天然条件下一般流动得很缓慢；但溶洞中的地下水流速高达每日数千米，这种流动与地表河水相差不多，称为地下河系。

（2）地下水的埋藏条件。地下水因埋藏条件不同可表现为无压流动和承压流动。无压流动（潜水流动）只能在重力作用下由高水位向低水位流动；而深层地下水多为承压流动，它们不单有下渗，因承受压力也会产生上升运动。

（3）补给量。补给量的多少，直接影响到地下径流量的大小。

（4）地形。地下水的径流量和流速同地形关系很密切，山区地形陡峻，地下水的水力坡度大，径流速度快，补给条件好，径流量也大；平原区多堆积细颗粒物质，地形平缓，水力坡度小，径流速度和流量都变小。

（5）地下水的化学成分。地下水中的化学成分和含盐量不同，比重和黏滞性也随之改变，黏滞性越大，流速越慢。

（6）人为因素。人类的各种生产活动对地下水的流动也有影响，如修建水库、农田灌溉、人工抽水、矿坑排水等都可促使地下水的径流条件发生变化。

复习思考题

1. 地下水的补给来源有哪些？

2. 地下水的排泄方式有哪些？

3. 简述大气降水入渗机制，并在此入渗机制的基础上讨论影响大气降水补给地下水的因素。

4. 列举一些求解大气降水补给地下水水量的方法，其中水量平衡法的原理是什么？

5. 泉的分类有哪些？其中上升泉、下降泉各包括哪些？

6. 什么叫基流？直线平割法求基流的适用条件是什么？直线斜割法与标准退水曲线分割法又有什么样的联系？

7. 地下水径流的基本类型有哪些？什么是地下水径流强度，如何计算？

参考文献

[1]　王大纯，张人权，史毅虹，等．水文地质学基础［M］．北京：地质出版社，2006.

[2]　于维忠．水文学原理［M］．北京：水利电力出版社，1988.

[3]　霍崇仁，王禹良．水文地质学［M］．北京：水利电力出版社，1988.

[4]　曹剑峰，迟宝明，王文科，等．专门水文地质学［M］．北京：科学出版社，2006.

[5]　张元禧，施鑫源．地下水水文学［M］．北京：中国水利水电出版社，1998.

[6] 区永和，陈爱光，王恒纯．水文地质学概论［M］．北京：中国地质大学出版社，1988.
[7] 王德明．普通水文地质学［M］．北京：地质出版社，1986.
[8] 曹万金．地下水资源计算与评价［M］．北京：水利电力出版社，1985.
[9] 张顺联．地下水水文学［M］．北京：水利电力出版社，1984.

第 4 章 地下水动态与均衡

4.1 地下水动态与均衡的基本概念

地下水赋存于空隙介质中，不断地从外界获得补给（包括水量、盐量和热量），并向外界排泄，构成完整的地下水系统。地下水的动态与均衡便是地下水系统不断与外界进行水量、盐量、热量交换并与进入系统内部的水、盐、热相互作用的表现。

在各种因素的综合影响下，地下水的水位、水量、水温及化学成分等要素随时间的变化，称为地下水动态。

地下水要素之所以随时间变化而变化，是含水系统水量、盐量、热量收支不平衡的结果。当含水层的补给量大于其排泄量时，储存水量增加，地下水水位抬升；反之，当补给量小于排泄量时，储存水量减少，水位下降。同样，盐量、热量与能量收支不平衡，会使地下水水质、水温发生相应的变化，进而影响到水位。由于地下水水位的变化实际上反映了地下水势能的变化，而地下水势能的变化可以因获得水量补给储存水量增加引起，也可以与水量增减无关。例如，当含水层受到地应力作用，赋存地下水的含水介质整体上升，地下水水位随之抬升，但并不意味着其水量的增加。

一定的时间间隔内，某一地段内地下水水量（盐量、热量、能量）的收支状况称作地下水均衡。地下水动态是地下水均衡的外部表现，地下水均衡是地下水动态的内在原因。

研究地下水的动态与均衡有重要的现实意义。地下水动态反映了地下水要素随时间变化的状况，为了合理利用地下水或有效防范与地下水有关的生态环境问题的发生，必须掌握地下水动态。通过地下水动态与均衡的分析，可以查清地下水的补给与排泄，阐明其资源条件，确定含水层之间以及含水层与地表水体之间的关系。地下水动态提供关于地下水系统不同时刻的系列化动态信息，因此，在检验所作出的水文地质结论、论证所采用的地下水管理措施是否得当时，地下水动态与均衡资料是最为可靠的判断依据。

4.2 地下水动态

4.2.1 影响地下水动态的因素

为了研究地下水动态，首先必须了解在时间和空间方面改变着地下水水量、盐量和热量的各种因素，这些因素可分为两大类：自然因素和人为因素。自然因素包括气候及气象、水文、地质、土壤、生物等。对潜水来说，气候及气象和水文因素是主要的；对深层承压水来说，地质因素的作用是主要的。人为因素包括修建水利工程（如水库）、地下水开采以及人工回灌和人为污染等。

4.2.1.1 自然因素

1. 气候及气象因素

气候是指整个地球或某一个地区一年或一段时期气象状况的多年特点，一般呈现较稳定的、有规律的周期性变化。它影响着地下水的动态，造成地下水位多年的周期性变化，尤其对潜水动态影响最为普遍。与气候因素相比，气象因素包括气压、气温、风、降水、蒸发等，这些因素周期性地发生昼夜、季节与多年变化，但是变化较为快速。因此，受气候及气象因素的影响，潜水动态也存在着昼夜变化、季节变化及多年变化。

昼夜变化多发生在海水入侵的沿海及岛屿地区，这些地区地下水水位受潮汐影响呈现明显的昼夜变化。

季节变化最为显著且最有意义。我国东部属季风气候区，雨季出现于春夏之交，大体自南向北由 5 月至 7 月先后进入雨季，降雨量显著增多，潜水位逐渐抬高，并达到峰值。与之相反，由于降雨的矿化度较小，对地下水起到冲淡的作用，地下水的矿化度逐渐减小。雨季结束，补给量逐渐减少，潜水由于径流及蒸发排泄，水位逐渐回落，受蒸发浓缩作用影响，矿化度升高，到第二年雨季前，地下水位达到谷值，地下水矿化度较高。我国西北干旱地区，降水稀少，对地下水的补给作用不大。夏季气温升高，高山积雪及冰川融化，以地表径流形式补给平原潜水。

多年变化与气候的周期性变化密切相关。例如，周期为 11 年的太阳黑子变化，影响丰水期与枯水期的交替，从而使地下水呈现同一周期变化。

综上所述，气候及气象因素对地下水动态有着广泛的影响。但是由于地下水位的本质是地下水势能的表现，某些情况下，注意区分哪些是由地下水均衡引起的变化，而哪些不是，称由地下水均衡引起的地下水动态变化为真变化，非均衡引起的变化为伪变化，例如，当大气压降低，处于包气带之下的潜水面尚未感受到其影响，而暴露于大气的井孔中水位却因气压降低而水位抬升。反之，气压突然增加，井孔中地下水位也会呈现与含水层不同步的下降。同样，刮风也有类似的作用。地面刮风时，对井管内有抽气作用，使井管内部气压降低，造成井中水位升高。这些现象都是伪变化，如果对这些现象没有被较好地理解与认识，便会错误判断地下水的动态过程及其与地下水均衡之间的关系。

2. 水文因素

在地下水与地表水体存在水力联系的地区，水文因素对地下水动态影响显著。地表水作为地下水的补给来源或排泄途径而影响其动态。

由河水补给而引起的潜水位变化，在含水介质性质不变的条件下，随着与河流距离的增加，潜水位的变幅逐渐减小，变化时间随距离增加而延迟。地表水对地下水影响带的宽度，决定于近岸地带的岩性、地表水位与潜水位的水位差、地表水位的变化幅度及洪峰延续时间等一系列因素。同样，地下水的水质、水温也呈现类似的变化。

河流排泄潜水时，越是接近河流，潜水位变幅越小，远离河流的河间地块或分水岭地段，水位变幅大。原因在于，当降水入渗抬高潜水位后，近河地段水力坡度迅速变大，径流加强，则潜水位抬升少；远河地段，水力坡度增大不多，径流强度很少加大，则潜水位不断抬高。

滨海地区地下水明显受潮汐作用的影响，如福建汤坑热水的地下水水位同海水一样，每天有两次“涨潮”和“落潮”，在水位过程线上出现两个波峰和波谷，出现的时间比潮汐变化滞后约 40 分钟。潮汐的影响，主要同潮位大小及距离海岸的远近有关。一般情况下，潮差越大，距海岸越近，则地下水日变化幅度越大。

总体说来，水文因素对地下水动态的影响宽度一般为数百米至数千米，但可以沿河流或海岸线延伸很长的距离，此范围以外，主要受气候及气象因素的影响。

3. 地质因素

地质因素是影响输入信息变换的因素，在气候及气象、水文因素所决定的地下水动态基本模式的基础上，起到加强或缓和的作用。这种影响并不反映在周期上，而只反映在形成特征上，故而显得缓慢稳定。

当降水补给地下水时，包气带厚度与岩性控制着地下水位对降水的响应。包气带的厚度越大，对降水的入渗阻力也越大，降水需补足的包气带水分亏缺量就越多，地下水水位抬升的滞后时间越长。包气带岩性渗透性越好，降水的入渗越通畅，地下水位抬升的滞后时间越短。

降水入渗经过包气带到达地下水面时，含水层的岩性对地下水动态过程有很大的影响。相同的降水入渗补给条件下，孔隙介质的孔隙度或给水度较大，地下水位变幅较小；裂隙介质的裂隙率相对较小，地下水位变幅明显；岩溶地区，尤其是南方岩溶，溶隙溶洞高度发育，空间分布极不均匀，较小的空隙度加之良好的渗透性，地下水位变幅剧烈，在分水岭地区可达数十米甚至更多。

即使是赋存条件相同，地下水动态变化情况也因介质的性质不同而呈现复杂变化，简单的说，在补给和排泄条件相同的情况下，变幅带内的渗透系数 K、给水度 μ 值大，相同补给或排泄条件下，地下水位变化幅度小；反之，变幅带的 K、μ 值小，地下水位变化幅度大。

地震、火山喷发、崩塌等地质因素可以引起急剧的地下水动态变化。在新构造运动强烈地区，地下水可以在短时间内发生变化。尤以地震前后变化最为显著，如 1966 年邢台地震，1974 年海城地震，1976 年唐山地震，在地震前后地下水皆有大幅度的升降或区域变化情况，还出现许多特殊情况，如井水冒泡、翻花、旋转、变浑、变甜或变苦等。因此，地下水动态的监测研究，是地震预报的重要手段之一。

4. 土壤因素和生物因素

土壤因素主要影响潜水化学成分的改变，潜水埋藏越浅，影响越显著。地表植被覆盖、地下细菌活动属于生物因素。植被的影响，特别是森林覆盖对地下水动态的影响不容忽视。其影响主要反映在两个方面：①森林覆盖不仅创造了水分积聚和改善降水入渗补给地下水的有利条件，而且也影响入渗补给期的长短，可以增加地下水的补给量；②通过植物根系吸取大量地下水，消耗于叶面蒸腾，因而对埋深较浅的潜水动态产生了季节性和多年的变化影响。地下各种细菌活动，对地下水化学成分有一定的影响。

4.2.1.2 人为因素

天然条件下，含水系统从补给区获得补给，在空隙介质中发生径流并向排泄区排泄，构成自然界水循环的一个重要组成部分。各种自然因素通过对含水系统的补、径、排条件进行作用，从而影响地下水的动态。由于这些自然因素在多年中趋于某一平均状态，因此，一个含水系统的补给量与排泄量在多年中保持平衡。反映地下水储存量的地下水位在某一范围内波动，而不会持续地上升或下降。地下水的水质则在多年中向某一方向（咸化或者淡化）发展。

人类活动同样是通过增加新的补给来源、新的排泄去路或改变地下水径流条件而改变地下水的动态。诸如：垦殖耕耘、平整土地、开渠引水、实施灌溉、修路挖沟、筑坝蓄水、凿井抽水和矿坑疏干等。

人类活动对地下水动态的影响可大致归结为以下两个方面：

(1) 改变地下水的补给。地下水的主要补给来源包括大气降水入渗、地表水入渗等。大的方面，人类工业化消耗大量能源并向大气中排放 CO_2，造成温室效应，改变了全球气候，影响降水的时空分布，造成地下水补给来源的改变。小的方面，筑坝拦水，水坝上游河流水位上升，对周围地下水补给量增加，而河流下游水量减少甚至断流，河流无法对沿岸地下水进行补给；城市化进程迅速，改变下垫面的状况，钢筋水泥隔断了降水入渗的途径，城市地区的地下水补给严重减少；农村地区大面积灌溉，地下水的灌溉回归补给量也不容忽视，等等。这种改变有些是有利的，但更多的是对地下水天然状况的破坏。改变了补给，等于人为隔断了自然因素对地下水动态的影响，地下水动态特征不再呈现天然因素影响下的周期变化，而是受人类活动的影响。

(2) 改变地下水的排泄。人类开采地下水的历史久远，据考古发现，5700 年前我国浙江省余姚的河姆渡地区就开始了打井取水的历史。在地下水开发利用程度高的地区，尤其是我国北方的平原地区，人工开采已经成为地下水的一个重要甚至主要的排泄途径。当人工开采成为主要的排泄途径时，地下水的天然排泄量部分或全部转化为人工排泄量，天然排泄量减少或不再存在。开采一段时间后，如果减少的天然排泄量与新增的补给量之和与人工开采量达到新的平衡，则地下水动态表现为：地下水位在比原先低的位置上，以比原先大的年变幅波动，而不会持续下降。如果减少的天然排泄量与新增的补给量之和不足以抵偿人工开采量，则将不断消耗地下水储存量，地下水位会持续下降，形成区域地下水位降落漏斗，严重的地区甚至会造成不同程度的环境地质问题，如地面沉降、地面塌陷等。

4.2.2 地下水动态类型及主要特征

地下水动态类型的划分方法很多，一般根据影响地下水动态的主要因素和动态特征来划分，也可以结合专门目的来考虑。

天然状态下，潜水和承压水由于排泄方式及水交替程度不同，动态特征也不同。

潜水及松散沉积物浅部的水，可分为三种主要动态类型：蒸发型、径流型及弱径流型。

（1）蒸发型动态出现于干旱半干旱地区地形切割微弱的平原或盆地。此类地区地下水径流微弱，以蒸发排泄为主。雨季接受入渗补给，潜水位普遍以不大的幅度（通常为1～3m）抬升，水质相应淡化。随着埋深变浅，旱季蒸发排泄加强，水位逐渐下降，水质逐步盐化。降到一定埋深后，蒸发微弱，水位趋于稳定。此类动态的特点是：年水位变幅小，各处变幅接近，水质季节变化明显，地下水不断向盐化方向发展，并使土壤盐渍化。

（2）径流型动态广泛分布于山区及山前。地形高差大，水位埋深大，蒸发排泄可以忽略，以径流排泄为主。雨季接受入渗补给后，各处水位抬升幅度不等。接近排泄区的低地，水位上升幅度小；远离排泄点的高处，水位上升幅度大。因此，水力梯度增大，径流排泄加强。补给停止后，径流排泄使各处水位逐渐趋平。此类动态的特点是：年水位变幅大而不均（由分水岭到排泄区，年水位变幅由大到小），水质季节变化不明显，地下水不断趋于淡化。

（3）气候湿润的平原与盆地中的地下水动态，可以归为弱径流型。这种地区地形切割微弱，潜水埋藏深度小，但气候湿润，蒸发排泄有限，故仍以径流排泄为主，但径流微弱。此类动态的特征是：年水位变幅小，各处变幅接近，水质季节变化不明显，地下水向淡化方向发展。承压水均属径流型，动态变化的程度取决于构造封闭条件。构造开启程度越好，水交替越强烈，动态变化越强烈，水质的淡化趋势越明显。

由于人类活动的影响，在天然的地下水动态类型上，加上不同的人类活动影响就构成了不同的地下水动态类型。具体的划分方法及典型动态特征见表4-1。

表4-1　　地下水动态类型及主要特征

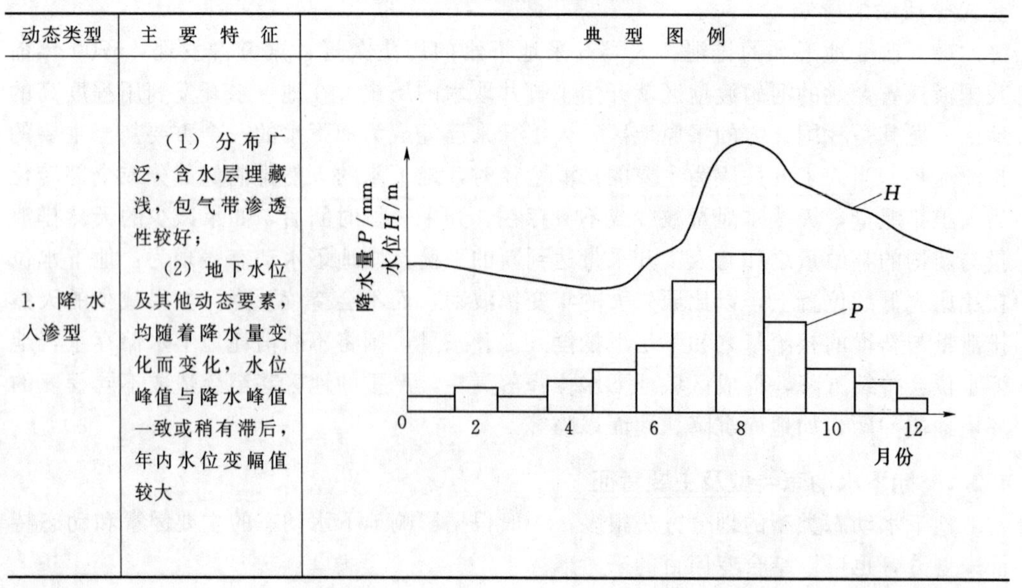

动态类型	主要特征	典型图例
1. 降水入渗型	（1）分布广泛，含水层埋藏浅，包气带渗透性较好； （2）地下水位及其他动态要素，均随着降水量变化而变化，水位峰值与降水峰值一致或稍有滞后，年内水位变幅值较大	

续表

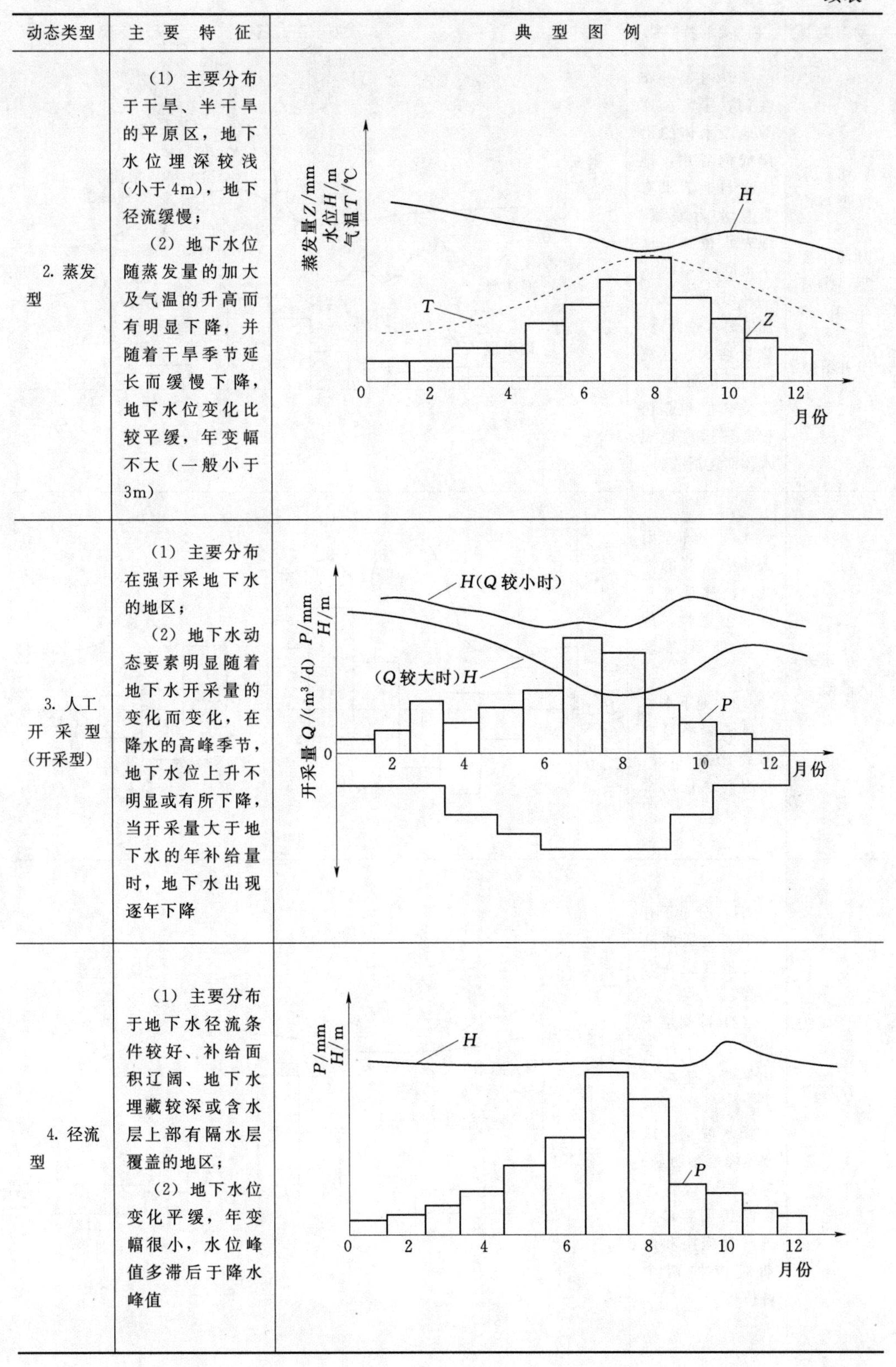

动态类型	主 要 特 征	典 型 图 例
2. 蒸发型	(1) 主要分布于干旱、半干旱的平原区，地下水位埋深较浅(小于4m)，地下径流缓慢； (2) 地下水位随蒸发量的加大及气温的升高而有明显下降，并随着干旱季节延长而缓慢下降，地下水位变化比较平缓，年变幅不大（一般小于3m)	
3. 人工开采型(开采型)	(1) 主要分布在强开采地下水的地区； (2) 地下水动态要素明显随着地下水开采量的变化而变化，在降水的高峰季节，地下水位上升不明显或有所下降，当开采量大于地下水的年补给量时，地下水出现逐年下降	
4. 径流型	(1) 主要分布于地下水径流条件较好、补给面积辽阔、地下水埋藏较深或含水层上部有隔水层覆盖的地区； (2) 地下水位变化平缓，年变幅很小，水位峰值多滞后于降水峰值	

续表

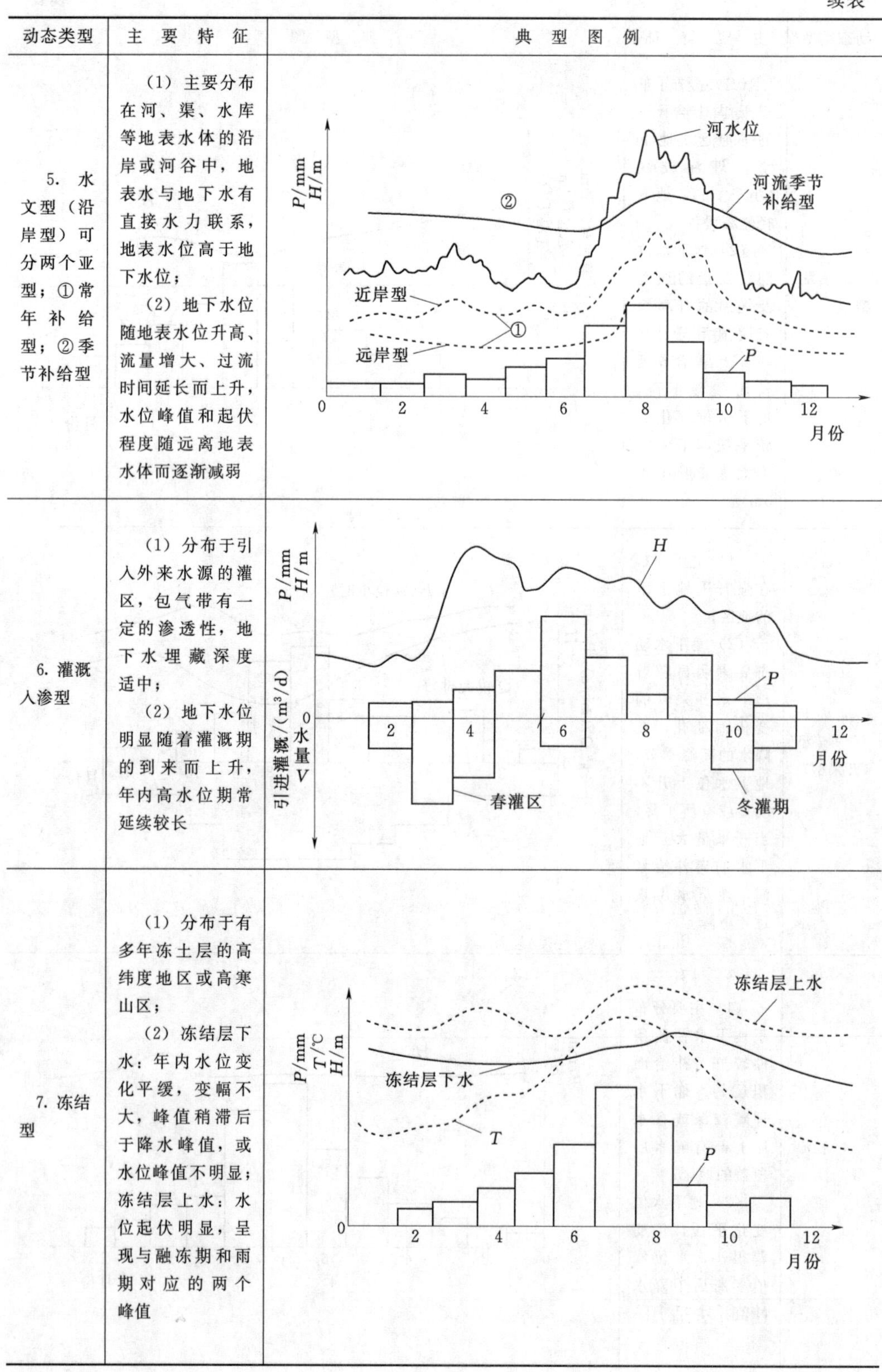

动态类型	主　要　特　征	典　型　图　例
5. 水文型（沿岸型）可分两个亚型：①常年补给型；②季节补给型	（1）主要分布在河、渠、水库等地表水体的沿岸或河谷中，地表水与地下水有直接水力联系，地表水位高于地下水位； （2）地下水位随地表水位升高、流量增大、过流时间延长而上升，水位峰值和起伏程度随远离地表水体而逐渐减弱	
6. 灌溉入渗型	（1）分布于引入外来水源的灌区，包气带有一定的渗透性，地下水埋藏深度适中； （2）地下水位明显随着灌溉期的到来而上升，年内高水位期常延续较长	
7. 冻结型	（1）分布于有多年冻土层的高纬度地区或高寒山区； （2）冻结层下水：年内水位变化平缓，变幅不大，峰值稍滞后于降水峰值，或水位峰值不明显；冻结层上水：水位起伏明显，呈现与融冻期和雨期对应的两个峰值	

续表

动态类型	主要特征	典型图例
8. 越流型	(1) 分布在垂直方向上含水层与弱透水层相间的地区，一般在开采条件下越流性质才能表现明显； (2) 当开采含水层水位下降至低于相邻含水层时，相邻含水层（非开采层）的地下水将越流补给开采含水层，水位动态亦随开采层变化，但变幅较小，变化平缓	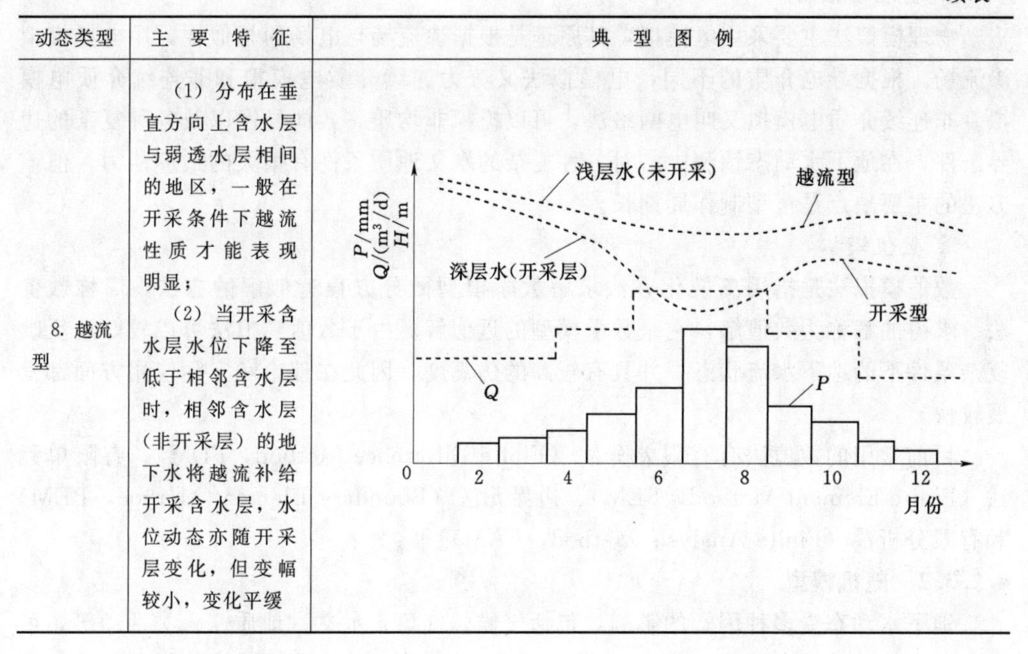

4.2.3 地下水动态预测方法

地下水动态预测是指根据地下水已有的水位、水质、水温等实际观测资料，应用现代的科学理论和方法，辅以丰富的实践经验，通过分析处理，去探索地下水未来的发展和变化趋势，并做出估计分析，以指导未来地下水资源的开发利用，是地下水学科一个重要的研究方向。

地下水动态预测方法通常是多种多样的，最早对地下水动态进行预测，采用的是比较直观也是最为简单的水均衡方法以及水文地质比拟法。随着科学技术的不断进步，不同的预测方法也相继出现，从研究方法上可分为确定性方法和不确定性方法，确定性方法包括解析法、数值法、物理模拟法；不确定性方法有回归分析法、频谱分析法、灰色模型、时间序列模型、随机微分方程法等。地下水动态预测数学模型可以划分为确定性模型和随机模型两大类。

资源 4.1

4.2.3.1 确定性模型

确定性模型是指变量之间具有严格确定函数关系的地下水数学模型。只要确定了模型中的输入及各个输入之间的关系，其输出也是确定的。一般情况下确定性模型的解能用解析式表达或者用数值法和物理模拟法进行求解。

1. *解析法*

解析法是指利用解析方法求得的地下水动力学计算公式进行渗流计算的方法。解析法以地下水动力学为基础，建立研究区的地下水运动和溶质运移方程及其定解条件，并得出相应的解析解。例如，可以利用泰斯公式预测不同抽水条件下地下水位的变化情况。解析法适用于几何形状规则、水文地质条件简单、边界条件单一的研究区，有很大的局限性。

2. 物理模拟法

物理模拟法主要采用电模拟，其原理是根据渗流场与电场的相似性，用电场模拟渗流场。根据导电介质的不同，电模拟法又分为连续介质电模拟和非连续介质电模拟。非连续介质电模拟又叫电网络法，可以模拟非均质、各向异性以及各种复杂的边界条件，在地下水动态预测中，对各种复杂的水文地质条件有很大的适应能力，但该方法的主要缺点是模型制作周期长。

3. 数值模拟

数值模拟法是指用离散化方法求解数学模型微分方程近似解的方法，简称数值法。求得的解称为数值解，它是数学模型的近似解。由于数值模拟法可以较好地反映复杂条件下的地下水流状态，并具有较高的仿真度，因此在理论和实际应用方面都发展较快。

目前常用的数值法有有限差分法（Finite Difference Method，FDM）、有限单元法（Finite Element Method，FEM）、边界元法（Boundary Element Method，BEM）和有限分析法（Finite Analysis Method，FAM）等。

4.2.3.2　随机模型

地下水动态受多种因素的影响，包括气候、气象、水文、地质、人类活动等，可以用概率统计分析方法找出这些不确定性因素的规律，从而建立相应的随机模型，目前常用的随机模型包括回归分析模型、频谱分析模型、模糊数字模型、灰色模型、组合模型、时间序列模型、人工神经网络模型和随机微分方程模型等。

1. 回归分析模型

回归分析在地下水动态预测中应用比较广泛。依照考虑影响因素的数目及相互间存在的关系可分为：一元线性回归模型、多元线性回归模型、多元非线性回归模型、逐步回归模型、自回归模型（AR）、自回归滑动平均模型（ARMA）等。

回归分析预测地下水动态常用在水文地质条件复杂或尚未清楚的地区，通过现有的观测资料，对各种影响因子进行筛选，建立回归方程。但当预报因子超出回归方程所使用的实际观测范围时，往往要对回归方程进行外推，且在实际应用中也是随着资料系列长度的增加，不断地修改回归方程，这样才能保持较好的预报精度水平，该方法多用于地下水动态的短期预测。

2. 频谱分析模型

频谱分析用于地下水动态预测的基本原理是：地下水动态序列的周期分量可以用一组正弦函数来表示，数学上已证明了其连续函数一般能与无限个谐波之和相等。

应用频谱分析预测地下水动态时，对于所建立的预测方程，要不断地在实际应用中验证，并随着观测资料序列的增加而不断修正和完善。当一些随机成分占较大比重时，其预测结果误差还不是十分理想。

3. 模糊数学模型

模糊数学应用于地下水动态预测的方法主要有模糊控制法和模糊模式识别法。

模糊控制法是把地下水系统视为一个模糊系统，得到影响地下水动态变化的因子与地下水动态之间的模糊关系，将地下水动态预测过程模拟成一个模糊控制过程。当已知系统的输入因子通过模糊控制器时，就得到系统的输出——地下水动态。

模糊模式识别法是根据地下水动态与影响因素之间存在的映射关系，采用相关分析法确定地下水动态的主要影响因素，并分别将已知地下水动态及待预测地下水动态样本的影响因素作为论域中的两个子集，通过计算，便可进行地下水位的动态预测。

4. 灰色模型

灰色模型预测是把观测数据序列当作随时间变化的灰色过程，运用时间序列确定微分方程的参数，通过累加生成或累减生成逐渐使灰色量白化，从而建立相应微分方程解的模型，并做出预报。

其建模的基本思想是从一个时间序列自身出发，采用依次累加的方法来实现由非线性化为线性，从而弱化序列随机性，增强其规律性，通过这种方法建立的模型即灰色预测模型，实际应用中一般采用较为简单的 GM（1，1）模型。

用 GM（1，1）模型预测地下水动态，理论可靠，方法简单，对原始数据量的要求不高，但要求数据总体上为单调较平缓的变化，不能是周期性的或突变的。它适用于地下水动态呈单调变化的地区，模型的精度与原始序列数据列中新老成分的取舍有很大关系。

5. 组合模型

组合模型主要由两种或两种以上的模型组成，采用加权平均的方法组合为一个模型，以减少误差。以灰色模型为主导思想组合模型，有灰色双向有限差分模型、灰色-指数平滑模型、灰色-均差插值模型、灰色-周期外延组合预测模型等。这些组合预测模型，既反映了序列整体变化趋势，也反映了序列的周期性、波动性和随机性，从而提高了地下水动态预测的精度。

6. 时间序列模型

时间序列模型的主要类型有自回归模型（AR）、滑动平均模型（MA）、自回归滑动平均模型（ARMA），这些模型都要求时间序列来源于均值不变的平稳过程。而实际观测到的序列往往含有某种随时间稳定增长或衰减的趋势，或含有随时间周期性变化起伏的趋势，对它们进行差分处理或提取趋势项处理，使其成为变化为零的均值平稳序列。

实践证明，时间序列分析也是进行地下水动态中长期预测预报的有效方法，但用时间序列分析方法建立的模型在应用上也受到很大限制，因为这种模型并没有反映地下水系统的动力学机制。

7. 人工神经网络模型

目前用于地下水动态预测的人工神经网络模型，主要有 BP（Back Propagation，误差反向传播）神经网络模型和 RBF（Radial Basis Function，径向基函数）神经网络模型。

在应用中，BP 网络除表现出结构确定的人为性、训练速度慢以及初始权值对结果影响有随机性外，还具有学习过程易陷入局部极小、易出现震荡和网络存在冗余连接或节点等缺陷，同时隐含层单元数的确定至今没有统一的方法。针对这些缺点，许多学者对 BP 网络进行了改进或与遗传算法相结合来克服这些缺点，并将其应用于地下水动态预测。

RBF 神经网络是一种新颖有效的前馈式神经网络，具有较高的运算速度和推广能力，该网络有很强的非线性映射功能，适于非线性时间序列的预测，较为有效地克服了 BP 网络学习过程易陷入局部极小、易出现震荡和网络存在冗余连接或节点等缺陷。

人工神经网络具有处理非线性、不确定性和随机性等问题的强大功能，用人工神经网络建立地下水动态预测模型，不但考虑了因变量相互之间的关系，而且预报因子也可以是多个，即多影响因素的多因子并行预测；而且可以实现时间序列的多时刻同时预测，扩大了地下水动态预测范围。不足之处是隐含层神经元个数难以确定。

8. 随机微分方程模型

地下水系统中存在着某些不确定性因素，如源汇项、大气降水入渗或人工开采等都具有极强的随机性，边界条件也是时刻变化的，因此更适合用随机函数来刻画和描述。随机微分方程能较好地研究、揭示和描述客观事物的一些不确定性变化规律，它为地下水资源评价和地下水动态预测提供了更有力的数学工具。

4.3　地下水均衡

4.3.1　均衡区与均衡期

资源 4.2

一个地区的水均衡研究，实质就是应用质量守恒定律去分析参与水循环的各要素之间的数量关系。

地下水均衡是以地下水为研究对象的均衡研究。目的在于阐明某个地区在某一段时间内地下水水量（盐量、热量）收入与支出之间的数量关系。以地下水水量均衡为例，所涉及的均衡要素包括：地下水收入项、地下水支出项和地下水储存量的变化量。

（1）均衡区。进行均衡计算所选定的地区称作均衡区。它最好是一个具有隔水边界的完整的地下水含水系统。

（2）均衡期。进行均衡计算的时间段，称作均衡期。均衡期可以是若干年、一年，也可以是一个月或其他任何一个人为给定的时间段。

（3）均衡项。对地下水均衡进行分析计算，必须了解在均衡期间均衡区内的地下水收入项、支出项和储存量的变化量，列出均衡方程式。通过测定或估算均衡方程式中的各项，来求算某些未知项。地下水的收入项是指在均衡期内进入均衡区内的各类补给量和侧向流入量；支出项是指自均衡区排出的各类排泄量和侧向流出量；储存量的变化量则是收入项和支出项之间存在的差额。总收入量大于总支出量，地下水储量增加，称为正均衡；反之，总收入量小于总支出量，地下水储量减少，称为负均衡。

迄今为止，关于地下水均衡更多地集中在水量均衡上，对于水质和热量均衡研究较少，本章主要介绍地下水水量均衡。

4.3.2　地下水均衡方程

设收入项为 A，支出项为 B，储存量的变化量为 $\Delta\omega$，用均衡项表达地下水均衡方程如下：

$$A - B = \Delta\omega \tag{4-1}$$

其中收入项 A 包括大气降水入渗补给量 $Q_{雨渗}$、地表水体入渗补给量 R_1、相邻含水层越流补给量 $Q_{越入}$、地下水侧向流入量 $Q_{侧入}$、人工补给地下水量（包括灌溉回归水、人工回灌水等）$Q_{人补}$ 等。

支出项 B 包括潜水蒸发量和植物蒸腾量 $Q_{蒸发}$、地下水向地表水体排泄量 $Q_{溢出}$、相邻含水层间越流排泄量 $Q_{越出}$、地下水侧向流出量 $Q_{侧出}$、人工开采地下水量 $Q_{开采}$ 等。

储存量的变化量 $\Delta\omega$ 包括潜水储存量变化量 $\Delta\omega_{潜}$ 和承压水储存量变化量 $\Delta\omega_{承压}$，且有

$$\Delta\omega_{潜} = \mu\Delta h \tag{4-2a}$$

$$\Delta\omega_{承压} = \mu^* \Delta h \tag{4-2b}$$

式中：μ 为潜水含水层的给水度；μ^* 为承压含水层的弹性释水系数；Δh 为潜水或承压水水位变幅。

根据以上各项，可得潜水及承压水均衡方程。

潜水均衡方程见式（4-3）：

$$\mu\Delta h = (Q_{雨渗} + R_1 + Q_{越入} + Q_{侧入} + Q_{人补}) - (Q_{蒸发} + Q_{溢出} + Q_{越出} + Q_{侧出} + Q_{开采}) \tag{4-3}$$

相比潜水均衡方程，承压水均衡方程由于缺少降水补给和蒸发量而相对简单一些：

$$\mu^* \Delta h = (R_1 + Q_{越入} + Q_{侧入} + Q_{人补}) - (Q_{溢出} + Q_{越出} + Q_{侧出} + Q_{开采}) \tag{4-4}$$

方程式各个均衡项需要统一单位，如 mm。在水文地质条件不同的地区，均衡要素并不相同，即使同一地区，不同时期各项要素也可能有所变化，则方程式表现为不同的形式，有些要素需要忽略，使方程简化。

利用地下水均衡方程可以对一个地区的地下水资源总量进行估算，只要通过合理的方法计算出处于均衡期及均衡区内各个均衡项的值，代入均衡方程式即可得出研究区地下水的均衡状况。反过来，如果我们对一个地区地下水均衡状况，即地下水的储量变化有很好的了解，通过均衡方程式可以推知其中的未知均衡要素，从而进一步揭示研究区内地下水的补给、径流和排泄条件。

4.3.3　地下水均衡的应用

4.3.3.1　人类活动对地下水均衡的影响

研究人类活动影响下的地下水均衡，可以定量评价人类活动对地下水动态的影响，预测其水量、水质变化趋势，并据此提出调控地下水动态使之向对人类有利的方向发展的措施。

为了防止土壤次生盐渍化，克雷洛夫对苏联中亚某灌区进行了潜水均衡研究，得

出该区潜水均衡方程为

$$\mu \Delta h = Q_{雨渗} + Q_{渠渗} + Q_{田渗} + Q_{越入} - Q_{蒸发} - Q_{侧出} \quad (4-5)$$

式中：$Q_{雨渗}$为大气降水量；$Q_{渠渗}$、$Q_{田渗}$分别为渠灌水及田面灌水入渗补给潜水的水量；$Q_{越入}$为下伏承压含水层越流补给潜水的水量；$Q_{蒸发}$为潜水蒸发量；$Q_{侧出}$为通过排水沟排走的潜水水量。

以一个水文年为均衡期，经观测计算，求得均衡方程式各项数值（均以 mm 水柱计）：

$$31.0 = 22.7 + 255.5 + 77.0 + 9.2 - 313.4 - 20.0 \quad (4-6)$$

根据式（4-6），可以得出如下结论：

（1）式（4-6）左端的潜水储量变化量为正值，所以潜水表现为正均衡，取给水度 $\mu=0.05$，一年中潜水位上升 620mm，潜水储藏量增加 31mm，长此以往，由于地下水水位上升，潜水蒸发量将不断增加，出现土壤次生盐渍化现象。

（2）破坏原有地下水均衡，导致潜水位抬升的主要因素是灌溉水入渗，根据对实际资料的进一步分析，发现灌溉水中，灌渠水入渗量占 70%，田面入渗水量占 21%，这一分析结果表明，减小灌溉量，发展节水农业是解决该地区土壤盐渍化现象的关键。

（3）现有排水设施的排水能力［从式（4-6）中看出年排水量为 20mm］太低，不能有效地防止潜水位抬升。

（4）为防止土壤次生盐渍化，必须采取以下措施：减少灌溉水入渗（衬砌渠道、控制灌溉量），加大排水能力，以消除每年 31mm 的潜水储量增加值。

4.3.3.2　地面沉降与地下水均衡

在对开采条件下的孔隙承压含水系统进行地下水均衡计算时，如果不将地面沉降考虑进去，就会出现误差。

开采孔隙承压水时，由于孔隙水压力降低而上覆载荷不变，作为含水层的砂砾层及作为弱透水层的黏性土层都将压密释水，砂砾层的给水度与黏性土的弹性储水系数都将变小。若停止采水使测压水位恢复到开采前的高度，砂砾层由于是弹性压密，可以基本回复到初始状态。但是黏性土层由于是塑性压密，水位恢复后，基本仍保持已有的压密状态。这就是说，开采孔隙承压含水系统降低测压水位，然后停止开采使测压水位恢复到采前高度，含水层的储存水量将随之恢复，但黏性土层中的一部分储存水将永久失去，不再恢复。因此，孔隙承压含水系统开采后再使水位复原，并不意味着储存水量全部恢复。由于黏性土压密释水量往往可以占开采量的百分之几十，因此，忽略黏性土永久性释水将会造成相当大的误差。

在地下水均衡计算中考虑地面沉降问题，将其作为一个因子引入计算模型中，是解决地面沉降条件下地下水均衡计算的一个重要方法。

地面沉降地区主要沉降层为含水层顶板的黏性土层以及含水层中黏性土夹层，考虑地面沉降因子的地下水资源计算模型，需将含水层顶板黏性土层作弱透水层处理，单位面积上黏性土层的固结量 ΔV 与释水量 $Q_{释}$ 相等，释水量流入相邻含水层，整个含水层系统的地下水渗流模型为三维渗流模型，其地下水运动的控制方程（推导详见

第5章）如下：

$$\frac{\partial}{\partial x}\left[K_x\frac{\partial H}{\partial x}\right]+\frac{\partial}{\partial y}\left[K_y\frac{\partial H}{\partial y}\right]+\frac{\partial}{\partial z}\left[K_z\frac{\partial H}{\partial z}\right]+q=\mu_s\frac{\partial H}{\partial t} \tag{4-7}$$

式中：H 为含水层或弱透水层的地下水水位，m；K_x 和 K_y 为含水层或弱透水层的水平渗透系数，m/d；K_z 为含水层或弱透水层的垂向渗透系数，m/d；μ_s 为含水层或弱透水层的释水率，1/m；q 为源汇项，1/d。

含水层或弱透水层的释水率 μ_s 与土的体积压缩系数 α、水的密度 r_w、孔隙度 n、水的体积压缩系数 β_ω 有关，而水的密度 r_w、孔隙度 n、水的体积压缩系数 β_ω 均为已知，因此弄清楚土的体积压缩系数 α 与地下水承压水头 H 的关系，就可以将地面沉降与地下水流动联系起来。土的体积压缩系数 α 与多孔介质的体积 V、有效应力 σ 有关，而有效应力的变化量可用地下水承压水头的减少量来表征，这样就建立了土的体积压缩系数 α 与地下水承压水头 H 的关系，即把地下水流动问题与固结（沉降）联合起来，从理论上为计算地面沉降条件下地下水均衡问题提供了依据。

4.3.3.3 大区域地下水均衡研究需要注意的问题

从供水角度出发，可供长期开采利用的水量，便是含水系统从外界获得的多年平均年补给量。对于大的含水系统，除了统一求算补给量外，有时往往需要分别计算含水系统各部分的补给量。此时应注意避免上、下游之间，潜水、承压水之间，以及地表水与地下水之间水量的重复计算。

以冲积平原含水系统为例，如图4-1所示，它可分为包含潜水的山前冲洪积平原及包含潜水及承压水的冲积湖积平原两大部分。天然条件下多年中水量平衡，地下水储存量的变化量为零。各部分的水量均衡方程如下（等号左侧为收入项，等号右侧为支出项）。

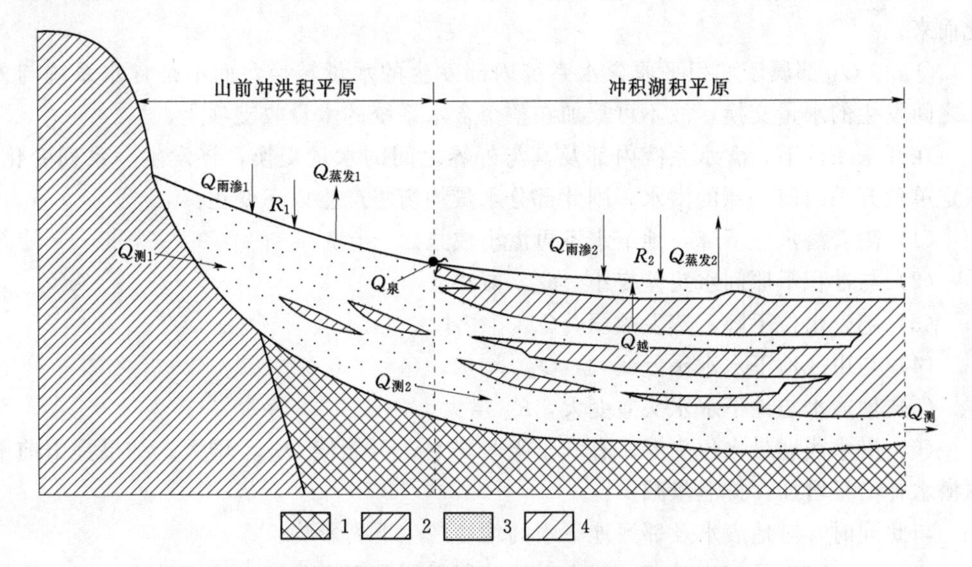

图4-1 冲积平原含水系统地下水均衡模式（据王大纯，2006）

1—不透水基岩；2—透水基岩；3—砂砾石；4—黏性土

山前冲洪积平原潜水：

$$Q_{雨渗1}+R_1+Q_{侧1}=Q_{蒸发1}+Q_{泉}+Q_{蒸发2} \tag{4-8}$$

冲积湖积平原潜水：

$$Q_{雨渗2}+R_2+Q_{越}=Q_{蒸发2} \tag{4-9}$$

冲积湖积平原承压水：

$$Q_{侧2}=Q_{越}+Q_{侧3} \tag{4-10}$$

式中：$Q_{雨渗1}$、$Q_{雨渗2}$ 分别为山前平原及冲积平原降水入渗补给潜水水量；R_1、R_2 分别为山前平原及冲积平原地表水入渗补给潜水水量；$Q_{侧1}$、$Q_{侧2}$、$Q_{侧3}$ 分别为山前平原上、下游断面及冲积平原下游断面地下水流入（流出）量；$Q_{蒸发1}$、$Q_{蒸发2}$ 分别为山前平原及冲积平原潜水蒸发量；$Q_{泉}$ 为泉水排泄量；$Q_{越}$ 为冲积平原承压水越流补给潜水水量。

整个含水系统的水量均衡方程为

$$Q_{雨渗1}+Q_{雨渗2}+R_1+R_2+Q_{侧1}=Q_{蒸发1}+Q_{蒸发2}+Q_{泉}+Q_{侧3} \tag{4-11}$$

如果简单地将图4-1中含水系统各部分均衡水量收支项累加，则显然比整个系统的水量收支项多了 $Q_{侧2}$ 及 $Q_{越}$ 两项。分别求算的结果比统一求算偏大。

由图4-1可以看出，冲积平原承压水没有独立的补给项。它的收入项 $Q_{侧2}$，就是山前平原潜水支出项之一。将式（4-8）改写为

$$Q_{侧2}=Q_{雨渗1}+R_1+R_2+Q_{侧1}-Q_{蒸发1}-Q_{泉} \tag{4-12}$$

可知，$Q_{侧2}$ 是由山前平原补给量的一部分转化而来。冲积平原潜水的收入项 $Q_{越}$ 同样也可以通过改写式（4-10）得出：

$$Q_{越}=Q_{侧2}-Q_{侧3} \tag{4-13}$$

显然，$Q_{泉}$ 是由 $Q_{侧2}$ 的一部分转化而来，归根结底，是由山前平原潜水补给量转化而来。

$Q_{侧2}$、$Q_{泉}$ 都属于堆积平原含水系统内部发生的水量转换，而不是含水系统与外部之间发生的水量交换，故不可累加在整个含水系统的水量收支项上。

在开采条件下，含水系统内部及其与外界之间的水量交换，将发生一系列变化。假定单独开采山前平原的潜水，则此部分水量均衡将产生以下变化：

（1）随着潜水位下降，地下水不再溢出成泉。

（2）与冲积平原间水头差变小，$Q_{侧2}$ 减小。

（3）随着水位下降，蒸发减弱，$Q_{蒸发1}$ 变小。

（4）与山区地下水水头差变大，$Q_{侧1}$ 增加。

（5）地表水与地下水水头差变大，R_1 增大。

（6）潜水浅埋带水位变深，有利于吸收降水，可能使 $Q_{雨渗1}$ 增大。结果是山前平原潜水补给量增加，排泄量减少。

与此同时，对地表水及邻区地下水的均衡产生下列影响：

（1）$Q_{侧2}$ 减少及相应的 $Q_{越}$ 减少，使冲积平原承压水及潜水补给量减少。

（2）$Q_{侧1}$ 增大，使山区排泄量增大。

（3）$Q_{雨渗1}$ 及 R_1 增大，使地表径流量减少，从而使冲积平原潜水收入项 R_2

变小。

综上所述，进行大区域水均衡研究时，必须仔细查清上下游、潜水和承压水、地表水与地下水之间的水量转换关系，否则将导致水量重复计算，人为地夸大可开采利用的地下水量。

复习思考题

1. 简述地下水动态与均衡的概念和意义。

2. 影响地下水动态的因素有哪些？并进行简要的介绍。

3. 地下水动态类型有哪些？天然条件下和人类活动影响的地下水动态类型有何不同？

4. 简述地下水均衡在地下水资源评价中的作用。

参考文献

[1] 王大纯，张人权，史毅虹，等．水文地质学基础［M］．北京：地质出版社，2006.
[2] 戚筱俊．工程地质水文地质［M］．北京：中国水利水电出版社，1997.
[3] 周福俊，李绪谦，杜全友．水文地球化学［M］．长春：吉林大学出版社，1993.
[4] 沈照理，朱宛华．水文地球化学基础［M］．北京：地质出版社，1993.
[5] 王德明．普通水文地质学［M］．北京：地质出版社，1986.
[6] 曹剑锋，迟宝明，王文科，等．专门水文地质学［M］．北京：科学出版社，2006.

第5章 地下水运动的基础理论

地下水循环是全球水循环的重要组成部分，赋存在各种岩土空隙中的地下水运动是地下水循环运动的基础；随着岩土空隙尺寸的变化，促使地下水运动的主要作用力形式不尽相同。对应于主要作用力的形式，赋存于岩土空隙中的地下水主要形式有重力水、毛细水和结合水。从研究地下水循环角度，以下主要介绍重力水的运动。

5.1 地下水渗流的基本知识

5.1.1 地下水的状态方程

水的体积为V、压缩系数为β；由水力学知识，在等温条件下，对压强p，有

$$\beta=-\frac{1}{V}\frac{\mathrm{d}V}{\mathrm{d}p}$$

设初始压强为p_0时，水的体积为V_0；当压强变到p时，水的体积变为V，则有

$$\int_{V_0}^{V}\frac{\mathrm{d}V}{V}=-\beta\int_{p_0}^{p}\mathrm{d}p$$

上式积分，得如下的状态方程：

$$V=V_0\mathrm{e}^{-\beta(p-p_0)} \tag{5-1}$$

对水的密度ρ，同理可得

$$\rho=\rho_0\mathrm{e}^{\beta(p-p_0)} \tag{5-2}$$

将式（5-1）和式（5-2）中的指数项用Taylor级数展开，当压强变化不大时，$\beta(p-p_0)$的数值较小，可以忽略级数的高次项，得到如下的状态方程近似表达式：

$$V=V_0[1-\beta(p-p_0)] \tag{5-3}$$

和

$$\rho=\rho_0[1+\beta(p-p_0)] \tag{5-4}$$

因为密度ρ和水体体积V的乘积为常数，故有

$$\mathrm{d}(\rho V)=\rho\mathrm{d}V+V\mathrm{d}\rho=0$$

由此得

$$\mathrm{d}\rho=-\rho\frac{\mathrm{d}V}{V}=\rho\beta\mathrm{d}p \tag{5-5}$$

5.1.2 多孔介质及其性质

岩土发育的空隙是地下水能够储存、运动的基本条件，这种有空隙的岩土属于多

孔介质。所谓多孔介质，是指由固体物质组成的骨架和由骨架分隔成大量的、相互连通的小空隙所构成的物质。在研究地下水问题时，将含有孔隙水的砂层、砾石层或疏松砂岩等称为孔隙介质，含裂隙水的岩石如裂隙发育的石英岩、花岗岩等称为裂隙介质，通常将孔隙介质、裂隙介质和某些岩溶不十分发育的、由石灰岩和白云岩组成的介质统称为多孔介质。

多孔介质的孔隙性、压缩性、渗透性是与多孔介质中地下水运动研究密切相关的重要性质。关于多孔介质的孔隙性，在 1.2 节已作详细介绍；关于多孔介质的渗透性，将在 5.1.4 小节作介绍；这里阐述多孔介质的压缩性。

在天然条件下，分布于一定深度处的多孔介质，承受上覆地层荷重的压力。设作用在该介质表面的压强为 p，如果压强 p 增加，则要引起多孔介质的压缩。

与水的压缩系数 β 同理，多孔介质压缩系数 α 可写为

$$\alpha=-\frac{1}{V_b}\frac{dV_b}{dp} \tag{5-6}$$

$$V_b=V_s+V_v$$

式中：V_b 为多孔介质中所取单元体的总体积；V_s 为单元体中固体骨架体积；V_v 为其中的孔隙体积，故

$$\frac{dV_b}{dp}=\frac{dV_s}{dp}+\frac{dV_v}{dp}$$

因为有

$$V_s=(1-n)V_b,V_v=nV_b$$

将其代入式（5-6）中，有

$$\alpha=-\frac{dV_s}{V_b dp}-\frac{dV_v}{V_b dp}=-\frac{1-n}{V_s}\frac{dV_s}{dp}-\frac{n}{V_v}\frac{dV_v}{dp}$$

令

$$\alpha_s=-\frac{1}{V_s}\frac{dV_s}{dp}$$

$$\alpha_p=-\frac{1}{V_v}\frac{dV_p}{dp}$$

式中：α_s 为岩土有效压缩系数，表示固体颗粒本身的压缩性；α_p 称为孔隙压缩系数，表示孔隙的压缩性，则

$$\alpha=(1-n)\alpha_s+n\alpha_p \tag{5-7}$$

由于固体颗粒本身的压缩性要比孔隙的压缩性小得多，即 $(1-n)\alpha_s\ll\alpha$，故有

$$\alpha\approx n\alpha_p \tag{5-8}$$

5.1.3 储水率与储水系数

假设含水层的颗粒为无黏性接触（颗粒之间没有黏聚力），在截面积为 A 的含水层水平横截面上［设 $A=1$，图 5-1（c）］，颗粒与颗粒相接触的面积为 λA，水与颗粒相接触的面积就为 $(1-\lambda)A$。根据 Terzghi（太沙基）理论，作用在该平面上的上覆荷重由颗粒（固体骨架）和水来共同承担，则

$$\sigma=\lambda\sigma_s+(1-\lambda)p \tag{5-9}$$

式中：σ 为上覆荷重引起的总应力；σ_s 为作用在固体颗粒上的粒间应力；p 为水的压强。

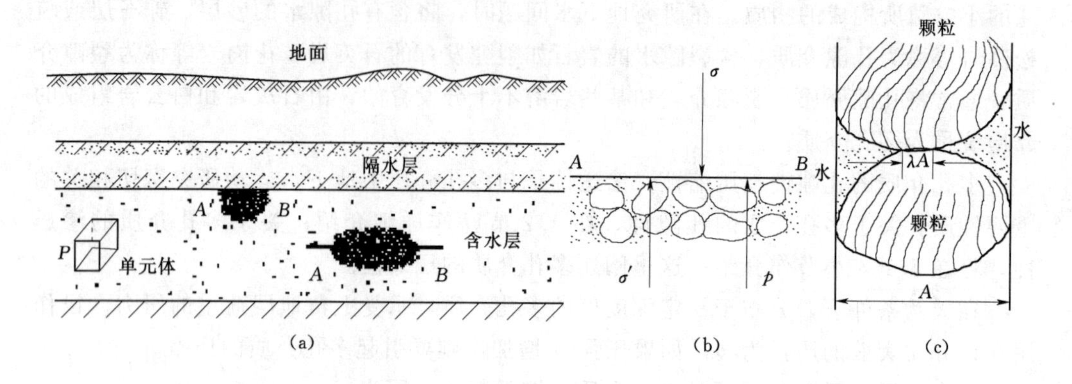

图 5-1　可压缩的承压含水层应力关系（据 J. Bear，1985）

Terzaghi 令 $\sigma'=\lambda\sigma_s$，并称 σ' 为有效应力；由于实际中的 λ 值非常小，所以 $(1-\lambda)p\approx p$，则式（5-9）转化为

$$\sigma=\sigma'+p \tag{5-10}$$

在天然平衡状态下，上覆荷重与颗粒的反作用力及水压力相平衡，如图 5-1（b）所示。以在承压含水层中抽水为例，抽水使地下水水头下降 ΔH，即水的反作用力减少了 $\gamma\Delta H=\rho g\Delta H$，但此时的上覆荷重并没有改变，于是有

$$\sigma=(p-\gamma\Delta H)+(\sigma'+\gamma\Delta H)$$

即作用于固体骨架上的力增加了 $\gamma\Delta H$，这一增加的作用力将会引起固体骨架的压缩，而水压力的减少也将导致水的膨胀。含水层本来充满了水，骨架的压缩和水体自身的膨胀都会引起水从含水层中释出。

骨架的压缩，即含水层的压缩，主要是因为组成骨架的固体颗粒的重新排列，而固体颗粒本身的压缩可以忽略不计，即 $(1-n)V_b$ 为常数。故有

$$d[(1-n)V_b]=dV_b-n\,dV_b-V_b\,dn=0$$

$$\frac{dV_b}{V_b}=\frac{dn}{1-n}$$

由于含水层压缩时侧向受到限制，含水层的压缩主要是在垂直方向上引起含水层厚度 Δz 产生压缩变化，故

$$\frac{dV_b}{V_b}=\frac{d(\Delta z)}{\Delta z}$$

将多孔介质压缩系数 α 的表达式（5-6）代入上式，并考虑到有效应力的变化 $d\sigma'$ 和水的压强变化 dp 大小相等、方向相反，故有

$$\frac{d(\Delta z)}{\Delta z}=\frac{dn}{1-n}=-\alpha\,d\sigma'=\alpha\,dp$$

得

$$d(\Delta z)=\Delta z\alpha\,dp \tag{5-11}$$

$$dn=(1-n)\alpha\,dp \tag{5-12}$$

式（5-11）反映了水的压强变化所引起的含水层在垂向上的厚度变化，式（5-12）反映了水的压强变化所引起的含水层孔隙度的变化。

为了说明水头降低时含水层释出水的特征，引入单位体积含水层的概念，即含水层水平横截面的面积为 $1m^2$、含水层厚度为 1m（即体积为 $1m^3$）。当水头下降 1m 时，该单位体积含水层的有效应力增加了 $\gamma\Delta H=\rho g\times 1=\rho g$，结合多孔介质压缩系数的定义，则该单位体积含水层的体积变化量为

资源 5.1

$$-dV_b=\alpha V_b dp=\alpha 1\rho g=\alpha\rho g$$

负号表示体积减小。与此同时，水压强变化了 $-\gamma\Delta H=-\rho g$，由水体积压缩系数的定义，则该单位体积含水层中水体积的变化量为

$$dV=-\beta V dp=-\beta n(-\rho g)=n\beta\rho g$$

正号表示水体积膨胀。

$-dV_b$ 与 dV 两者之和，用符号 μ_s 表示为

$$\mu_s=\rho g(\alpha+n\beta) \tag{5-13}$$

μ_s 称为储水率或释水率，用来表示当水头降低 1 个单位时单位体积含水层所释放的水量，其量纲为 L^{-1}；这种因水头下降引起含水层释水的现象称为弹性释水，弹性释水过程一般假设是在瞬时完成的，即假设 μ_s 不随时间变化。与弹性释水现象对应，当水头升高时会形成弹性储水。储水率与含水层厚度 M 之积，即 $\mu^*=\mu_s M$，称为弹性释水（储水）系数，它表示水平横截面为 1 个单位面积、厚度为含水层全厚度 M 的含水层柱体中，当水头改变 1 个单位时的弹性释放（或储存）的水量，无量纲。

储水系数 μ^* 和储水率 μ_s，都是表示含水层弹性释水能力的参数，对地下水运动问题的研究有着重要的意义。对于承压含水层，只要水头未降到含水层顶板以下，水头降低只引起含水层的弹性释水，可用储水系数 μ^* 表示这种释水的能力［图 5-2（b）］。对于潜水含水层，当水头下降时，排出的水由两部分组成：在潜水面下降带引起重力排水，重力排水能力用给水度 μ 表示［图 5-2（a）］；在下部饱水部分则引起弹性释水，这一部分的释水能力要用储水系数 μ^* 来表示。

一些研究表明，大部分承压含水层的储水系数在 $10^{-5}\sim10^{-3}$ 之间；潜水含水层的给水度值一般为 0.05～0.25，砂质潜水含水层储水率的数量级是 $10^{-7}cm^{-1}$；由此，潜水含水层的重力释水量要比弹性释水量大几个数量级，这也是在某些潜水计算中往往忽略弹性释水而只考虑重力释水的原因所在。

5.1.4 渗流

多孔介质发育有大量的微小空隙，这些空隙一般被水等流体所充满，在重力等力的作用下，流体将在相互连通的空隙中流动，多孔介质允许流体通过相互连通的微小空隙而流动的性质称为渗透性，常见的多孔介质均具有一定的渗透性。由于流体所通过的空隙，其尺寸微小、形态复杂、大小各异，流体运动的路径弯曲多变［图 5-3（a）］，所以，对这种流体运动规律，如从每个空隙中的流体运动特征入手进行逐一研究，将是十分困难的。因此，地下水渗流力学不直接研究单个地下水质点的运动特征，而是研究具有平均性质的渗透规律。

资源 5.2

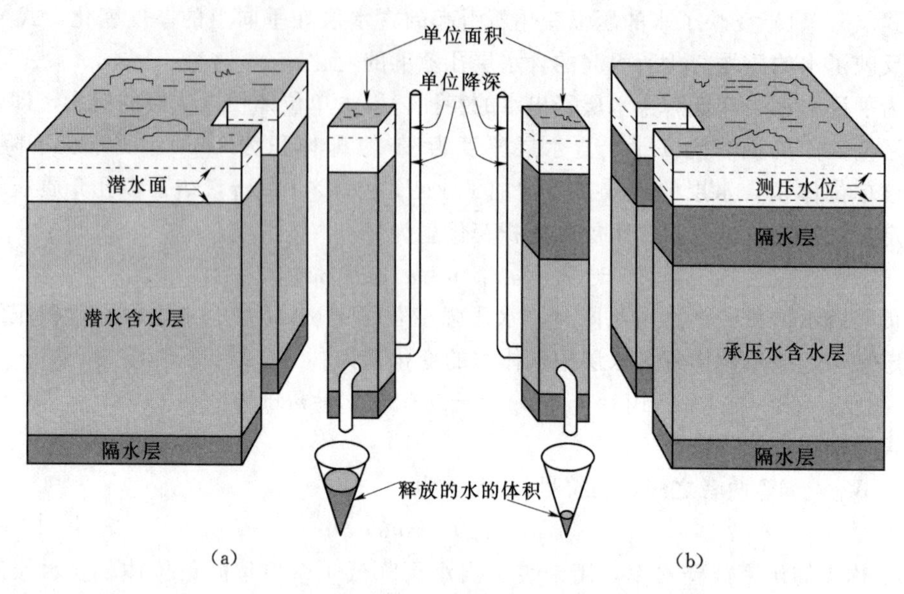

图 5-2　含水层储水性示意图（据 D. K. Todd，2005）

(a) 潜水含水层；(b) 承压水含水层

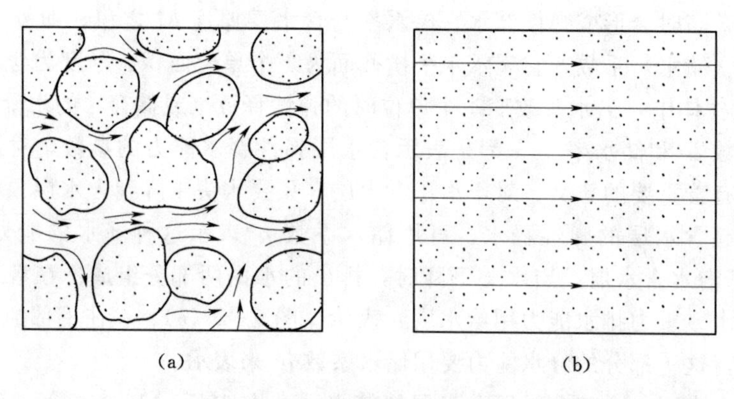

图 5-3　岩土空隙中的地下水流

(a) 实际渗透；(b) 假想渗流

多孔介质中的实际地下水流，只能流动于空隙空间，而不可能穿过固体的岩石或岩石颗粒。但为了便于研究，需要构建一种假想水流：即充满整个多孔介质的空隙和岩土骨架全部体积的水流，其具有与实际水流相同的断面流量、压力（水位）及其水力阻力，以这种假想水流来代替空隙中运动的实际水流，研究含水介质中流体的总体平均的运动规律。这种假想水流称为渗透水流，简称渗流；假想水流所占据的空间区域称为渗流区或渗流场。显然，渗流区包括空隙和岩土颗粒所占据的全部空间［图 5-3（b）］。

如同其他流体力学问题研究，渗流力学问题的研究也需要点上的物理量，表征渗流运动特征的物理量称为渗流运动要素，主要有渗流量 Q、渗透速度 v、压强 p、压力水头 h 等。

对于一个真实的连续水流，如河水、湖水，某一点的压力、水头、速度等的物理含义是很明确的；但对多孔介质则不然，例如孔隙度 n，如果点 p 落在固体骨架上，显然 $n=0$；而落在孔隙中，则 $n=1$，就变得不连续了。为了对多孔介质中地下水运动作连续性近似，引进"代表性单元体"（Representative Elementary Volume，REV）的概念。仍以孔隙度为例，设 p 为多孔介质中的一个数学点，它可能落在孔隙中，也可能落在固体骨架上，以 p 为中心，任取一体积 V_i，求出 V_i 的孔隙度为 n_i；当所取体积 V_i 大小不同时，孔隙度 n_i 的值可能有一定的变化，以 p 点为中心取一系列不同大小的体积 V_i（$i=1, 2, \cdots, N$），相应地得到一系列的孔隙度 n_i（$i=1, 2, \cdots, N$）；作 n_i 和 V_i 的关系曲线，如图 5-4 所示。由图 5-4 可知，当 V_i 小于某一数值 V_{min}（该值大致接近于单个孔隙的大小）时，孔隙度 n_i 值突然出现大的波动，而且波动越来越大，当 V_i 趋近于零时，孔隙度或为 1，或为零；当体积 V_i 增大到某一个值 V_{max} 时，若多孔介质为非均质的，则孔隙度会发生明显变化。但当体积 V_i 大小在 V_{min} 和 V_{max} 之间时，孔隙度 n_i 值的波动消失，只有因 p 点周围孔隙大小的随机分布所引起的小振幅波动。把该范围内的体积称为"代表性单元体积"，记为 V_0（$V_{min}<V_0<V_{max}$）；以 p 为中心的代表性单元体的孔隙度，定义为 p 点的孔隙度。同理，p 点的其他物理量，无论是标量还是矢量，也用以 p 点为中心的代表性单元体内该物理量的平均值来定义。

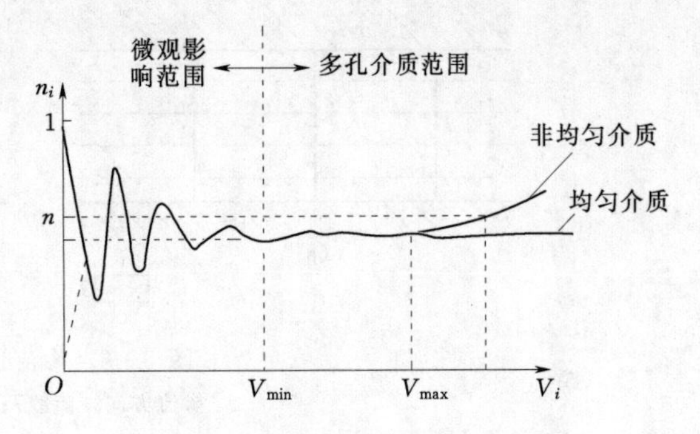

图 5-4　孔隙度随体积变化曲线

上述渗流力学的研究方法，其优点是将实际上并不处处连续的水流当作连续水流来进行研究，使许多流体力学研究成果可以被引用、借鉴。研究时，既避开了研究个别空隙中液体质点运动规律的困难，又使得到的流量、阻力和水头等和实际水流相同，满足了实际需要。

5.1.5　渗透速度

如图 5-5 所示，在含水层中取一个垂直于渗流方向的截面，该截面称为过水断面。由于渗流是充满整个多孔介质截面的假想水流，所以地下水的过水断面是含水层饱水部分的全截面，既包括空隙面积也包括固体颗粒所占据的面积。当渗流平行流动时过水断面为平面［图 5-5（a）］，弯曲时则为曲面［图 5-5（b）］。

设通过过水断面 A 的渗流量为 Q，则渗透速度（或称比流量）为

$$v=\frac{Q}{A} \tag{5-14}$$

由式（5-14），渗透速度 v 代表渗流在过水断面上的平均流速，它不代表任何真实水流的速度，只是一种假想的速度，只有在整个过水断面都被水所充满的

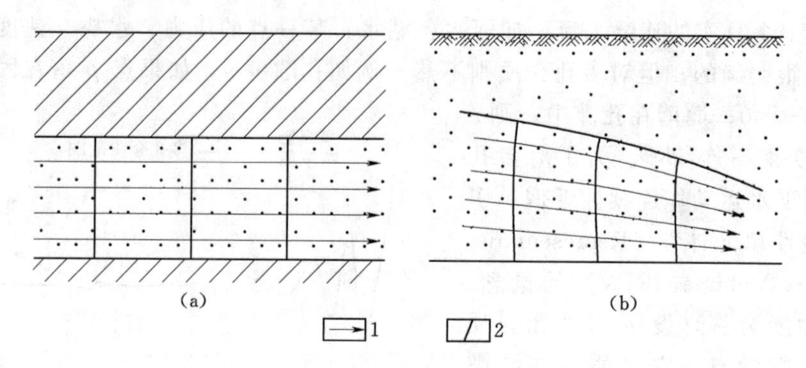

图 5-5 渗流过水断面

1—渗流方向（流线）；2—过水断面

条件下，计算的水流速度 v 才是真实水流的速度。实际上，地下水仅仅在空隙中流动，在不同的空隙或在同一空隙的不同点，地下水实际运动的方向和速度都可能不同。

地下水空隙中运动的实际平均流速为 $\overline{u}$，它与地下水渗透速度 v 之间的关系为

$$v=n\overline{u} \tag{5-15}$$

式中：n 为含水层的空隙度。

可以证明，点 p 的渗透速度就是以 p 点为中心的代表性单元体（REV）的平均渗透速度。

5.1.6 地下水的水头和水力坡度

5.1.6.1 地下水的水头

由水力学的基本知识，测压管水头为

$$H_n=z+\frac{p}{\gamma} \tag{5-16}$$

总水头为测压管水头和流速水头之和，即

$$H=z+\frac{p}{\gamma}+\frac{u^2}{2g} \tag{5-17}$$

自然界中的地下水运动十分缓慢，其流速水头 $u^2/(2g)$ 很小，一般比测压水头要小几个数量级；即在通常的地下水运动问题研究中，流速水头 $u^2/(2g)$ 可以忽略不计。因此，总水头 H 近似等于测压管水头 H_n，一般研究中对两者不加以区别，统称水头，都用 H 表示。

$$H\approx H_n=z+\frac{p}{\gamma} \tag{5-18}$$

水头 H 的绝对值大小随基准面的不同而不同，为便于计算，实际研究中常把含水层的水平隔水底板选为基准面。

5.1.6.2 等水头面和水力坡度

地下水是具有黏滞性的实际流体，流动过程中能量要被持续消耗，这种能量消耗是通过水头沿程不断减小来实现的。因此，在渗流场中各点的水头并不都是相同的，

由水头值相等的各点所连成的面，称为等水头面；等水头面可以是平面或曲面，等水头面与某一平面（例如水平面或垂直剖面）的交线是一条等水头线，等水头面（线）在渗流场中是连续的，并且不同数值的等水头面（线）不相交。

渗流场中各点水头 $H(x, y, z, t)$ 一般是不等的，它是一个标量场，其梯度的大小为$\frac{dH}{dn}$，方向沿着等水头面的法线，即水头变化率最大的方向（正向为指向水头增高的方向）。在地下水水文学中，把大小等于梯度值、方向沿着等水头面的法线指向水头降低方向的矢量称为水力坡度，用$\vec{J}$ 表示，即

$$\vec{J}=-\frac{dH}{dn}\vec{n} \tag{5-19}$$

式中：$\vec{n}$ 为法线方向单位矢量。

矢量$\vec{J}$ 在空间直角坐标系中的三个分量为

$$\vec{J}_x=-\frac{\partial H}{\partial x};\quad \vec{J}_y=-\frac{\partial H}{\partial y};\quad \vec{J}_z=-\frac{\partial H}{\partial z} \tag{5-20}$$

5.1.7 地下水流态

与一般的管流相似，地下水的运动也可能存在层流和紊流两种状态（图 5-6）。通常用 Reynolds 数（雷诺数，一般用 Re 表示）来判别地下水流态。

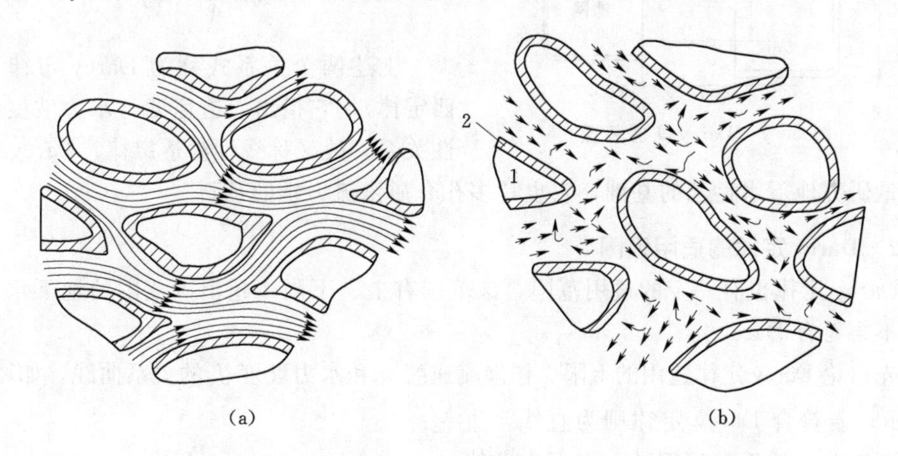

图 5-6 多孔介质中地下水的层流和紊流（据薛禹群等，1997）

(a) 层流；(b) 紊流

1—固体颗粒；2—结合水；→—水流运动方向

$$Re=\frac{vd}{\nu} \tag{5-21}$$

式中：v 为地下水的渗透速度；d 为含水层颗粒的平均粒径；ν 为地下水的运动黏滞系数。

如果求得的 Re 小于临界值，则地下水处于层流状态；若大于临界值则为紊流状态。对于地下水，用实验方法求临界 Re 比较困难，许多文献给出 Re 的临界值为150～300；天然状态下的地下水运动，多处于层流状态。

5.2 地下水渗流的基本定律

5.2.1 Darcy 定律

法国工程师 Henry Darcy 在 1856 年，根据在装满均质砂的圆筒中（图 5-7）的实验结果，得到如下关系式：

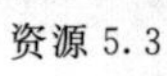
资源 5.3

$$Q=KA\frac{H_1-H_2}{l} \qquad (5-22)$$

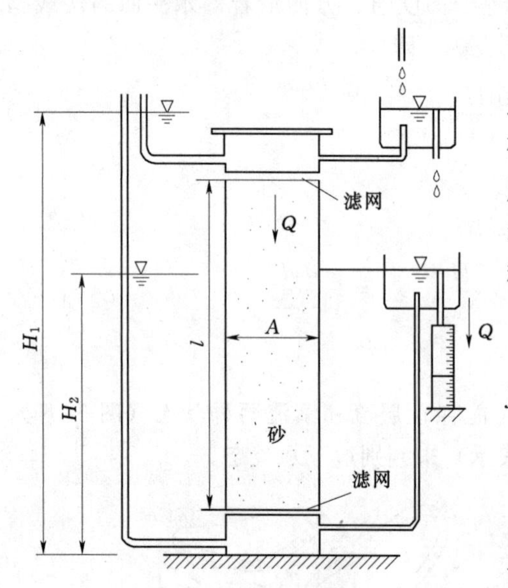

图 5-7 Darcy 实验装置

资源 5.4

式中：Q 为渗流量；H_1、H_2 分别为通过砂样前后的水头；l 为砂样沿水流方向的长度；A 为试验圆筒的横截面积，包括砂粒和孔隙两部分面积在内；K 为比例系数，称为渗透系数。

式（5-22）中的 $\frac{H_1-H_2}{l}$ 即水力坡度 J，故式（5-22）可改写为

$$v=\frac{Q}{A}=KJ \qquad (5-23)$$

上述两个关系式称为 Darcy 定律（达西定律），它指出渗透速度与水力坡度呈线性关系，故又称线性渗透定律。Darcy 定律是定量研究地下水运动的基础，它也是多孔介质渗流力学的基石。

5.2.2 Darcy 定律的适用范围

Darcy 定律也有一定的适用范围，该范围有上、下限，超出该范围的地下水流运动就不再符合 Darcy 定律了。

资源 5.5

先讨论 Darcy 定律适用的上限。作渗流速度 v 和水力坡度 J 的关系曲线，如图 5-8 所示；若符合 Darcy 定律则为直线，直线的斜率为渗透系数的倒数。但图中曲线表明，只有当按式（5-21）计算的 Re 不超过 1～10 时，地下水的运动才符合 Darcy 定律，值得指出的是，层流的临界 Re 为 150～300，这表明只有 Re 为 1～10 的层流才适用 Darcy 定律。这种现象，一般可用惯性力的影响来解释：地下水在沿弯曲途径运动的过程中，它的运动速度、加速度和流动方向在不断变化，伴随这种变化过程产生了惯性力的影响；当地下水运

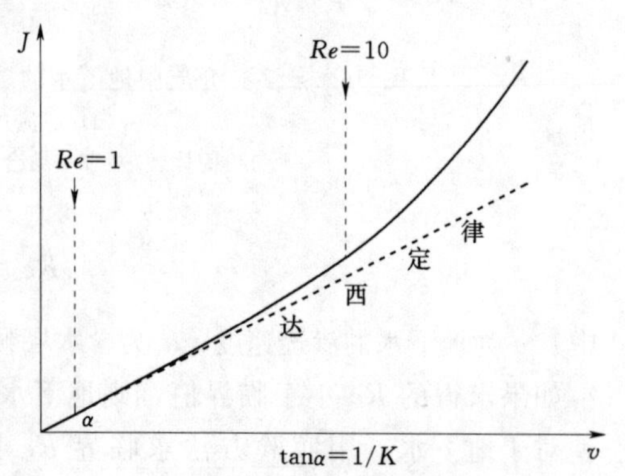

图 5-8 渗透速度和水力坡度的试验关系（据 J. Bear，1979）

动速度较小时，这些惯性力的影响相对较小甚至小到可以忽略，此时由液体黏滞性产生的摩擦阻力对水流运动的影响远远超过惯性力对它的影响，黏滞力占优势，液体运动服从 Darcy 定律；随着运动速度的加快，惯性力也相应地增大（惯性力与速度的平方成正比），当惯性力占优势的时候，尽管这时地下水的运动仍然属于层流运动，但 Darcy 定律已不再适用了。因此，当渗透速度由低到高时，可把多孔介质中的地下水运动状态分为三种情况（图 5-9）：①当地下水低速度运动时，即 Re 小于 1～10 之间的某个值时，为黏滞力占优势的层流运动，适用 Darcy 定律；②随着流速的增大，当 Re 大致在 1～100 之间时，为一过渡带，即为由黏滞力占优势的层流运动转变为惯性力占优势的层流运动再转变为紊流运动；③高 Re 时为紊流运动。

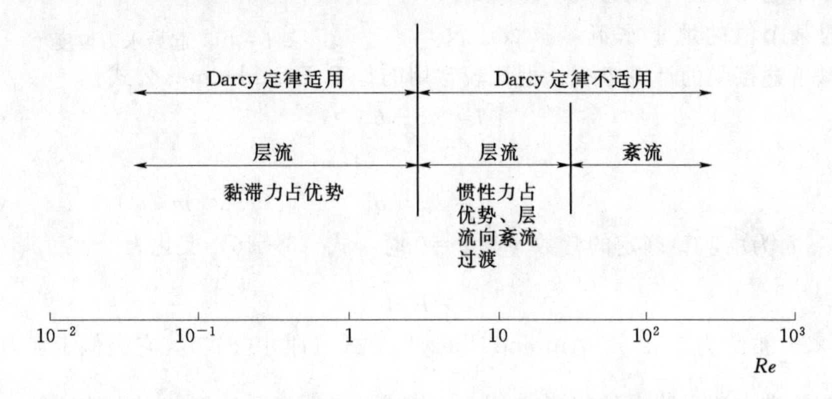

图 5-9 多孔介质中的水流状态（据 J. Bear，1979）

尽管如此，绝大多数的天然地下水运动仍服从 Darcy 定律。例如，地下水通过平均粒径 $d=0.5$mm 的粗砂层，当水温为 15℃时运动黏滞系数 $\upsilon=0.1\text{m}^2/\text{d}$，在 $Re=1$ 时，代入式（5-21）得

$$v=1\times\frac{0.1\text{m}^2/\text{d}}{0.0005\text{m}}=200\text{m/d}$$

上式表明：在粗砂中，当渗透速度 $v<200$m/d 时，Re 服从 Darcy 定律。在天然状况下，若取粗砂的渗透系数 $K=100$m/d，水力坡度 $J=\frac{1}{500}$，代入 Darcy 定律，则天然状态下的地下水渗透速度为

$$v=KJ=100\times\frac{1}{500}=0.2(\text{m/d})$$

这远小于 200m/d。显然，多数情况下粗砂中的地下水运动是服从 Darcy 定律的。

关于 Darcy 定律的下限问题，现有众多文献对其进行了相关研究，研究的主要对象是空隙尺寸细小的、低渗透性介质。如在由黏性土组成的多孔介质中，渗透速度和水力坡度的关系曲线如图 5-10 所示，即存在一个起始水力坡度 J_0。当实际水力坡度 J 小于起始水力坡度 J_0 时，几乎不发生流动，这一现象，可写出下列数学表达式：

$$\begin{cases} v=0 & (J\leqslant J_0) \\ v=K(J-J_0) & (J>J_0) \end{cases} \tag{5-24}$$

关于起始水力坡度的机制，目前尚未完全研究清楚。

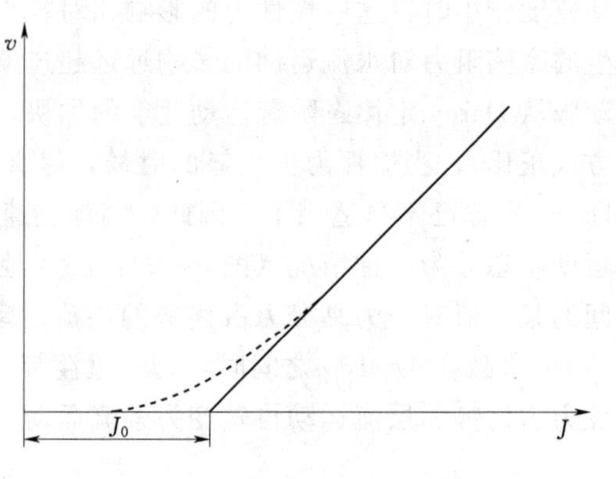

图 5-10　起始水力坡度

5.2.3　非线性运动方程

自然界的地下水运动多数服从 Darcy 定律，但在岩溶发育的碳酸盐岩地层中、抽水井井壁及泉水出口处附近，也可能见到 Darcy 定律不适用的、流速较大的地下水流。

对于不适用 Darcy 定律的、Re 大于 1～10 的某个值的地下水流，虽然还没有一个被普遍接受的计算方程，但比较常用的是 P. Forchheimer 公式：

$$J=av+bv^2 \tag{5-25}$$

或

$$J=av+bv^m \qquad (1.6\leqslant m\leqslant 2) \tag{5-26}$$

式中：a、b 为由实验确定的常数。当 $a=0$ 时，式（5-26）变化为

$$v=K_cJ^{\frac{1}{2}} \tag{5-27}$$

式（5-27）被称为 Chezy（Antoine Chezy）公式（谢才公式），它类似于水力学中常用于计算管道水流和明渠均匀流的 Chezy 公式，表明渗透速度与水力坡度的$\frac{1}{2}$次方成正比，K_c 为该情况下的渗透系数。

5.2.4　渗透率、渗透系数和导水系数

如前所述，多孔介质有允许流体通过其空隙的特性称为渗透性，渗透率则是表示多孔介质渗透性强弱的物理量。对于一个特定的多孔介质，其渗透率有绝对渗透率、有效渗透率和相对渗透率之分；绝对渗透率（也称物理渗透率、又简称渗透率）是指当只有任何一相（气体或单一液体）在空隙中流动而与介质体没有物理化学作用时所求得的渗透率，通常以气体渗透率为代表；有效渗透率（也称相渗透率），是多相流体共存并流动于多孔介质体中时，其中某一相流体通过多孔介质体的能力大小，就称为该相流体的有效渗透率；某一相流体的相对渗透率是指该相流体的有效渗透率与绝对渗透率的比值。

渗透率与多孔介质的孔隙度之间不存在固定的函数关系，而与孔隙大小及其分布等因素有直接关系；关于渗透率 k 计算方法，比较常用的是 Kozeny-Carman 公式：

$$k=C_0\frac{n^2}{(1-n)^2M_S^2} \tag{5-28}$$

式中：M_S 为颗粒的比表面；n 为孔隙度；C_0 为系数，Carman 建议取 $C_0=1/5$。

k 的单位是 cm^2 或 da（Darcy），da 是在液体的动力黏滞系数为 0.001Pa·s，压强差为 101325Pa 的条件下，通过面积为 $1cm^2$、长度为 1cm 岩样的流量为 $1cm^3/s$ 时，岩样的渗透率为 1da。工程上常用 cda（10^{-2}da）或 mda（10^{-3}da）作为渗透率单位；

1da＝9.8697×10^{-9} cm^2。

渗透系数 K 也称水力传导系数，是一个重要的水文地质参数。根据式（5-23），当水力坡度 $J=1$ 时，渗透系数在数值上等于渗透速度。因为水力坡度无量纲，所以渗透系数具有速度的量纲，即渗透系数的单位和渗透速度的单位相同，常用 m/d 或 cm/s 表示。

渗透系数不仅取决于岩土的性质（如粒度成分、颗粒排列、充填状况、裂隙性质和发育程度等），而且和流体的物理性质（容重、黏滞性等）有关。对于一个特定的多孔介质体，分别用水和油来进行渗透试验，在同样的压差作用下，过水流量要大于过油流量，即水的渗透系数要大于油的渗透系数。这说明，对于同一多孔介质体，不同的流体具有不同的渗透系数。考虑到流体性质的不同，Darcy 定律有如下形式：

$$v=-\frac{k\rho g}{\mu}\frac{\mathrm{d}H^*}{\mathrm{d}s} \tag{5-29}$$

式中：ρ 为液体的密度；g 为重力加速度；μ 为动力黏滞系数；$-\frac{\mathrm{d}H^*}{\mathrm{d}s}$为流体渗流的压力梯度（对于地下水就是 J）。

比较式（5-23）和式（5-29），可求出渗透系数和渗透率之间的关系为

$$K=\frac{\rho g}{\mu}k=\frac{g}{v}k \tag{5-30}$$

在一般情况下，地下水的容重和黏滞性改变不大，可以把渗透系数近似当作表示透水性的岩层常数。但当水温和水的矿化度急剧改变时，如热水、卤水的运动，容重和黏滞性改变的影响就不能忽略了。

一般来说，地层的渗透系数 K 和渗透率 k 是不随时间改变的，但对于某些特殊情况，如在外部荷重作用下引起固结和压密，固体骨架的溶解和黏土的膨胀等，也可能引起 K 和 k 随时间的变化。

渗透系数 K 虽然能用来反映岩层的透水性，但它不能单独说明含水层的出水能力。一个渗透系数较大的含水层，如果厚度非常小，它的出水能力也是有限的。为此，在地下水运动问题研究中，还要引入另外一个重要的水文地质参数——导水系数。导水系数常用 T 表示，在数值上，导水系数等于渗透系数与含水层厚度之积，即 $T=KM$；导水系数的物理含义是在水力坡度等于 1 时，通过整个含水层厚度上的单宽流量（图 5-11），量纲是 L^2T^{-1}，单位常用 m^2/d。导水系数的概念仅适用于一维、二维的地下水流，对三维流没有意义。

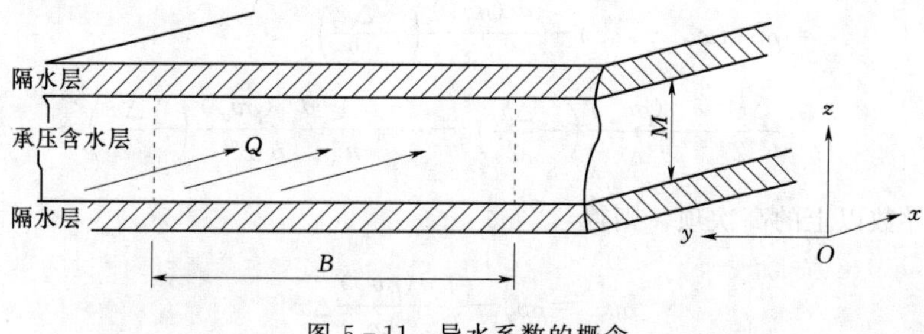

图 5-11　导水系数的概念

5.3 地下水流运动的基本方程

资源 5.6

5.3.1 渗流连续性方程

根据水力学中的水流连续性原理（又称水均衡原理），建立地下水渗流的水流连续性方程。在渗流场中，各点渗透速度的大小、方向都可能不同，因此，要从三维空间来研究渗流场中地下水流的质量守恒关系。

设在充满水体的渗流区内以 $p(x, y, z)$ 点为中心取一无限小的平行六面体，其各边长度分别为 Δx、Δy、Δz，并且和坐标轴平行，作为均衡单元体（图 5-12）。如 p 点沿坐标轴方向的渗透速度分量为 v_x、v_y、v_z，水体密度为 ρ，则单位时间内通过垂直于坐标轴方向的单位面积的水流质量分别为 ρv_x、ρv_y、ρv_z。那么通过 $abcd$ 面的中点 $p_1\left(x-\frac{\Delta x}{2}, y, z\right)$ 单位时间、单位面积的水流质量 ρv_{x_1}，可利用 Taylor 级数求得：

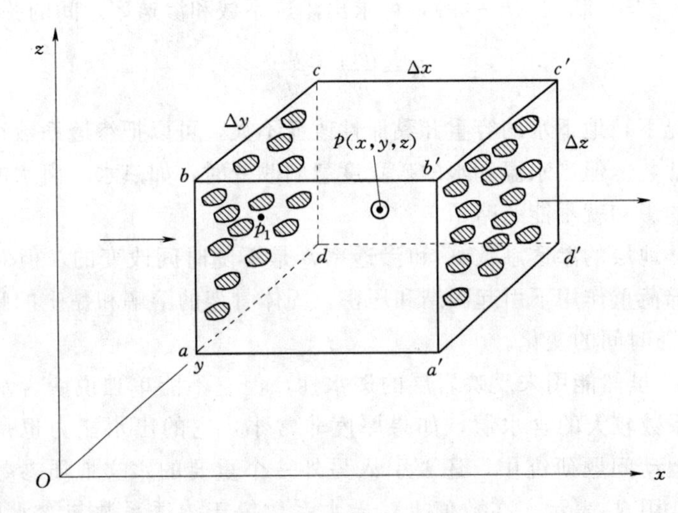

图 5-12 渗流区中的单元体

$$\begin{aligned}\rho v_{x_1} &= \rho v_x\left(x-\frac{\Delta x}{2}, y, z\right) \\ &= \rho v_x(x, y, z)+\frac{\partial(\rho v_x)}{\partial x}\left(-\frac{\Delta x}{2}\right) \\ &\quad +\frac{1}{2!}\frac{\partial^2(\rho v_x)}{\partial x^2}\left(-\frac{\Delta x}{2}\right)^2+\cdots+\frac{1}{n!}\frac{\partial^n(\rho v_x)}{\partial x^n}\left(-\frac{\Delta x}{2}\right)^n+\cdots\end{aligned}$$

略去二阶导数以上的高次项，则得

$$\rho v_{x_1}=\rho v_x-\frac{1}{2}\frac{\partial(\rho v_x)}{\partial x}\Delta x$$

于是，在 Δt 时间内由 $abcd$ 面流入单元体的水体质量为

$$\left[\rho v_x-\frac{1}{2}\frac{\partial(\rho v_x)}{\partial x}\Delta x\right]\Delta y\Delta z\Delta t$$

同理，通过右侧 $a'b'c'd'$ 面流出的水体质量为

$$\left[\rho v_x+\frac{1}{2}\frac{\partial(\rho v_x)}{\partial x}\Delta x\right]\Delta y\Delta z\Delta t$$

因此，沿 x 轴方向流入和流出单元体的水体质量差为

$$\left\{\left[\rho v_x-\frac{1}{2}\frac{\partial(\rho v_x)}{\partial x}\Delta x\right]\Delta y\Delta z-\left[\rho v_x+\frac{1}{2}\frac{\partial(\rho v_x)}{\partial x}\Delta x\right]\Delta y\Delta z\right\}\Delta t$$

与沿 x 轴方向同理，沿 y 轴方向和沿 z 轴方向流入和流出这个单元体的水体质量差分别为

$$-\frac{\partial(\rho v_y)}{\partial y}\Delta x\Delta y\Delta z\Delta t$$

和

$$-\frac{\partial(\rho v_z)}{\partial z}\Delta x\Delta y\Delta z\Delta t$$

因此，Δt 时间内，流入与流出这个单元体总的水体质量差为

$$-\left[\frac{\partial(\rho v_x)}{\partial x}+\frac{\partial(\rho v_y)}{\partial y}+\frac{\partial(\rho v_z)}{\partial z}\right]\Delta x\Delta y\Delta z\Delta t$$

均衡单元体内，水体所占的体积为 $n\Delta x\Delta y\Delta z$，其中 n 为孔隙度。相应的单元体内的液体质量为 $\rho n\Delta x\Delta y\Delta x$。所以在 Δt 时间内，单元体内水体质量的变化量为

$$\frac{\partial}{\partial t}(\rho n\Delta x\Delta y\Delta z)\Delta t$$

均衡单元体内水体质量的变化即储存质量的变化，是由流入与流出这个单元体的液体质量差造成的；在水流连续（渗流区充满水体）的条件下，根据质量守恒定律，两者应该相等。所以

$$-\left[\frac{\partial(\rho v_x)}{\partial x}+\frac{\partial(\rho v_y)}{\partial y}+\frac{\partial(\rho v_z)}{\partial z}\right]\Delta x\Delta y\Delta z=\frac{\partial}{\partial t}(\rho n\Delta x\Delta y\Delta z) \tag{5-31}$$

式（5-31）称为渗流的连续性方程。它用数学语言表达了渗流区内任何一个“局部”所必须满足的质量守恒定律，所以这也是水流质量守恒方程。

如果把地下水看成是不可压缩的均质液体，即 $\rho=$常数；同时假设含水层骨架不被压缩，则 n 和 Δx、Δy、Δz 都保持不变；上述条件下，方程式（5-31）右端项等于零，于是有

$$\frac{\partial v_x}{\partial x}+\frac{\partial v_y}{\partial y}+\frac{\partial v_Z}{\partial z}=0 \tag{5-32}$$

式（5-32）表明，在 ρ 为常数，且 n 和 Δx、Δy、Δz 都保持不变的条件下，同一时间内流入均衡单元体的水体积等于流出的水体积，即体积守恒。当地下水流是稳定流时，也可以得到相同的结果。

连续性方程是研究地下水运动的基本方程，各种研究地下水运动的微分方程都是

根据连续性方程和反映能量守恒与转化定律的方程（例如Darcy定律）建立起来的。

5.3.2 承压水运动的基本微分方程

对于承压含水层，由于含水层的侧向变形受到限制，可认为Δx、Δy是常量，仅需考虑垂直方向的压缩；于是只有水的密度ρ、孔隙度n和单元体高度Δz三个量随压力变化。将渗流连续性方程式（5-31）的右端改写为

资源5.7

$$\frac{\partial}{\partial t}(\rho n\Delta x\Delta y\Delta z)=\left[n\rho\frac{\partial(\Delta z)}{\partial t}+\rho\Delta z\frac{\partial n}{\partial t}+n\Delta z\frac{\partial\rho}{\partial t}\right]\Delta x\Delta y$$

把式（5-5）、式（5-11）、式（5-12）代入上式得

$$\frac{\partial}{\partial t}(\rho n\Delta x\Delta y\Delta z)=\left[n\rho\Delta z\alpha\frac{\partial p}{\partial t}+\rho\Delta z(1-n)\alpha\frac{\partial p}{\partial t}+n\Delta z\rho\beta\frac{\partial p}{\partial t}\right]\Delta x\Delta y$$

$$=\rho(\alpha+n\beta)\frac{\partial p}{\partial t}\Delta x\Delta y\Delta z$$

于是，连续性方程式（5-31）变为

$$-\left[\frac{\partial(\rho v_x)}{\partial x}+\frac{\partial(\rho v_y)}{\partial y}+\frac{\partial(\rho v_z)}{\partial z}\right]\Delta x\Delta y\Delta z=\rho(\alpha+n\beta)\frac{\partial p}{\partial t}\Delta x\Delta y\Delta z \tag{5-33}$$

因为水头$H=z+\dfrac{p}{\gamma}$，故

$$p=\gamma(H-z)=\rho g(H-z)$$

$$\frac{\partial p}{\partial t}=\rho g\frac{\partial H}{\partial t}+Hg\frac{\partial\rho}{\partial t}-zg\frac{\partial\rho}{\partial t}$$

$$=\rho g\frac{\partial H}{\partial t}+(H-z)g\frac{\partial\rho}{\partial t}$$

或

$$\frac{\partial p}{\partial t}=\rho g\frac{\partial H}{\partial t}+\frac{p}{\rho}\frac{\partial\rho}{\partial t}$$

将式（5-5）代入上式得

$$\frac{\partial p}{\partial t}=\frac{\rho g}{1-\beta p}\frac{\partial H}{\partial t}$$

因为水的压缩性很小，即$1-\beta p\approx1$，所以

$$\frac{\partial p}{\partial t}\approx\rho g\frac{\partial H}{\partial t}$$

将上式代入式（5-33）中，得

$$\left\{-\rho\left[\frac{\partial(v_x)}{\partial x}+\frac{\partial(v_y)}{\partial y}+\frac{\partial(v_z)}{\partial z}\right]-\left(v_x\frac{\partial\rho}{\partial x}+v_y\frac{\partial\rho}{\partial y}+v_z\frac{\partial\rho}{\partial z}\right)\right\}\Delta x\Delta y\Delta z$$

$$=\rho^2g\ (\alpha+n\beta)\ \frac{\partial H}{\partial t}\Delta x\Delta y\Delta z$$

上式中，左端第二个括弧项比第一个括弧项小得多，于是上式变为

$$-\left[\frac{\partial(v_x)}{\partial x}+\frac{\partial(v_y)}{\partial y}+\frac{\partial(v_z)}{\partial z}\right]\Delta x\Delta y\Delta z=\rho g(\alpha+n\beta)\frac{\partial H}{\partial t}\Delta x\Delta y\Delta z \tag{5-34}$$

由 Darcy 定律，在各向同性介质中，有

$$v_x=-K\frac{\partial H}{\partial x},v_y=-K\frac{\partial H}{\partial y},v_z=-K\frac{\partial H}{\partial z}$$

将其代入式（5-34），得

$$\left[\frac{\partial}{\partial x}\left(K\frac{\partial H}{\partial x}\right)+\frac{\partial}{\partial y}\left(K\frac{\partial H}{\partial y}\right)+\frac{\partial}{\partial z}\left(K\frac{\partial H}{\partial z}\right)\right]\Delta x\Delta y\Delta z=\rho g(\alpha+n\beta)\frac{\partial H}{\partial t}\Delta x\Delta y\Delta z$$

根据储水率的定义，由式（5-13），上式可改写为

$$\left[\frac{\partial}{\partial x}\left(K\frac{\partial H}{\partial x}\right)+\frac{\partial}{\partial y}\left(K\frac{\partial H}{\partial y}\right)+\frac{\partial}{\partial z}\left(K\frac{\partial H}{\partial z}\right)\right]\Delta x\Delta y\Delta z=\mu_s\frac{\partial H}{\partial t}\Delta x\Delta y\Delta z$$

上式的物理意义是：等式左端表示单位时间内流入和流出单元体的水量差，右端表示该时间段内单元体内弹性释放（或储存）的水量；因为单元体没有“源”或“汇”，水量差只可能来自弹性释水（或储存），等式显然是成立的。从等式两端约去单元体体积 $\Delta x\Delta y\Delta z$，得

$$\frac{\partial}{\partial x}\left(K\frac{\partial H}{\partial x}\right)+\frac{\partial}{\partial y}\left(K\frac{\partial H}{\partial y}\right)+\frac{\partial}{\partial z}\left(K\frac{\partial H}{\partial z}\right)=\mu_s\frac{\partial H}{\partial t} \tag{5-35}$$

在均质各向同性含水层中，式（5-35）可进一步简化，写成

$$\frac{\partial^2 H}{\partial x^2}+\frac{\partial^2 H}{\partial y^2}+\frac{\partial^2 H}{\partial z^2}=\frac{\mu_s}{K}\frac{\partial H}{\partial t} \tag{5-36}$$

在二维流条件下，常用 μ^* 和 T 来表示相关参数，式（5-35）和式（5-36）可分别写成

$$\frac{\partial}{\partial x}\left(T\frac{\partial H}{\partial x}\right)+\frac{\partial}{\partial y}\left(T\frac{\partial H}{\partial y}\right)=\mu^*\frac{\partial H}{\partial t} \tag{5-37}$$

$$\frac{\partial^2 H}{\partial x^2}+\frac{\partial^2 H}{\partial y^2}=\frac{\mu^*}{T}\frac{\partial H}{\partial t} \tag{5-38}$$

在柱坐标内，则式（5-36）为

$$\frac{1}{r}\frac{\partial}{\partial r}\left(r\frac{\partial H}{\partial r}\right)+\frac{1}{r^2}\frac{\partial^2 H}{\partial \theta^2}+\frac{\partial^2 H}{\partial z^2}=\frac{\mu_s}{K}\frac{\partial H}{\partial t} \tag{5-39}$$

上述各有关方程所描述承压水的运动都是非稳定的。有关承压水运动具有非稳定性质，最早是 1928 年由美国水文地质学家 Oscar Edward Meinzer 在研究承压含水层不同于潜水含水层的储水性质时指出的。现在，承压水非稳定流运动的基本微分方程，成为研究承压含水层中地下水运动的基础。

当含水层系统与外界系统存在抽水、注水、越流补给等时，这种垂向交换水量称为源汇项，其水量交换强度记为 W（负值表示水量流出含水层，正值表示水量流入含水层）；利用与上述推导过程同样的方法原理，三维条件下，可得

$$\frac{\partial}{\partial x}\left(K\frac{\partial H}{\partial x}\right)+\frac{\partial}{\partial y}\left(K\frac{\partial H}{\partial y}\right)+\frac{\partial}{\partial z}\left(K\frac{\partial H}{\partial z}\right)+W=\mu_s\frac{\partial H}{\partial t} \tag{5-40}$$

二维条件下，可得

$$\frac{\partial}{\partial x}\left(T\frac{\partial H}{\partial x}\right)+\frac{\partial}{\partial y}\left(T\frac{\partial H}{\partial y}\right)+W=\mu^*\frac{\partial H}{\partial t} \tag{5-41}$$

注意，在许多文献中，以$\frac{1}{a}$代替$\frac{\mu^*}{T}$，即令$\frac{1}{a}=\frac{\mu^*}{T}$，$a$称为压力传导系数（导压系数），其量纲为$[L^2T^{-1}]$；由此，方程形式有所变化，但实质是相同的。

自然界中的地下水在不断运动变化过程中，一般不存在严格意义上的稳定流，但当地下水的变化极其缓慢时，可以近似地看作是一种相对的稳定状态。因此，地下水的稳定运动可以看成是地下水非稳定运动的特例，如当水位变化很小，$\frac{\partial H}{\partial t}\to 0$，此时只要把非稳定运动基本微分方程右端的$\frac{\partial H}{\partial t}$项等于零，就可以得到相应的稳定流运动方程。

在非均质承压含水层中，稳定流运动基本微分方程，可根据式（5－35）结合$\frac{\partial H}{\partial t}\to 0$的条件而直接给出：

$$\frac{\partial}{\partial x}\left(K\frac{\partial H}{\partial x}\right)+\frac{\partial}{\partial y}\left(K\frac{\partial H}{\partial y}\right)+\frac{\partial}{\partial z}\left(K\frac{\partial H}{\partial z}\right)=0 \tag{5-42}$$

同理，在均质承压含水层中，由式（5－36）得出该条件下的稳定流运动基本微分方程：

$$\frac{\partial^2 H}{\partial x^2}+\frac{\partial^2 H}{\partial y^2}+\frac{\partial^2 H}{\partial z^2}=0 \tag{5-43}$$

描述承压水非稳定流运动的方程式（5－35）是一种热传导方程，式（5－43）是拉普拉斯（Laplace）方程。早在1889年，俄国数学力学家N. E. 儒可夫斯基在其著作《地下水运动原理》中，就指出了渗流问题与热传导问题在数学上有相似性；在1899年，美国数学家Charles Sumner Slichte指出，地下水稳定流问题可以利用拉普拉斯方程进行描述。上述方程连同初始条件及（或）边界条件的任一种，都可组成初值问题、边值问题或初边值问题；正是由于借鉴研究相对超前的热传导方程和拉普拉斯方程热传导的研究成果，地下水渗流力学在20世纪获得了长足的发展。

5.3.3　潜水运动的基本微分方程

5.3.3.1　Dupuit 假设

潜水面是一个非线性的自由面，该自由面不仅使潜水渗流具有随时间变化的上边界（在垂直的二维平面内），而且表明潜水渗流具有流速的垂直分量；这使得潜水渗流问题的计算，变得十分复杂。1863年，法国工程师、水力学家Arsene Jumes Emile Juvenal Dupuit，针对缓变流动的潜水，提出了Dupuit假设（裘布依假设）。

天然条件下，在潜水流的垂直二维平面上任意一点p，如图5－13所示，潜水面的坡度为

$$J=-\frac{\mathrm{d}H}{\mathrm{d}s}=-\frac{\mathrm{d}z}{\mathrm{d}s}=-\sin\theta \tag{5-44}$$

点p处的渗透速度方向与潜水面相切，渗透速度为v_s，由Darcy定律有

$$v_s=-K\frac{\mathrm{d}H}{\mathrm{d}s}=-K\sin\theta$$

Dupuit 假设认为，潜水处于缓变流动的状态下，θ 角度很小，可以用 $\tan\theta=\frac{dH}{dx}$ 来代替 $\sin\theta=\frac{dH}{ds}$。根据这一假设，当潜水面比较平缓时，潜水流基本上水平，潜水渗透速度的垂直分量 v_z 可被忽略；等水头面（等势面）是垂直的，即潜水水头 $H(x, y, z, t)$ 可以近似地用 $H(x, y, t)$ 来代替。由此，潜水水流在垂直剖面上各点的水头相等，或者说水头不随着深度而变化；所以，同一铅直剖面上各点的水力坡度和渗透速度都是相等的。此时，渗透速度可以表示为

$$v_x=-K\frac{dH}{dx},\quad H=H(x) \tag{5-45}$$

相应的，通过宽度为 B 的垂直平面（在此假设下可近似地看成是过水断面）的流量为

资源 5.8

$$Q_x=-KhB\frac{dH}{dx},\quad H=H(x) \tag{5-46}$$

式中：Q_x 为 x 方向的流量；h 为潜水流厚度，在图 5-13 中的隔水层是水平的条件下，$h=H$。

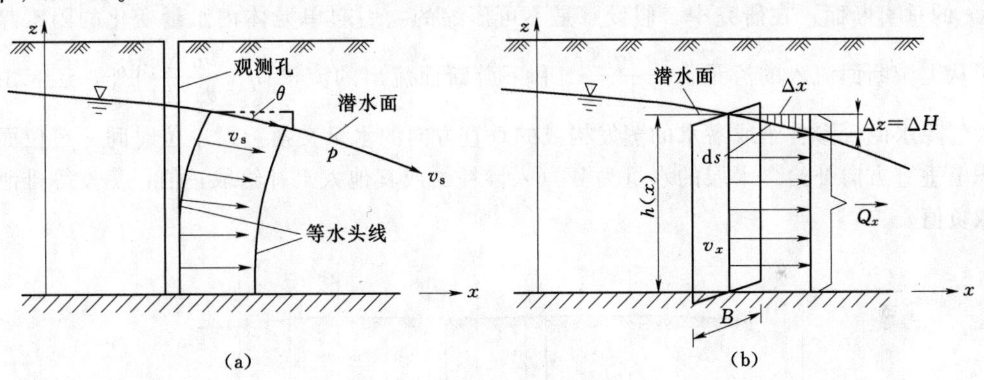

图 5-13　潜水面
(a) 天然潜水面；(b) Dupuit 假设条件下的潜水面

潜水流在水平二维空间上，$H=H(x, y)$，则有

$$v_x=-K\frac{dH}{dx},\quad v_y=-K\frac{dH}{dy}, H=H(x,y) \tag{5-47}$$

和

$$Q_x=-KhB\frac{dH}{dx},\ Q_y=-KhB\frac{dH}{dy} \tag{5-48}$$

关于 Dupuit 假设的误差，一般可用下式判断：

$$0<\frac{\frac{h^2}{2}-\left(h\overline{H}-\frac{h^2}{2}\right)}{\frac{h^2}{2}}<\frac{i^2}{1+i^2},\quad i\equiv\frac{dh}{dx} \tag{5-49}$$

式（5-49）中，i 是潜水面坡度。在天然条件下，i 一般较小，可以满足 $i^2\ll1$

的条件；由式（5-42），此条件下 Dupuit 假设的误差是很小的。

Dupuit 假设的实质是忽略了水流的垂向分速度，并使得同一剖面各点的渗透速度相等，这为 Darcy 定律在实际中的应用提供了便利。也正是得益于 Dupuit 假设，Darcy 定律被迅速推广，进而使渗流力学得以迅速发展。

尽管天然条件下的地下水流大多可满足 Dupuit 假设，但在垂直边界附近、渗出面附近、河间地块的分水岭附近等情况下，由于渗透速度的垂直分量较大而不可忽略，此时，Dupuit 假设的误差就较大了。

5.3.3.2　Boussinesq 方程

1904 年，法国数学家、力学家 Joseph Boussinesq 在认为水是不可压缩的条件下，利用 Dupuit 假设，给出潜水渗流运动的微分方程（只需简单变换，就可导出承压水方程）；他还创造性地将坐标原点取在含水层底板上（在这之后，基本所有的类似研究，坐标都是这种设置方法），这使得方程中的水位变量与潜水流厚度相等，极大地方便了方程在实际中的应用。

对一维潜水渗流问题，在渗流场中，取一个单位宽度的研究单元如图 5-14 所示。在研究单元内，潜水流的上界面是潜水面，下界面为隔水底板，左右为两个相距 Δx 的垂直断面；在研究中，假设水是不可压缩的。引起单元体内水量变化的因素除了从上游断面流入的流量$\left(q-\dfrac{\partial q}{\partial x}\dfrac{\Delta x}{2}\right)$和下游断面流出的流量$\left(q+\dfrac{\partial q}{\partial x}\dfrac{\Delta x}{2}\right)$外，还有由大气降水的入渗补给或潜水的蒸发构成的垂直方向的水量交换。设单位时间、单位面积上垂直方向补给含水层的水量为 W（入渗补给或其他人工补给取正值，蒸发等排泄取负值）。

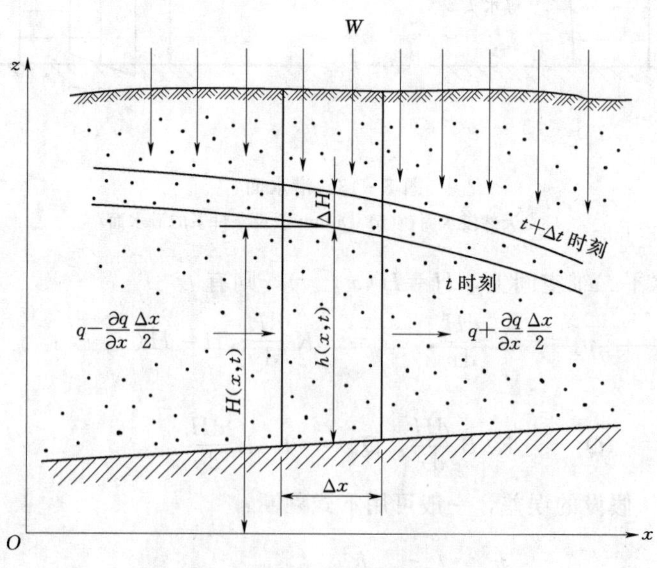

图 5-14　潜水的非稳定运动

在 Δt 时间内，从上游流入和下游流出的水量差，根据 Dupuit 假设，有

$$\left(q-\frac{\partial q}{\partial x}\frac{\Delta x}{2}\right)\Delta t-\left(q+\frac{\partial q}{\partial x}\frac{\Delta x}{2}\right)\Delta t=-\frac{\partial q}{\partial x}\Delta x\Delta t=-\frac{\partial(v_x h)}{\partial x}\Delta x\Delta t$$

Δt 时间内，垂直方向的补给量为 $W\Delta x\Delta t$。则 Δt 时间内单元体中水量总的变化为

$$\left[-\frac{\partial(v_x h)}{\partial x}+W\right]\Delta x\Delta t$$

单元体内水量的变化必然会引起潜水面的升降。设潜水面变化的速率为$\frac{\partial H}{\partial t}$，则 Δt 时间内，由于潜水面的变化而引起的单元体内水体积的增量为

$$\mu\frac{\partial H}{\partial t}\Delta x\Delta t$$

式中的 μ 当潜水面上升时为饱和差，下降时为给水度。此时忽略了水和固体骨架弹性储存的变化。

由于此时假设水是不可压缩的，根据质量守恒导出的水流连续性原理，这两个增量是相等的，即

$$\left[-\frac{\partial(v_x h)}{\partial x}+W\right]\Delta x\Delta t=\mu\frac{\partial H}{\partial t}\Delta x\Delta t$$

将式（5-45）代入上式，得

$$K\frac{\partial}{\partial x}\left(h\frac{\partial H}{\partial x}\right)+W=\mu\frac{\partial H}{\partial t} \tag{5-50}$$

或

$$\frac{\partial}{\partial x}\left(h\frac{\partial H}{\partial x}\right)+\frac{W}{K}=\frac{\mu}{K}\frac{\partial H}{\partial t} \tag{5-51}$$

式（5-50）、式（5-51）就是在有入渗补给条件下、潜水含水层中地下水非稳定运动的基本方程（沿 x 方向的一维运动），通常称为 Boussinesq 方程（布西涅斯克方程）。

在二维运动情况下，可以用类似的方法导出相应的 Boussinesq 方程为

$$\frac{\partial}{\partial x}\left(h\frac{\partial H}{\partial x}\right)+\frac{\partial}{\partial y}\left(h\frac{\partial H}{\partial y}\right)+\frac{W}{K}=\frac{\mu}{K}\frac{\partial H}{\partial t} \tag{5-52}$$

当隔水底板水平时，$h=H$，方程式如下：

$$\frac{\partial}{\partial x}\left(H\frac{\partial H}{\partial x}\right)+\frac{\partial}{\partial y}\left(H\frac{\partial H}{\partial y}\right)+\frac{W}{K}=\frac{\mu}{K}\frac{\partial H}{\partial t} \tag{5-53}$$

对于非均质含水层，$K=K(x,\ y)$，Boussinesq 方程式如下：

$$\frac{\partial}{\partial x}\left(Kh\frac{\partial H}{\partial x}\right)+\frac{\partial}{\partial y}\left(Kh\frac{\partial H}{\partial y}\right)+W=\mu\frac{\partial H}{\partial t} \tag{5-54}$$

值得注意的是，上述 Boussinesq 方程是在 Dupuit 假设条件下导出的，方程中的 $H(x,\ y,\ t)$ 只代表该点整个含水层厚度上的平均水头近似值，它不能反映同一垂直剖面上不同点上水头的实际变化。对某些自由面渗流问题，如排水沟降低地下水位、土坝渗流问题等是不适用的；此时，应采用未考虑 Dupuit 假设的一般形式方程：

$$\frac{\partial}{\partial x}\left(K\frac{\partial H}{\partial x}\right)+\frac{\partial}{\partial y}\left(K\frac{\partial H}{\partial y}\right)+\frac{\partial}{\partial z}\left(K\frac{\partial H}{\partial z}\right)=\mu_s\frac{\partial H}{\partial t} \tag{5-55}$$

式中：μ_s 为储水率。

对潜水渗流问题，它的弹性释水量要远小于潜水面下降疏干出来的水量，因此往往可以认为 $\mu_s=0$，则由式（5－55）得

$$\frac{\partial}{\partial x}\left(K\frac{\partial H}{\partial x}\right)+\frac{\partial}{\partial y}\left(K\frac{\partial H}{\partial y}\right)+\frac{\partial}{\partial z}\left(K\frac{\partial H}{\partial z}\right)=0 \tag{5-56}$$

对潜水位变化很小，$\frac{\partial H}{\partial t}\to 0$ 的情况，和承压水流一样，上述有关的潜水运动方程就转化为潜水稳定流运动方程；当无入渗和蒸发时，由式（5－53）和式（5－54），得均质含水层中潜水二维稳定流运动的方程：

$$\frac{\partial}{\partial x}\left(h\frac{\partial H}{\partial x}\right)+\frac{\partial}{\partial y}\left(h\frac{\partial H}{\partial y}\right)=0 \tag{5-57}$$

非均质含水层中潜水二维稳定流运动的方程为

$$\frac{\partial}{\partial x}\left(Kh\frac{\partial H}{\partial x}\right)+\frac{\partial}{\partial y}\left(Kh\frac{\partial H}{\partial y}\right)=0 \tag{5-58}$$

有些文献中，将承压水、潜水运动方程写成统一的表达式：

$$\frac{\partial}{\partial x}\left(F\frac{\partial H}{\partial x}\right)+\frac{\partial}{\partial y}\left(F\frac{\partial H}{\partial y}\right)+W=E\frac{\partial H}{\partial t} \tag{5-59}$$

其中

$$F=\begin{cases}T=KM & \text{（在承压含水层中）}\\ Kh=K(H-z) & \text{（在潜水含水层中）}\end{cases}$$

$$E=\begin{cases}\mu^{*} & \text{（在承压含水层中）}\\ \mu & \text{（在潜水含水层中）}\end{cases}$$

式中：z 为含水层底板标高。

5.3.3.3　Boussinesq 方程的线性化方法

对于隔水底板水平的潜水含水层，在不考虑垂向水量交换的条件下，此时的一维潜水非稳定运动的 Boussinesq 方程由式（5－53）得

$$\frac{\partial h}{\partial t}=\frac{K}{\mu}\left[\frac{\partial}{\partial x}\left(h\frac{\partial h}{\partial x}\right)\right] \tag{5-60}$$

式（5－60）是二阶抛物线形非线性偏微分方程，对该方程直接求解十分困难，因此，一般要对其进行线性化处理，这里介绍现有的三种线性化方法。

1. 第一线性化方法

在研究时段 $0\sim t$ 内，潜水流的平均厚度 h_m，在潜水自由面坡度较小或潜水流厚度较大时，利用 h_m 代替方程右端微分项中的变系数 h，由式（5－60）有

$$\frac{\partial h}{\partial t}=\frac{K}{\mu}\left[\frac{\partial}{\partial x}\left(h_m\frac{\partial h}{\partial x}\right)\right]$$

由于 h_m 是在研究时段内的一个确定值，即可作为常数，因此，上式可改写为

$$\frac{\partial h}{\partial t}=\frac{Kh_m}{\mu}\frac{\partial^2 h}{\partial x^2} \tag{5-61}$$

2. 第二线性化方法

将式（5－60）改写为

$$\frac{\partial\left(\frac{h^2}{2}\right)}{\partial t}=\frac{Kh}{\mu}\frac{\partial^2\left(\frac{h^2}{2}\right)}{\partial x^2}$$

利用 h_m 代替微分外的 h，上式变为

$$\frac{\partial\left(\frac{h^2}{2}\right)}{\partial t}=\frac{Kh_m}{\mu}\frac{\partial^2\left(\frac{h^2}{2}\right)}{\partial x^2}$$

令 $u=\frac{h^2}{2}$，于是有

$$\frac{\partial u}{\partial t}=\frac{Kh_m}{\mu}\frac{\partial^2 u}{\partial x^2} \tag{5-62}$$

3. 第三线性化方法

首先将式（5-60）改写为

$$\frac{\partial f}{\partial t}=\frac{K}{\mu}\frac{\partial}{\partial x}\left(f\frac{\partial h}{\partial x}\right)$$

令 $f\equiv h$，并引入新函数 ζ，$\zeta=\int f(h)\mathrm{d}h$ 。因为有 $\frac{\partial\zeta}{\partial x}=f\frac{\partial h}{\partial x}$，$\frac{\partial^2\zeta}{\partial x^2}=\frac{\partial}{\partial x}\left(f\frac{\partial h}{\partial x}\right)$，

$\frac{\partial\zeta}{\partial t}=\frac{\partial\zeta}{\partial f}\frac{\partial f}{\partial t}$；所以上式可写成：

$$\frac{\partial\zeta}{\partial t}=\frac{K}{\mu}\frac{\mathrm{d}\zeta}{\mathrm{d}f}\frac{\partial^2\zeta}{\partial x^2}$$

构造函数 f，使得 $\frac{\mathrm{d}\zeta}{\mathrm{d}f}=\lambda=$常数，则上式可写成：

$$\frac{\partial\zeta}{\partial t}=\frac{K\lambda}{\mu}\frac{\partial^2\zeta}{\partial x^2} \tag{5-63}$$

由于 K、μ、h_m、λ 都是常数，上述三种线性化获得的式（5-61）、式（5-62）和式（5-63）都是二阶线性齐次微分方程，所以，上述微分方程可通过常用的积分变换进行求解。需要注意的是，解出第二、第三线性化方法的微分方程解后，还需要进行进一步的变量代换。

当潜水变幅不大于 $0.1h_m$ 时，一般多采用第一线性化方法，这也是目前应用最广泛的方法；在研究自由面问题时，第二线性化方法应用也比较广泛；而第三线性化方法应用较少见。

5.4 定 解 条 件

为了求得前述基本方程的特解，需要指定初始条件和边界条件。对于稳定流，只需要边界条件，否则只能求得通解（非唯一解）。

资源 5.9

5.4.1 初始条件

所谓初始条件，就是给定某一选定时刻（通常表示为 $t=0$）渗流区内 D 各点的

水头值，即

$$H(x,y,z,t)\mid_{t=0}=H_0(x,y,z),(x,y,z)\in D$$

或

$$H(x,y,t)\mid_{t=0}=H'_0(x,y),(x,y)\in D$$

式中：H_0、H'_0为 D 上的已知函数。

初始条件对计算结果的影响，将随着计算时间的延长而逐渐减弱。可以根据需要，任意选择某一瞬时作为初始时刻，不一定是实际开始抽水的时刻，也不要把初始状态理解为地下水没有开采以前的状态。

5.4.2　边界条件

地下水流问题中碰到的边界条件有下列3种类型。

1. 第一类边界条件（Dirichlet 边界条件）

如果在某一部分边界（设为 S_1 或 Γ_1）上，各点在每一时刻的水头都是已知的，则这部分边界就称为第一类边界或给定水头的边界，表示为

$$H(x,y,z,t)=\varphi_1(x,y,z,t),(x,y,z)\in S_1$$

或

$$H(x,y,t)=\varphi_2(x,y,t),(x,y)\in \Gamma_1$$

式中：$H(x,y,z,t)$ 和 $H(x,y,t)$ 分别为在三维和二维条件下边界段 S_1 和 Γ_1 上点 (x,y,z) 和 (x,y) 在 t 时刻的水头；$\varphi_1(x,y,z,t)$ 和 $\varphi_2(x,y,t)$ 分别为 S_1 和 Γ_1 上的已知函数。

可以作为第一类边界条件来处理的情况较为常见，如当河流或湖泊切割含水层，两者有直接水力联系时，这部分边界就可以作为第一类边界处理。此时，水头 φ_1 和 φ_2 是一个由河湖水位的统计资料得到的关于 t 的函数。但要注意的是，某些河、湖底部及两侧沉积有一些粉砂、亚黏土和黏土，使地下水和地表水的直接水力联系受阻，就不能作为第一类边界条件来处理。

另外，给定水头边界不一定是定水头边界。上面介绍的都只是给定水头的边界。所谓定水头边界，意味着函数 φ_1 和 φ_2 不随时间而变化。当区域内部的水头比它低时，它就供给水，要多少有多少。当区域内部的水头比它高时，它就吸收水，需要它吸收多少就吸收多少。在自然界，这种情况很少见。就是附近有河流、湖泊，也不一定能处理为定水头边界，还要视河流、湖泊的水体体积、其与地下水水力联系的情况，以及这些地表水体本身的径流特征而定。在没有充分依据的情况下，不宜直接将某段边界确定为定水头边界，以免造成较大误差。

2. 第二类边界条件（Neumann 边界条件）

当知道某一部分边界（设为 S_2 或 Γ_2）单位面积（二维空间为单位宽度）上流入（流出时用负值）的流量 q 时，这种类型的边界称为第二类边界或给定流量的边界。相应的边界条件表示为

$$K\frac{\partial H}{\partial n}=q_1(x,y,z,t),(x,y,z)\in S_2$$

或

$$T\frac{\partial H}{\partial n}=q_2(x,y,t),(x,y,)\in \Gamma_2$$

式中：n 为边界 S_2 或 Γ_2 的外法线方向；q_1 和 q_2 为已知函数，分别表示 S_2 上单位面积和 Γ_2 上单位宽度的侧向补给量。

最常见的这类边界就是隔水边界，此时侧向补给量 $q=0$。在介质各向同性的条件下，上面两个表达式都可简化为

$$\frac{\partial H}{\partial n}=0$$

边界条件还可用在地下分水岭位置和流线位置。抽水井或注水井也可以作为内边界来处理。取井壁 Γ_w 为边界，根据 Darcy 定律有

$$2\pi rT\frac{\partial H}{\partial r}=Q(x,y,t)$$

式中：r 为径向距离；Q 为抽水井流量（$Q<0$，为注水井流量）。

由于此时外法线方向 n 指向井心，上式可改写为

$$T\frac{\partial H}{\partial n}\bigg|_{\Gamma_w}=-\frac{Q}{2\tau r_w}$$

式中：r_w 为井的半径。

3. 第三类边界条件（Cauchy 边界条件）

若某段边界 S_3 或 Γ_3 上 H 和$\frac{\partial H}{\partial n}$的线性组合已知，即

$$\frac{\partial H}{\partial n}+\alpha H=\beta$$

式中：α、β 为已知参数，这种类型的边界条件称为第三类边界条件或混合边界条件。

当研究区的边界上如果分布有相对较薄的一层弱透水层（带），边界的另一侧是地表水体或另一个含水层分布区时，则可以看成这类边界。当忽略弱透水层内储存量的变化时，有

$$K\frac{\partial H}{\partial n}\bigg|_{S_3}=\frac{K_1}{m_1}(H_n-H)=q(x,y,z,t)$$

式中：K 为研究区的渗透系数；K_1 和 m_1 分别为弱透水层的渗透系数和宽度；q 为侧向流入量（流出为负值）。

复习思考题

1. 试把渗流和空隙中的真实水流进行对比，看看其流量、水头、过水断面、流速大小和水流运动方向有何不同？并说明两者之间的关系。

2. 地下水能从压力小处向压力大处运动吗？为什么？

3. 为什么说导水系数在三维流条件下是无意义的？

4. 人们发现，历年来强调的 K、T 在评价我国东部平原区区域性地下水资源中意义不大，反而以往不怎么受重视的入渗补给却有重要作用，人们能取用的主要是这

一部分垂向补给的水量，为什么？

5. 试从 Dupuit 假设的本质出发，讨论 Dupuit 假设对 Darcy 定律在实际应用中的意义。

6. 试讨论 Boussinesq 方程的第一、第二线性化方法的区别。

参 考 文 献

［1］ 薛禹群．地下水动力学［M］．2 版．北京：地质出版社，1997.
［2］ J Bear. 地下水水力学［M］．许涓铭，等译．北京：地质出版社，1985.
［3］ D K Todd，L W Mays. Groundwater Hydrology ［M］．3rd ed. Hoboken：John Wiley & Sons，2005.
［4］ 李佩成．地下水动力学［M］．北京：农业出版社，1993.
［5］ 沙金煊．农田不稳定排水理论与计算［M］．北京：中国水利水电出版社，2004.
［6］ 陶月赞，姚梅．地下水渗流力学的发展进程与动向［J］．吉林大学学报（地球科学版），2007.
［7］ 周志芳，王锦国．地下水动力学［M］．北京：科学出版社，2013.

第6章 地下水流向完整井的运动

研究地下水流运动的目的之一就是为合理地开发利用地下水资源提供理论基础，而水井则是常见的也是最重要的地下水取水构筑物。本章介绍地下水流向完整井运动的基本理论。

6.1 基 础 知 识

6.1.1 井的类型

在地层中开凿孔洞或埋设管筒汲取地下水的建筑物，都可称为水井。一般情况下，水井多垂直地面凿进，当含水层埋藏较深时，采用井径较小的管井（井径一般小于0.5m）；而当含水层埋藏较浅，为了增大进水面积而采用较大井径的筒井；当富水性总体较差的地层中夹有富水性相对较好的薄层时，往往采用垂直集水井和水平集水管（辐射管）相结合的方法建井，集水管建在富水性相对较好的薄层中。这里只介绍管井，目的是为地下水流运动理论的建立提供必备知识。

当含水层有一定的埋藏深度，按井所揭露的地下水类型，水井分为潜水井和承压水井；按水井揭露含水层的程度和进水条件，可分为完整井和非完整井；上述两种分类方法又可进行组合。所谓的完整井，是指水井贯穿整个含水层，且允许各段含水层中的地下水可以比较均匀地进入井中，如图6-1（a）中的a和图6-1（b）中的a；如果水井没有贯穿整个含水层，只允许含水层中的地下水从井底和含水层局部段进入井中，则称为非完整井，如图6-1中的b、c、d等。

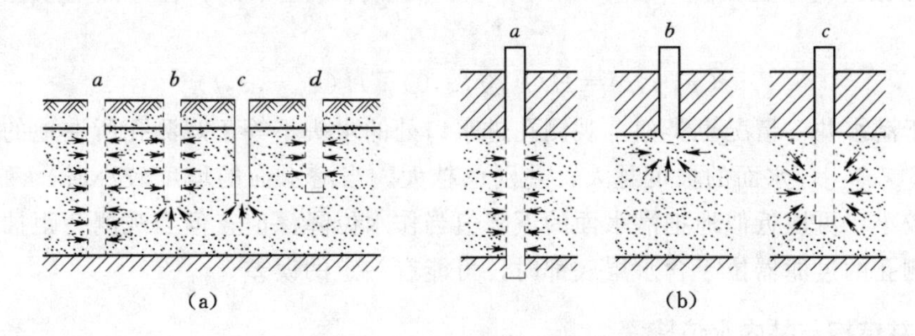

图6-1 完整井与非完整井

（a）潜水井；（b）承压水井

随着水文地质条件的变化，完整井的井结构也有很大差异。以承压水完整井为例，井结构有裸井、有过滤器井、填砾井三种基本类型。在取基岩裂隙水或裂隙岩溶水时，如果含水段地层的岩石比较完整，此时多采用不下井管支护的裸井；如果含水段地层的岩石比较破碎，但比较破碎的岩石一般还不至于随水流而流动，此时只需要下井管以支护井壁（含水段下过滤器），但过滤器外可以不填砾，这就是有过滤器井。填砾井主要用于开采松散含水层组中的地下水，由于地层是未固结的松散物质，因此需要下支护井壁的井管（含水段下过滤器）；为了防止含水层组中细颗粒随地下水开采而不断流入井中，还需要在过滤器外填上适当厚度和适当粒径的砾料。

6.1.2　水位降深及其观测

从井中抽水，井周围含水层中的水流入井内，井中水位和井周边含水层中的地下水水头将要下降。设地下水渗流场中某一点（x，y）的初始水头为 $H_0(x, y, 0)$，抽水 t 时间后的水头为 $H(x, y, t)$，则此时该点的水头降低值为

$$s(x,y,t)=H_0(x,y,0)-H(x,y,t) \tag{6-1}$$

式中：$s(x, y, t)$ 为水位降深。

在距井不同距离处，降深 s 不同，井中心处 s 值最大，一般离井越远降深 s 越小；由抽水而形成的漏斗状的水头下降区，称为降落漏斗。对于潜水井，降落漏斗在含水层内部扩展，如没有其他补给源，潜水井抽出的水量等于含水层的疏干量，即降落漏斗的体积乘上给水度 μ（不考虑重力排水的迟后）。对于承压水井，降落漏斗不在含水层内发展，即不产生含水层的疏干，而是形成承压水头的降低区。承压水井抽出的水量等于含水层的弹性释水量，即降落漏斗的体积乘上储水系数 μ^*。亦即，在无其他补给来源的条件下，潜水井抽出的水量来自相当于降落漏斗的含水层体积的重力疏干，而承压水井的水来自因降落漏斗处水头降低造成含水层的弹性释水，两者的物理实质是不同的。

对于水平埋藏的承压含水层中的完整井，水流基本上是水平的，等势面垂直地面，在地面某点以下不同深度上的观测孔水位一致［图6-2（a）］，降深 s 是 x、y 和 t 的函数，而不是 z 的函数，所以观测孔进水部分的位置是无关紧要的。承压非完整井，水流不是水平的，等势面也不再是铅直的了，由此导致同一地点不同深度上观测孔内的水位不同［图6-2（b）］，因而降深也不同，任一点的水位降深可写成：

$$s(x,y,t)=H(x,y,z,0)-H(x,y,z,t) \tag{6-2}$$

对于潜水井，情况也类似。观测孔进水口处的水头不等于观测孔所在地的潜水位［图6-2（c）］，水面的坡度越大，差别也越大。当潜水面的坡度较小时，两者之间的差别较小，可以近似地把潜水面的下降值当作水位降深值；但当观测孔距抽水井太近或观测孔的过滤器位于含水层底部时，可能有一定的误差。

6.1.3　井结构与井内水位降深

在抽取地下水过程中，井中水位所形成的水位降深不仅与含水层特征、抽水流量有关，而且还与抽水井结构有一定关系。仍然以三种基本类型的承压水完整井为例，来说明抽水井结构对井中水位降深的影响。

图6-3（a）是基岩中的裸井，此时井半径 r_w 就是裸孔的半径，井壁和井中的水

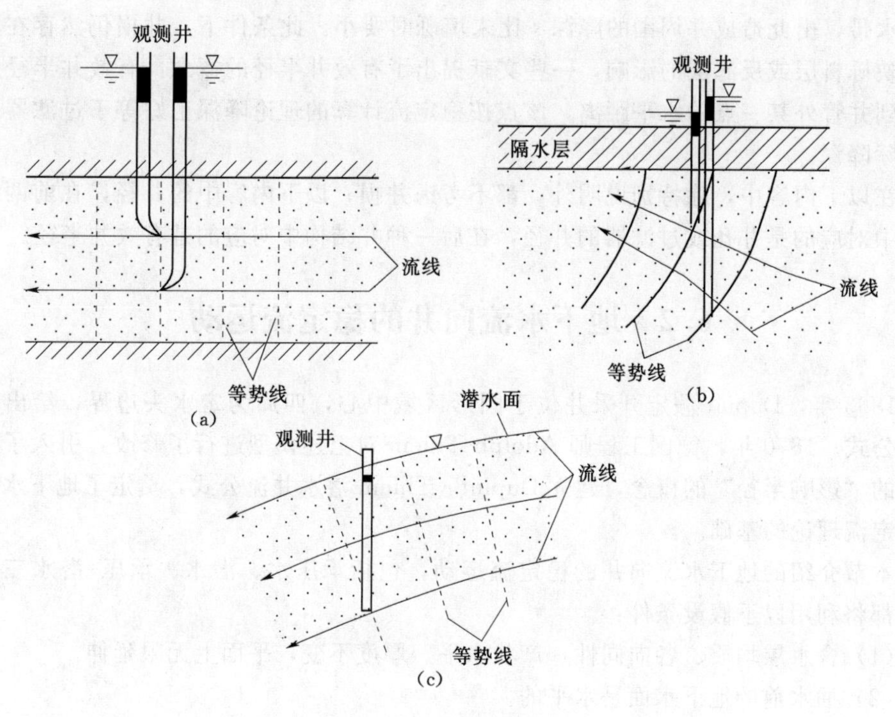

图 6-2 观测孔中的水位

(a) 承压含水层中的水平流动；(b) 含水层中的非水平流动；(c) 潜水流

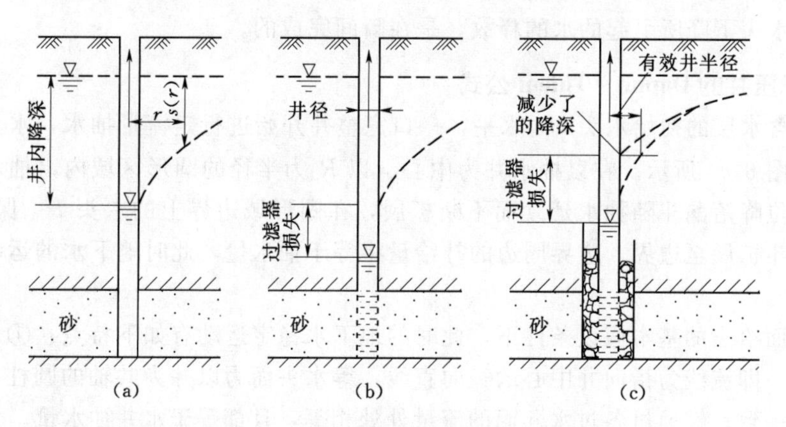

图 6-3 承压含水层中的水位降深与有效井径

(a) 裸井；(b) 下有过滤器的水井；(c) 填砾井

位降深一致。

图 6-3 (b) 是下有过滤器但没填砾的井，过滤器的直径通常可看作为井径，这种井结构对井中水位降深的影响比较复杂。井管外面的水通过过滤器的孔眼进入井内时有水头损失，同时在井管内部水向上运动至水泵吸水口时也有水头损失，统称为井损。因此，井管外面的水头，一般要高于井管里面的水头。

图 6-3 (c) 是填砾井，如果在过滤器周围填上合理的砾料，或井四周含水层中细颗粒物质随开采流失并形成一定级配的"反滤层"，砾料层或反滤层就形成了一个

强透水带，由此造成井周围的降深 s 比未填砾时要小。此条件下，井损仍然存在。为了反映砾料层或反滤层的影响，一些文献提出了有效井半径的概念：有效井半径是由井轴到井管外某一点的水平距离，该点按稳定流计算的理论降深正好等于过滤器外壁的实际降深。

在以下内容中，除特别说明外，都不考虑井损；以下内容中的井径，在前两种井结构中对应的是井孔或过滤器的井径，在后一种井结构中对应的是有效井半径。

6.2　地下水流向井的稳定流运动

1863 年，Dupuit 假定开采井位于圆形区域中心，四周为定水头边界，给出潜水井流公式；1870 年，德国工程师 Adolph Thiem 对上述模型进行了修改，引入了现在通用的"影响半径"的概念，建立 Dupuit - Thiem 潜水井流公式，奠定了地下水流向井稳定流理论的基础。

资源 6.1

本节介绍的地下水流向井的稳定流运动，包括承压水、潜水、承压-潜水三个部分，都将利用以下假设条件：

(1) 含水层均质、各向同性，产状水平、厚度不变，平面上无限延伸。

(2) 抽水前的地下水面是水平的。

(3) 抽水井是完整井，抽水过程中流量连续、稳定。

(4) 含水层中的水流服从 Darcy 定律。

(5) 水头下降所引起的水的释放，是在瞬间完成的。

6.2.1　承压井的 Dupuit - Thiem 公式

承压含水层的初始水头 H_0 水平，一口完整井开始进行定流量抽水，水文地质条件概化如图 6 - 4 所示。在以抽水井为中心、以 R 为半径的圆形区域内，抽水形成的承压水水位降落漏斗随抽水延续而不断扩展，在圆形域边界上的水头 H_0 保持不变，最终，漏斗扩展至边界，边界周边的补给量将等于抽水量，此时地下水的运动达到稳定状态。

在上面给出的基本假设条件下，此时的地下水稳定运动有如下特点：①水流为水平径向流，即流线为指向井中心的径向直线，等水头面为以井为共轴的圆柱面，并和过水断面一致；②通过各过水断面的流量处处相等，且都等于水井抽水量。

由承压水稳定流运动的基本微分方程式 (5 - 43)，为方便起见，将之转化为柱坐标形式（在研究井流问题时，往往都这样处理），有

$$\frac{\mathrm{d}}{\mathrm{d}r}\left(r\frac{\mathrm{d}H}{\mathrm{d}r}\right)=0 \tag{6-3}$$

令 r_w 为水井半径、h_w 为井中水位（以下所有章节中，这两个符号的含义不变），边界条件可写为

当 $r=R$ 时　　　　$H=H_0$

当 $r=r_w$ 时　　　　$H=h_w$

对式 (6 - 3) 积分，有

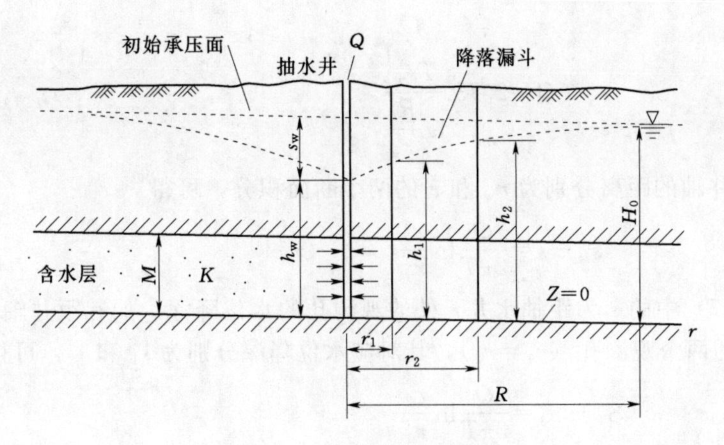

图 6-4 承压完整井的径向流

$$r\frac{\mathrm{d}H}{\mathrm{d}r}=C$$

因不同过水断面的流量都相等，且等于水井的抽水量，则对于距井轴距离为 r 处的断面流量 Q_r，有

$$Q_r=2\pi Tr\frac{\mathrm{d}H}{\mathrm{d}r}=Q$$

因此

$$r\frac{\mathrm{d}H}{\mathrm{d}r}=\frac{Q}{2\pi T}=C$$

分离变量，再按给定的边界条件取积分，有

$$\int_{h_w}^{H_0}\mathrm{d}H=\frac{Q}{2\pi T}\int_{r_w}^{R}\frac{\mathrm{d}r}{r}$$

得

$$s_w=H_0-h_w=\frac{Q}{2\pi T}\ln\frac{R}{r_w} \tag{6-4}$$

式中：s_w 为井中水位降深；Q 为抽水流量；T 为导水系数；r_w 为抽水井半径；R 为影响半径。

把式（6-4）中的自然对数化为常用对数，式（6-4）改写为

$$Q=2.73\frac{Ts_w}{\lg\frac{R}{r_w}} \tag{6-5}$$

式（6-4）和式（6-5），称为承压水井的 Dupuit 公式。

以上在建立 Dupuit 公式时，假设井位于圆形域的中心，这种条件在实际上很难见到。一般而言，在均质无限含水层中，不可能出现严格意义上的稳定流，但在相当长的抽水时间以后，可以出现似稳定状态。此条件下，引入 Thiem 在研究潜水问题时提出的“引用影响半径 R_0”的概念，即将“地下水基本不受开采影响”处与抽水井之间的距离定义为 R_0，用其代替 Dupuit 公式中的圆形域的半径 R，得 Dupuit -

Thiem 公式：

$$Q=2.73\frac{Ts_{\mathrm{w}}}{\lg\dfrac{R_0}{r_{\mathrm{w}}}} \tag{6-6}$$

利用距井轴的距离分别为 r_{w} 和 r 的两个断面积分，可得

$$s_{\mathrm{w}}-s=\frac{Q}{2\pi T}\ln\frac{r_2}{r_{\mathrm{w}}} \tag{6-7}$$

式（6-7）中的 s 为距抽水井 r 处的观测孔的水位降深。如有距井轴的距离分别为 r_1 和 r_2 的两个观测孔（$r_1\neq r_2$），其对应水位降深分别为 s_1 和 s_2，可得

$$S_1-S_2=\frac{Q}{2\pi T}\ln\frac{r_2}{r_1} \tag{6-8}$$

此时，承压水水头分布方程为

$$h=h_{\mathrm{w}}+(H_0-h_{\mathrm{w}})\frac{\lg(r/r_{\mathrm{w}})}{\lg(R_0/r_{\mathrm{w}})} \tag{6-9}$$

6.2.2　潜水井的 Dupuit - Thiem 公式

一口潜水井所处地段的水文地质条件概化如图 6-5 所示。

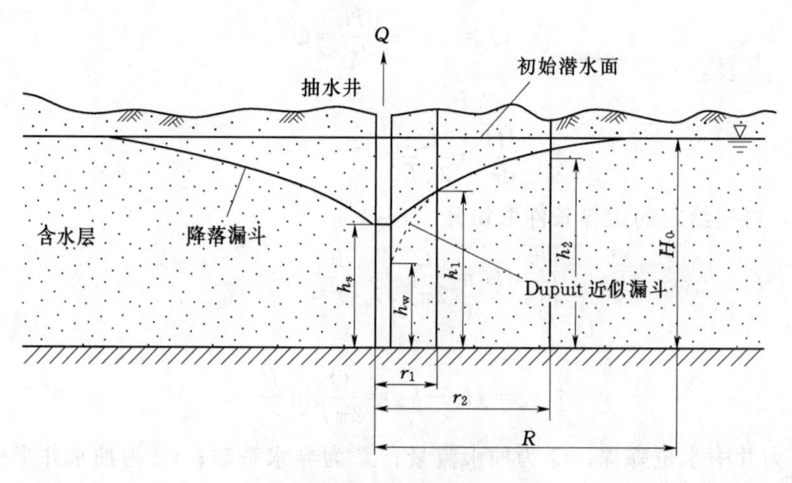

图 6-5　潜水完整井的径向流

在抽水条件下，虽然水流不是水平的，但关于井轴是对称的。对潜水稳定流运动的基本微分方程式（5-57），利用 Dupuit 假设，有

$$\frac{\partial}{\partial x}\left(h\frac{\partial h}{\partial x}\right)+\frac{\partial}{\partial y}\left(h\frac{\partial h}{\partial y}\right)=0$$

根据潜水第二线性化方法，将上式改写为

$$\frac{\partial^2(h^2)}{\partial x^2}+\frac{\partial^2(h^2)}{\partial y^2}=0 \tag{6-10}$$

转换成柱坐标形式，有

$$\frac{\mathrm{d}}{\mathrm{d}r}\left(r\frac{\mathrm{d}h^2}{\mathrm{d}r}\right)=0 \tag{6-11}$$

边界条件和承压井时相同，仍为

当 $r=R$ 时 $h=H_0$

当 $r=r_w$ 时 $h=h_w$

由通过任意过水断面的流量公式

$$Q=2\pi rhK\frac{dh}{dr}=\pi rK\frac{d(h^2)}{dr}$$

$$r\frac{d(h^2)}{dr}=\frac{Q}{\pi K}$$

对上式进行分离变量，按给定的边界条件取积分，有

$$H_0^2-h_w^2=\frac{Q}{\pi K}\ln\frac{R}{r_w} \tag{6-12}$$

或

$$Q=1.366K\frac{(2H_0-s_w)s_w}{\lg\frac{R}{r_w}} \tag{6-13}$$

式（6-12）、式（6-13）称为潜水井的 Dupuit 公式。

用 Thiem“引用影响半径”R_0 代替上述 Dupuit 井流公式中的 R，就可获得相应的 Dupuit-Thiem 潜水井流公式。如对应式（6-13）的 Dupuit-Thiem 潜水井流量公式为

$$Q=1.366K\frac{(2H_0-s_w)\ s_w}{\lg\frac{R_0}{r_w}} \tag{6-14}$$

同理，给出有 1 个观测孔、2 个观测孔（$r_1\neq r_2$）条件下的水位计算公式：

$$h^2-h_w^2=\frac{Q}{\pi K}\ln\frac{r}{r_w} \tag{6-15}$$

$$h_2^2-h_1^2=\frac{Q}{\pi K}\ln\frac{r_2}{r_1} \tag{6-16}$$

此时，潜水水位分布方程为

$$h^2=h_w^2+(H_0^2-h_w^2)\frac{\lg(r/r_w)}{\lg(R_0/r_w)} \tag{6-17}$$

这里需要指出的是，Dupuit-Thiem 井流公式与 Dupuit 井流公式在形式上基本完全相同，仅是前者用 R_0 代替了后者的 R，但两者间水文地质意义有重要的差别。关于 R_0 的水文地质意义和实际工作中的确定方法，可参考有关文献。

6.2.3 承压-潜水井的流量公式

当在承压水井中进行大降深抽水时，如果井水位低于承压含水层的顶板，在井周围出现无压水流区，于是变成承压-潜水井（图 6-6）。在进行疏干排水时，常会出现这种情况。

用分段法计算流向水井的流量。在距井轴径向距离为 a 以内的区域为无压水流区，有

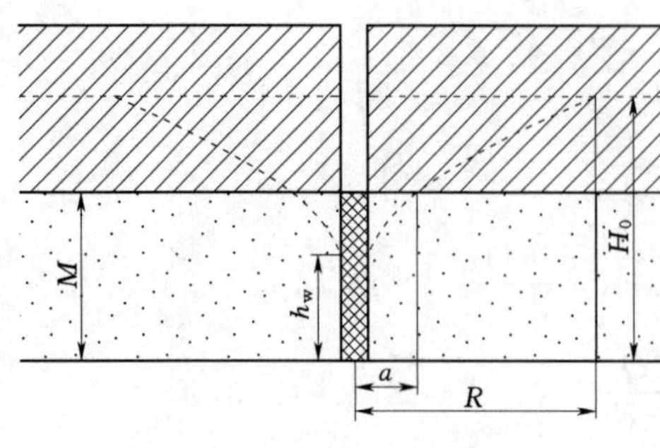

图 6-6　承压-潜水井

$$Q=1.366K\frac{M^2-h_w^2}{\lg a-\lg r_w}$$

在径向距离 a 以外的承压水流区，有

$$Q=2.73\frac{KM(H_0-M)}{\lg R_0-\lg a}$$

从以上两式中消去 $\lg a$，即得计算承压-潜水井的流量公式：

$$Q=1.366\frac{K(2H_0M-M^2-h_w^2)}{\lg\frac{R_0}{r_w}} \tag{6-18}$$

6.2.4 Dupuit - Thiem 公式的应用

利用上述有关的 Dupuit - Thiem 稳定流井流公式，在含水层参数值已知的条件下，可以进行流量或水头预测；通过相关试验，根据水位、流量观测数据，可以进行相关含水层参数的求算。这里主要介绍利用 Dupuit - Thiem 公式进行参数求算的一些常用公式。

对于承压井有

$$K=0.366\frac{Q}{Ms_w}\lg\frac{R_0}{r_w} \tag{6-19}$$

或

$$K=0.366\frac{Q}{M(s_1-s_2)}\lg\frac{r_2}{r_1} \tag{6-20}$$

对于潜水井有

$$K=0.732\frac{Q}{H_0^2-h_w^2}\lg\frac{R_0}{r_w} \tag{6-21}$$

或

$$K=0.732\frac{Q}{h_2^2-h_1^2}\lg\frac{r_2}{r_1} \tag{6-22}$$

针对不同的水文地质条件、数据条件，还有一些比较常用的计算公式，在此不逐一阐述。

6.3　承压水流向井的非稳定运动

1935 年，美国地质调查局（USGS）地质学家 Theis 借鉴热传导问题的研究方法，建立了均质承压含水层完整井抽水问题的非稳定渗流模型，在数学家 Clarence Lubin 的帮助下，给出了著名的 Theis 公式，奠定了非稳定流运动的基础。

本章介绍的承压水、潜水流向井非稳定流运动这两个部分，都要利用以下假设条件：

(1) 含水层均质、各向同性，产状水平、等厚，侧向无限延伸。

(2) 抽水前，天然水力坡度为零。

(3) 完整井定流量抽水，井径无限小。

(4) 含水层中水流服从 Darcy 定律。

(5) 承压水的弹性释放，是在水头下降的瞬间完成的。

6.3.1 Theis 公式

资源 6.2

上述假设所对应的水文地质条件，概化如图 6-7 所示。将坐标原点放在含水层底板抽水井的井轴处，井轴为 z 轴，抽水形成下降漏斗以井轴为对称轴，地下水流向井的运动为轴对称的平面径向流。

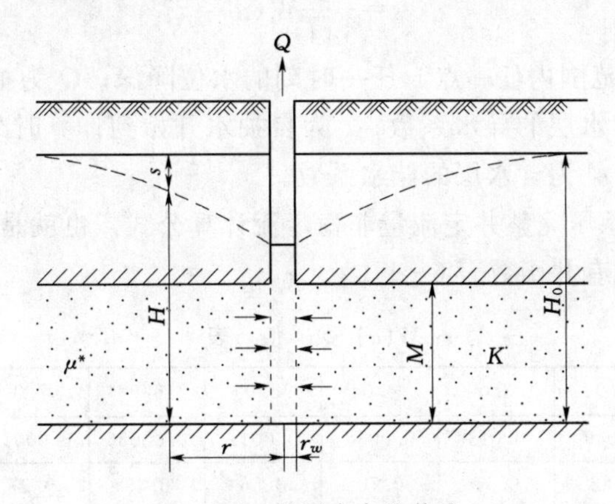

图 6-7 承压水完整井流

由承压水非稳定运动的基本微分方程式 (5-38)，将其转换成柱坐标形式，有

$$\frac{\partial^2 H}{\partial r^2}+\frac{1}{r}\frac{\partial H}{\partial r}=\frac{\mu^*}{T}\frac{\partial H}{\partial t}$$

利用式 (6-1)，将上式改写成以降深 s 为变量的形式。由于 H_0 是水平的，有

$$\frac{\partial^2 s}{\partial r^2}+\frac{1}{r}\frac{\partial s}{\partial r}=\frac{\mu^*}{T}\frac{\partial s}{\partial t}$$

根据假设条件，初始水头 H_0 是水平的，即当 $t=0$ 时，在渗流区内任何一点的水头是常数、降深 s 为零。在距离漏斗中心的无穷远处，降深不受抽水影响，即恒有 $\frac{\partial s}{\partial r}\big|_{r\to\infty}=0$。根据 Darcy 定律，抽水井处有 $\lim\limits_{r\to 0} r\frac{\partial s}{\partial r}=-\frac{Q}{2\pi T}$。上述问题的数学模型可写成

$$\begin{cases}\dfrac{\partial^2 s}{\partial r^2}+\dfrac{1}{r}\dfrac{\partial s}{\partial r}=\dfrac{\mu^*}{T}\dfrac{\partial s}{\partial t} & (t>0,0<r<\infty)\\ s(r,0)=0 & (0<r<\infty)\\ s(\infty,t)=0,\dfrac{\partial s}{\partial r}\big|_{r\to\infty}=0 & (t>0)\\ \lim\limits_{r\to 0} r\dfrac{\partial s}{\partial r}=-\dfrac{Q}{2\pi T}\end{cases}$$

对上述数学模型，利用 Hankel 变换，并注意 Bessel 函数的性质，可得出其解为

$$s=\frac{Q}{4\pi T}\int_{u}^{\infty}\frac{e^{-y}}{y}dy \tag{6-23}$$

其中

$$u=\frac{r^2\mu^*}{4Tt} \tag{6-24}$$

应用中，式（6-23）中的积分项多用井函数 $W(u)$ 代替：

$$W(u)=-E_i(-u)=\int_{u}^{\infty}\frac{e^{-y}}{y}dy$$

所以，式（6-23）可写成：

$$s=\frac{Q}{4\pi T}W(u) \tag{6-25}$$

式中：s 为抽水影响范围内任一点、任一时刻的水位降深；Q 为抽水井的持续、稳定的抽水流量；T 为含水层的导水系数；t 为自抽水开始到计算时刻的时间；r 为计算点到抽水井的距离；μ^* 为含水层的储水系数。

式（6-25）是承压完整井定流量非稳定流计算公式，也就是著名的 Theis 公式。为了便于计算，制成有井函数表6-1。

表6-1　$W(u)$ 数值表

u	1.0	2.0	3.0	4.0	5.0	6.0	7.0	8.0	9.0
$\times10^{0}$	0.219	0.049	0.013	0.0038	0.0011	0.00036	0.00012	0.000038	0.000012
$\times10^{-1}$	1.82	1.22	0.91	0.70	0.56	0.45	0.37	0.31	0.26
$\times10^{-2}$	4.04	3.35	2.96	2.68	2.47	2.30	2.15	2.03	1.92
$\times10^{-3}$	6.33	5.64	5.23	4.95	4.73	4.54	4.39	4.26	4.14
$\times10^{-4}$	8.63	7.94	7.53	7.25	7.02	6.84	6.69	6.55	6.44
$\times10^{-5}$	10.94	10.24	9.84	9.55	9.33	9.14	8.99	8.86	8.74
$\times10^{-6}$	13.24	12.55	12.14	11.85	11.63	11.45	11.29	11.16	11.04
$\times10^{-7}$	15.54	14.85	14.44	14.15	13.93	13.75	13.60	13.46	13.34
$\times10^{-8}$	17.84	17.15	16.74	16.46	16.23	16.05	15.90	15.76	15.65
$\times10^{-9}$	20.15	19.45	19.05	18.76	18.54	18.35	18.20	18.07	17.95
$\times10^{-10}$	22.45	21.76	21.35	21.06	20.84	20.66	20.50	20.37	20.25
$\times10^{-11}$	24.75	24.06	23.65	23.36	23.14	22.96	22.81	22.67	22.55
$\times10^{-12}$	27.05	26.36	25.96	25.67	25.44	25.26	25.11	24.97	24.86
$\times10^{-13}$	29.36	28.66	28.26	27.97	27.75	27.56	27.41	27.28	27.16
$\times10^{-14}$	31.66	30.97	30.56	30.27	30.05	29.87	29.71	29.58	29.46
$\times10^{-15}$	33.96	33.27	32.86	32.58	32.35	32.17	32.02	31.88	31.76

6.3.2　Theis 公式的近似表达式

对于井函数 $W(u)$，可将之展开成级数形式：

$$W(u)=\int_{u}^{\infty}\frac{e^{-y}}{y}dy=-0.577216-\ln u+u-\sum_{n=2}^{\infty}(-1)^n\frac{u^n}{n\cdot n!} \tag{6-26}$$

上述级数中，前三项之后的级数项 $\sum_{n=2}^{\infty}(-1)^n \frac{u^n}{n \cdot n!}$ 是一个交替级数，当 u 值很小时，右端取级数的前两项即可基本满足应用要求，此时，有

$$W(u) \cong -0.577216 - \ln u \tag{6-27}$$

根据交替级数的性质，$\sum_{n=2}^{\infty}(-1)^n \frac{u^n}{n \cdot n!}$ 不超过 u，所以，式（6－26）舍弃部分为 $u - \sum_{n=2}^{\infty}(-1)^n \frac{u^n}{n \cdot n!} \leqslant 2u$；因此，式（6－26）形成的相对误差，有

当 $u \leqslant 0.01$ 时，不超过 0.25%；

当 $u \leqslant 0.05$ 时，不超过 2%；

当 $u \leqslant 0.1$ 时，不超过 5%。

因此，当 u 很小时，采用式（6－27）所造成的相对误差也是很小的。根据实际中一般所允许的计算误差，该近似公式往往都可以应用。

由式（6－25）和式（6－27），可写出 Theis 公式的近似表达式为

$$s = \frac{Q}{4\pi T}(-0.577216 - \ln u) = \frac{Q}{4\pi T}\ln \frac{2.25Tt}{r^2 \mu^*}$$

化为常用对数，有

$$s = \frac{0.183Q}{T}\lg \frac{2.25Tt}{r^2 \mu^*} \tag{6-28}$$

式（6－28）称为 Jacob 公式。

6.3.3 Theis 公式所反映的规律

6.3.3.1 降深的空间变化规律

将式（6－25）改写成无量纲降深形式，即 $\frac{s}{\frac{Q}{4\pi T}} = W(u)$，并给出 $W(u)$－$1/u$ 曲线［图 6－8（a）］。曲线表明，同一时刻随径向距离 r 增大，降深 s 变小，当 $r \to \infty$ 时，$s \to 0$ 时，这与假设条件相吻合。

同一断面（即 r 固定），s 随 t 的增大而增大。当 $t=0$ 时，$s=0$，与实际情况相符；当 $t \to \infty$ 时，实际上 s 不能趋向无穷大，如图 6－8（b）所示。因此，降落漏斗随着时间的延长逐渐向远处扩展。这种永不稳定的规律，正确反映了在没有外界补给而完全依靠消耗储存量时，抽水所形成的水位动态特征。

资源 6.3

由式（6－25）和式（6－28），同一时刻，在径向距离 r 相等的不同点上，降深是相同的。这说明抽水后形成的降深等值线（由于初始水头水平，所以与水头等值线的分布规律相一致）是同心圆，圆心在井轴。当 $u \leqslant 0.05$ 时，可直接由式（6－28）给出描述它们的方程式：

$$x^2 + y^2 = \frac{2.25Tt}{\mu^*} e^{-\frac{4\pi Ts}{Q}} \tag{6-29}$$

6.3.3.2 水头下降速度的变化规律

对式（6－23）关于 t 求偏导，得

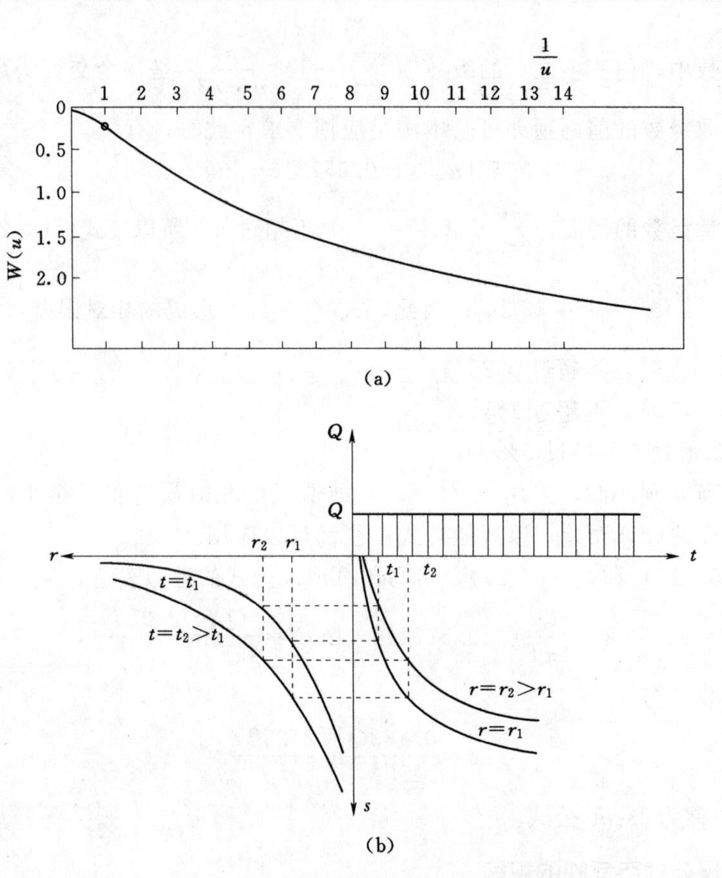

图 6-8　$W(u)-1/u$ 曲线和承压含水层中的降深 $s(r, t)$

(a) $W(u)-1/u$ 曲线；(b) 承压含水层中的降深 $s(r, t)$

$$\frac{\partial s}{\partial t}=\frac{\partial}{\partial u}\left(\frac{Q}{4\pi T}\int_u^\infty \frac{e^{-y}}{y}dy\right)\frac{\partial u}{\partial t}$$

$$=\frac{Q}{4\pi T}\frac{1}{t}\exp\left(-\frac{r^2\mu^*}{4Tt}\right) \tag{6-30}$$

由式（6-30），在同一时刻，随着 r 的增大，$\exp\left(-\frac{r^2\mu^*}{4Tt}\right)$ 值减小。所以，近处水头下降速度大，远处下降速度小。这一点在抽水初期反映十分明显，因为抽水初期的 r 较小。

当 r 一定时，由于 $\frac{1}{t}$ 和 $\exp\left(-\frac{r^2\mu^*}{4Tt}\right)$ 两个相反作用的综合，导致水头下降速度 $\frac{\partial s}{\partial t}$ 不是关于 t 的单调函数，$s-t$ 曲线［图 6-8（b）］上存在着拐点。利用 $\frac{\partial^2 s}{\partial t^2}=0$，可找出拐点的位置。

$$\frac{\partial^2 s}{\partial t^2}=\frac{Q}{4\pi T}\frac{1}{t^2}\left(\frac{r^2\mu^*}{4Tt}-1\right)\exp\left(-\frac{r^2\mu^*}{4Tt}\right)=0$$

所以有

$$\frac{r^2\mu^*}{4Tt}=1$$

由此，可确定出拐点出现的时间 t_i 为

$$t_i=\frac{r^2\mu^*}{4T} \tag{6-31}$$

图 6-8 中的曲线也反映了上述结论，即每个断面的水头降速初期由小逐渐增大，当 $u=1$ 时达到最大；而后下降速度又由大变小，最后趋近于等速下降。

由式（6-30），不同断面拐点出现的时间 t_i 不同。将式（6-31）代入式（6-25），得拐点处降深 s_i 为

$$s_i=\frac{Q}{4\pi T}W\left(\frac{r^2\mu^*}{4Tt_i}\right)=0.0175\,\frac{Q}{T} \tag{6-32}$$

式（6-32）所反映出的拐点处降深 s_i 值与 r 无关，这说明任一断面都经历着一个相同的过程，当 $s=s_i$ 时，出现最大下降速度，即

$$\left.\frac{\partial s}{\partial t}\right|_{t=t_i}=\frac{Q}{4\pi T}\frac{1}{t_i}\exp\left(-\frac{r^2\mu^*}{4Tt}\right)=\frac{0.117Q}{\mu^* r^2}$$

当抽水时间足够长时，$t>25\,\dfrac{r^2\mu^*}{T}\left[\text{即}\,u=\dfrac{r^2\mu^*}{4Tt}<0.01,\ \exp\left(-\dfrac{r^2\mu^*}{4Tt}\right)=0.99\approx 1\right]$时，式（6-30）可近似写为

$$\frac{\partial s}{\partial t}\approx\frac{Q}{4\pi T}\frac{1}{t} \tag{6-33}$$

式（6-33）意味着：抽水延续时间足够长（即 t 足够大）时，在抽水井周围一定范围内，水头下降速度基本上是相同的，与 r 无关。换言之，经过一定抽水时间之后，下降速度变慢，在一定的范围内产生大致等幅的下降，如图 6-9 所示。

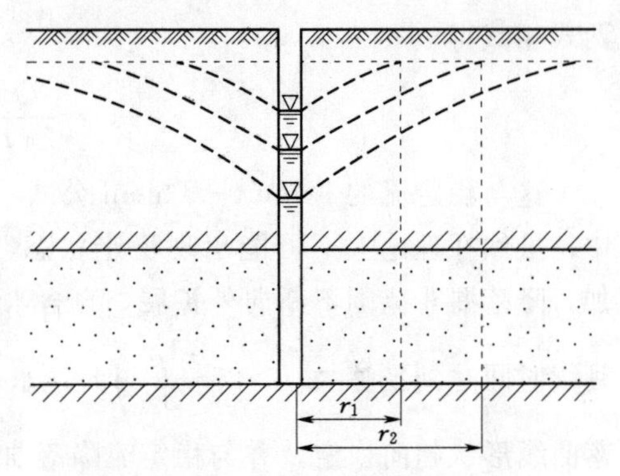

图 6-9 抽水不同时刻的降落漏斗图

6.3.3.3 不同断面上流量的变化规律

对式（6-23）关于 r 求偏导，得

$$\frac{\partial s}{\partial r}=\frac{\partial}{\partial u}\left(\frac{Q}{4\pi T}\int_u^\infty\frac{e^{-y}}{y}dy\right)\frac{\partial u}{\partial r}=-\frac{Q}{2\pi Tr}\exp\left(-\frac{r^2\mu^*}{4Tt}\right) \tag{6-34}$$

$$r\frac{\partial s}{\partial r}=-\frac{Q}{2\pi T}\exp\left(-\frac{r^2\mu^*}{4Tt}\right)$$

又根据 Darcy 定律，可写出 r 处过水断面的流量：

$$Q_r=-2\pi Tr\frac{\partial s}{\partial r}$$

将 $r\dfrac{\partial s}{\partial r}$代入上式，得

$$Q_r=Q\exp\left(-\frac{r^2\mu^*}{4Tt}\right) \tag{6-35}$$

式（6-35）中，因为$\dfrac{r^2\mu^*}{4Tt}$恒取正值，所以 $\exp\left(-\dfrac{r^2\mu^*}{4Tt}\right)<1$；因而，有 $Q_r<Q$。

这说明，不同过水断面上的过水流量是不相等的，过水断面离抽水井越近（即r值越小），流量越大。这是因为地下水在流向抽水井的过程中，不断得到储存量的补给而造成的。在稳定流理论中，各断面上过水流量被假定为都相等，这与上述结论是截然不同的，由此也反映出两种方法理论的区别。

式（6-35）中，当$\exp\left(-\frac{r^2\mu^*}{4Tt}\right)\to 1$时，有$Q_r\to Q$。这表明，当抽水延续时间$t$大到一定程度$\left(\text{如 } t\geqslant 25\,\frac{r^2\mu^*}{T}\right)$后，$Q_r\approx Q$。这与此条件下，"在抽水井周围一定范围内，水头下降速度基本上是相同的"的结论是相对应的。

6.3.3.4　与稳定流公式之间关系

由式（6-28），某一时刻离井距离为r_1和r_2两点的降深分别为

$$s_1=\frac{Q}{4\pi T}\ln\frac{2.25Tt}{r_1^2\mu^*}$$

$$s_2=\frac{Q}{4\pi T}\ln\frac{2.25Tt}{r_2^2\mu^*}$$

两式相减得

$$s_1-s_2=\frac{Q}{2\pi T}\ln\frac{r_2}{r_1}$$

这与稳定流的Dupuit-Thiem公式（6-8）完全相同。在无限承压含水层抽水中，虽然在理论上不可能出现稳定状态，但上述比较研究表明，随着抽水时间的增加，降落漏斗范围不断向外扩展，自含水层四周向水井汇流的面积不断增大。当抽水延续时间达到足够大$\left(t>25\,\frac{r^2\mu^*}{T}\right)$时，水井附近地下水测压水头的变化渐趋缓慢，降落曲线形状趋向稳定，并与稳定流降落曲线形状相一致，即在一定范围内出现似稳定状态。这与前面有关分析的结论也是一致的。

对式（6-28）进行改写，有

$$s=\frac{Q}{2\pi T}\ln\frac{1.5\ (Tt/\mu^*)^{1/2}}{r}$$

将上述非稳定流计算式与稳定流的Dupuit-Thiem公式（6-6）比较，可得

$$R_0=1.5\left(\frac{Tt}{\mu^*}\right)^{1/2}$$

虽然非稳定流理论没有"影响半径"的概念，但通过上式，可以反映出在长时间抽水条件下，存在与抽水时间对应的、相对稳定的抽水影响范围。

6.3.4　Theis公式的应用

就如同稳定流计算公式一样，非稳定流计算公式同样既可以根据已知参数值进行流量或水头预测，也可以根据流量与水头的观测数据进行参数求算。利用Theis公式进行参数计算的方法很多，这里主要介绍方法原理比较有代表性的配线法、Jacob直线图解法和恢复水位法。

6.3.4.1 配线法

对式（6-25）和式（6-24）分别在两端取对数，有

$$\lg s=\lg W(u)+\lg \frac{Q}{4\pi T}$$

$$\lg \frac{t}{r^2}=\lg \frac{1}{u}+\lg \frac{\mu^*}{4T}$$

对任一次特定的定流量抽水试验，以上两式右端的第二项都是常数，所以在双对数坐标系内，$s-\frac{t}{r^2}$和$W(u)-\frac{1}{u}$标准曲线在形状上是相同的，只是纵横坐标平移了$\frac{Q}{4\pi T}$和$\frac{\mu^*}{4T}$的距离而已。因此，在两曲线重合的条件下，将其线上任意一点的坐标值代入式（6-25）和式（6-24），即可确定有关参数。该方法称为降深-时间距离配线法。

资源 6.4

同理，在双对数坐标内，$s-t$ 曲线与$W(u)-\frac{1}{u}$曲线、$s-r^2$ 曲线与$W(u)-u$ 曲线有相同的形状，也可用上述方法进行参数求算。在只有一个观测孔的条件下，这时 r 为定值，可以利用该孔不同时刻的降深值，由实测资料绘制 $s-t$ 的双对数曲线，与$W(u)-\frac{1}{u}$标准曲线进行拟合进行参数求算，此方法称为降深-时间配线法。如有三个以上的观测孔，可以取 t 为定值，利用所有观测孔的降深值，实测资料绘制 $s-r^2$ 的双对数曲线，再与$W(u)-u$ 标准曲线拟合进行参数求算，此方法称为降深-距离配线法。

配线法的优点在于可以充分利用抽水试验的全部观测资料，因此能避免个别资料的偶然误差，提高计算精度。但在抽水初期，实测曲线往往与标准曲线不符（所以，非稳定抽水试验时间不宜过短），在抽水后期曲线比较平缓时，同标准曲线不易准确拟合。

【例 6-1】 承压含水层进行多孔抽水试验，抽水井稳定流量为60m³/h，有四个观测孔，其观测资料见表 6-2，利用 $s-\frac{t}{r^2}$配线法求含水层参数。

解：(1) 依据表 6-2 的数据，在双对数纸上绘制 $s-\frac{t}{r^2}$实际资料曲线。

表 6-2　抽水试验数据（据薛禹群等，2005）

孔号	14	观 2	观 15	观 10	观 1
距离	0m	43m	140m	510m	780m
流量及降深 / 累计时间/min	流量 /(m³/h)	降深 /m	降深 /m	降深 /m	降深 /m
10	60	0.73	0.16	0.04	0
20	60	1.28	0.48		

续表

孔号 / 距离 / 流量及降深 / 累计时间/min	14	观 2	观 15	观 10	观 1
距离	0m	43m	140m	510m	780m
	流量 /(m^3/h)	降深 /m	降深 /m	降深 /m	降深 /m
30	60	1.53	0.54		
40	60	1.72	0.65	0.06	
60	60	1.96	0.75	0.20	
80	60	2.14	1.00	0.20	0.04
100	60	2.28	1.12	0.20	
120	60	2.39	1.22	0.21	0.08
150	60	2.54	1.36	0.24	0.09
210	60	2.77	1.55	0.40	0.16
270	60	2.99	1.70	0.53	0.25
330	60	3.1	1.83	0.63	0.34
400	60	3.2	1.89	0.65	0.42
450	60	3.26	1.98	0.73	0.50
645	60	3.47	2.17	0.93	0.71
870	60	3.68	2.38	1.14	0.87
990	60	3.77	2.46	1.24	0.96
1185	60	3.85	2.54	1.35	1.06

(2) 将实际资料曲线重叠在 $W(u)-\frac{1}{u}$标准曲线上，在保持对应坐标轴彼此平行的条件下，使实际资料曲线与标准曲线尽量拟合（图 6-10）。

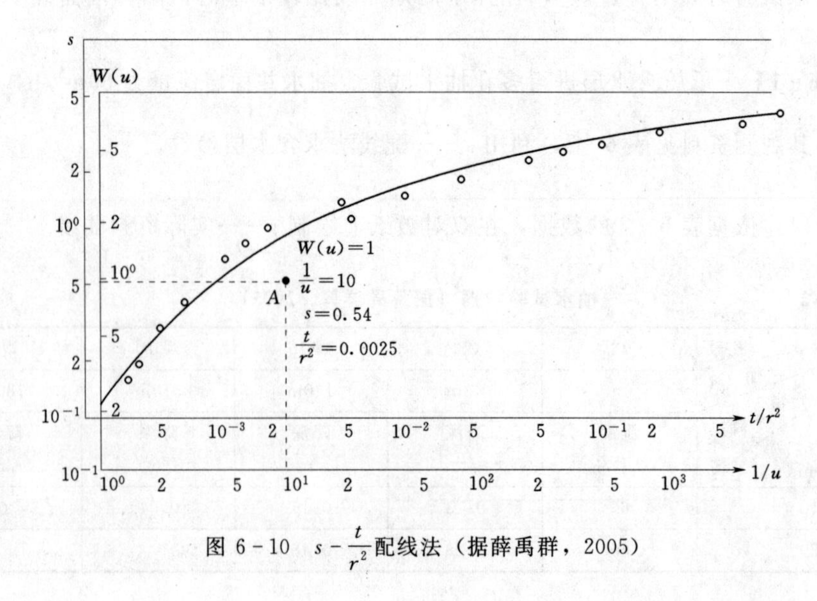

图 6-10　$s-\frac{t}{r^2}$配线法（据薛禹群，2005）

(3) 拟合之后，任选一匹配点 A，取坐标值。

$$W(u)=1, \frac{1}{u}=10, s=0.54, \frac{t}{r^2}=0.0025$$

(4) 根据匹配点 A 的 $W(u)$ 和 s 值，利用式（6-25）计算参数 T：

$$T=\frac{Q}{4\pi s}W(u)=\frac{60\times24}{4\times3.14\times0.54}=212.3(\mathrm{m^2/d})$$

(5) 根据匹配点 A 的 $\frac{1}{u}$ 和 $\frac{t}{r^2}$ 值、已算出的 T 值，利用式（6-24）计算参数 μ^*：

$$\mu^*=\frac{4T}{1/u}\frac{t}{r^2}=\frac{4\times212.3}{10\times60\times24}\times0.0025=1.47\times10^{-4}$$

6.3.4.2 Jacob 直线图解法

当 $u\leqslant0.01$ 时，可依据 Jacob 公式（6-28）进行参数求算。首先将它改写成

$$s=\frac{2.3Q}{4\pi T}\lg\frac{2.25T}{\mu^*}+\frac{2.3Q}{4\pi T}\lg\frac{t}{r^2}$$

式中，s 与 $\lg\frac{t}{r^2}$ 呈线性关系，直线的斜率为 $\frac{2.3Q}{4\pi T}$，如图 6-11 所示。利用斜率可求出导水系数 T：

资源 6.5

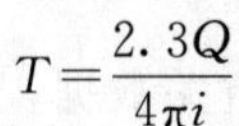

$$T=\frac{2.3Q}{4\pi i}$$

式中：i 为直线的斜率。此直线在零降深线上的截距为 $\frac{t}{r^2}$，把它代入式（6-28）中，有

$$0=\frac{2.3Q}{4\pi T}\lg\frac{2.25T}{\mu^*}\left(\frac{t}{r^2}\right)$$

因此

$$\lg\frac{2.25T}{\mu^*}\left(\frac{t}{r^2}\right)=0$$

$$\frac{2.25T}{\mu^*}\left(\frac{t}{r^2}\right)=1$$

于是得

$$\mu^*=2.25T\left(\frac{t}{r^2}\right)$$

以上方法称为 $s-\lg\frac{t}{r^2}$ 直线图解法，它在进行参数求算时，可充分利用综合资料（多孔长时间观测资料）。

另外，由式（6-28），$s-\lg t$ 和 $s-\lg r$ 均呈线性关系，直线的斜率分别为 $\frac{2.3Q}{4\pi T}$ 和 $-\frac{2.3Q}{2\pi T}$。因此，如只有一个观测孔，可利用 $s-\lg t$ 直线的斜率求导水系数 T，利用该直线在零降深线上的截距 t_0 值，求储水系数 μ^*。同理，如果有三个以上的观测孔资料，可利用 $s-\lg r$ 直线，进行导水系数 T 和储水系数 μ^* 的求算。

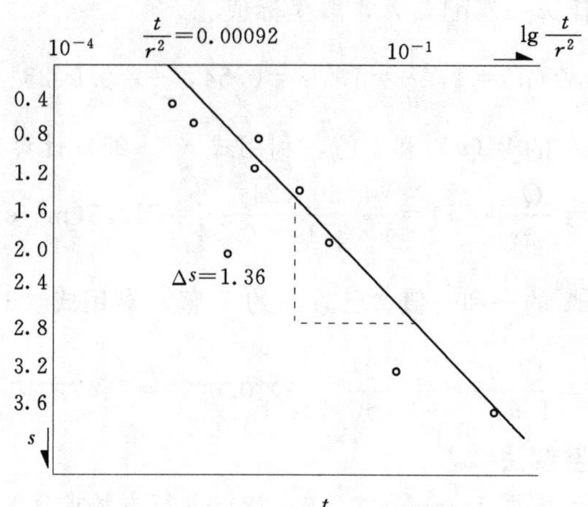

图 6-11　$s-\lg\frac{t}{r^2}$直线图解法

Jacob 直线图解法的优点是既可以避免配线法的随意性，又能充分利用抽水后期的所有资料。但它的适用条件是必须满足 $u\leqslant 0.01$（实际工作中，往往控制到 $u\leqslant 0.05$ 即可）。一般情况下，只有在 r 较小且 t 较大的条件下才能使用，否则抽水时间短，直线斜率小，所得的 T 值偏大而 μ^* 值偏小。

【例 6-2】　利用［例 6-1］的有关数据，试用 $s-\lg\frac{t}{r^2}$直线图解法计算含水层参数。

解：（1）根据表 6-2 中的资料，绘制 $s-\lg\frac{t}{r^2}$曲线（图 6-11）。

（2）将 $s-\lg\frac{t}{r^2}$曲线的直线部分延长，在零降深线上的截距为 $(t/r^2)_0=0.00092$；

（3）求直线斜率 i：最好取一个周期所对应的降深 Δs，这就是斜率 i。由此，得 $i=\Delta s=1.36$。

（4）代入有关公式进行计算：

$$T=\frac{2.3Q}{4\pi\Delta s}=\frac{2.3\times 60\times 24}{4\times 3.14\times 1.36}=194(\mathrm{m^2/d})$$

$$\mu^*=2.25T\left(\frac{t}{r^2}\right)=2.25\times 194\times 0.00092\div 1440=2.91\times 10^{-4}$$

6.3.4.3　恢复水位法

设抽水井以定流量进行抽水，持续 t_p 时间后停止抽水。地下水流场在 $(t>t_p)$ 时刻的水头分布，根据叠加原理，相当于以下两口水井共同作用的结果：一口水井从 $t=0$ 开始以流量 Q 连续抽水至 t，另外一口水井从 $t=t_p$ 开始以流量 Q 连续注水至 t。两口水井的位置、结构与实际抽水井完全相同。在时刻 t，上述抽水井和注水井形成的水位降深之和定义为剩余降深 s'，有

$$s'=\frac{Q}{4\pi T}\left[W\left(\frac{r^2\mu^*}{4Tt}\right)-W\left(\frac{r^2\mu^*}{4Tt'}\right)\right] \tag{6-36}$$

式（6-36）中，$t'=t-t_p$。当$\frac{r^2\mu^*}{4Tt'}\leqslant 0.01$时，式（6-36）可简化为

$$s'=\frac{2.3Q}{4\pi T}\left(\lg\frac{2.25Tt}{r^2\mu^*}-\lg\frac{2.25Tt'}{r^2\mu^*}\right)=\frac{2.3Q}{4\pi T}\lg\frac{t}{t'} \tag{6-37}$$

式（6-37）中，s'与$\lg\frac{t}{t'}$呈线性关系，$\frac{2.3Q}{4\pi T}$为直线斜率。利用水位恢复资料绘出s'-$\lg\frac{t}{t'}$曲线，求得其直线段斜率i，则$i=\frac{2.3Q}{4\pi T}$。由此，参数T的计算公式为

$$T=0.183\frac{Q}{i}$$

在测得停抽时刻的水位降深s_p的条件下，停抽后任一时刻的水位上升值s^*可写成：

$$s^*=s_p-\frac{2.3Q}{4\pi T}\lg\frac{t}{t'}$$

或

$$s^*=\frac{2.3Q}{4\pi T}\lg\frac{2.25Tt_p}{r^2\mu^*}-\frac{2.3Q}{4\pi T}\lg\frac{t}{t'} \tag{6-38}$$

式（6-38）中，s^*与$\lg\frac{t}{t'}$呈线性关系，如图6-12所示，斜率为$-\frac{2.3Q}{4\pi T}$。根据水位恢复试验资料，绘出s^*-$\lg\frac{t}{t'}$曲线，求出其直线段斜率后，也可用来算出T值。

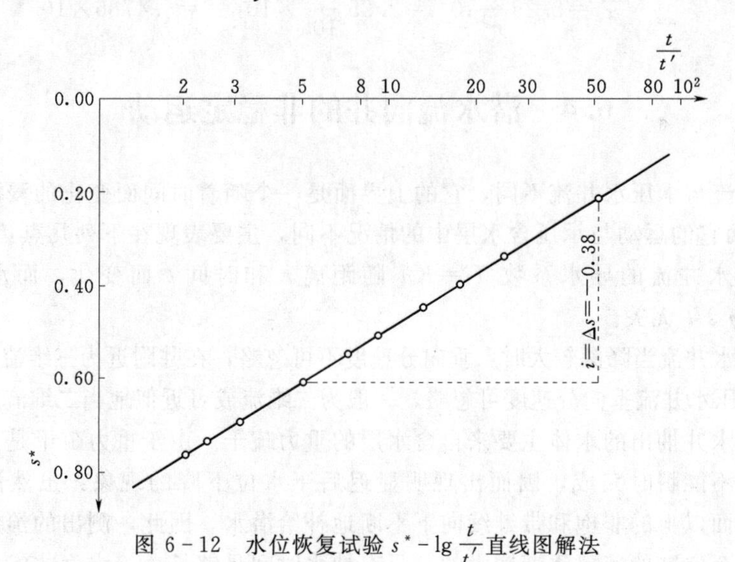

图6-12 水位恢复试验s^*-$\lg\frac{t}{t'}$直线图解法

又因$s_p=\frac{2.3Q}{4\pi T}\lg\frac{2.25Tt_p}{r^2\mu^*}$，将求出的$T=-\frac{2.3Q}{4\pi i}$等代入，可得

$$T=-0.183\frac{Q}{i}$$

$$\mu^*=2.25\frac{T}{r^2}10^{\frac{s_p}{i}} \tag{6-39}$$

利用式（6-39），可求出 T 和 μ^*。

【例6-3】　承压含水层中有一口完整井，以 $159.84m^3/d$ 的流量进行抽水试验，抽到240min的时刻停泵，在距抽水井10m处的观测井观测水位见表6-3，试求含水层参数。

表6-3　　**抽水试验资料**

累积时间 t /min	240（停泵）	245	255	260	270	280	300	330	360	420	480
剩余降深 s' /m	0.95	0.73	0.61	0.55	0.50	0.44	0.40	0.34	0.29	0.22	0.19
回升高度 s^* /m		0.22	0.34	0.40	0.45	0.51	0.55	0.61	0.66	0.73	0.76
t/t'		49	25	17	13	9	7	5	3.67	2.32	2

解：（1）根据表6-3的资料，绘制 $s^*-\lg t/t'$ 曲线（图6-12）。

（2）求直线段斜率，取一个对数周期相应的降深 $\Delta s=i=-0.38$，这也就是直线斜率。

（3）计算参数

$$T=-\frac{2.3Q}{4\pi i}=\frac{2.3\times159.84}{4\times3.14\times0.38}=77(m^2/d)$$

$$\mu^*=2.25\frac{T}{r^2}10^{\frac{s_p}{i}}=2.25\frac{77}{10^2}\times10^{-2.5}=5.4786\times10^{-3}$$

6.4　潜水流向井的非稳定运动

潜水井流与承压水井流不同，它的上界面是一个随着时间而变化的浸润曲面（自由面），因而它的运动与承压含水层中的情况不同，主要表现在下列几点：

（1）潜水井流的导水系数 $T=Kh$ 随距离 r 和时间 t 而变化，而承压水井流 $T=KM$ 和 r、t 无关。

（2）潜水井流当降深较大时，垂向分速度不可忽略，在井附近为三维流。而水平含水层中的承压水井流垂向分速度可忽略，一般为二维流或可近似地当二维流来处理。

（3）潜水井抽出的水体主要来自含水层的重力疏干。由于重力疏干是使水被逐渐排放出来而不能瞬时完成，因而出现明显迟后于水位下降的现象：虽然潜水面下降了，但潜水面以上的非饱和带继续向下不断地补给潜水。因此，测出的给水度在抽水期间是以一个递减的速率逐渐增大的，只有抽水时间足够长，给水度才实际上趋于一个常数值。而承压水井流则不同，按Theis理论，抽出的水来自含水层储存量的释放，因而接近于瞬时完成，储水系数是常数。

到目前为止，还没有同时考虑上述三种情况的潜水井流公式。

6.4.1　近似算法

在一定条件下，也可将承压水完整井流公式应用于潜水完整井流的近似计算。

如果满足 Theis 井流模型中的前 4 个假设条件，而条件（5）虽有不同（即潜水井的流量主要来自重力排水），但当抽水时间足够长以后，迟后排水现象逐渐不明显时，也可近似地认为已满足条件（5）。因此，潜水完整井在降深不大的情况下，即 $s \leqslant 0.1H_0$，H_0 为抽水前潜水流的厚度（图 6-13），可以用承压水井流公式作近似计算。

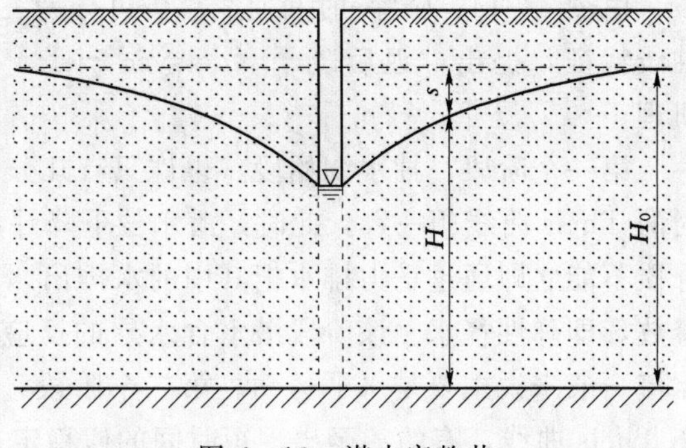

图 6-13 潜水完整井

此时潜水流厚度可近似地用 $H_m = \frac{1}{2}(H_0 + H)$ 来代替。于是承压水井公式中的 $2Ms$ 用 $H_0^2 - H^2$ 代替，则有

$$H_0^2 - H^2 = \frac{Q}{2\pi K}W(u), u = \frac{r^2\mu}{4T't}(T' = KH_m) \tag{6-40}$$

也可采用修正降深值而直接利用 Theis 公式：

$$s' = s - \frac{s^2}{2H_0} = \frac{Q}{4\pi T}W(u), \quad u = \frac{r^2\mu}{4Tt} \quad (T = KH_0) \tag{6-41}$$

式中：s'为修正降深；s 为实际观测降深；H_0 为潜水含水层初始厚度。

6.4.2 Boulton 迟后排水分析法

潜水完整井进行长时间、大降深抽水时，降深-时间曲线如图 6-14 所示。

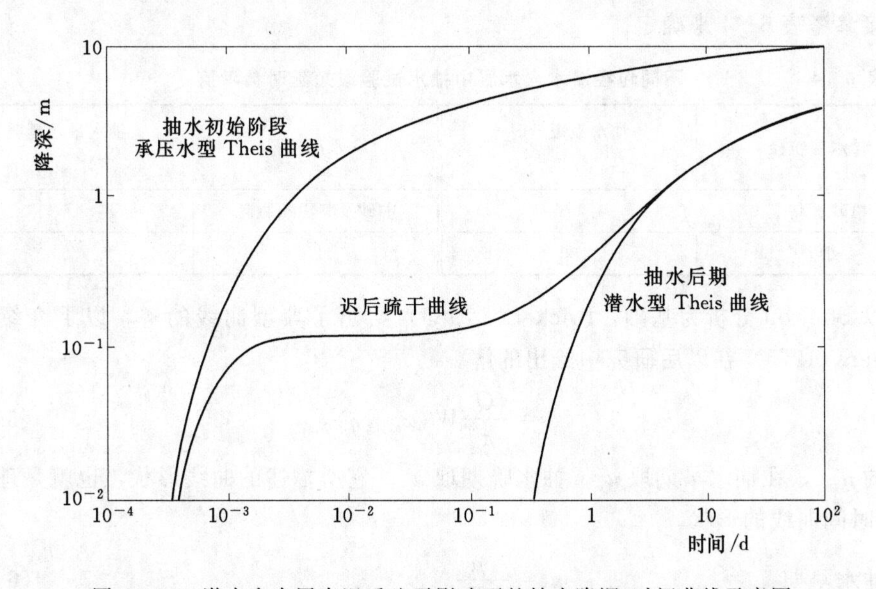

图 6-14 潜水含水层中迟后疏干影响下的抽水降深-时间曲线示意图

由图6-14，降深-时间曲线总体可分为三个阶段。N. S. Boulton根据三个阶段的曲线特征，提出“迟后疏干（delayed yield）”的概念，较好地解释了曲线的形成机理。

第一个阶段，抽水初始段（也许只有几分钟），降深-时间曲线与承压完整井抽水时的Theis曲线相一致。此时，潜水位下降并没有导致重力排水作用的产生（即含水介质不能立即通过重力排水把其中的水排出），而主要是由于压力降低引起水的瞬时释放，即弹性释水。该阶段潜水含水层的反应和一个储水系数小的承压含水层相似，水流一般来说主要是水平运动。第二个阶段，降深-时间曲线的斜率减小，明显地偏离Theis曲线，有的甚至出现短时间的假稳定。它反映潜水疏干排水作用的效应，好像含水层得到了补给使水位下降速度明显减缓。该阶段潜水含水层的反应类似于一个受到越流补给的承压含水层，但降落漏斗仍以缓慢速度扩展着。第三个阶段，这个阶段的降深-时间曲线又与Theis曲线重合。表明重力排水已跟得上水位下降，迟后疏干影响逐渐变小，直至可以忽略不计。所抽取的水体来自重力排水，降落漏斗扩展速度增大。此时给水度所起的作用相当于承压含水层的储水系数。

如上所述，就所抽取的水体来源而言，利用图6-14中曲线第三阶段所计算出的含水层储水系数受迟后疏干影响小，且基本等于含水层的给水度。因此，该阶段对依据抽水数据计算含水层参数的研究，计算结果比较可靠，且也因此比前两个阶段更为重要。为了可以利用前面所述的非稳定流公式计算含水层储水系数，潜水含水层中的抽水试验延时应足够长，以便形成较完整的第三阶段。

为了获得比较准确的储水系数，潜水含水层中抽水试验的最短延时 t_{min} 与含水层的导水系数 T 有关。根据对各种冲积含水层的实例研究，迟后指数 t_d 可用图6-15（a）来确定；利用与抽水井距离为 r 的观测孔数据进行参数计算时，抽水试验最短延时 t_{min} 可用图6-15（b）来计算。也有研究表明，潜水含水层中的抽水试验最短延时可直接参考表6-4来确定。

表6-4　　不同粒径潜水含水层中抽水试验最短延时参考值

含水层粒径	抽水最短延时/h	含水层粒径	抽水最短延时/h
粉砂、黏土	170	中砂及其更粗颗粒	4
细砂	30		

以Boulton分析为基础，Prickett（1965）给出了典型曲线的解，以下介绍的是Neuman（1975）在以后研究中给出的解。

$$s=\frac{Q}{4\pi T}W(u_{a,y},\eta) \tag{6-42}$$

其中的 $u_{a,y}$，在抽水早期取 u_a，抽水晚期取 u_y。它所描述的曲线形状，也就是理论上降深-时间曲线的形状。

抽水早期：
$$u_a=\frac{r^2\mu^*}{4Tt} \tag{6-43}$$

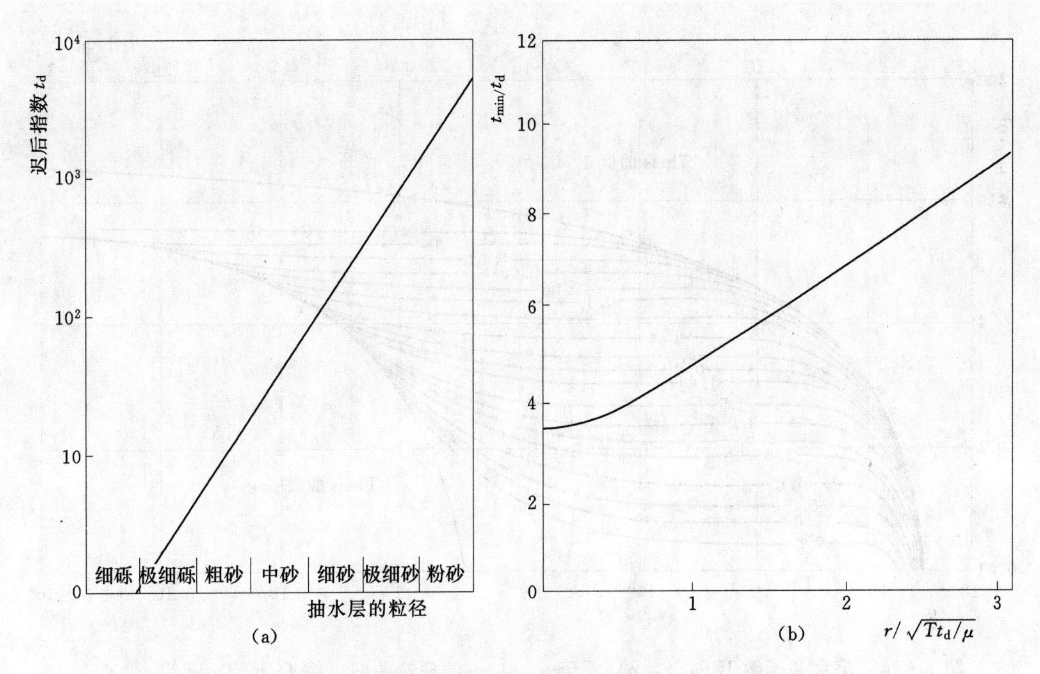

图 6-15 潜水含水层中抽水试验最短延时的经验值（据 Prickett 修改，1965）

(a) 迟后指标与含水层粒径之间的经验关系；(b) 潜水大降深抽水最短延时 t_{min} 的计算曲线

抽水晚期：
$$u_y=\frac{r^2\mu}{4Tt} \tag{6-44}$$

$$\eta=\frac{r^2K_z}{b^2K_r} \tag{6-45}$$

式中：$W(u_{a,y},\ \eta)$ 是潜水井函数（参见图 6-16）；K_r、K_z 分别是水平径向渗透系数和垂向渗透系数，在各向同性含水层中有 $K_r=K_z$、$\eta=r^2/b^2$；b 是潜水流初始厚度。

【例 6-4】 初始厚度为 7.62m 的潜水含水层中，一完整井按 4.09m³/min 进行定流量抽水，在与抽水井距离为 21.95m 处的观测井，其水位降深观测数据列于表 6-5。利用上述测验数据，计算导水系数 T、储水系数 μ^*、给水度 μ、水平径向渗透系数 K_r 和垂向渗透系数 K_z。

解： 将表 6-5 中的观测数据绘制成图（参见图 6-17），降深-时间实测曲线明显呈三个阶段。利用上述实测曲线进行参数计算，大体分三步：

(1) 将抽水初始阶段的实测曲线与理论曲线 a 进行配线，如图 6-17 所示，与 $\eta=0.06$ 的理论曲线配合效果最好，在其曲线上取拟合点（$t=0.17$min，$s=0.17$m）、$[1/u_a=1.0,\ W(u_{a,y},\ \eta)=1.0]$。

根据图 6-17 取得的拟合点数据，利用式（6-42）：

$$T=\frac{Q}{4\pi s}W(u_a,\eta)=\frac{4.09\text{m}^3/\text{min}}{4\times3.14\times0.17\text{m}}=1.92\text{m}^2/\text{min}=2765\text{m}^2/\text{d}$$

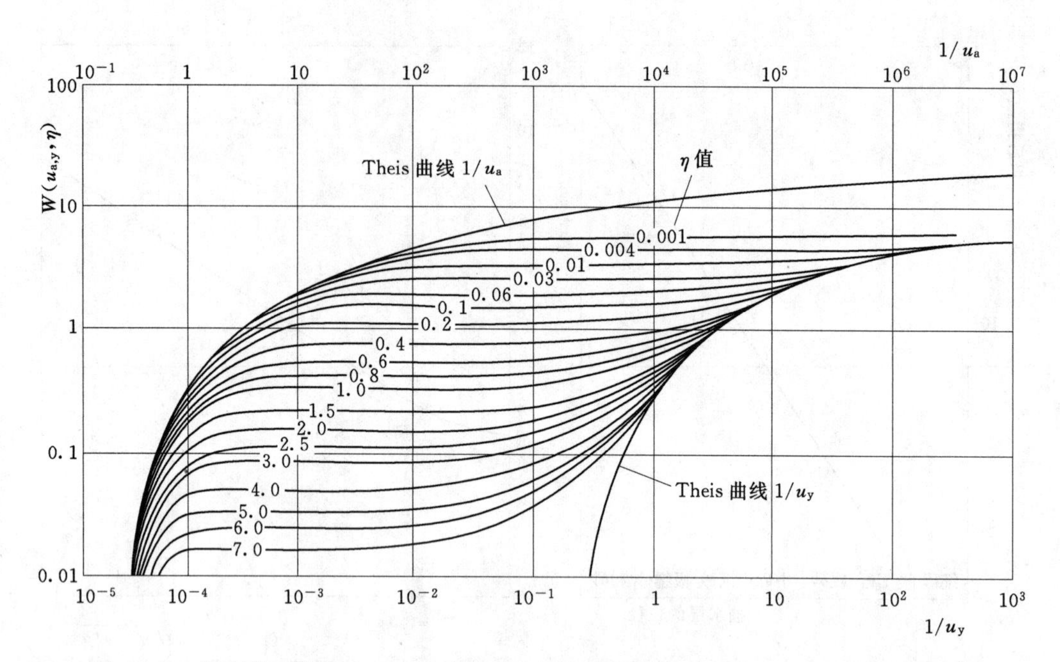

图 6-16　潜水井函数 $W(u_{a,y},\eta)$ 关于 u_a 和 u_y 的理论曲线（据 D. K. Todd 等，2005）

表 6-5　　　水位降深观测数据

时间 t /min	降深 s /m	时间 t /min	降深 s /m	时间 t /min	降深 s /m	时间 t /min	降深 s /m
0.165	0.037	1.68	0.250	10	0.311	200	0.463
0.25	0.059	1.85	0.256	12	0.314	250	0.485
0.34	0.078	2	0.262	15	0.317	300	0.503
0.42	0.101	2.15	0.265	18	0.320	350	0.518
0.5	0.119	2.35	0.274	20	0.323	400	0.533
0.58	0.131	2.5	0.277	25	0.329	500	0.564
0.66	0.149	2.65	0.280	30	0.344	600	0.594
0.75	0.162	2.8	0.283	35	0.351	700	0.613
0.83	0.174	3	0.287	40	0.357	800	0.637
0.92	0.186	3.5	0.290	50	0.363	900	0.655
1	0.195	4	0.296	60	0.372	1000	0.671
1.08	0.204	4.5	0.297	70	0.381	1200	0.692
1.16	0.213	5	0.299	80	0.390	1500	0.716
1.24	0.219	6	0.302	90	0.393	2000	0.759
1.33	0.226	7	0.305	100	0.399	2500	0.789
1.42	0.232	8	0.308	120	0.415	3000	0.811
1.5	0.238	9	0.309	150	0.442		

根据图 6-17 取得的拟合点数据，利用式（6-43）：

$$\mu^* = u_a \frac{4Tt}{r^2} = 1.0 \times \frac{4 \times 1.92\text{m}^2/\text{min} \times 0.17\text{min}}{(21.95\text{m})^2} = 0.00271$$

（2）移动将抽水晚期的实测曲线与理论曲线 y 进行配线，如图 6-18 所示，与

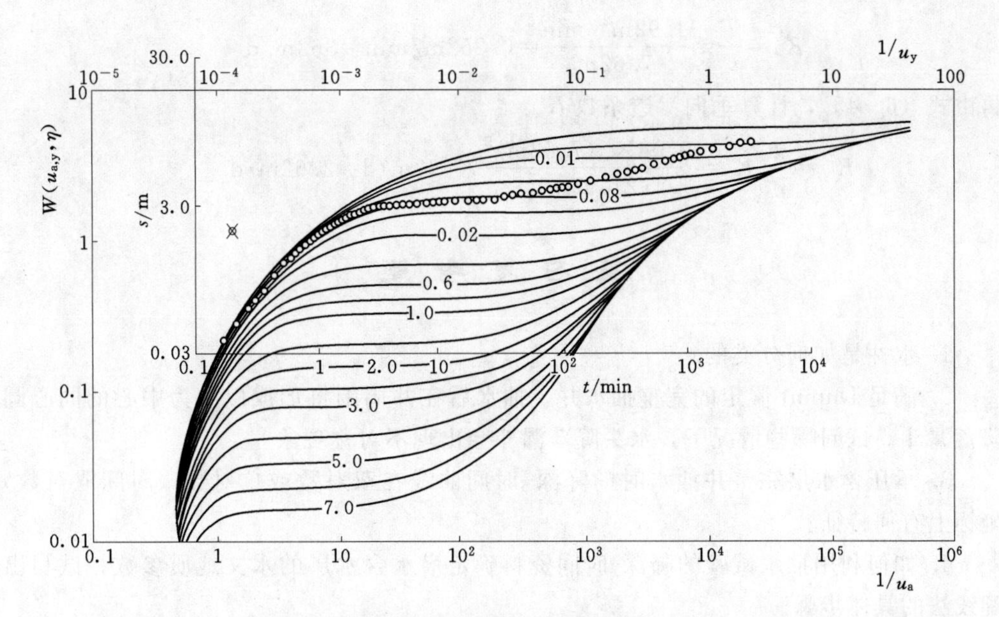

图 6-17 ［例 6-4］中实测曲线与理论曲线 a 的适线（据 D. K. Todd 等，2005）

η=0.06 的理论曲线配合效果最好，在其曲线上拟合点（t=13min，s=0.17m）、[$1/u_y=0.1$，$W(u_y，\eta)=1.0$]。

根据在图 6-18 中取得的拟合点数据，利用式（6-44）：

$$\mu=u_y\frac{4Tt}{r^2}=0.1\ \frac{4\times1.92\mathrm{m}^2/\mathrm{min}\times13\mathrm{min}}{(21.95\mathrm{m})^2}=0.02$$

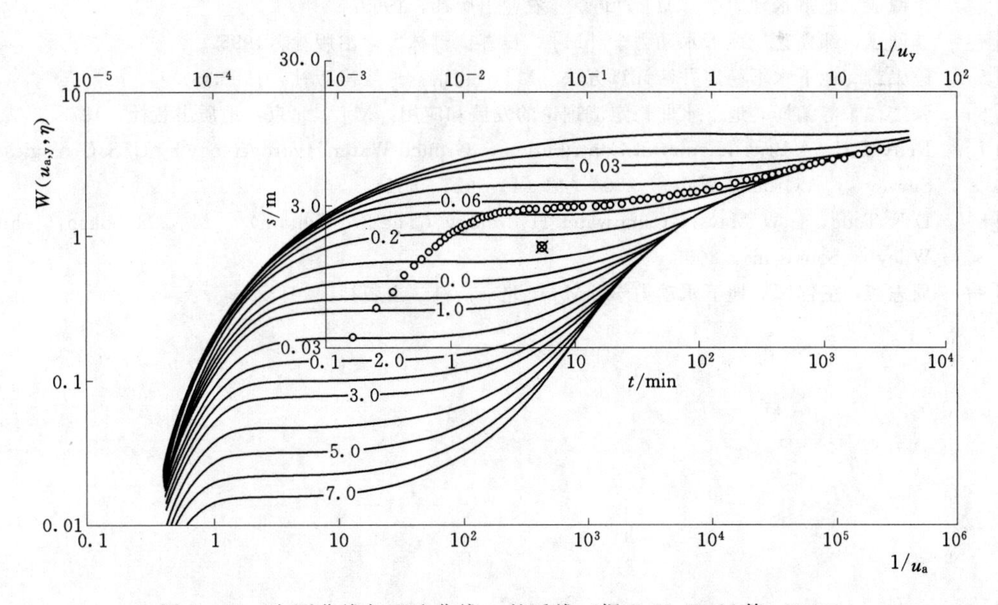

图 6-18 实测曲线与理论曲线 y 的适线（据 D. K. Todd 等，2005）

(3) 初始潜水流厚度 b=7.62m，对水平水平径向渗透系数 K_r 有：

$$K_r=\frac{T}{b}=\frac{1.92\text{m}^2/\text{min}}{7.62\text{m}}=0.252\text{m/min}=363\text{m/d}$$

再由式（6-45），计算垂向渗透系数 K_z：

$$K_z=\frac{\eta b^2}{r^2}K_r=\frac{0.06\times(7.62\text{m})^2}{(21.95\text{m})^2}\times 363\text{m/d}=2.62\text{m/d}$$

复习思考题

1. 水井是如何分类的？

2. 满足 Dupuit 假定的完整抽水井，抽水后在井周围将形成以井为中心的同心圆降落漏斗。试问哪些情况下，水头降落漏斗会出现不对称现象？

3. 承压含水层完整井抽水时的降深-时间曲线在双对数或单对数（时间取对数）坐标上有何特征？

4. 如何利用抽水试验的降深-时间资料确定潜水含水层的水文地质参数，试写出配线法的具体步骤。

5. 潜水完整井抽水时的降深-时间曲线有何特点？

参考文献

[1] 薛禹群．地下水动力学［M］．2版．北京：地质出版社，2005.
[2] J Bear. 地下水水力学［M］．许涓铭，等译．北京：地质出版社，1985.
[3] 李佩成．地下水动力学［M］．北京：农业出版社，1993.
[4] 李同斌，邹立芝．地下水动力学［M］．长春：吉林大学出版社，1995.
[5] 陈崇希．地下水不稳定井流计算方法［M］．北京：地质出版社，1983.
[6] 张宏仁，等编译．地下水非稳定流理论的发展和应用［M］．北京：地质出版社，1975.
[7] Reily T E. A Brief History of Contribution to Ground Water Hydrogeology by U. S. Geological Survey［J］. Ground Water，2004，42（4）：625-631.
[8] D K Todd，L W Mays. Groundwater Hydrology（The 3rd Edition）［M］. Hoboken：John Wiley & Sons，Inc，2005.
[9] 周志芳，王锦国．地下水动力学［M］．北京：科学出版社，2013.

第 7 章 地下水流向河渠的运动

地下水与河渠之间的水量交换，是地下水参与全球水循环过程的一个重要途径；地下水流向河渠运动问题的研究，对地下水资源评价、人工排水和灌溉等有着重要意义。潜水与河渠间水量交换的计算方法，在第 3 章已有一定阐述，本章在阐述主要计算方法步骤原理的同时，补充了一些最新研究成果。

7.1 河渠间地下水稳定运动

7.1.1 河渠间潜水的稳定运动

由于垂向水量交换（降水入渗等补给潜水为正、潜水蒸发等排泄潜水为负）作用的影响，河渠间潜水运动一般是非稳定的；当垂向水量交换强度（单位时间内、单位面积上的垂向交换水量）在时间和空间分布都比较均匀的情况下，为了简化计算，有时可将潜水运动当作稳定运动来研究。

在研究河渠间潜水运动问题时，一般作如下假设：

(1) 含水层均质各向同性，隔水底板水平，垂向水量交换强度 W 为常数。

(2) 河渠基本上是彼此平行的，潜水流可视为一维流。

(3) 潜水流是渐变流并趋于稳定。

取垂直于河渠的单位宽度来研究，上述假设条件所对应的水文地质条件可概化如图 7－1 所示。由式（5－51）和图 7－1 中的边界条件，上述问题的数学模型可写成：

$$\frac{\mathrm{d}}{\mathrm{d}x}\left(h\frac{\mathrm{d}h}{\mathrm{d}x}\right)+\frac{W}{K}=0 \tag{7-1}$$

$$h\big|_{x=0}=h_1 \tag{7-2}$$

$$h\big|_{x=l}=h_2 \tag{7-3}$$

式中：h 为离左端起始断面 x 处的潜水流厚度；h_1、h_2 则分别为左右两侧河渠边潜水流厚度；K 为含水层的渗透系数。

上述数学模型的解为

$$h^2=h_1^2+\frac{h_2^2-h_1^2}{l}x+\frac{W}{K}(lx-x^2) \tag{7-4}$$

式（7－4）是在垂向水量交换强度 W 影响下，河渠间潜水流的浸润曲线方程（或降落曲线方程）；在 K、W 为已知的条件下，只要测定两个断面的水位 h_1 和 h_2，就可以预测河渠间任一断面上的潜水位 h。

潜水位 h 是 x 的函数，求式（7－4）关于 x 的导数，有

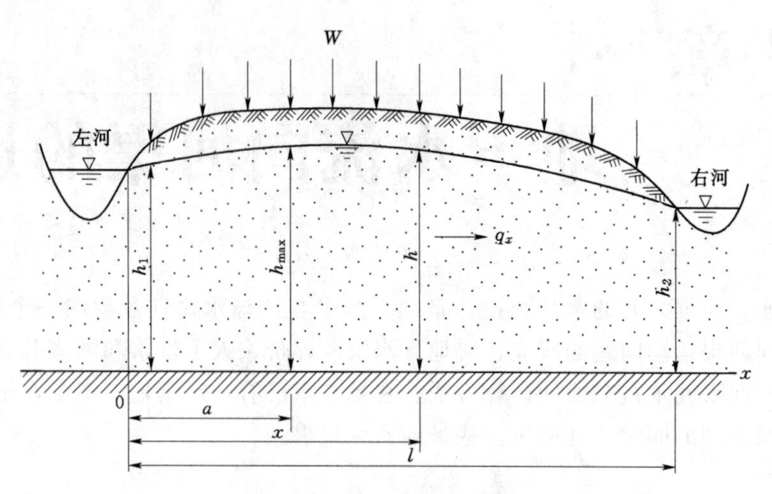

图 7-1　河渠间潜水的运动

$$h\frac{dh}{dx}=\frac{h_2^2-h_1^2}{2l}+\frac{W}{2K}(l-2x) \tag{7-5}$$

由此，根据达西定律可得河渠间任意断面潜水流的单宽流量为

$$q_x=-Kh\frac{dh}{dx} \tag{7-6}$$

式中：q_x 为距左河 x 处任意断面上潜水流的单宽流量。

由式（7-5）和式（7-6），可得

$$q_x=K\frac{h_1^2-h_2^2}{2l}-\frac{1}{2}Wl+Wx \tag{7-7}$$

式（7-7）为单宽流量公式，在两个断面上的水位值为已知的条件下，可以用它来计算两断面间任一断面的流量。应该指出的是，因沿途受垂向水量交换作用，所以 q_x 随 x 而变化。

下面根据上面得到的公式来讨论河渠间潜水运动的一些特点及其应用。

1. 垂向水量交换作用对河渠地下潜水面分水岭的影响规律

由式（7-4），浸润曲线形状随 W 有如下的变化规律：

当 $W>0$ 时，为椭圆形曲线；

当 $W<0$ 时，为双曲线；

当 $W=0$ 时，为抛物线。

在入渗作用下，河渠间的浸润曲线形状为一椭圆曲线的上半支，在河渠间形成分水岭；由于分水岭上水位最高，可用求极值的方法求出分水岭的位置（$x=a$）。在 $x=a$ 处，式（7-5）中的 $\frac{dh}{dx}=0$，则

$$a=\frac{l}{2}-\frac{K}{W}\frac{h_1^2-h_2^2}{2l} \tag{7-8}$$

由式（7-8），当其他条件不变时，分水岭位置 a 与两侧河渠水位 h_1、h_2 的关系为

如果 $h_1=h_2$，则 $a=\frac{l}{2}$，分水岭位于河渠中央；

如果 $h_1>h_2$，则 $a<\frac{l}{2}$，分水岭靠近左河；

如果 $h_1<h_2$，则 $a>\frac{l}{2}$，分水岭靠近右河。

由此可见，分水岭的位置总是靠近高水位河渠的。

2. 排水渠合理间距的确定

排水渠设计中，为了避免在渠间地块中产生盐渍化或沼泽化，一般要把分水岭水位 h_{max} 控制在一定标高，这是确定排水渠合理间距的重要条件之一。

由式（7-4），令 $x=a$、$h=h_{max}$，有

$$h_{max}^2=h_1^2+\frac{h_2^2-h_1^2}{l}a+\frac{W}{K}(la-a^2) \tag{7-9}$$

式（7-9）中的 l、a 都是待求的变量，将式（7-9）与式（7-8）联立，可求出合理间距 l。

在两渠水位相等的特殊条件下，即 $h_1=h_2=h_w$、分水岭位置 $a=\frac{l}{2}$时，可由式（7-9）得

$$l=2\sqrt{\frac{K}{W}(h_{max}^2-h_w^2)}$$

由此可见，当水位条件一定时，在入渗强度越大和渗透性越弱的含水层中，排水渠间距越小，反之则越大。

3. 河渠间单宽流量的计算

分水岭存在与否、有分水岭时其位置所在，是决定河渠间地下水单宽流量性质与大小的重要条件。

当 $a>0$ 时，说明河渠间存在分水岭。此时

$$q_1=-Wa \quad （负号表示流向左河）$$

$$q_2=W(l-a) \quad （流向右河）$$

当 $a=0$ 时，分水岭位于左河边的起始断面上，此时

$$q_1=0 \quad （左河既不渗漏也得不到入渗补给）$$

$$q_2=Wl \quad （全部入渗量流入右河）$$

当 $a<0$ 时，不存在分水岭。此时不仅全部入渗量流入右河，而且水位高的左河还要向水位低的右河渗漏：

$$q_1=K\frac{h_1^2-h_2^2}{2l}-\frac{Wl}{2} \quad （从左河流出的渗漏量）$$

$$q_2=K\frac{h_1^2-h_2^2}{2l}+\frac{Wl}{2} \quad （右河得到的补给量）$$

【例 7-1】 由冲积细砂组成潜水含水层，底板高程 41.85m，平均渗透系数为 10m/d，入渗强度为 4.4×10^{-4}m/d，其他数据如图 7-2 所示。试确定河流与排水渠

道间的 521 号、8 号、10 号、12 号孔以及分水岭上的潜水面的高程，并计算流入河流和排水渠道中的渗流量。

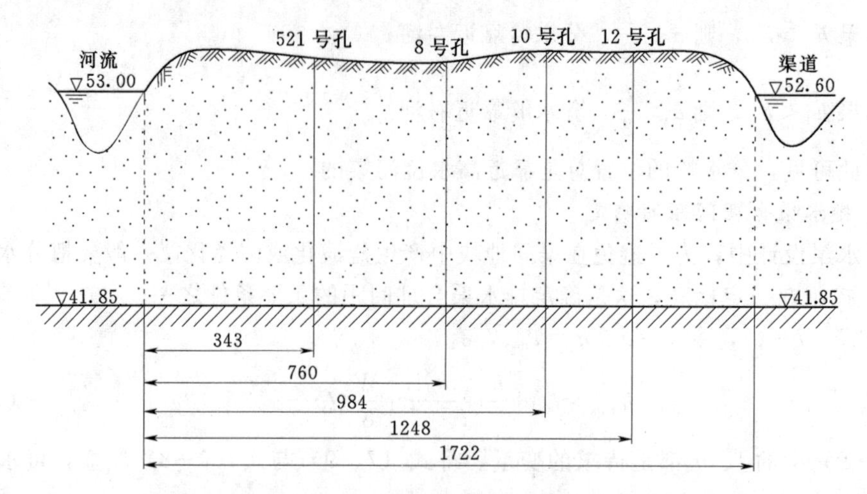

图 7-2　均匀入渗时，河间地块地下水的运动（单位：m）

解：由题意，$K=10\text{m/d}$，$W=4.4\times10^{-4}\text{m/d}$。

(1) 计算河、渠边界处的潜水流厚度。

在河边：　　　　$h_1=53.00-41.85=11.15$ (m)

在渠边：　　　　$h_2=52.60-41.85=10.75$ (m)

(2) 利用式 (7-4)，计算各孔所在位置的潜水流厚度，再计算潜水面高度。

对于 521 号孔，$x=343.0\text{m}$；

$$h_{521}=\sqrt{(11.15)^2+(10.75^2-11.15^2)\times\frac{343}{1722}+\frac{0.00044}{10}\times(1722\times343-343^2)}$$
$$=11.96\ (\text{m})$$

521 号孔中的潜水面标高 $H_{521}=41.85+11.96=53.81$ (m)

用相同的方法可以求得：

8 号孔中：　　　　$h_8=12.35\text{m}$，$H_8=54.20\text{m}$

10 号孔中：　　　　$h_{10}=12.30\text{m}$，$H_{10}=54.15\text{m}$

12 号孔中：　　　　$h_{12}=11.99\text{m}$，$H_{12}=53.84\text{m}$

(3) 利用式 (7-8)，确定分水岭位置：

$$a=\frac{l}{2}-\frac{K}{W}\frac{(h_1^2-h_2^2)}{2l}=\frac{1722}{2}-\frac{10\times(11.15^2-10.75^2)}{0.00044\times2\times1722}=803\ (\text{m})$$

(4) 利用式 (7-9)，计算分水岭上的潜水流厚度，再计算潜水面高度：

$$h_{\max}=\sqrt{h_1^2+(h_2^2-h_1^2)\frac{a}{l}+\frac{W}{K}(l-a)a}$$
$$=\sqrt{11.15^2+(10.75^2-11.15^2)\times\frac{803}{1722}+\frac{0.00044}{10}\times(1722-803)\times803}$$
$$=12.36\ (\text{m})$$

$$H_{\max}=41.85+12.36=54.21\ (\mathrm{m})$$

(5) 利用式(7-7),计算潜水流入河流的单宽流量:

$$\begin{aligned}q_1&=K\frac{h_1^2-h_2^2}{2l}-W\frac{l}{2}\\&=10\times\frac{11.15^2-10.75^2}{2\times1722}-0.00044\times\frac{1722}{2}\\&=-0.35[\mathrm{m^3/(d\cdot m)}]\end{aligned}$$

负号表示水流方向和 x 轴方向相反,即流向河流。

(6) 利用式(7-7),计算潜水流入渠道的单宽流量:

$$\begin{aligned}q_2&=K\frac{h_1^2-h_2^2}{2l}+W\frac{l}{2}\\&=10\times\frac{11.15^2-10.75^2}{2\times1722}+0.00044\times\frac{1722}{2}\\&=0.40[\mathrm{m^3/(d\cdot m)}]\end{aligned}$$

7.1.2 河渠附近潜水的稳定运动

当只有一侧有河渠、且垂向水量交换强度 W 可忽略($W=0$)时,其他条件同7.1.1中的假设。此时,问题的水文地质模型概化如图7-3所示。

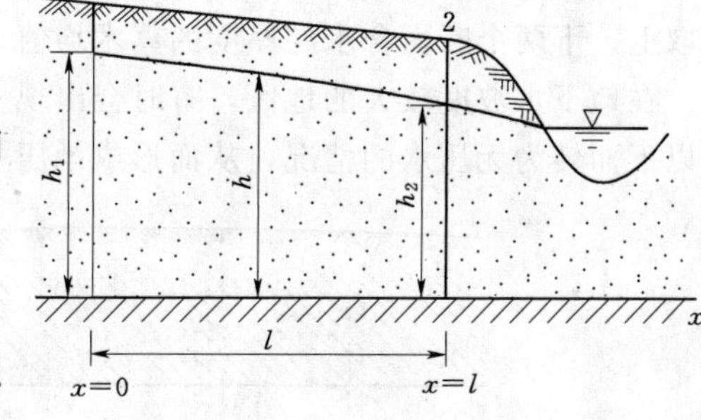

图7-3 隔水底板水平时潜水的运动

该问题中,由于是稳定流,且 $W=0$,所以各断面上潜水流的单宽流量相等,为

$$q=-Kh\frac{\mathrm{d}h}{\mathrm{d}x}$$

分离变量后,求断面1到断面2的积分,有

$$\int_0^l\frac{q}{K}\mathrm{d}x=-\int_{h_1}^{h_2}h\,\mathrm{d}h$$

化简后得

$$q=K\frac{h_1^2-h_2^2}{2l}\tag{7-10}$$

式(7-10)就是 Dupuit-Forchheimer 流量公式。

由式(7-10),可得

$$h^2=h_1^2-\frac{h_1^2-h_2^2}{l}x\tag{7-11}$$

由式(7-11),此时的潜水浸润曲线已经不是椭圆形曲线,而是二次抛物线了。

式(7-11)也可以由式(7-4)直接导出(注意应用 $W=0$ 这一条件)。需要指出的是,Dupuit-Forchheimer 流量公式,是在潜水流满足 Dupuit 假设的条件下建立的;对不满足 Dupuit 假设的潜水流,依据 Dupuit-Forchheimer 公式计算出来的浸润曲线和实际的浸润曲线有一定的差别。

7.1.3　河渠附近承压水的稳定运动

对水平、等厚的承压含水层，由于受上、下隔水层阻隔而不存在垂向水量交换作用，其他条件同 7.1.1 中的假设。此时，问题的水文地质模型概化如图 7-4 所示。

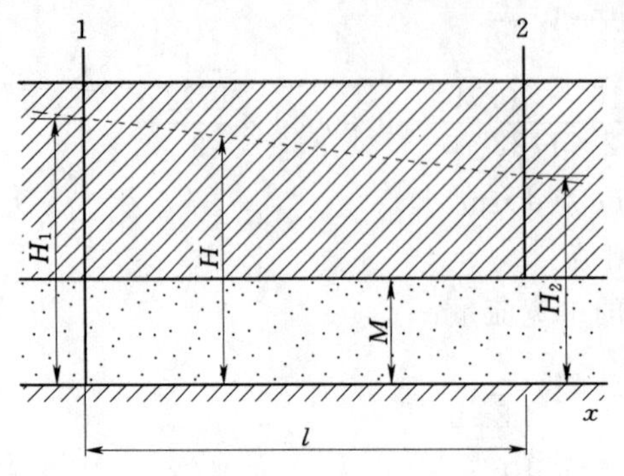

图 7-4　承压水流

该问题中，一维承压水流方程为$\frac{\partial^2 H}{\partial x^2}=0$，对其求积分，注意利用等厚承压含水层厚度 M 为常数的性质，在图 7-4 所示的边界条件下，可得

$$H=H_1-\frac{H_1-H_2}{l}x \qquad (7-12)$$

式（7-12）表明，在厚度不变的承压含水层中，稳定流的承压水位降落曲线是均匀倾斜的直线。

由式（7-12），据 Darcy 定律，可得单宽流量计算式：

$$q=KM\frac{H_1-H_2}{l} \qquad (7-13)$$

自然界很少出现含水层厚度严格不变的情况，此时，式（7-12）中 M 一般可近似取上、下两个断面含水层厚度的算术均值。

在地下水坡度较大的地区，有时会出现上游是承压水，下游由于水头降至隔水顶板以下而转为无压水的情况，从而形成承压-无压流动，如图 7-5 所示。

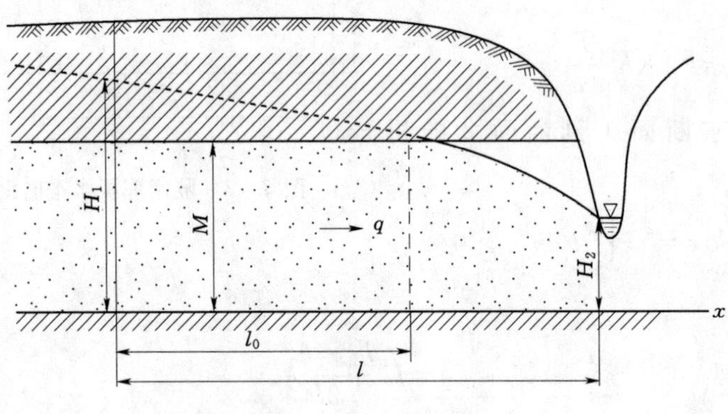

图 7-5　承压-无压流

此时，可用分段法来计算。如果含水层厚度 M 不变，承压水流地段的单宽流量为

$$q_1=KM\frac{H_1-M}{l_0}$$

式中：l_0 为承压水流地段的长度。

无压水流地段的单宽流量为

$$q_2=K\frac{M^2-H_2^2}{2(l-l_0)}$$

根据连续性原理，有 $q_1=q_2=q$，结合以上两个流量公式，可得

$$l_0=\frac{2lM(H_1-M)}{M(2H_1-M)-H_2^2}$$

把 l_0 代入任何一个流量公式中，可得承压-无压流的单宽流量：

$$q=K\frac{M(2H_1-M)-H_2^2}{2l} \tag{7-14}$$

水位降落曲线，可分承压水流段和潜水流段进行分段计算。

7.2 河渠附近潜水非稳定运动

河渠附近潜水非稳定流模型是地下水渗流力学中的经典模型之一，它是研究河渠与潜水之间水量交换、河渠附近潜水水位动态规律的理论基础，在水循环规律分析、人工灌溉系统设计、土壤盐碱化预防与改良、水工建筑物渗流分析等研究中也有着广泛的应用。近年来，它还被应用到河渠附近潜水垂向交换水量的计算中。这里仅介绍河渠水位瞬时变化条件下半无限含水层中潜水非稳定运动的计算方法。

7.2.1 模型及其解

被一顺直河渠完全切割的半无限潜水含水层，如图 7-6 所示。对其所处地段的水文地质条件，作以下假设：

(1) 潜水含水层均质，各向同性，具水平的隔水底板，在平面上无限延展。

(2) 潜水初始水位 $h(x,0)$ 水平。

(3) 河渠水位迅速升至某高度后长时间保持不变，水位升幅为 ΔH。

(4) 垂向水量交换强度 ε，在区内各处相等且为非时变的常量。

(5) 潜水流可视为一维流。

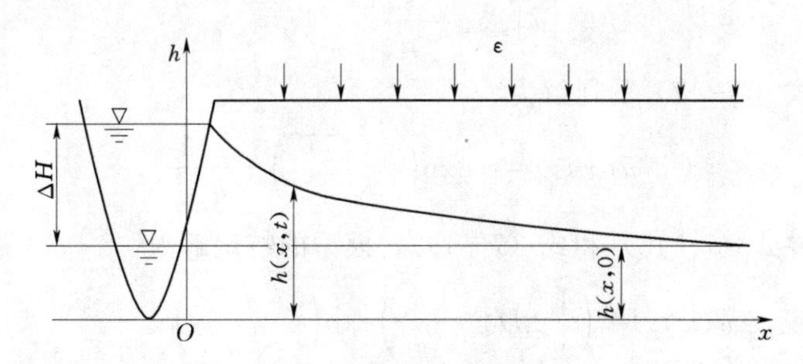

图 7-6 河渠附近潜水渗流示意图

由潜水运动的 Boussinesq 方程式 (5-50)，在一维条件下，有

$$\frac{\partial h}{\partial t}=\frac{K}{\mu}\frac{\partial}{\partial x}\left(h\frac{\partial h}{\partial x}\right)+\varepsilon$$

在研究时段内，潜水流的平均厚度（研究时段始、末潜水流厚度的算术平均值）为 h_m；在水位变幅 $\Delta h\leqslant 0.1h_m$ 的条件下，利用 Boussinesq 方程的第一线性化方法，有

$$\mu \frac{\partial h}{\partial t}=Kh_{\mathrm{m}} \frac{\partial^2 h}{\partial x^2}+\varepsilon \tag{7-15}$$

此时，问题的数学模型可写成：

$$\begin{cases}\mu \dfrac{\partial h}{\partial t}=Kh_{\mathrm{m}} \dfrac{\partial^2 h}{\partial x^2}+\varepsilon & (0<x<+\infty, t>0)\\ h(x,t)\big|_{t=0}=h(x,0) & (x>0)\\ h(x,t)\big|_{x=0}=h(0,0)+\Delta H & (t\geqslant 0)\\ h(x,t)\big|_{x\to\infty}=h(x,0)+\dfrac{\varepsilon}{\mu}t & (t\geqslant 0)\end{cases}$$

令 $u(x,t)=h(x,t)-h(x,0)$，其中的 $h(x,0)$ 是一常数；再令

$$a=\frac{Kh_{\mathrm{m}}}{\mu} \tag{7-16}$$

问题的数学模型转化为

$$\begin{cases}\dfrac{\partial u}{\partial t}=a \dfrac{\partial^2 u}{\partial x^2}+\dfrac{\varepsilon}{\mu} & (0<x<+\infty, t>0)\\ u(x,t)\big|_{t=0}=0 & (x>0)\\ u(x,t)\big|_{x=0}=\Delta H & (t\geqslant 0)\\ u(x,t)\big|_{x\to\infty}=\dfrac{\varepsilon}{\mu}t & (t\geqslant 0)\end{cases}$$

对上述数学问题，求关于 t 的 Laplace 变换，可得

$$\begin{cases}\dfrac{\partial^2 \overline{u}}{\partial x^2}-\dfrac{s}{a}\overline{u}+\dfrac{\varepsilon}{\mu a}\dfrac{1}{s}=0 & (7-17)\\ \overline{u}\Big|_{x=0}=\dfrac{1}{s}\Delta H & (7-18)\\ \overline{u}\big|_{x\to\infty}=\dfrac{\varepsilon}{\mu}\dfrac{1}{s} & (7-19)\end{cases}$$

上述模型中，式（7-17）的通解为

$$\overline{u}(x,s)=c\ \exp\left(-\sqrt{\frac{s}{a}}x\right)+\frac{\varepsilon}{\mu}\frac{1}{s^2}$$

据边界条件式（7-18）和式（7-19），模型的特定解为

$$\overline{u}(x,s)=\left(\frac{1}{s}\Delta H-\frac{1}{s^2}\frac{\varepsilon}{\mu}\right)\exp\left(-\sqrt{\frac{s}{a}}x\right)+\frac{\varepsilon}{\mu}\frac{1}{s^2}$$

对上式进行 Laplace 逆变换，并注意变量 u 与 h 的转换关系，有

$$h(x,t)=h(x,0)+\Delta H\ \mathrm{erfc}\left(\frac{x}{2\sqrt{at}}\right)+\frac{\varepsilon}{\mu}\int_0^t \mathrm{erf}\left(\frac{x}{2\sqrt{at}}\right)\mathrm{d}t \tag{7-20}$$

式中：erf 和 erfc 分别是误差函数和余误差函数。

由式（7-20），据 Darcy 定律，可得河渠与潜水之间水量交换的单宽流量为

$$q(t)=-Kh_{\mathrm{m}}\frac{\partial h}{\partial x}\bigg|_{x=0}$$

$$q(t)=\mu\Delta H\sqrt{\frac{a}{\pi t}}-\varepsilon t\left(a-2\sqrt{\frac{a}{\pi t}}\right) \tag{7-21}$$

7.2.2 特定解及其水文地质意义

由式（7-20）：

当 $\varepsilon=0$ 时
$$h(x,t)=h(x,0)+\Delta H\ \mathrm{erfc}\left(\frac{x}{2\sqrt{at}}\right) \tag{7-22}$$

当 $x\to\infty$ 时
$$h(x,t)=h(x,0)+\frac{\varepsilon}{\mu}t \tag{7-23}$$

当 $\Delta H=0$ 时
$$h(x,t)=h(x,0)+\frac{\varepsilon}{\mu}\int_0^t \mathrm{erf}\left(\frac{x}{2\sqrt{at}}\right)\mathrm{d}t \tag{7-24}$$

式（7-22）所反映的是在河渠边界控制下的半无限潜水含水层中，在垂向水量交换作用可忽略时，河渠水位瞬时变化条件下的潜水运动规律。

式（7-23）是经典的降水入渗引起潜水位上升的计算公式，但它只有在距离河渠边界足够远处（即在河渠边界作用基本可忽略的条件下）才可适用；当在河渠边界作用不可忽略时，降水入渗引起潜水位变动的计算，可用式（7-24）。

7.2.3 解的应用

这里主要介绍根据式（7-20），利用水位长期观测数据计算含水层参数的方法。在河渠边界控制下的半无限延展的潜水含水层中，在垂向渗流和河渠水位变动形成的水平渗流的共同作用下，潜水位非匀速变动速度为 $v_t(x,t)$：

$$v_t(x,t)=\partial h(x,t)/\partial t$$

由式（7-20），得

$$v_t(x,t)=\frac{\Delta Hx}{2\sqrt{\pi a}}t^{-\frac{3}{2}}\exp\left(-\frac{x^2}{4at}\right)+\frac{\varepsilon}{\mu}\mathrm{erf}\left(\frac{x}{2\sqrt{at}}\right)$$

$$\frac{\partial v_t}{\partial t}=\frac{x}{2\sqrt{\pi a}}t^{-\frac{3}{2}}\exp\left(-\frac{x^2}{4at}\right)\left[\frac{\Delta H}{t}\left(-\frac{3}{2}+\frac{x^2}{4at}\right)-\frac{\varepsilon}{\mu}\right] \tag{7-25}$$

由式（7-25），潜水位变动速度随时间变化曲线 $v_t(x,t)-t$ 上存在一个拐点，如图7-7所示。

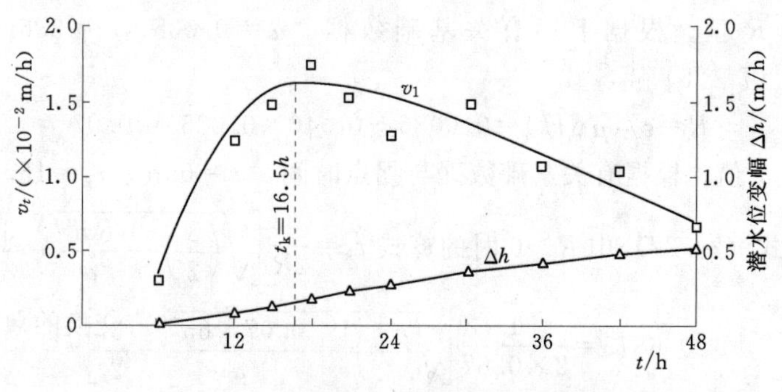

图7-7 水位变动速度随时间变化过程

令拐点处的时间为 t_k，且

$$R=\varepsilon/(\mu\Delta H) \tag{7-26}$$

由式（7-25），有

$$t_k=\begin{cases}\dfrac{1}{2R}\left[\sqrt{\left(\dfrac{3}{2}\right)^2+\dfrac{Rx^2}{a}}-\dfrac{3}{2}\right] & (R>0)\\ \dfrac{1}{2R}\left[-\sqrt{\left(\dfrac{3}{2}\right)^2+\dfrac{Rx^2}{a}}-\dfrac{3}{2}\right] & (R<0)\end{cases} \tag{7-27}$$

由式（7-27），随着 R 值正负的变化，t_k 要采取不同的计算公式。式中涉及两个含水层参数，即给水度 μ 和渗透系数 K。利用同时段不同距离观测孔中实测 $v_t(x,t)-t$ 曲线，或者同一孔中不同时段的实测 $v_t(x,t)-t$ 曲线，可获得两个拐点时间 t_k，通过建立方程组可同时求出 μ 和 a。

当 $\varepsilon=0$ 时，$v_t(x,t)-t$ 曲线也有一拐点，拐点时间为 t_j。由式（7-25），有

$$t_j=x^2/6a \tag{7-28}$$

【例 7-2】 以细砂为主的潜水含水层厚度为 8.0m，含水层给水度 μ 值为 0.035。一条基本完全切割潜水含水层大型引水灌渠，关闸蓄水时渠水位迅速升高 1.46m。距渠直线距离 65m 的地下水位观测井，水位变动数据见表 7-1。这期间，降水入渗强度为 3.6mm/d。试求含水层导压系数 a。

表 7-1　水位测验数据与变动速度

t/h	6	12	15	18	21	24	30	36	42	48
h/m	27.76	27.83	27.88	27.93	27.97	28.01	28.10	28.16	28.22	28.22
$v_1/(\times10^{-2}$m/h)	0.30	1.52	1.47	1.73	1.50	0.63	1.47	1.05	1.03	0.65
$v_2/(\times10^{-2}$m/h)	1.22	1.47	1.73	1.50	1.27	1.47	1.05	1.03	0.65	

注　$v_1(t_i)=(h_{i+1}-h_i)/(t_{i+1}-t_i)$；$v_2(t_i)=(h_i-h_{i-1})/(t_i-t_{i-1})$；附近地面标高 30.72m。

解：（1）根据实测水位，计算水位变动速度。利用向前、向后插值算法求潜水位变动速度，见表 7-1 中的 v_1 和 v_2；并绘制 v_1-t 和 v_2-t 图。

（2）确定拐点时间。潜水位达到最大变动速度时所对应的时间（也就是拐点时间），在 v_1 和 v_2 中分别是 15h 和 18h，这说明 $v_t(x,t)-t$ 曲线上的拐点时间 t_k 在 15～18h 之间，取 t_k=16.5h。图 7-7 是 v_1-t 曲线变化过程。

（3）计算 R 值。根据上述有关基础数据，$\mu=0.035$、$\varepsilon=3.6$mm/d、$\Delta H=1.46$m，由式（7-26）得

$$R=\varepsilon/(\mu\Delta H)=0.0036\div(1.46\times0.035)=0.07$$

（4）计算 a 值。根据有关基础数据与拐点时间，x=65m、t_k=16.5h=0.6875d、R=0.07，由式（7-27）中 $R>0$ 时的算式 $t_k=\dfrac{1}{2R}\left[\sqrt{\left(\dfrac{3}{2}\right)^2+\dfrac{Rx^2}{a}}-\dfrac{3}{2}\right]$，有

$$0.6875=\frac{1}{2\times0.07}\left[\sqrt{\left(\frac{3}{2}\right)^2+\frac{0.07\times65^2}{a}}-\frac{3}{2}\right]$$

$$a=854.82\text{m}^2/\text{d}$$

复习思考题

1. 不考虑入渗的潜水含水层，当隔水底板倾斜时，怎样求得它的流量和降落曲线？如果隔水底板的坡度是变化的，又怎么求得？

2. 承压含水层的厚度变化和降落曲线的坡度、形状有什么关系？

3. 如图 7-8 所示，左侧河水已受污染，其水位用 H_1 表示，没有受污染的右侧河水位用 H_2 表示。

(1) 已知河渠间含水层为均质，各向同性，渗透系数未知，在距左河 L_1 处的观测孔中，测得稳定水位 H，且 $H>H_1>H_2$。倘若入渗强度 W 不变。试求不致污染地下水的左河最高水位。

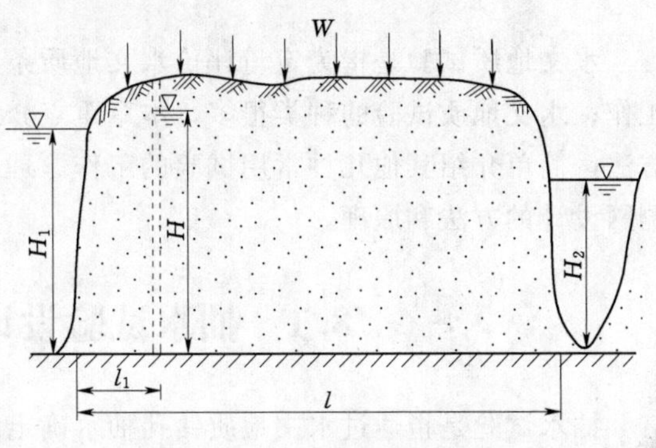

图 7-8　复习思考题 3 图

(2) 如含水层两侧河水位不变，而含水层的渗透系数 K 已知，试求左河河水不致污染地下水时的最低入渗强度 W。

4. 在水平分布的潜水含水层中，沿流向相距 1000m 打两孔，已知 1 号孔、2 号孔的水位标高分别为 32.5m 和 25.2m，含水层底板标高平均为 12m，含水层的渗透系数为 7.5m/d，含水层的宽度为 150m。求含水层的单宽流量和总流量，并绘制水位降落曲线（每隔 100m 计算一个数值）。

5. 一侧与河流有水力联系的潜水含水层，其平均厚度为 8m，渗透系数为 0.2m/d，给水度为 0.04。若河流蓄水后，河水位瞬时上升幅度 $\Delta h_{0,t}=3$m，并保持不变。试计算 10d 后河流补给地下水的单宽补给量和单位长度上的补给总量。

参考文献

[1] 薛禹群．地下水动力学［M］．2 版．北京：地质出版社，2005.

[2] 张蔚榛．地下水非稳定流计算和地下水资源评价［M］．北京：科学出版社，1983.

[3] 张元禧，施鑫源．地下水水文学［M］．北京：中国水利水电出版社，1998.

[4] Tao Yue zan，Xi Dao yin. Rule of transient phreatic flow subjected to vertical and horizontal seepage［J］. Applied Mathematics and Mechanics，2006.

[5] Tao Yue zan，Yao Mei，Zhang Bing feng. Solution and its application of transient stream/groundwater model subjected to time - dependent vertical seepage［J］. Applied Mathematics and Mechanics，2007.

[6] 陶月赞，蒋玲．垂向入渗与河渠边界影响下潜水非稳定流参数的求解［J］．水利学报，2008.

第 8 章

野外试验与动态观测

水文地质试验是指为定量评价水文地质条件和取得含水层参数而进行的各种测试工作；水文地质试验的种类很多，本章重点介绍野外抽水试验工作的设计与资料分析方法，简单介绍其他几种常用试验的工作原理；在此基础上，简单介绍地下水动态监测网设计的方法和原理。

8.1 抽水试验设计与资料分析

抽水试验是指通过水文地质钻孔抽水确定水井出水能力，获取含水层水文地质参数，判明某些水文地质条件的野外水文地质试验工作，它是水文地质勘察中最为常用的野外试验工作。在进行抽水试验工作设计时，首先要针对实际水文地质条件，根据试验的目的与任务，结合资料分析中将要采用的计算方法，来确定抽水孔和观测孔的结构与空间布置，制定观测制度与观测方法，为相关分析与计算提供试验资料。

资源 8.1

8.1.1 抽水试验的目的

抽水试验的主要目的与任务，大体可归纳为三大类：

（1）确定含水层水文地质参数，如 K、T、μ、μ^*、a；确定一些工程设计所需的水文地质特征值，如影响半径 R、单井出水量、单位出水量、井间干扰系数等。

（2）直接测定含水层的富水程度并评价井（孔）的出水能力，直接评价水源地的可开采量。

（3）通过抽水试验，查明某些其他手段难以查明的水文地质条件，如地表水、地下水之间及含水层之间的水力联系，以及地下水补给通道和强径流带位置等。

8.1.2 抽水试验的分类与选择

按抽水试验资料的整理方法，抽水试验可以划分为稳定流抽水试验、非稳定流抽水试验；按有无配套观测孔，又可划分为单孔抽水试验、多孔抽水试验；按抽水井数，可划分为单井抽水试验、干扰井抽水试验、群井抽水试验；按抽水试验目的层数，可划分为分层抽水试验、混合抽水试验等。上述划分的各类型的组合，又形成多种综合性的抽水试验类型。

在确定抽水试验方法与类型时，主要是依据于试验的主要目的与任务。例如，当抽水试验的主要目的是获得含水层的区域代表性水文地质参数和富水性指标（如钻孔的单位涌水量或某一降深条件下的涌水量）时，一般选用单孔抽水试验即可；当主要目的是获得含水层渗透系数和涌水量时，一般选用稳定流抽水试验；当主要目的是为了获得渗透系数、导水系数、释水系数及越流系数等水文地质参数时，则须选用非稳定流的抽水试验。

在专门性水文地质调查的详勘阶段，当希望获得开采孔群（组）设计所需水文地质参数（如影响半径、井间干扰系数等）和水源地允许开采量（或矿区排水量）时，则须选用多孔干扰抽水试验。当设计开采量（或排水量）与地下水补给量相比较小时，可选用稳定流的抽水试验方法；反之，则选用非稳定流的抽水试验方法。

8.1.3 抽水孔和观测孔设计

8.1.3.1 抽水孔（主孔）设计

（1）根据抽水试验的目的和任务的不同，抽水孔的设计原则也不尽相同：①为求取水文地质参数的抽水孔，一般应远离含水层的透水、隔水边界，并应布置在含水层的导水及储水性质、补给条件、厚度和岩性条件等有代表性的地方；②对于探采结合的抽水井（包括供水详勘阶段的抽水井），要求布置在含水层（带）富水性较好或计划布置生产水井的位置上，以便为将来生产孔的设计提供可靠信息；③欲查明含水层边界性质、边界补给量的抽水孔，应布置在靠近边界的地方，以便观测到边界两侧明显的水位差异或查明两侧的水力联系程度。

（2）在布置带观测孔的抽水井时，要考虑尽量利用已有勘探孔或水井作为抽水时的水位观测孔；如无可用于水位观测的现有勘探孔或水井时，则应考虑水位观测井井位的条件。

（3）抽水孔所布置地段，应尽可能不受其他生产水井或地下排水工程的影响。

（4）注意抽水的外排条件，尽可能使所抽出的水外排到抽水孔影响区以外，这一点在设计抽水量很大的群孔抽水时尤其值得关注。

8.1.3.2 水位观测孔设计

在抽水试验设计中，设计配套水位观测孔的目的在于：

（1）利用观测孔的水位观测数据，提高水文地质参数的计算精度。

（2）利用观测孔水位，确定抽水条件下的地下水流场形态，为查明含水层边界位置与性质、地下水补给方向与来源等提供基础数据。

（3）利用观测孔所控制的渗流场时空变化特征，为地下水流数值模拟提供基础。

在初步了解了配套水位观测孔的目的后，结合抽水试验的不同目的，与抽水试验相配套的水位观测孔的设计原则可概述如下：

（1）所取含水层水文地质参数的观测孔，一般应和抽水主孔组成观测线，使得所获得的水文地质参数具有代表性。设计时，应先对抽水形成的水位降落漏斗形态进行预判断，在此基础上确定观测线位置，从而使得设计的观测孔可以最大程度地控制地下水位降落曲线乃至整个抽水流场的形态。根据不同的水文地质条件，设计要求也有所区别：

1）对均质各向同性、水力坡度较小的含水层，其抽水降落漏斗的平面形状为圆形，即在通过抽水孔的各个方向上，水力坡度基本相等，但一般上游侧水力坡度较下游侧为小，故在与地下水流向垂直方向上布置一条观测线即可［图 8-1(a)］。

2）对均质各向同性、水力坡度较大的含水层，其抽水降落漏斗形状为椭圆形，下游一侧的水力坡度远较上游一侧大，故除垂直地下水流向布置一条观测线外，尚应在上、下游方向上各布置一条水位观测线［图 8 - 1(b)］。

3）对均质各向异性的含水层，抽水水位降落漏斗常沿着含水层储、导水性质好的方向发展（延伸），该方向水力坡度较小；储、导水性差的方向为漏斗短轴，水力坡度较大。因此，抽水时的水位观测线应沿着不同储、导水性质的方向布置，以分别取得不同方向的水文地质参数。

4）在设计观测线上的观测孔时，对于观测孔数量，只为求参数的一般 1 个即可，如参数计算的精度要求较高则需 2 个以上；如欲绘制漏斗剖面，则需 2～3 个。在设计观测孔的密度与空间位置时，首先要避开抽水孔三维流的影响，最靠近抽水孔的观测孔，其距离抽水孔一般应约等于含水层的厚度且不小于 10m；离抽水孔最远的观测孔，要求观测到的水位降深不小于 20cm；相邻观测孔应保持一定远的距离，以使得两孔的水位差不小于 20cm。

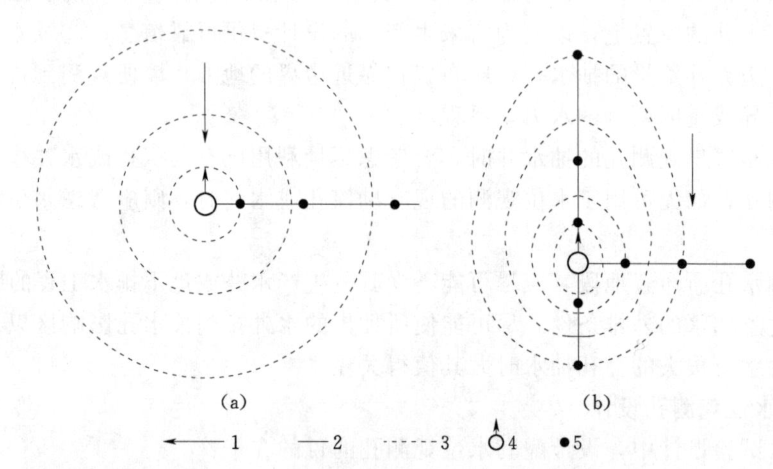

图 8 - 1　抽水试验水位观测线布置示意图（据房佩贤等，1996）

1—地下水天然流向；2—水位观测线；3—抽水时的等水位线；4—抽水主孔；5—水位观测孔

（2）当抽水试验的目的在于查明含水层的边界性质和位置时，观测线应通过主孔垂直于欲查明的边界布设，并应在边界两侧附近布设观测孔。

（3）对欲建立地下水水流数值模拟模型的大型抽水试验，应将观测孔比较均匀地布置在计算区域内，以便能控制整个流场的变化和边界上的水位和流量。

（4）当抽水试验的目的在于查明垂向含水层之间的水力联系时，则应在同一观测线上布置分层的水位观测孔。

（5）观测孔深度设计时，要求观测孔揭穿含水层，并至少深入含水层 10～15m。

8.1.4　单孔稳定流抽水试验设计

8.1.4.1　抽水水位降深设计

为提高水文地质参数的计算精度和预测更大水位降深时的井出水量，稳定流抽水试验一般要求进行三次不同水位降深（落程）的抽水，且每个落程的抽水要连续进行；对于富水性较差的含水层或非开采含水层，可只做一次最大降深的抽水试验。对松散孔隙含水层，为有助于在抽水孔周围形成天然的反滤层，抽水水位降深的次序可设计为由小到大；对于裂隙含水层，为了使裂隙中充填的细粒物质（天然泥沙或钻进过程中产生的岩粉）及早吸出，增加裂隙的导水性，抽水降深次序可设计为由大到小。

一般抽水试验所选择的最大水位降深值（s_{max}）的选取方法为：①潜水含水层，$s_{max}=H/3\sim H/2$（H 为潜水含水层厚度）；②承压含水层，s_{max} 不大于承压含水层顶板以上的水头高度。当进行三次不同水位降深抽水试验时，其余两次试验的水位降深，宜按最大水位降深值的 1/3 和 1/2 来设计。

8.1.4.2 抽水流量设计

对于某一特定的研究对象，水井流量的大小主要取决于水位降深的大小，因此一般以求得水文地质参数为主要目的的抽水试验，无须专门提出抽水流量的要求。但为保证达到试验规定的水位降深，试验进行前仍应对最大水位降深所对应的出水量进行预判断，以便选择适合的抽水设备。其最大出水量，可根据同一含水层中已有水井的出水量推测，或根据含水层的经验渗透系数值和设计水位降深值估算，也可根据洗井时的水量来估算。

8.1.4.3 稳定延续时间设计

在稳定流抽水试验中，抽水井的水位和流量是否真正达到了稳定状态，关系到利用试验数据计算出的水文地质参数的精度。如果抽水试验的目的仅为获得含水层的水文地质参数，水位和流量的稳定延续时间达到 24h 即可；如果抽水试验的目的除获取水文地质参数外，还必须确定出水井的出水能力，则水位和流量的稳定延续时间至少应达到 48～72h 或者更长。当抽水试验带有专门的水位观测孔时，距主孔最远的水位观测孔的水位稳定延续时间应不少于 4h。

8.1.4.4 水位和流量观测方案设计

抽水孔的水位和流量与观测孔的水位，都应同时进行观测，不同步的观测资料可能给水文地质参数的计算带来较大误差。

水位和流量的观测时间间隔，应由密到疏，停抽后还应进行恢复水位的观测，直到水位的日变幅接近天然状态为止。

8.1.5 非稳定流抽水试验设计

非稳定流抽水试验，可设计成定流量抽水（水位降深随时间变化）或定降深抽水（流量随时间变化）两种试验方法。由于在抽水过程中流量比水位更容易控制，因此在实际工作中多采用定流量抽水；但在一些特定条件下，如在利用自流钻孔进行涌水试验（即水位降低值固定为自流水头高度，而自流量逐渐减少、稳定），或当模拟定降深的疏干或开采地下水时，才进行定降深的抽水试验。故本节以定流量抽水为例，介绍非稳定流抽水试验设计的技术要点。

8.1.5.1 抽水流量设计

在设计定流量非稳定流抽水试验的抽水流量值时，应参考已有的含水层的区域水文地质参数值，或根据抽水井在洗井过程中的水位流量关系，来设计适当的抽水流量值。

根据不同的试验目的，设计中要注意：

（1）以求水文地质参数为主要目的的抽水试验，所设计的抽水流量，在连续抽水期间产生的最大水位降深不超过抽水设备的最大提升深度。

（2）对探采结合的抽水井，可考虑按开采设计需水量的1/3～1/2的强度来确定。

8.1.5.2 水位和流量观测方案设计

定流量非稳定流抽水时，要求抽水量一直保持定值；定降深抽水时，要求水位一直保持定值。

同稳定流抽水试验要求一样，流量和水位观测应同时进行；观测的时间间隔应比稳定流抽水为小；抽水停抽后恢复水位的观测，应一直进行到恢复水位变幅接近天然水位变幅时为止。由于利用恢复水位资料计算的水文地质参数，常比利用抽水观测资料求得的可靠，因此要充分重视非稳定流抽水恢复水位观测工作。

8.1.5.3 抽水试验延续时间设计

对非稳定流抽水试验的延续时间，目前还没有公认的技术规范，一般按试验的目的任务和参数计算方法的需要，对抽水延续时间进行相应的设计。

当抽水试验的目的主要是求得含水层的水文地质参数时，抽水延续时间一般不必太长，只要求水位降深（s）与时间对数（$\lg t$）的曲线形态比较固定，且能较明显地反映出含水层的边界性质即可。研究表明，以求算水文地质参数为目的的非稳定流抽水试验，延续时间一般可以不超过24h；由此导致的参数计算误差，在绝大多数情况下小于5%。

当抽水试验的目的主要在于确定水井的出水能力时，试验延续时间应尽可能长一些，最好能从含水层的枯水期末期开始，一直抽到丰水期到来；或抽水试验至少进行到$s-\lg t$曲线能可靠地反映出含水层边界性质为止。

8.1.6 抽水试验资料的现场整理

抽水试验资料的整理包括抽水试验现场整理和抽水试验完成后的室内整理。这里主要是介绍现场整理的内容与方法。

现场资料整理的内容，主要是伴随抽水试验的进行，对已收集的基本观测数据——抽水流量（Q）、水位降深（s）及抽水延续时间（t）进行现场检查与整理，并绘制出各种规定的关系曲线。现场资料整理的主要目的是：①为了及时掌握抽水试验是否按要求进行，检查水位和流量是否有异常和相应的观测是否有错误，并分析原因、及时纠正和采取补救措施；②通过资料的现场整理，初步判断实际抽水是否达到试验要求，为试验设计方案变更提供依据。

不同方法的抽水试验，对资料整理的具体方法与要求也有所区别。

8.1.6.1 稳定流抽水试验资料的现场整理

对于单孔稳定流抽水试验，除及时绘制出$Q-t$和$s-t$曲线外，尚需绘制出$Q-s$和$q-s$关系曲线（q为单位降深涌水量）。

$Q-t$、$s-t$曲线，主要用来了解抽水试验进行得是否正常；$Q-s$和$q-s$曲线，通过曲线形态来判断含水层的类型和边界性质是否得到了正确地反映；图8-2、图8-3表示了抽水试验常见的各种$Q-s$和$q-s$曲线类型。图中曲线Ⅰ是承压井流（或厚度很大、降深相对较小的潜水井流）；曲线Ⅱ是潜水或承压转无压的井流（或为三维流、紊流影响下的承压井流）；曲线Ⅲ是从某一降深值起，涌水量随降深的加大而增加很少；曲线Ⅳ补给衰竭或水流受阻，Q 随 s 加大反而减少；曲线Ⅴ通常表明试验有错误，但也可能反映在抽水过程中原来被堵塞的裂隙、岩溶通道被突然疏通等情况的出现。

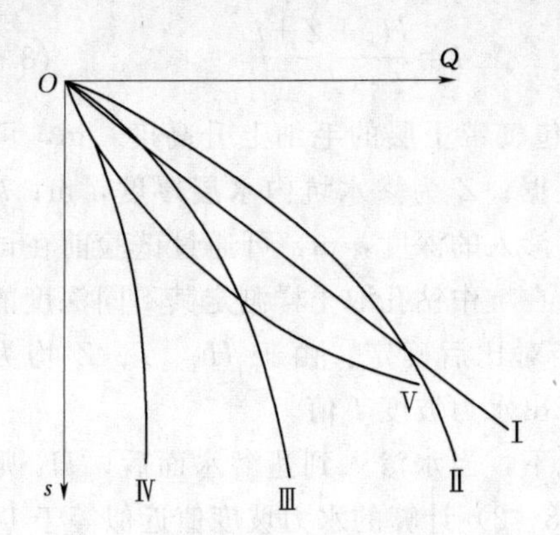

图 8-2　稳定流抽水试验的 $Q-s$ 曲线（据房佩贤等，1996）

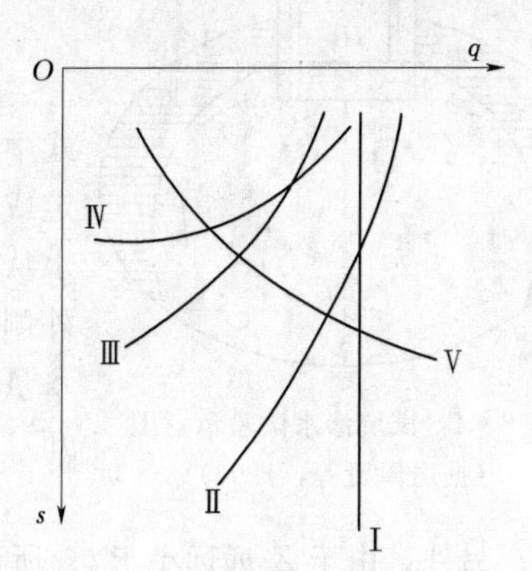

图 8-3　稳定流抽水试验的 $q-s$ 曲线（据房佩贤等，1996）

8.1.6.2　非稳定流抽水试验资料的现场整理

对于定流量的非稳定流抽水试验，须在抽水试验现场编绘出能满足所选用参数计算方法要求的曲线形式。在一般情况下，首先编绘的是 $s-\lg t$ 或 $\lg s-\lg t$ 曲线；当水位观测孔较多时，尚需编绘 $s-\lg r$ 或 $s-\lg t/r^2$ 曲线（式中 r 为观测孔至抽水孔的距离）。

在水位恢复阶段，需编绘出 $s'-\lg\left(1+\frac{t_p}{t'}\right)$ 和 $s^*-\lg\frac{t}{t'}$ 曲线。其中，s' 为剩余水位降深；s^* 为水位回升高度；t_p 为抽水井停抽时间；t' 为从抽水井停抽后算起的水位恢复时间；t 为从抽水试验开始至水位恢复到某一高度的时间。

8.2　其他野外试验方法

除抽水试验外，还有许多其他野外水文地质试验方法，现将常用的方法简介如下。

8.2.1　渗水试验

渗水试验是在地表试坑注水，坑内水位保持一定高度，根据单位时间内渗入地下的稳定水量来测定包气带松散层垂向渗透性的野外水文地质试验。在研究大气降水、灌溉水、渠水、暂时性地表水体等对地下水的补给量时，常进行此种试验。

渗水试验的方法是，在试验层中开挖一个截面积不大（$0.3\sim0.5\text{m}^2$）的方形或圆形试坑，将水连续注入坑中，并使坑底的水层厚度保持一定（一般为 10cm 厚，如图 8-4 所示）。

当单位时间注入的水量（即包气带岩层的渗透流量）保持稳定时，则可根据达西渗透定律计算出包气带土层的渗透系数，即

$$K=\frac{V}{I}=\frac{Q}{WI} \tag{8-1}$$

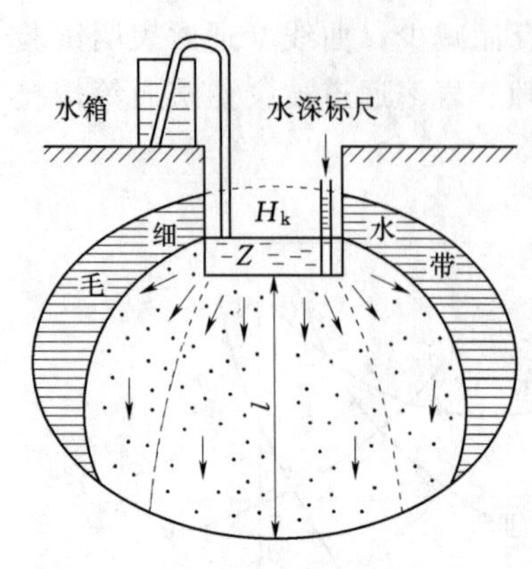

图 8-4 试坑渗水试验示意图
（据房佩贤等，1996）

式中：Q 为稳定渗透流量，即单位时间内所注入的水量；V 为渗透水流速度；W 为渗水坑的底面积；I 为垂向水力坡度，即

$$I=\frac{H_k+Z+l}{l} \tag{8-2}$$

式中：H_k 为包气带土层的毛细上升高度，m，可测定或用经验数据；Z 为渗水坑内水层厚度，m；l 为水从坑底向下渗入的深度，m，可通过试验前在试坑外侧、试验后在坑中钻孔取土样测定其不同深度的含水量变化，经对比后确定。由于 H_k、l、Z 均为已知，故可计算出水力坡度 I 值。

通常情况下，当水渗入到达潜水面后，H_k 则等于零；另外，由于 Z 远远小于 l；所以由式（8-2）计算的水力坡度值近似等于1（$I\approx1$）。于是由式（8-1），可得

$$K=\frac{Q}{W}=V \tag{8-3}$$

式（8-3）表明，在上述基本合理的假定条件下，包气带土层的垂向渗透系数 K，实际上就等于渗入强度（单位时间内、单位试坑底面积上的渗透流量），也等于水在包气带中的渗透速度 V。

一般要求在试验现场及时绘制出 V 随时间的过程曲线（图 8-5），其稳定后的 V 值（即图中的 V_7）即为包气带土层的渗透系数 K。

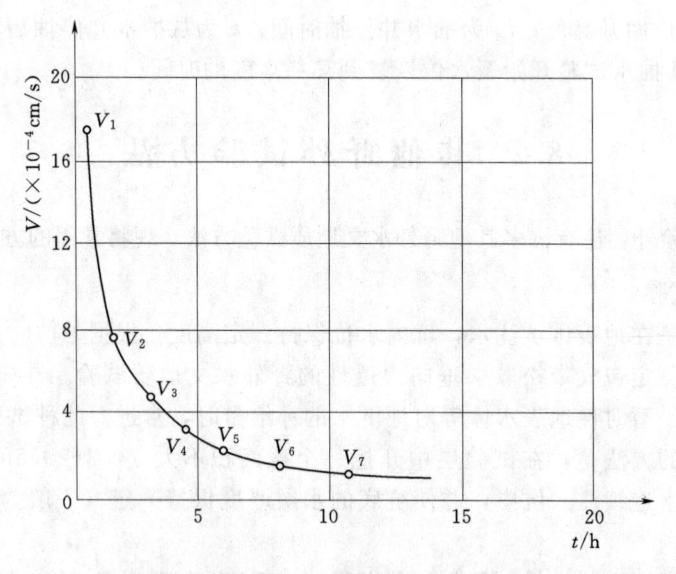

图 8-5 渗透速度与时间关系曲线图（据房佩贤等，1996）

由于直接从试坑中渗水，未考虑所注入的水向试坑外的侧向渗入（该影响的实质是使渗透断面加大，若不考虑将使单位面积入渗量计算值偏大），故所求得的 K 值往

往偏大。为克服此种侧向渗水的影响，目前仍多采用如图 8-6 所示的双环渗水试验装置，内外环间水体下渗所形成的环状水围幕即可阻止内环水的侧向渗透。

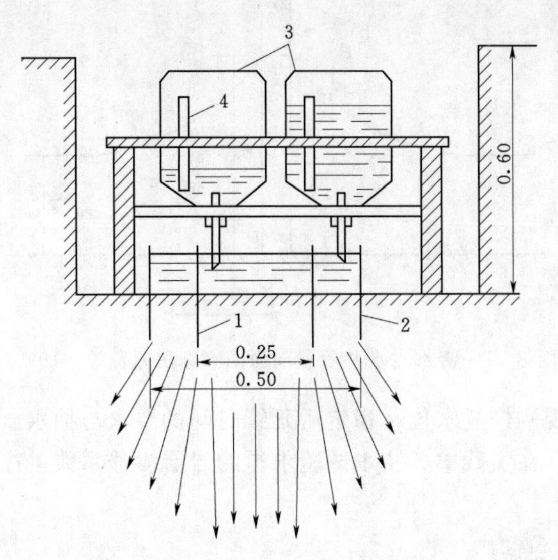

图 8-6 双环法试坑渗水试验示意图

（据房佩贤等，1996）（单位：m）

1—内环；2—外环；3—自动补充水瓶；4—水量标尺

渗水试验方法的最大缺陷是水体下渗时常常不能完全排出岩土层中的空气，这对试验会产生一定影响。

8.2.2 钻孔注水试验

当钻孔中地下水位埋藏很深或试验层为透水但不含水时，可用注水试验代替抽水试验，近似地测定该岩层的渗透系数。在研究地下水人工补给或废水地下处置的效率时，也需进行钻孔注水试验。

注水试验形成的充水漏斗，正好和抽水试验相反（图 8-7）。抽水试验是在含水层天然水位以下形成上大、下小的正向疏干漏斗；而注水试验则是在地下水天然水位以上形成反向的充水漏斗。

对于常用的稳定流注水试验，其渗透系数计算公式的建立过程与抽水井的 Dupuit 计算公式相似。其不同点仅在于含水层中的地下水运动，注水时与抽水时的方向相反，故水力坡度为负值。

对于潜水完整注水井，其注（涌）水量公式为

$$Q=\pi K\ \frac{h_0^2-H^2}{\lg R-\lg r}$$

对于承压完整注水井，其注（涌）水量公式为

$$Q=2\pi KM\ \frac{h_0-H}{\lg R-\lg r}$$

注水试验时可向井内定流量注水，抬高井中水位，待水位稳定并延续到一定时间

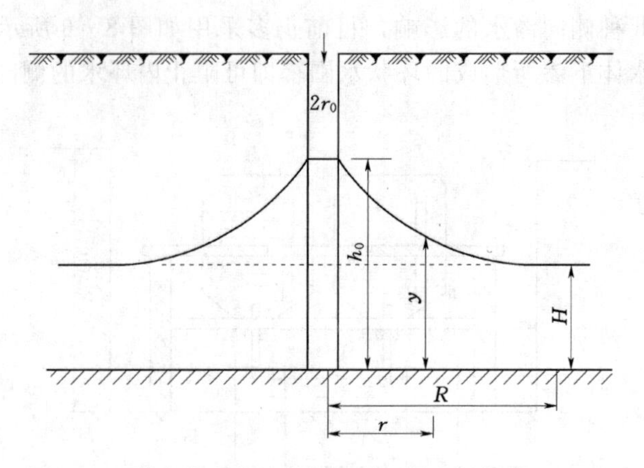

图 8－7　潜水注水井示意剖面图（据房佩贤等，1996）

后，可停止注水，观测恢复水位；稳定后延续时间的要求与抽水试验相同。

值得指出的是，在实践中，注水试验求得的岩层渗透系数，往往要比抽水试验求出的值小。

8.2.3　地下水示踪试验

地下水示踪试验是指通过钻孔或地下坑道，将某种能指示地下水运动途径的示剂注入含水层中，并借助下游井、孔、泉或坑道进行监测和取样分析，以研究地下水和其溶质成分运移的一种试验方法。进行地下水示踪试验的主要目的是测定水质弥散系数，同时亦可确定地下水的流向、流速和运动路径。

地下水的流向是阐明区域地下水径流条件，确定地下水流量计算断面的方向，正确设计地下水取水、排水、堵水截流工程设施，以及示踪试验井组位置等必不可少的依据。而地下水的实际流速，则可直接用于地下水断面流量的计算，帮助判断地下水流态。水质弥散系数，则是建立地下水溶质运移模型和预测水质演变过程的重要参数。

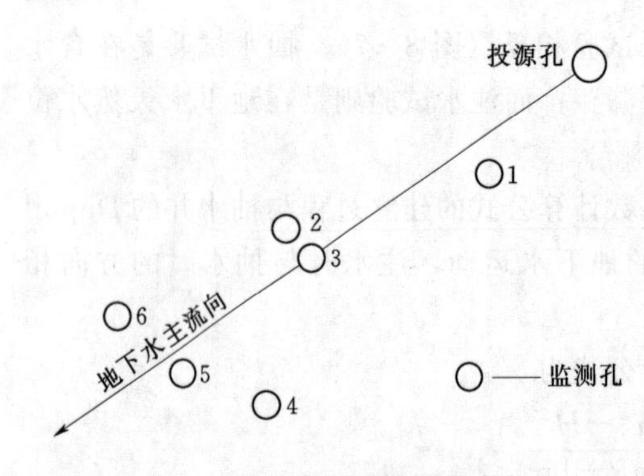

图 8－8　弥散试验井孔示意图

野外示踪试验，一般是在沿地下水流向上布置的试验井组中进行的；井组由上游的投源井（又称主井）和下游的监测井（接收井或称取样井）组成。为保证捕捉到来自投源井的示踪晕和提高试验精度，应在地下水主流线及其两侧与主孔不同距离并与主孔同心的圆弧上布置监测井。一般布置 1～3 层，每层布置 3 口监测井（图 8－8）。由于示踪晕沿地下水流方向的扩散范围常常要远大于与流向垂直方向的范围，故主流向两侧的监测井不能距主流线轴太远。由主流线上监测井、投源井与侧面监测井构成的夹角，一般不宜大于 15°。

进行试验时，首先将示踪剂以脉冲或连续方式注入投源井中的含水层段，并使示踪剂溶液与含水层段地下水混合均匀。然后，严格定时测量投源井与监测井中的水位变化，用定深探头（或用定深取样分析方法）观测试验井中示踪剂的浓度变化；同时，观测监测井中示踪剂的出现时间。待示踪晕的前缘在监测井中出现后，应加密观测（取样）次数，以准确地测定出示踪剂前缘和峰值到达监测井的时间。

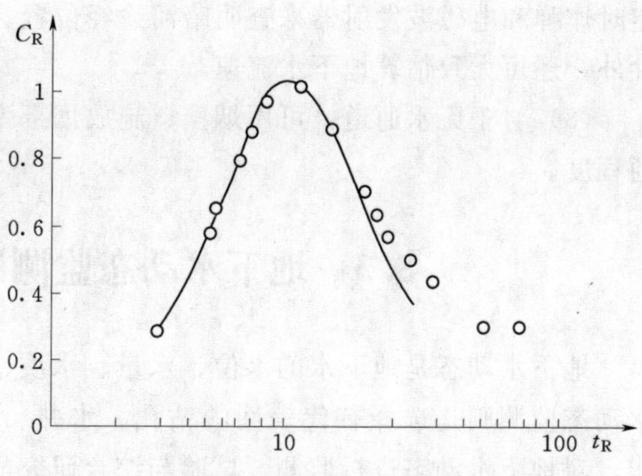

图 8-9　某监测井实测 C_R-t_R 曲线（电线）与标准量板曲线（实测）的匹配图

根据监测井中示踪剂浓度随时间的变化过程，便可计算出地下水的流速和纵向弥散系数。将由监测井中得到的示踪剂浓度变化资料，绘制成示踪剂浓度 C_R（某时刻浓度/峰值浓度）和监测时间 t 的关系曲线；再将该曲线与弥散方程解析解的标准量板曲线（即 C_R-t_R 曲线）进行配线（图 8-9），即可求出纵向弥散系数。根据投源井到监测井的距离、示踪剂从投源井到监测井的时间（一般选取监测井中示踪剂出现初值与出现峰值的时间中值），就可估算出地下水的流速。

有关地下水示踪试验的示踪剂选择、技术要求、数据整理与分析等，请参阅有关文献，本教材不予赘述。

8.2.4　连通试验

连通试验实质上也是一种示踪试验，是在上游某个地下水露头处（水井、坑道、岩溶竖井及地下暗河表流段等）投入某种指示剂，在下游的地下水露头点（除前述各类水点外，还包括泉水、岩溶暗河出口等）处监测示踪剂是否出现，以及出现的时间和浓度。

试验的目的主要是查明岩溶地下水的运动路径、速度，地下河系的连通、延展与分布情况，地表水与地下水的转化关系，以及矿坑涌水的水源与通道等问题。

连通试验对试验井点的布置及试验方法，不需要如弥散示踪试验要求那样严格，一般多利用现有的人工或天然地下水露头点和岩溶通道，只要用于监测的地下水露头点在投源点下游的主径流带中即可；用于监测的地下水露头点应尽可能地多，与投源井距离要求不十分严格。常用的试验方法有水位传递法、指示剂投放法等，现介绍如下：

（1）水位传递法。主要用于查明岩溶管流区的孤立岩溶水点间的联系。一般是利用天然的岩溶通道，进行堵、闸、放水或注水之后，观察上、下游岩溶水露头（包括钻孔）处的水位、流量及水质的变化，从而判断其连通性。

（2）指示剂投放法。多用于岩溶管道发育区和裂隙岩溶区。试验方法与前面所讲的示踪试验基本相同，对指示剂物理、化学性质的要求，一般只要无毒无害即可。所用指示剂除前述弥散试验中的常用材料外，尚可选用谷糠、锯屑、石松孢子、漂浮纸片、微小彩色塑料粒子等作为指示剂（物）；对于流量较大的地下暗河，还可用浮漂、定时炸弹和电磁波发射器来查明暗河途经位置。此方法除能查明地下水露头间的连通性外，还可大致估算地下水流速。

（3）对于无水通道，可用烟熏、施放烟幕弹和灌水等方法，探明连通通道及其连通程度。

8.3　地下水动态监测网及其设计方法

地下水动态是地下水的水位、水量、水质、水温等要素随时间变化的过程；地下水动态监测则是选择有代表性的钻孔、水井、泉等，按照一定的时间间隔和技术要求，对地下水动态进行监测、试验与综合研究的工作。

地下水动态监测数据是研究地下水系统的补径排过程、评价水资源量、分析地下水水位水质变化控制机理的基础；同时也是进行地下水管理和保护、实施水资源优化配置和合理调度的重要基础。随着科技发展，地下水中不同指标监测的新技术和新方法不断涌现，使得实时在线的地下水监测得以实现。地下水的监测方式可分为定点监测和水位统测两种方式。定点监测是在一个目标点进行连续长时期的测量，只能布置在一些重要的或具有代表性的目标点，点位比较稀疏。水位统测是专门在同一天或几天内对一定范围内的地下水点进行全面统一的测量，点位密集，以获取某个代表性时期（旱季或雨季）的地下水位分布特征。两者在时空分辨率上具有互补作用。

8.3.1　监测技术、方法与设备

8.3.1.1　水位

传统的地下水位监测方法主要是人工利用水位测绳（water level meter）进行测量，利用该方法不但测量精度无法保障，而且现场操作人员的劳动强度也很大。为了提高测量精度和减轻劳动强度，可在测绳底部装上一个外壳为不锈钢，可感应水分条件的金属探头，并在转动轮盘装上一个对应由高到低分等级的 LED 灯、蜂鸣器和敏感性控制器，通过装置响应来确定当前水位。

尽管做了上述改进，水位测绳仍无法实现自动化管理，实时性差，尤其是在一些地理位置偏远的监测点更是如此。现代野外工作要求监测仪器具备数据分析处理能力强、智能化程度高、运算速度快、仪器小型化、集成化程度高、结构设计先进等特点。基于上述目的设计研发了工作稳定可靠的新型地下水水位自动监测仪器——水位探头（water level logger），为地下水位监测提供了先进的技术手段。目前主要通过监测井以及配套的自动水位记录装置来实现地下水水位的实时测量。自动水位记录装置通常都与气压数据记录器（barometric datalogger）联用，大气压强数据通常被用于计算水位数据，通过将气压数据记录器内置在密封的压力管中制作成常见的水位探头。目前常用的比较先进的水位探头主要有 HOBO U20 - 001 - 04 淡水水位计、Solinst 3001 LTC 水位计和 Level TROLL 700 水位数据记录仪等。随着科学技术的不断发展，先进技术被不断引入到地下水位测量中，新的水位探头技术研究已经发展到使用光纤测量水位成为可能。

8.3.1.2 水温

在小直径压强计和井点中放置温度探头，便可精准地测出地下水温度。性价比较高的数字温度探头技术已逐渐被用于水土温度监测中。此外，为确保测得的地下水水温数据准确可靠，温度探头的选取要求中，对于数据的“清除”（当温度探头不在水里时拒绝接收此时的数据）要求也非常严格。如 STIC（Stream Temperature，Intermittency，and Conductivity logger）技术方法不仅功能强劲、价格低廉，而且很容易满足对温度和相对电导率的长持续时间和高分辨率观测，最重要的是避免了单独使用温度数据来指示河流径流时间及间歇性过程的主观性。

温度探头种类繁多，按照读取数据的方式可将其分为两大类：一类是无线型，另一类是有线型。无线型的温度探头小巧轻便，易于放置在野外，但读取数据时需要从水土中取出，用其专用的通信装置来读取数据。有线型探头一般放置在观测井中，读取温度数据时无需将探头取出，直接在线的另一端连接的基站（station）来下载数据。

8.3.1.3 水质

当前，地下水水质监测通常采取在线监测方式。水质在线监测消耗时间较少，可避免样品在运输和存储过程中发生的变化，得到了广泛关注和快速发展。相对于不连续采样和后续实验室分析的监测方法，实时监测技术极大提高了监测频次，最重要的是保证了以相同的频次同时监测水中污染物和流量。原位高频次监测方法可以为扰动生态系统中物质运移驱动、控制和组织机制提供新思路，也可以为未来生态系统对环境压力的响应和生态系统的临界点做出判断。

传统水质在线监测方法主要有化学法、色谱法、生物法等。化学法发展较为成熟，它模拟了实验室人工分析过程，借助顺序式注射平台，完成采样、预处理、注射试剂、反应、分析检验等流程，实现水质在线监测。化学法适用范围广，测量准确，分析高效快速。然而，化学法依赖于化学反应，很难彻底摆脱结构复杂、消耗试剂、易造成二次污染等固有不足。色谱法根据不同组分在两相中的分离顺序来分辨水样中的污染物。它选择性好，灵敏度高，适合微量甚至痕量有机污染物的检测。但色谱法检测成本高，分析效率和自动化程度有待进一步提高，在组分复杂、变化较快的水样中难以发挥作用。生物法通过观测水中发光菌或人体组织细胞的活性来监测综合毒性。综合毒性监测实用性好，覆盖面广，监测范围包括杀虫剂、除草剂等有毒有害污染物。但生物活性的测量与表达存在一定困难，失去活性的生物需要定期更换。

8.3.2 动态监测网分类与监测网质量的影响因素

每个用来进行地下水动态监测的钻孔、水井、泉等，都是一个监测点；在某一特定的水文地质单元内，为了某研究目的而设置的所有监测点，共同构成一个地下水动态监测网。

地下水动态监测网类型，按监测项目分，有水位、水质、水温、水量动态监测网；按监测时间分，可分为长期监测、有限期监测网；按服务对象分，有为了研究和解决某些专门水文地质或环境地质问题而专门设置的监测网，以及为了掌握和研究区域地下水动态的而设置的控制性监测网等。

地下水动态规律，是地下水资源评价与科学管理、环境地质问题防治等研究工作的基础。能否准确掌握地下水动态规律，首先取决于地下水动态监测网的质量。地下水动态监测网质量的影响因素，总体可概括如下：

(1) 监测点质量。在地下水监测系统中主要取决于监测井结构的合理性，如监测井是否正确地揭露了监测目的层，井径与目的层结构是否相适应以灵敏地反映动态变化过程，以及监测目标变量是否受到其他因素（如地表水体）影响等。

(2) 监测点位置与监测网密度。在地下水监测系统中，监测网密度与监测井在监测网中的相对位置，直接关系目标变量的区域分布特征能否被有效监控。

(3) 监测频率。这与目标变量动态特征可否被有效监测相对应。

(4) 数据传输与分析整理。数据传输关系到监测成果被利用的时效性，数据的分析整理与监测成果被开发利用的深度与广度相关。

目前，关于动态监测系统质量的评价研究主要集中在关于监测网密度、监测井位置、取样频率的分析评价与设计方面，这既是监测系统质量评价的理论核心所在，也是实际工作中的重点和难点所在。

8.4　动态监测网设计方法

地下水动态监测是水文监测工作的组成部分，动态监测资料是科学揭示地下水规律的基础数据来源；因此，地下水动态监测历来受到高度重视。列宁格勒（圣彼得堡）某一钻孔，从 1840 年至今一直有水位记录，柏林从 1869 年开始就有水位连续记录；我国从 20 世纪 50 年代开始，在北方省份建立动态监测网，目前全国已建成一定规模的地下水监测站网。但是，地下水监测网密度定量分析起步于 20 世纪 80 年代，以 Kriging 方法的引入作为标志。

8.4.1　Kriging 方法的基本原理

变量 $Z(x)$ 是以空间点 x 的空间坐标为变量的随机场，该变量在空间上具有互相关性和随机性，该互相关依赖于空间上的相对位置及随机场特性，这种变量称之为区域化变量，地下水水位即属区域化变量。

以平面二维空间上地下水水位为例，设地下水流系统中水位是随机函数 $Z(x)$ 的一个实现，$Z(x)$ 符合本征条件［即 $Z(x)$ 增量的数学期望值及方差函数存在且平稳。在地下水流系统中，当水力坡度在空间某一方向各点上处处相等，就可认为水位满足本征条件］。若用 N 个观测孔上的观测值 $Z(x_i)$ （$i=1, 2, \cdots, N$），对一个未知点 x_0 进行估值计算，利用 Kriging 方法有

$$Z^*(x_0)=\sum_{i=1}^{N}\lambda_i Z(x_i) \tag{8-4}$$

式中：$Z^*(x_0)$ 为利用 $Z(x_i)$ 对 x_0 进行估算的估算值；λ_i 为 Kriging 权系数。

利用式（8-4）进行估算时，要做到无偏和最佳估算。

无偏性：
$$E[Z^*(x_0)]=E[Z(x_0)] \tag{8-5}$$

最佳性：
$$\delta^2=\mathrm{Var}[Z^*(x_0)-Z(x_0)]=\min \tag{8-6}$$

结合协方差定义，在无偏条件下达到最佳条件，注意引入拉格朗日算法，可得

$$\begin{cases}\sum_{j=1}^{N}\lambda_i r(x_i,x_j)+\mu=r(x,x_0) \qquad (i=1,2,\cdots,N)\\ \sum_{i=1}^{N}\lambda_i=1\end{cases} \tag{8-7}$$

其中 $$r(x_i,\ x_j)\ =\frac{1}{2}\mathrm{Var}[Z(x_i)\ -Z(x_j)]$$

式中：$r(x_i,\ x_j)$ 为半变差函数；Var[] 为方差算符；μ 为拉格朗日算子。

式（8-7）是用来求 Kriging 插值权系数 λ_i 的 Kriging 方程组，在半变差函数已知的条件下，它是一正定方程组，有唯一解。用 Kriging 方法进行插值计算时，其计算误差的理论方差 δ^2 ［利用式（8-7），并注意方差函数、协方差函数、半变差函数在本征条件的转换关系］为

$$\delta^2=\sum_{i=1}^{N}\lambda_i r(x_i,x_j)+\mu \tag{8-8}$$

由于 Kriging 方法不仅可以充分利用所有监测网点上的有关资料，而且还可给出计算的理论误差的方差。根据实际需要给定方差临界值 δ_0^2，用现有观测点算出各处理论上的 δ^2，当 $\delta^2>\delta_0^2$，则表示井网密度偏小，需增加网点；反之，则表示井网密度偏大，需消减网点。这样就达到了定量分析井网密度的目的，若再结合一些优化算法（如混合整数规划），就可对监测网密度进行优化设计。

8.4.2 半变差函数及其确定

半变差函数是刻划区域化变量 $Z(x)$ 在空间上统计结构的，即变量在空间上具有一定相关性质的变化规律，它只依赖于空间点间的相对位置与随机场的特征，这是 Kriging 方法的理论基石。

在运用 Kriging 方法时，往往首先要确定半变差函数 $r(h)$，在 $Z(x)$ 服从本征条件时，理论上

$$r(h)=\frac{1}{2}\mathrm{E}[Z(x)-Z(x+h)]^2$$

则当两点间相对距离为 h 的实测数据有 $N(h)$ 对，利用 x_i 点与 x_i+h 点上变量的实测值可求出实验半变差函数 $r^*(h)$ 为

$$r^*(h)=\frac{1}{2N(h)_{i=1}}\sum_{i=1}^{N(h)}[Z(x_i)-Z(x_i+h)]^2 \tag{8-9}$$

利用式（8-9）算出不同间距 h 所对应的 $r^*(h)$，再作 $r^*(h)$ 关于 h 的曲线拟合，就可求出 $r(h)$。理论上 $r(h)$ 曲线形态服从幂函数、高斯函数、球状函数等分布形式。

$r(h)$-h 是一单调递增函数，它既然是刻画 $Z(x)$ 空间上变化的规律性函数，则它与地下水流系统所处的地质条件及水文地质条件密切相关，在求算 $r(h)$ 过程中要注意与有关条件相结合。

复习思考题

1. 简述抽水试验的目的与分类。
2. 简述抽水试验中设置水位观测孔的目的。
3. 在进行单孔稳定流抽水试验时，现场绘制 $Q-s$ 和 $q-s$ 曲线有何作用？
4. 连通试验的常用方法有哪些？
5. 动态监测质量由哪些内容构成？

参考文献

[1] 房佩贤，卫钟鼎，廖资生．专门水文地质学［M］．北京：地质出版社，1996.
[2] 曹剑锋，迟宝明，王文科，等．专门水文地质学［M］．北京：科学出版社，2006.
[3] 陈葆仁，洪再吉，汪福炘．地下水动态及预测［M］．北京：科学出版社，1982.
[4] 国家技术监督局．水文地质术语：GB/T 14157—93［S］．北京：标准出版社，1993.
[5] 陶月赞．安徽省阜阳地区浅层地下水动态监测网优化设计［D］．长春：长春科技大学，1997.
[6] 陶月赞，郑恒强，汪学福．用Kriging方法评价地下水监测网密度［J］．水文，2003.
[7] 陶月赞，席道瑛，高尔根．地下水动态监测系统质量评价研究进展［J］．水利水电科技进展，2005.
[8] 李砚阁，章树安．地下水监测井布局及井结构研究［M］．北京：中国环境出版社，2013.

第9章

地下水资源评价

地下水资源评价工作能为人们合理开发利用地下水资源提供技术保证，而地下水可开采量的计算又是地下水资源评价工作的核心问题。本章主要介绍地下水资源的特点及分类，地下水资源评价的原则、方法和步骤，并着重介绍几种常用的地下水可开采量计算方法。

9.1 地下水资源的特点

地下水资源相对于地表水资源，既有相同点，又有其自身的特点。

9.1.1 地下水资源与地表水资源的相同点

资源 9.1

（1）可恢复性。地下水的补给大部分都直接或者间接地来自大气降水。大气降水在时间分配上是不连续的，有年内和年际的变化。人工开采地下水时，地下水水位下降，同时地下水也在不断地得到大气降水等补给源的补充。多数情况下，只要这种开采是合理的，开采量不超过一定的限度，虽然井附近的地下水水位要降低，地下水的储存量会暂时减少，但停止开采后，水位便可逐渐恢复。若地下水开采量维持在多年平均地下水补给量的水平，则可持续地开采利用。地下水虽然可以不断地得到补给和更新，开采后可以补充、恢复，但也不是取之不尽、用之不竭的。如果这种开采是不合理的，甚至是长期大量地超采，势必会造成地下水资源的大量消耗，甚至枯竭。

（2）时空变化性。地下水在时间和空间上具有变异性。首先，从时间上看，同一水文年内地下水的补给量不同，丰水季节得到的多一些，而枯水季节得到的相应少一些。不同水平年又可分为丰水年、平水年和枯水年，不同水平年得到的补给量也有差别。其次，地下水资源的空间变异性也很明显，这与降水的空间分布特征有关。从区域来看，分布在长江以北的中国北方地区地下水资源量约占全国的32%，而在长江以南的南方地区地下水资源量约占全国的68%。我国流域分区多年平均地下水资源量见表9-1。

（3）有限性。相对于逐年增长的地下水开采量，我国的地下水资源是十分有限的。目前，我国北方地下淡水可采资源量为1536亿 m^3/a，南方为1991亿 m^3/a，均不到2000亿 m^3/a。地下水资源并非“取之不尽，用之不竭”，只有在合理的开采量范围内，地下水才能保持一个良性循环，并被可持续地开发利用。盲目开采地下水，将会给生态环境带来负面影响。

表9-1　　我国流域分区多年平均地下水资源量（据吴季松等，2004）

流域分区	计算面积/km^2		山丘区			平原区				山丘区与平原区重复计算量/(亿 m^3/a)	分区地下水资源量/(亿 m^3/a)
	总面积	其中平原区面积	河川基流量/(亿 m^3/a)	其他排泄量/(亿 m^3/a)	资源量/(亿 m^3/a)	降雨入渗量/(亿 m^3/a)	地表水体渗漏补给量/(亿 m^3/a)	其他补给量/(亿 m^3/a)	资源量/(亿 m^3/a)		
松辽流域	1231458	407881	286.55	37.23	323.78	284.54	57.56	13.69	355.79	42.93	636.64
海滦河流域	277796	106424	79.21	37.10	116.31	116.56	33.03	32.76	182.35	25.24	273.42
黄河流域	775364	167007	244.50	43.46	287.96	84.96	78.92	7.64	171.52	36.29	423.19
淮河流域	297861	169938	93.97	3.15	97.12	264.56	38.51	6.35	309.42	8.80	397.74
内陆河流域	2762874	948648	473.37	108.83	582.20	57.50	390.23	91.57	539.30	242.02	879.48
北方五片合计	5345353	1799898	1177.60	229.77	1407.37	808.12	598.25	152.01	1558.38	355.28	2610.47
长江流域	1758169	132876	2197.66	20.18	2217.84	157.68	101.26	2.12	261.06	20.17	2458.73
珠江流域	580581	30468	1003.94	16.79	1020.73	66.58	31.26	0	97.84	5.23	1113.34
东南诸河流域	203218	8377	458.13	0	458.13	14.99	1.88	0	16.87	0.93	474.07
西南诸河流域	851406	0	1529.59	0.23	1529.82	0	0	0	0	0	1529.82
南方四片合计	3393374	171681	5189.32	37.20	5226.52	239.25	134.40	2.12	375.77	26.33	5575.96
合计	8738727	1971579	6366.92	266.97	6633.89	1047.37	732.65	154.13	1934.15	381.61	8186.43

(4) 相互转换性。水资源是一个统一的自然系统，地表水、地下水是水资源的两种表现形式。两者是彼此紧密联系的，在一定条件下可以相互转化，是不可分割的统一体。河川径流中包括一部分地下水的排泄量，地下水补给量中有一部分来自地表水的下渗。两者在长期循环中已形成一种动态平衡，开发利用水资源将打破这种平衡，建立起新的平衡。如果对水资源开发利用缺乏统筹规划和有效管理，将使流域上下游水资源分配不合理，造成矛盾的日趋激化。由于上游大量引水，造成下游河流断流，地下水位持续下降，工农业和城市用水紧张，生态环境严重恶化，这在我国北方地区屡见不鲜。认识地表水和地下水之间的转化规律，正确计算当地的水资源量，避免重复，并根据当地自然地理条件、用水需求及工程技术条件，选择合理的开发方式与规模，以求合理利用水资源。

(5) 不可取代性。根据水利部发布的《2020年中国水资源公报》，2020年我国地下水资源约占水资源总量的27%，地下水是我国生产、生活和生态用水的重要供水水源。在北方干旱、半干旱地区，地下水资源在供水中占主导地位。据统计，2006年全国总供水量为5795亿m^3，地下水供水量为1065.5亿m^3，占全国总供水量的18.4%。2012年1月，国务院发布了《关于实行最严格水资源管理制度的意见》，这是我国水资源工作的纲领性文件。其后，我国积极推动超采区综合治理，地下水资源开采总量逐年稳步减小。2020年全国总供水量为5812.9亿m^3，地下水供水量为892.5亿m^3，占全国总供水量的15.4%。据不完全统计，我国地下水资源约占水资源总量的1/3，地下水已成为生产、生活和生态用水的重要供水水源。在北方干旱、半干旱地区，地下水资源在供水中占有主导地位。据统计，1985年我国地下水实际开采利用量约760亿m^3，1999年增至1028亿m^3，占全国水资源总利用量的19%，占地下水资源可开采量的35.4%。2006年全国总供水量为5795亿m^3，地下水供水量为1065.5亿m^3，占全国总供水量的18.4%。农业用水3664.4亿m^3（其中农田灌溉占90.2%），占总用水量的63.2%。北方地下水实际开采量占北方总用水量的30.4%，表明了地下水在水资源利用中占有重要的地位。据不完全统计，在全国181个大中城市中，有61个城市主要开采地下水，地表水与地下水联合供水有40个城市。南方一些城市和城镇由于地表水污染日趋严重，也开始开采地下水作为供水水源。全国已有1/3的人口饮用地下水。我国可更新地下水资源量8700亿m^3，占水资源总量的31%，其中可开采量为2900亿m^3。可见，地下水资源在供水中占有重要地位。随着科学技术的发展，人类可以用人造金刚石来代替天然金刚石，可以用核原料代替煤来发电，但却无法制造替代品或利用其他自然物质来代替水。

9.1.2 地下水资源特有的优点

资源9.2

地下水资源除了具有上述特点外，还具有其特有的优点，主要表现为：

（1）广泛性。地下水分布广泛，适于就地分散开采。地下水的开采相比地表水的开发投资小、见效快、运行费用低，可以节省许多输水和供水工程，特别是在缺乏地表水资源的地区，地下水更是重要的供水水源。如我国的黄淮海流域，人口占全国的30%，耕地面积接近40%，而径流量仅占全国的5%～6%，在用水高峰期，常就地开采地下水，满足需水要求。

（2）自调节性。这是地下水资源和地表水资源的主要不同点，或者说是地下水资源的主要优点之一，其可调节性主要表现在水量方面。地下水的补给量和消耗量是在不断变化的，当补给量大于消耗量时，地下水系统会将多余的水资源储存起来；当消耗量大于补给量时，地下水系统会以其储蓄量用于消耗；地下水系统的这种自调节特性类似于水库的调蓄作用。正因为地下水具有良好的调蓄能力，所以开采地下水时，不必按照枯水期的补给量来计算可开采量。在干旱期（干旱年或干旱季节），可以动用部分含水层的储量，以保证稳定的供水能力。对于那些补给条件差的含水层（如深层承压含水层），如果长期超过补给量进行开采，所疏干的含水层有可能长时期都得不到恢复，甚至导致含水层被逐渐疏干而失去供水价值，或产生一些环境地质问题（如地面沉降），这是开采补给条件差的承压水时，必须高度重视的问题。

（3）质优性。地表可能存在的污染物，在进入饱水带前，都将经过包气带，而污染物在包气带可能会发生物理的、化学的或生物化学的作用，使一部分污染物的浓度降低。正是包气带的保护作用，使地下水不易被污染，其水质一般较好，人们将其作为饮用水源的首选。有些对水质要求很严格的工业用水（如制药厂和食品厂的生产用水），地表水往往无法满足其水质要求，就必须用地下水作为供水水源。对于一些突发性的污染事件，地下水对污染的抵抗能力要远远高于地表水。所以，一些以地表水为主要供水水源的城市，也着手开发地下水水源地，作为备用水源地或应急水源地。

（4）系统性。所谓系统，就是指由相互作用和相互依赖的若干部分组成的，处于一定的环境中，具有确定功能的有机整体（钱学森等，1978）。地下水系统包括地下水含水系统和地下水流动系统（图9－1、图9－2）。地下水含水系统是指由隔水或相对隔水岩层圈闭的，具有统一水力联系的含水岩系。显然，一个含水系统往往由若干含水层和相对隔水层（弱透水层）组成。但其中的相对隔水层并不影响含水系统中的

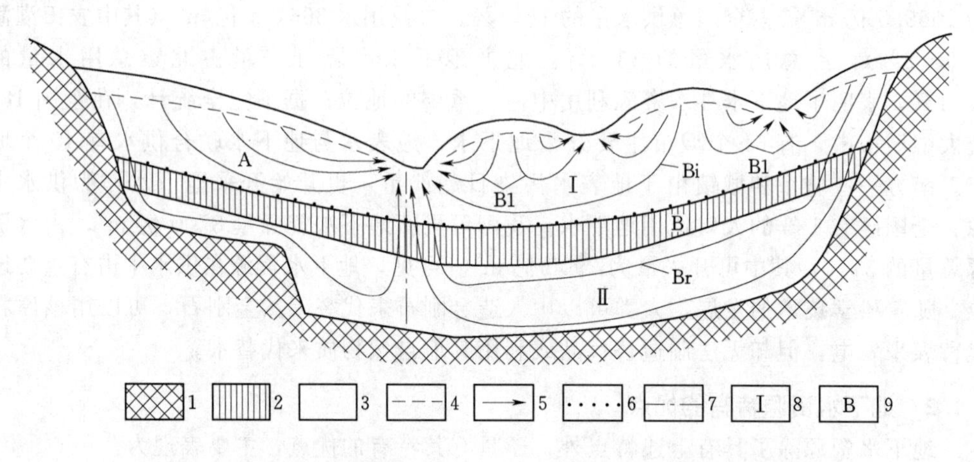

图 9－1 地下水含水系统与地下水流动系统（据王大纯等，2006）

1—隔水基底；2—相对隔水层（弱透水层）；3—含水层；4—地下水位；5—流线；6—子含水系统边界；7—流动系统边界；8—子含水系统代号；9—子流动系统代号；Br、Bi、B1—B流动系统区域中间的和局部的子流动系统

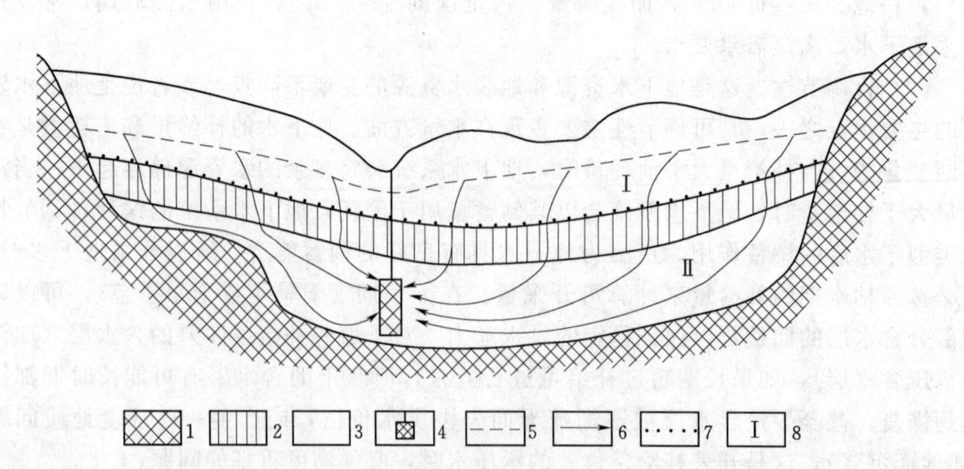

图 9－2 人为影响下地下水含水系统与地下水流动系统的关系（据王大纯等，2006）

1—隔水基底；2—相对隔水层（弱透水层）；3—含水层；4—地下水开采中心；5—地下水位；6—流线；7—子含水系统边界；8—子含水系统代号

地下水呈统一水力联系。地下水流动系统是指由源到汇的流面群构成的，具有统一时空演变过程的地下水体。无论是含水系统还是流动系统都揭示了地下水赋存与运动的系统性。含水系统的系统性体现在它具有统一的水力联系，作为一个整体对外界的激励做出响应，因此含水系统是一个独立而统一的水均衡单元，可用于研究水量、盐量及热量的平衡。流动系统的系统性体现于它具有统一的水流，沿着水流方向，水量、盐量及热量均发生有规律的演变，呈现统一的时空有序结构，因此流动系统是研究水位、水量、水质、水温等动态要素时空演变的理想框架与工具。

9.2 地下水资源的分类

地下水资源分类方法有很多，到目前为止仍未统一。

在我国水文地质勘察中，曾经广泛采用 H.A. 普洛特尼科夫的地下水储量分类法，将地下水储量分为如下四类。

动储量：是指单位时间流经含水层横断面的地下水体积，即地下水的天然流量。

静储量：是指地下水位年变动带以下含水层中储存的重力水体积。

调节储量：是指地下水位年变动带内重力水的体积。

开采储量：是指用技术经济合理的取水工程从含水层中取得的水量，并在预定的开采期内，不致发生水量持续减少、水质恶化等不良后果。

该分类在一定程度上反映了地下水水量在天然状态下的规律，但也存在着一些需要改进的缺点，如：

（1）“储量”是指一定的空间内储存的物质数量，是一个相对稳定的量。但地下水不同于固体矿产，它具有流动性；也不同于液体矿产（如石油），它还具有可恢复性。地下水在岩石孔隙中，除了占有一定的空间外，随着时间的推移，补给和排泄也在不断的变化。所以，“储量”并不能反映地下水密切联系于补给和排泄的时空变异性。

（2）动储量和调节储量实质上都是天然补给量，只是表现形式不同。动储量即天然的断面流量，习惯上往往将一个断面上某一时刻的动储量当作整个含水层的任何时间的动储量，这显然不合理。动储量不是常数，它是随着时间和空间的不同而变化的。当断面取在分水岭处，动储量为零。调节储量是指一个水文年内最高水位和最低水位之间的地下水体积。最低地下水位和最高地下水位也是随着空间变化的。在很多情况下，调节储量并不代表全部含水层的补给量，只是在降雨初期还没来得及排泄而储存在含水层中的一部分补给量。在补给期结束后，又以动储量的形式继续排泄。这时调节储量实际上是动储量的一个组成部分，即动储量中包含了调节储量。可是普洛特尼科夫分类法却把两者分开来，没有考虑两者的联系。

（3）普洛特尼科夫把最低水位以下的地下水体积称为静储量。这部分水体积并不是一个静止的水体积，是一个水文周期内的最小储存量。而当补给和排泄条件变化时，其体积也跟着发生变化，所以在稳定持续补给条件下，不会出现静止不变的静储量。

（4）开采储量是指从含水层中取出的水量，并非储量，不应与动储量、静储量、调节储量并列，更不是三者叠加的结果，它与三者有密切联系，并且与开采设施的类型、位置、数量及开采方案有关。用天然状态下获得的四类储量，无法确切评价开采量的保证程度，因为在开采条件下，补给和排泄的关系往往会发生很大的变化。

(5) 评价地下水资源，应考虑到地下水作为地球水圈的一部分，它与大气层、地表水、包气带存在着密切的联系，在一定条件下可以互相转化，应考虑到水资源综合利用问题。此外，除了水量的评价，也要评价水质。

正因为普氏分类法不能很好地适应地下水资源评价的需要，所以这种分类方法现已基本不用。我国目前普遍使用的分类方法是将地下水资源量分为补给量、储存量和可开采量。

9.2.1　补给量

补给量是指天然条件或开采条件下，单位时间从各种途径进入含水层的水量，常用单位为 m^3/d 或者万 m^3/a。补给来源主要包括降水入渗、地表水入渗、地下水径流的侧向流入、含水层的越流补给以及各种人工补给等。实际计算时，应按照天然条件（图9-3）和开采条件两种情况进行。实际上，很多地区的地下水都已有不同程度的开采，很少有保持天然状态的情况。因此，首先计算现状条件下地下水的补给量，然后再计算扩大开采后可能增加的补给量。这种补给量称为补给增量（或诱发补给量、激发补给量、开采袭夺量、开采补给量等），常见的补给增量由以下来源组成。

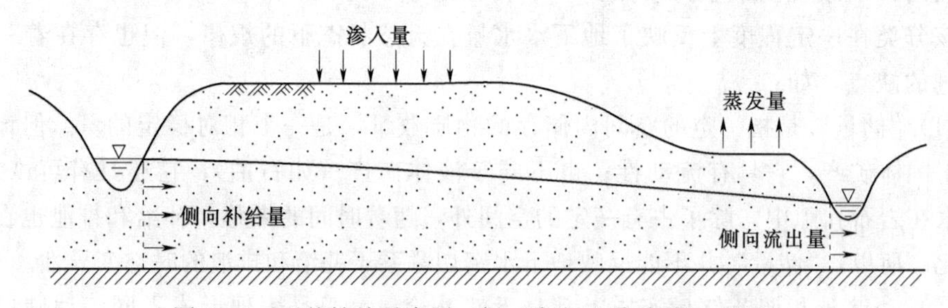

图9-3　天然补给示意图（据《水文地质手册》，1977）

(1) 来自降水入渗的补给增量。由于开采地下水形成降落漏斗，除漏斗疏干体积增加部分降水入渗外，还使漏斗范围内原来不能接受降水入渗补给的地区（如湿地、沼泽等）腾出储水空间，从而增加降水入渗补给量。

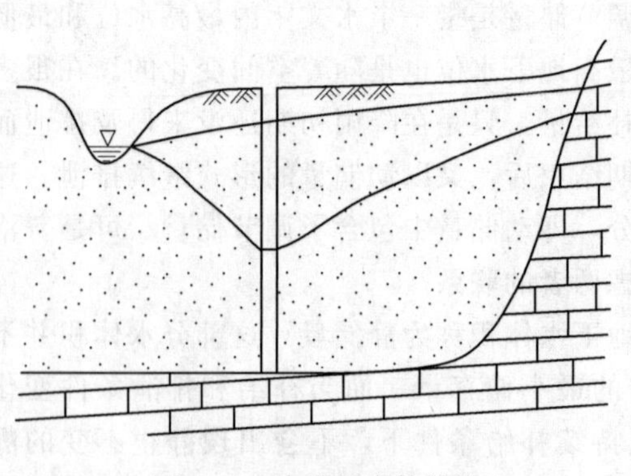

图9-4　夺取河水的补给
（据《水文地质手册》，1977）

(2) 来自地表水的补给增量。当取水工程靠近地表水时，由于开采地下水，使地下水降落漏斗扩展到地表水体，可使来自地表水的补给量增大，或使原来不补给地下水，甚至排泄地下水的地表水体变为补给地下水。这就是开采时地表水对地下水的补给增量（图9-4）。

(3) 来自相邻含水层越流的补给增量。由于开采含水层的水位降低，与相邻含水层的水位差增大，可使越流量增加（图 9-5），或使相邻含水层原来从开采含水层获得越流补给，变为补给开采层。

(4) 来自相邻地段含水层增加的侧向流入补给量。由于降落漏斗的扩展，可夺取属于另一均衡地段（或含水系统）地下水的侧向流入补给量。或某些侧向排泄量因漏斗水位降低，而转为补给量。

(5) 来自各种人工增加的补给量。包括开采地下水后各种人工用水的回渗量增加而多获得的补给量。

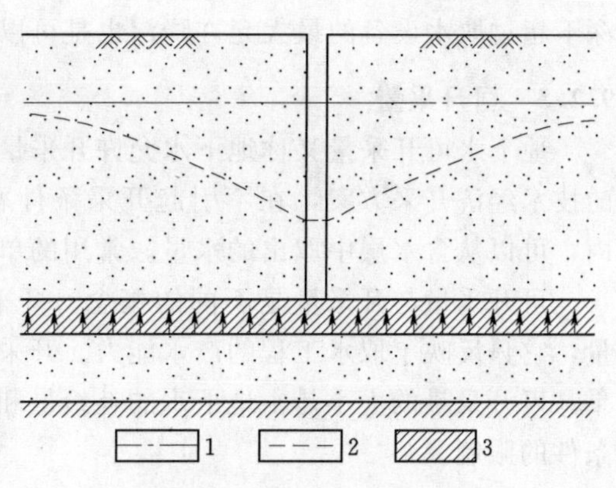

图 9-5 相邻含水层的越流补给

（据《水文地质手册》，1977）

1—开采前水位；2—开采后水位；3—隔水层

补给增量的大小，不仅与水源地所处的自然环境有关，同时还与取水构筑物的种类、结构和布局，即开采方案和开采强度有关。当自然条件有利、开采方案合理、开采强度较大时，夺取的补给增量可以远远超过天然补给量。

计算补给量时，应以天然补给量为主，同时考虑合理的补给增量。地下水的补给是使地下水运动、排泄、交替的主导因素，可开采量主要取决于补给量。因此，计算补给量是地下水资源评价的核心内容。

9.2.2 储存量

储存量是指储存于含水层内的重力水体积，常用单位为 m^3。

潜水含水层的储存量，也称为容积储存量，可用式（9-1）计算：

$$W=\mu V \tag{9-1}$$

式中：W 为地下水的储存量，m^3；μ 为给水度（无因次）；V 为潜水含水层的体积，m^3。

承压含水层除了容积储存量外，还有弹性储存量，可按照式（9-2）计算：

$$W_{弹}=\mu^{*} Fh \tag{9-2}$$

式中：$W_{弹}$ 为承压水的弹性储存量，m^3；μ^{*} 为弹性释水（储水）系数（无因次）；F 为承压含水层的面积，m^2；h 为承压含水层自顶板算起的压力水头高度，m。

由于地下水的水位常常是随时间变化的，地下水储存量也在不断变化。地下水的储存量在地下水的运动交替和地下水开采过程中起着调节作用。有人将一定时期内的最小储存量称为永久储存量或静储存量，它是在一定周期内不变的储存量。最大与最小储存量之差称为暂时储存量，相当于调节储量。在地下水径流微弱的地区，暂时储存量的数量可以很大，几乎接近补给量，可以将它作为可开采量。在一般情况下，计算可开采量时不能考虑永久储存量。如果动用了它，就会出现区域地下水位逐年下降的趋势，导致地下水资源枯竭。但是，如果永久储存量很大（如含水层厚度大、分布广的大型储水构造），适当动用一部分永久储存量，使在 100 年或 50 年内总的水位降深不超过取水设备的最大允许降深也是可以的。

9.2.3 可开采量

地下水可开采量又称地下水允许开采量，是指在水源地设计的开采期内，以合理的技术经济开采方案，在不引起开采条件恶化和环境地质问题的前提下，单位时间内，可以从含水层中取出的水量。常用的单位为 m^3/d、万 m^3/a。

可开采量与开采量是不同的概念。开采量是指目前正在开采的水量或预计开采量，它只反映了取水工程的产水能力。开采量不应大于可开采量，否则会引起不良后果。可开采量的大小是由地下水的补给量和储存量的大小决定的，同时还受技术经济条件的限制。

9.2.4 可持续开发与可持续开采量

在20世纪80年代提出的可持续发展的理念，很快被用于地下水资源的开发利用与管理。1999年，有关学者将地下水可持续开发定义为长期永久地开发使用地下水，但不会引发严重的社会、经济和环境后果。此外，地下水可持续开发必须要从地下水资源管理的长远目标出发，并且要面向完整的水文地质单元。现今，人们普遍认为，开采不仅仅影响可供人类使用的地下水资源量，而且还影响维持鱼类和其他水生生物生存所需的河道基流量、河道湿地生态系统及其他环境需求量。可供使用的地下水量取决于补给和排泄变化对周围环境的影响，以及地下水的使用与这些影响之间的平衡，如何达到长期的平衡将是地下水可持续开发研究的核心议题。

2005年，有学者提出应区分可持续开采量与可持续性开发两个不同的概念。可持续开采量是能够长期维持的取水建筑物的取水量，而可持续性开发研究的是整个系统，不仅是地下水资源，还包括河流、湿地及依赖他们生存的动植物。可持续性开发是人与自然协调发展的终极目标。

显然，可持续开采量不能由水均衡方程简单的计算为一个单一的数值，它还要评价开采引起的地下水流场的动态变化，以及这些变化是如何影响社会和环境的。由于利益冲突，所有的相关利益者都应当参与到平衡这些影响的讨论当中，以此达成一个折中的地下水资源开发方案。水文地质学家在此过程中的作用就是要运用地下水数学模型来模拟不同的地下水开采方案，评价这些方案对于环境的影响，并将这些方案向相关利益者清楚的解释，协调讨论从而达成一个折中的地下水资源开发方案。

9.3 地下水资源评价的原则、方法和步骤

9.3.1 地下水资源评价的原则

要维持持续、稳定的开采量，必须要有补给量的充分保证。当补给量随季节发生变化时，开采量的组成也随之变化，在这种情况下，储存量往往起着调节的作用。因此，在进行地下水资源评价时，补给量的平衡作用和储存量的调节作用，都是不可忽视的。一般说来，地下水资源评价工作应包括两个方面：首先，根据需水要求和水文地质条件拟定开采方案，按照开采方案计算可开采量；其次，计算开采条件下的补给

量、可以用来调节的储存量以及可能减少的消耗量，并以此来评价开采量的稳定性。至于具体什么是地下水资源评价的原则，看法也不完全一致，一般来说要注意以下几点：

（1）局部水源地评价应以区域地下水资源评价为前提。局部水源地是区域水文地质条件的组成部分。局部水源地开发地下水时，除了当地的入渗补给外，周围地区的地下水也将汇集补给。在岩溶地区或基岩断裂带，这种补给往往源远流长。在估算该区局部水源地可能提供的水量时，应考虑在补给区范围内地下水开发的趋势，如果在补给范围内，例如断层带的上游将有水源地的建设，则所研究的水源地的可开采量将会减少。即使是冲积平原地区，随着四周地下水的开发，水源地的激发补给将会被四周开发的影响所抵消，水源地的出水量也会逐渐减少，可靠的评价方法是在对整个地下水流域盆地作粗略评价的基础上，再对局部水源地作出评价。当前对局部地下水水源地的评价，普遍把可开采量算大，其根本原因是孤立地评价局部水源地地下水资源，缺乏区域地下水系统的观点。这种在区域评价基础上去评价局部水源地的原则，称为区域原则或空间原则。

（2）地下水资源评价应建立在地下水资源随时间变化的基础上。地下水补给量、消耗量以及储存量均随时间而变化。在丰水年份，降雨入渗补给可能增多，储存量相应增加。在枯水年份，潜水蒸发和开采量都变大。因此，对于不同年型，各种地下水补给量、消耗量都不相同，而且可能有极大的差异。总之，地下水资源的各种量属于随机变量。任意时段的量，具有偶然性，不能代表当地整个地下水资源状态。因此，在进行地下水资源评价时，应当强调是何种年份的地下水资源量，或者是多少保证率的降水对应的地下水资源量。一般来说，丰水、平水、枯水年份分别以保证率25％、50％、75％为代表，这种以时间变化为基础的地下水资源评价，比较符合客观实际。地下水资源评价考虑时间因素的原则，可称为时间原则。

（3）地下水资源评价应以当地总水资源的分析为基础。流域内的地下水是流域内总水资源的一个组成部分。流域的总水资源来自当地的降水和流进本流域的地表与地下水量，有一部分降水和径流消耗于各种蒸发，另一部分损失于地表和地下的出流，用水消耗也是其中重要的一项。只有搞清当地总水资源的基本结构和关系，才能较合理地计算地下水补给量、消耗量、储存量，从而算出比较符合实际的地下水可开采量。缺乏对当地水资源的总体认识而孤立地去评价地下水资源，往往导致错误的结论。例如，对水源地进行短期抽水实验，由于消耗储存量，其出水量比较大，若以此作为“可开采量”可能比各种补给量总和还要大，这是不合理的。而这种孤立片面的评价方法，在生产实际中已是屡见不鲜，由此造成的投资浪费和经济损失也是相当可观的。又例如，在评价平原冲积层地下水资源时，浅层地下水和深层承压水都可能受当地降雨入渗统一的补给，即入渗补给量应当是当地所有含水层的补给来源，地下水开采不应超过此量，如果把当地深层地下水资源另外计算，从而增加当地的“可开采量”，这可能把可开采量算大。这种缺乏总水资源控制的片面观点，在生产实践中时有发生，其后果是造成经济浪费和损失。在地下水资源评价中强调对总水资源的分析的原则，可以简称为水资源总体控制原则。

9.3.2　地下水资源评价的方法

9.3.2.1　常用的评价方法

地下水资源的评价方法有很多种，依据不同的原则，学者们对众多的计算方法作了多种分类。房佩贤等人将廖资生、余国光等的分类加以修改，将评价方法分为四类，见表9-2（a）。

表9-2（a）　地下水资源评价方法分类表（据房佩贤等，1996）

评价方法	主要方法名称	所需资料数据	适用条件
以渗流理论为基础的方法	解析法	渗流运动参数和给定边界条件、初始条件、一个水文年以上的水位、流量动态观测或者一段时间抽水流场资料	含水层均质程度较高，边界条件简单，可概化为已有计算公式要求模式
	数值法（有限差、有限元、边界元等），电模拟法		含水层非均质，但内部结构清楚，边界条件复杂，但能查清，对评价精度要求较高，面积较大
	泉水流量衰减法	泉动态和抽水资料	泉域水资源评价
以观测资料统计理论为基础的方法	水力消减法	需抽水试验或开采过程中的动态观测资料	岸边取水
	系统理论法（黑箱法），相关外推法，$Q—s$ 曲线外推法，开采抽水试验法		不受含水层结构及复杂边界条件的限制，适于旧水源地或泉水扩大开采评价
以水均衡理论为基础的方法	水均衡法，单项补给量计算法，综合补给量计算法，地下径流模数法，开采模数法	需测定均衡区各项水均衡要素	最好为封闭的单一隔水边界，补给项或消耗项单一，水均衡要素易于测定
以相似比理论为基础的方法	直接比拟法（水量比拟法），间接比拟法（水文地质参数比拟法）	需类似水源地的勘探或开采统计资料	已有水源地和勘探水源地地质条件和水资源形成条件相似

殷昌平等人从水源地勘察与评价的角度，将地下水资源评价的方法分为实际试验法和数学分析法两大类，见表9-2（b）。实际试验法是指通过各种试验、利用比较简单的数学手段（如简单算术法、外推法、比拟法等）进行地下水资源计算的方法。数学分析法是指利用数学理论（如高等数学、数值理论、系统理论、概率论、数理统计法等）来进行地下水资源计算的方法。

以下主要介绍水均衡法、数值法、地下水文分析法等常用的评价方法，对其他评价方法（如系统分析法、开采试验法、概率统计分析法、水文地质比拟法）仅作简要的介绍。

9.3.2.2　评价方法的选择

进行地下水资源评价时，虽有许多方法可以用来计算地下水的可开采量，但每一种方法都有其优缺点和适用条件。因此，应根据具体的水文地质条件以及资料的详尽程度等，选择合适的计算评价方法，才能取得较好的效果。

选择评价方法时，在水文地质条件方面主要应考虑：①水文地质单元的基本特征；②含水层、隔水层的性质及埋藏条件，水文地质参数在平面和剖面上的变化规律；③地下水的类型及形成地下水开采量的主要来源；④有无地表水体存在，以及开采条件下的可能变化；⑤地下水水质的变化规律；⑥地下水开发利用情况及对评价精度的要求。

表 9-2 (b)　地下水资源评价方法分类表（据殷昌平等，1993）

主要评价方法		模型	评价基础	需要条件
实际试验法	水文地质比拟法，水量均衡法，开采试验法	经验模型	相似原理	需要水文地质条件相似水源地的勘探及开采资料
			以水均衡法为基础	需要测定均衡区内各项均衡要素
数学分析法	概率统计分析法，地下水文分析法，系统分析法	随机模型	以实际观测资料为依据	需要地下水（泉）或地表水动态长期观测资料以及抽水试验的实际数据
	水动力学解析法，数值法，电网络模拟法	确定性模型	以渗流理论和现场调查试验为基础	需要地下水渗流场中的有关水文地质参数、初始条件和边界条件

准确、详细资料的获取是地下水资源评价工作进行的基础和前提。每种评价方法所需资料的详尽程度不一样，有时因资料的限制，不得不采用其他的方法。如果条件允许，最好选用两种或者两种以上的方法来互相验证，以此来提高评价结果的精度。

9.3.3 地下水资源评价的步骤

地下水资源评价一般应按以下步骤进行：

(1) 根据需水单位的要求，明确用户在一定时间内的需水量。另外水质的要求也不能忽略，尤其是某些特殊的用水部门（如医院、居民区等）对水质的要求更应慎重考虑。

(2) 广泛收集和整理现有资料，包括各种水文地质参数、含水层的空间展布情况、边界条件、地表水和地下水开发利用现状及地下水动态资料等，在此基础上建立初步的水文地质概念模型。

(3) 根据不同的概念模型，选择合适的评价方法，并确定该方法需要哪些资料，在以后的野外勘察中可以有针对性地开展工作，这就避免了评价的盲目性。

(4) 进行野外工作，查明水文地质条件。这是地下水资源评价的基础，任何脱离实际水文地质条件的评价方法都是没有意义的。

(5) 根据查明的水文地质条件，进一步修正水文地质概念模型，并在此基础上建立数学模型。

(6) 确定具体的计算方法。计算方法应根据水文地质条件、勘察结果和资料的完备程度确定，最好是同时使用几种适合当地水文地质条件的计算方法并进行比较。

(7) 地下水资源评价不是一次计算就能得到满意结果的，必须对每次计算的成果进行分析，逐次调整，直至取得满意成果为止。

(8) 对每个供水方案进行计算和比较，选择最佳方案，提交地下水资源评价最终成果。

9.4　地下水资源量计算的主要方法

地下水资源量是指有长期补给保证、源于降水和地表水体的动态水量。考虑到环境用水、生态用水等，地下水资源量中仅一部分可以用来被开采，这就涉及可开采量。地下水可开采量的大小不仅取决于地下水资源的补给条件，且与开采条件密切相关。从水文地质角度看，补给条件主要取决于包气带的厚度和包气带渗透性能，而开采条件取决于含水层的厚度、含水层的渗透性能、宜井条件等。地下水可开采量还受地下水资源量的制约，即年平均地下水可开采量不允许大于开发利用条件下的年平均地下水补给量。地下水可开采量是一个变量，每隔一段时间就应根据开采条件、实际开采状况以及地下水资源变化状况校核一次，作为下一阶段地下水资源开发利用和管理的依据。

地下水可开采量的计算方法有很多，本节主要介绍几种常用的方法。

9.4.1　水均衡法

水均衡法也称水量平衡法，是全面研究某一地区（均衡区）在一定时间段（均衡期）内地下水的补给量、储存量和排泄量之间的数量转化关系，通过平衡计算，评价地下水的可开采量。它根据物质守恒定律和物质转化原理分析地下水循环过程，计算地下水量。

水量均衡是一个基本原理，是地下水资源评价的基础，也是任何评价方法都必须遵守的指导思想。一般说来，水均衡法是其他评价方法的佐证。

9.4.1.1　水均衡法的基本原理

对一个均衡区来说，在补给和排泄的动态变化过程中，任一时间段 Δt 内的补给量和排泄量之差，恒等于该均衡区内水量的变化量。据此可建立水均衡方程式：

$$Q_{补}-Q_{排}=\pm\mu F\frac{\Delta h}{\Delta t}（潜水）\tag{9-3}$$

$$Q_{补}-Q_{排}=\pm\mu^{*}F\frac{\Delta H}{\Delta t}（承压水）\tag{9-4}$$

$$Q_{补}=Q_{雨渗}+Q_{河渗}+Q_{渠渗}+Q_{田渗}+Q_{越入}+Q_{侧入}+Q_{人补}+\cdots\tag{9-5}$$

$$Q_{排}=Q_{蒸发}+Q_{溢出}+Q_{越出}+Q_{侧出}+Q_{开采}+\cdots\tag{9-6}$$

式中：$Q_{补}$ 为补给量；$Q_{排}$ 为排泄量；F 为均衡区面积；Δt 为均衡时段；μ 为给水度；μ^{*} 为弹性储水系数；Δh 为潜水水位变化；ΔH 为承压水水位变化；$Q_{雨渗}$ 为降水入渗补给量；$Q_{河渗}$ 为河水渗漏补给量；$Q_{渠渗}$ 为渠道渗漏补给量；$Q_{田渗}$ 为田间灌溉渗漏补给（包括井灌回归补给）量；$Q_{越入}$、$Q_{越出}$ 为越流补给量和流出量；$Q_{侧入}$、$Q_{侧出}$ 为侧向流入和流出量；$Q_{人补}$ 为人工补给量；$Q_{蒸发}$ 为潜水蒸发量；$Q_{溢出}$ 为地表溢流量；$Q_{开采}$ 为人工开采量。

如果是稳定型开采动态，则可开采量为

$$Q_{可}=\Delta Q_{排}+\Delta Q_{补}\approx Q_{补}+\Delta Q_{补}\tag{9-7}$$

如果是合理的消耗型开采动态，则为

$$Q_{可}=\Delta Q_{排}+\Delta Q_{补}+\mu F\frac{s_{max}}{365T} \tag{9-8}$$

式中：$\Delta Q_{排}$ 为减少的排泄量，即截取的补给量；$\Delta Q_{补}$ 为开采时增加的补给量；s_{max} 为最大允许降深；T 为开采年限，一般取 50～100 年。

补给量和排泄量在特定的均衡区内，组成要素往往是不一致的，即使在同一均衡区内，随着均衡时段的不同，各均衡要素也可能发生变化。所以，合理准确地测定各均衡要素的值至关重要。如我国南方的岩溶地区，主要补给来源是河水渗漏补给量 $Q_{河渗}$ 和降水入渗补给量 $Q_{雨渗}$，其次是侧向流入量 $Q_{侧入}$；排泄项中主要是 $Q_{溢出}$，其次是 $Q_{侧出}$ 及 $Q_{蒸发}$。只要采用恰当的开采方式，可以充分截取补给，减少排泄，则计算可开采量的公式可简化为

$$Q_{可}\approx Q_{雨渗}+Q_{河渗} \tag{9-9}$$

因此，在各种情况下，都应按照具体条件建立具体的水均衡方程式。

9.4.1.2 水均衡法的应用步骤

水均衡法应用的具体步骤如下。

1. 划分均衡区，确定均衡期，建立均衡方程

因为各个均衡要素是随区域水文地质条件的不同而变化的，特别是计算面积较大时，均衡要素可能差别很大。所以应将均衡要素大体一致的地区划为一个区，分别计算后再累加起来。划分均衡区时可以从大到小地划分。

(1) 一级分区。常以含水介质成因类型和地下水类型的组合作为分区依据。例如在山前扇形地带，可分为山区基岩裂隙水—承压水区、扇形地顶部孔隙潜水区、中下部的孔隙潜水—承压水区等。

(2) 二级分段。如果同一区内的水文地质条件还有较大差异，可以按不同的定量指标将其分为若干段。分段指标通常是含水层导水系数、给水度、水位埋深和动态变幅、包气带岩性等，以便于测定均衡要素为原则。

均衡期一般以年为单位，也可将旱季、雨季分开来计算，这样可以简化均衡方程中的项目。

划定均衡区并确定均衡期以后，分析各区在这段时期内有哪些均衡要素，便可以建立均衡方程。

2. 测定每个均衡区的各项均衡要素值

首先要测定各个区天然流场下各项补给量和排泄量，检验两者是否均衡，以此矫正各项值。由于人工开采，地下水系统的补给量和排泄量有所改变，所以，要重点测定开采条件下的补给增量和可能减少的排泄量。

为了取得较准确的计算资料，最好在每个均衡区选择一个有代表性的地段做小范围的均衡试验，实际测定各项均衡要素的数值，取得计算所需的参数，然后用以计算整个均衡区的各种补给量和排泄量。

3. 计算与评价

将各项均衡要素值代入均衡方程式中，计算出各均衡区的各项补给量和各项排泄量的差值，与地下水的储存量比较，如果不符合，要审查各均衡要素值是否准确，重

新建立均衡方程，使方程平衡。

9.4.1.3　水均衡法的特点及适用条件

水均衡法的原理简明，计算公式简单，适用性强。

在地下水的补排条件较简单、水均衡要素容易确定、开采后变化不大的地区，用该法评价地下水资源效果较好。但有时计算项目较多，有些均衡要素难于准确测定，或者要花费较大的勘探试验工作量，特别是对开采条件下各项要素的变化及边界条件的确定比较困难。所以，有时甚至只能得出一个粗略的量，但在一定条件下仍能取得较满意的结果。

对其他方法求出的可开采量的保证程度，一般可用水均衡法来佐证。

【例 9-1】　以表 9-3 所列算例具体说明水均衡法的计算步骤。

表 9-3　　　未限制开采深度多年均衡调节计算表 $\mu=0.048$

年序 i	地下水净补给量 R_i /mm	地下水计划开采量 M_i /mm	均衡差值 R_i-M_i /mm		地下水位变幅 Δh_i /m		多年调节地下水年末埋深 D_i /m	地下水位年内变幅 $\Delta h_{年i}$ /m	多年调节地下水年最大埋深 D_{maxi} /m
			+	−	升	降			
①	②	③	④	⑤	⑥	⑦	⑧	⑨	⑩
1	19.24	96.4		77.16		1.61	4.61	2.01	5.01
2	73.60	82.3		8.70		0.18	4.79	1.70	6.31
3	71.00	76.4		5.40		0.11	4.90	1.60	6.39
4	11.88	96.4		84.52		1.76	6.66	2.01	6.91
5	54.10	62.3		8.20		0.17	6.83	1.30	7.96
6	72.63	76.4		3.77		0.08	6.91	1.60	8.43
7	146.11	62.3	83.81		1.75		5.16	1.30	8.21
8	11.88	82.3		70.42		1.47	6.63	1.70	6.86
9	59.35	62.3		2.95		0.06	6.69	1.30	7.93
10	98.53	82.3	16.23		0.34		6.35	1.70	8.39
11	28.19	62.3		34.11		0.71	7.06	1.30	7.65
12	72.28	82.3		10.02		0.21	7.27	1.70	8.76
13	104.26	62.3	41.96		0.87		6.40	1.30	8.57
14	46.30	62.3		16.00		0.33	6.73	1.30	7.70
15	43.55	76.4		32.85		0.68	7.41	1.60	8.33
16	64.80	62.3	2.50		0.05		7.36	1.30	8.71
17	165.00	90.0	75.00		1.56		5.80	1.88	9.24
18	63.80	96.4		32.60		0.68	6.48	2.01	7.81
19	240.40	82.3	158.10		3.29		3.19	1.70	8.18
20	45.53	68.3		22.77		0.47	3.66	1.43	4.62
21	191.40	62.3	129.10		2.69		3.00	1.30	4.96
合计	1683.83	1586.6							
多年平均	80.18	75.55							

解：第一，将各年各类地下水补给量扣去各类排泄量算出各年的地下水净补给量 R_i，列入表中第②栏；并将各年的计划开采量 M_i 抄录列入表中第③栏。

第二，逐年计算均衡差值 R_i-M_i，按余（正值）、缺（负值）分别填入④栏或⑤栏；并除以所给的给水度 $\mu(=0.048)$ 值，求得相应的地下水水位变幅 Δh_i，按升（正值）、降（负值）分别填入⑥栏或⑦栏。

第三，拟定一个地下水位多年调节计算的起调埋深值 D_0，一般取潜水极限埋深值 D_k，并以其相应的地下水位作为地下水库的正常高水位，在表中取 $D_0=D_k=3.0$m。接着，按 $D_i=D_{i-1}-\Delta h_i$ 逐年算出多年调节地下水年末埋深值 D_i 列入第⑧栏。计算时须注意，如当出现计算值 $D_i<D_k$ 时，则认为其超出部分 D_k-D_i 的相应水量 $\mu(D_k-D_i)$ 应设法予以排泄，因此该年的多年调节地下水年末埋深值仍应取为 $D_i=D_k$，且由此继续往下计算。如表中 $i=21$ 的这一年计算值 $D_{21}=D_{20}-\Delta h_{21}=3.66-2.69=0.97(\text{m})<3.00\text{m}$，因此该年的多年调节地下水年末埋深值 D_{21} 实际取为 3.00m，其超出的水量 $\mu(D_k-D_{21})=0.048\times(3.00-0.97)=97.2(\text{mm})$ 作为多年调节过程增泄的水量应予排除。

第四，考虑到地下水位在年内的实际变动情况会降得低于该年年初（即上一年年末）的地下水位，其差值即所谓的地下水位年内变幅值 $\Delta h_{年i}$。该值可按各年的实际资料，以月为计算时段，通过年调节计算可以获得；也可选取若干频率水文年，通过计算得出相应值，以此作为其他年份的参照选用；也可按各地实践经验值估算。总之，通过一定途径可推得各年的 $\Delta h_{年i}$ 值，并将之逐年填入⑨栏。

第五，经多年水均衡调节计算，各年的地下水年最大埋深值应为 $D_{\max_i}=D_{i-1}+\Delta h_{年i}$，逐年算出后列入⑩栏。

最后，可据表中第⑩栏数据点绘地下水年最大埋深过程线（图 9-6 中的实线所示）；进一步将各年的地下水年最大埋深值 $D_{\max_i}$ 自小到大顺序排列，计算其经验频率值 $P=\dfrac{m}{n+1}$，并点绘地下水年最大埋深值经验频率曲线（参见图 9-7 中的 0—0—0 线）。

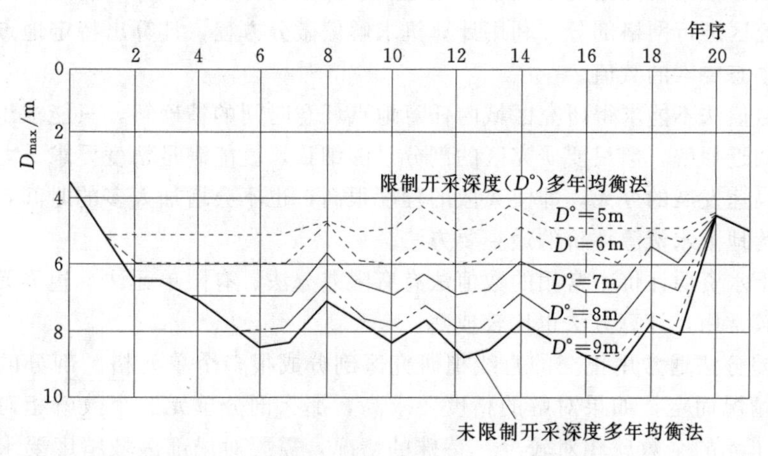

图 9-6　地下水年最大埋深值 $D_{\max}$ 过程线

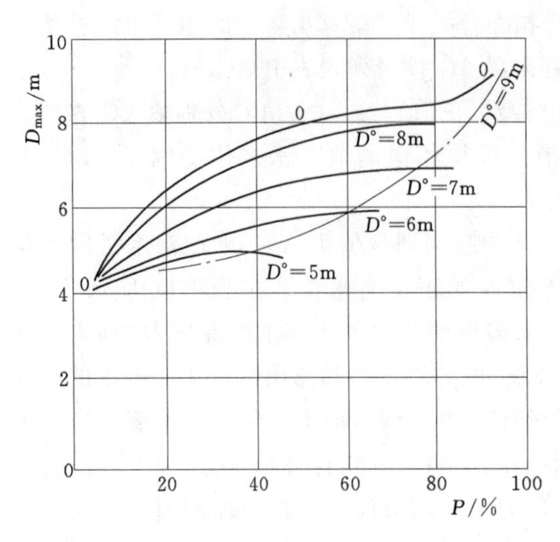

图9-7　地下水年最大埋深值频率曲线

图9-7中的0—0—0线表征对于表中第③栏所列的地下水开采量，在机泵提水能力满足第⑩栏中最大值（即9.24m）的前提下，不同地下水年最大埋深值 D_{max} 出现的频率情况。

进一步验算：

该均衡区在均衡期21年中的地下水净补给量合计为1683.83mm，其多年平均值为80.18mm；地下水计划开采量合计为1586.60mm，其多年平均值为75.55mm。

均衡期内地下水净补给量应再扣去多年调节过程增泄的水量97.2mm，因此实际的净补给量为1683.83－97.2＝1586.63（mm）。该值与计划开采量相平衡，表明能满足计划开采量的要求。

需要指出的是，如果实际提供的机泵提水能力达不到列在第⑩栏中的年最大埋深的最大值（本算例为9.24m），则在整个均衡期的多年调节计算过程中将会出现不能满足计划开采量的年份，继而又连续影响后继年份的调节计算成果。也就是说，以上所绘出的地下水年最大埋深过程线和频率曲线都将相应随之改变。

9.4.2　数值法

9.4.2.1　概述

一般情况下，研究区的形状是不规则的，含水层岩性是非均质各向异性的，数学模型复杂，所以不容易求出解析解。而用数值方法可以求得近似解，在某种程度上，突显了数值法的重要性。

数值法是根据研究区的水文、水文地质、开采、补给等条件，按照一定的精度要求，对研究区进行网格剖分，利用计算机求解偏微分方程，计算出特定地点某些时刻的地下水动态要素的数值。

虽然数值法不能求得研究区域内任意地点任意时间的精确解，只能求出有限个点特定时刻的近似解，但只要研究区的剖分足够细致，就能满足精度要求。尤其是在计算机技术高速发展的今天，即使离散的程度很高，也不会增加太多的时间，所以数值法逐渐成为地下水资源评价的最主要方法。

在地下水资源评价中常用的数值法有有限差分法、有限单元法、边界元法。其中前两种比较常用，计算方法也比较成熟。

有限差分法通常用正交的直线把研究区剖分成很多个单元格。剖分的单元个数根据具体情况而定，如果对解的精度要求高，那么剖分单元的个数就相对较多；反之，剖分单元的个数就相对较少。特殊的情况，需要对局部区域精度要求高时，则应进行局部细化［图9-8(a)、(b)］。每个单元格的边长称为空间步长。以单元的中心作为节点，称为块中心节点［图9-9(a)］。以直线的交点作为节点，称为网格中心节点［图9-9(b)］。有限差分法可计算出各节点不同时刻的水头值或浓度值。

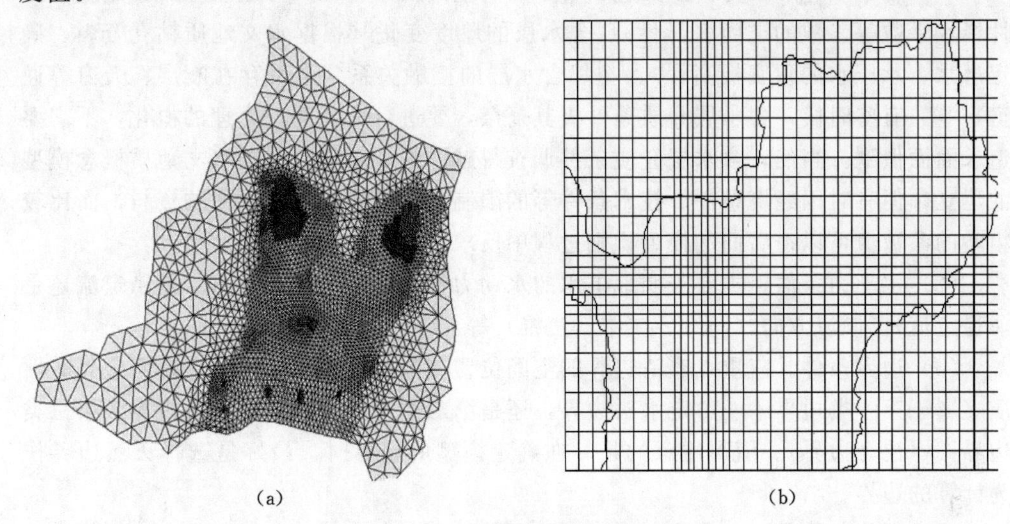

图9-8　局部细化的剖分情况

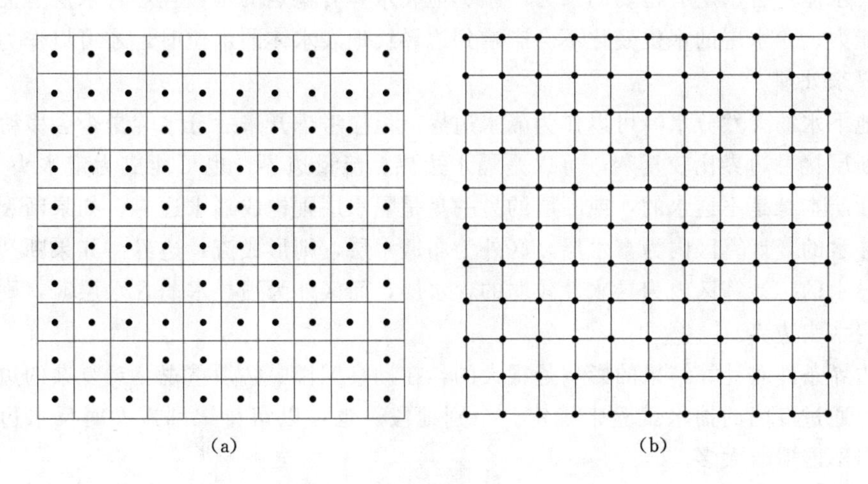

图9-9　有限差分法节点类型

(a) 块中心节点；(b) 网格中心节点

有限元法通常剖分成三角形、四边形或其他形状的单元。每个三角形或四边形称为一个单元，公共顶点称为节点。有限元法可计算出各节点不同时刻的水头值或浓度值。

9.4.2.2　数值法的应用步骤

无论是有限差分法，还是有限单元法，其应用步骤是相同的，具体如下。

1. 建立水文地质概念模型

研究和掌握计算区域的地质和水文地质条件，合理进行水文地质条件的概化，建立合理的水文地质概念模型，是运用数值法的基础和关键。建立水文地质概念模型时，要查清含水层介质条件、水动力条件以及边界条件。通过对这三个主要方面的研究，即可确定研究区的水文地质概念模型，这是数值法的基础。

(1) 含水层介质条件。主要包括含水层的空间展布特征（渗透系数、给水度、弹性释水系数等参数的空间变异性）、含水层的厚度变化（根据水文地质钻孔资料，确定潜水、承压水的顶底板高程）、相邻含水层的接触关系（是否存在断层、天窗等通道）等。有些时候，含水层介质条件极其复杂，要进行适当的、合理的概化，不需要追求面面俱到。当然，含水层介质条件调查得越详细，就越有助于水文地质概念模型的建立，但有时因经济条件、技术条件等的限制，不可能获得很详细的资料，而比较粗略的参数值可以在后面的模型识别过程中反求。

(2) 水动力条件。主要查明地下水的水动力特征，如地下水流态（是稳定流还是非稳定流），渗流方向（一维、二维、三维）等。

(3) 边界条件。应重点查清边界的空间位置和分布形状，其次还应查明边界的性质（属于第一类边界——给定水头边界，还是第二类边界——给定流量边界或第三类边界——混合边界）。值得注意的是，在确定模型的边界时，最好是选择天然边界作为计算的边界。

地表水体可能是定水头边界，但不是所有的地表水体都一定是定水头边界，只有当地表水体与含水层有密切的水力联系、地表水体有稳定的水位且对含水层有无限的补给能力、含水层的水位变化不会影响到边界线地表水体的水位时，才可以作为定水头边界来处理。

地下水的天然分水岭可以作为隔水边界，但应考虑开采后分水岭是否会移动。

断层接触边界比较复杂，可以是隔水边界、流量边界，也可能成为定水头边界。如果断层本身是不透水的，或断层的另一盘是隔水层则构成隔水边界。如果断裂带本身是导水的，计算区内为富水层，区外为弱透水层，则形成流量边界。如果断裂带本身是导水的，计算区内为导水性较弱的含水层，而区外为强导水的含水层时，则可以定为定水头边界。

边界条件对计算结果的影响是很大的，在勘察工作中必须重视。对复杂的边界条件，应通过专门的抽水试验来确定。个别地段，也可以留待识别模型时反求边界条件，但不能遗留太多。

另外，还需确定计算层的上下边界及有无越流、入渗、蒸发等现象，并给出定量数值。

最后，还应根据动态观测资料，概化出边界上的动态变化规律。

根据以上几方面的详细分析，便可建立起较准确的水文地质概念模型，进而选择相应的数学模型，但这还只是一个模型雏形。

2. 建立相应的数学模型雏形

地下水数学模型，就是刻画实际地下水流在数量、空间和时间上的一组数学关系式。它具有复制和再现实际地下水流运动状态的能力。实际上，数学模型是把水文地质概念模型数学化。描述地下水流数学模型的种类很多，如用偏微分方程及其定解条件构成的数学模型，定解条件包括初始条件和边界条件。

如概化后的水文地质概念模型为：①各向均质同性潜水含水层；②水流为平面非稳定流，服从达西定律；③有垂向补给；④有开采，开采强度为 Q_v；⑤初始水头分布为 H_0（x，y）；⑥为全一类边界条件 Γ_1。

相应的数学模型如下：

$$\begin{cases}\dfrac{\partial}{\partial x}\left[K(H-B)\dfrac{\partial H}{\partial x}\right]+\dfrac{\partial}{\partial y}\left[K(H-B)\dfrac{\partial H}{\partial y}\right]+Q_e-Q_v=\mu\dfrac{\partial H}{\partial t}; & (x,y)\in D\\ H(x,y,t)\big|_{t=0}=H_0(x,y); & (x,y)\in D\\ H(x,y,t)\big|_{\Gamma_1}=H_1(x,y,t); & (x,y)\in \Gamma_1,t>0\end{cases} \tag{9-10}$$

式中：H 为潜水水位，m；B 为隔水底板高程，m；μ 为给水度；K 为渗透系数，m/d；Q_e 为垂向补给强度，m/d；Q_v 为开采强度，m/d；H_0 为初始水位，m；H_1 为计算区已知水头边界，m；Γ_1 为一类水头边界；D 为计算区范围；x、y 为平面直角坐标；t 为时间，d。

这种模型比较复杂，可借助计算机求解。

3. 模型的校正和验证

根据上述要求建立的数学模型雏形是否符合实际的水文地质条件，能否真实地反映实际流场的特点，还要根据地下水水位动态资料来检验模型是否正确，如果不符，则需进行适当的修正，以获得符合实际的模型。根据地下水水位动态观测资料，来反求水文地质参数或确定边界条件，有直接法和间接法，目前一般多用间接法，即试算法。

试算法就是根据所建立的数学模型，通过运行模型，输出各观测孔的水位随时间的变化过程，把计算所得的水位和实际观测水位进行对比，看误差是否在允许范围内。如果不能满足精度要求，则要修改水文地质参数值或边界条件等，再进行模拟计算，如此反复调试，直到拟合误差小于某一给定标准为止，此时模型中用到的参数和边界条件即认为是符合实际的。

经过校正的模型还要用不同于校正时段的资料对该数学模型进行验证。如果验证的结果也满足精度要求，则认为该模型可以应用到实际地区，可用来进行水位的预测。

4. 进行水位预报和资源评价

经过校正和验证了的数学模型还只能说是符合勘探试验阶段实际情况的模型，用来进行开采动态预报时，还应当考虑开采条件下可能的变化。含水层介质的水文地质参数一般变化不大，但边界条件和地下水的补给、排泄条件还可能发生一定的变化。因此，只有在边界条件和补给、排泄条件不随气候、水文条件而变化，或其变化规律可以较准确地确定时，数值法的结果才是较精确的。在其他条件下，做短期预报较精确，做长期预报时则依赖于气候、水文因素的预报精度。

根据开采条件对模型进行修正以后，便可用正演来计算，主要用以解决以下一些问题：

（1）预报在一定的开采方案下，空间任意一点水位埋深随时间的变化趋势。

(2) 预报在一定的开采方案下，水位降深的空间分布，判断降深是否超过允许降深。

(3) 计算在一定期限内，水位降深不超过最大允许降深（s_{max}）时的可开采量。

(4) 计算满足开采需要的人工补给量，以及人工补给后水位的变化情况。

(5) 模拟地表水、地下水之间的相互作用过程，尤其是傍河水源地地下水的开采对河流径流量影响过程的模拟等。

数值法尽管是对渗流方程的一种近似解法，但它可以处理复杂的水文地质条件，本身的精度完全能满足生产要求，反而比简化条件下的解析解更精确。因此，该方法目前已广泛应用于地下水资源评价以及地下水资源的其他相关研究中。

9.4.2.3　常用的两种数值模型软件

1. Visual MODFLOW

目前被全世界所广泛应用的是 Waterloo Hydrogeologic Inc. 在美国地质调查局 MODFLOW 软件的基础上应用可视化技术开发研制的可视化 MODFLOW（即 Visual MODFLOW）。Visual MODFLOW 增加了模型输出结果的显示功能，同时加强了水流模型和溶质运移模型的前处理能力。其主菜单包括以下几个相互独立的模块，即输入模块、运行模块和输出模块。当打开或创建了一个文件后，就可以自由地在这些模块之间切换，以便建立或修改模型的输入参数、运行模型、校正模型以及显示结果。

在输入模块中，用户可用图形的方式定义水流模型和溶质运移模型（包括 MODFLOW、MODPATH 和 MT3D）所需的所有参数，主要有模拟区的空间剖分、开采井和观测井的设置、含水层参数的设定、含水层边界条件的赋值、水均衡区的设置和溶质运移模型所需的输入参数。这些菜单都是按逻辑上的先后顺序排列的，以便方便地建立所需的水流模型和溶质运移模型。

在运行模块中，用户可修改 MODFLOW、MODPATH 和 MT3D 中的有关参数，具体包括初始水头设定、方程解法选择、输出结果的选择等。在每个菜单的选择中，都有缺省设置，这些缺省设置适合运行大部分的模拟。

输出模块中，可输出 MODFLOW、MODPATH 和 MT3D 的模拟结果和模型识别结果，主要有：地下水水位等值线图、水位随时间变化过程曲线、计算水位与实测水位对比曲线、水位降深等值线图、水位降深随时间变化过程曲线、溶质浓度随时间变化过程曲线、溶质浓度计算值与观测值对比曲线、地下水流速分布图、水均衡计算结果等。用户可根据需要，选择和设计模拟结果的输出方式。

2. FEFLOW

FEFLOW（Finite Element Subsurface FLOW System）是由德国水资源规划与系统研究所（WASY）开发出来的地下水水流及溶质运移模拟软件系统。该软件提供图形人机对话功能，具备地理信息系统数据接口，能够自动产生空间各种有限单元网，具有空间参数区域化、快速精确的数值算法和先进的图形视觉化技术等特点。

FEFLOW 的应用领域广泛，可用于地下水区域流场的模拟及地下水资源规划与管理，模拟矿区露天开采及地下水开采对区域地下水的影响，模拟近海岸区抽取地下水或者矿区抽排地下水引起的海水或深部盐水入侵问题，模拟非饱和带以及饱和带地下水流及其温度分布问题，模拟污染物在地下水中迁移过程及其时空分布模式，模拟降雨-径流-地下水的系统问题。

FEFLOW 的系统输入灵活，主要特点包括：通过标准数据输入接口，用户既可以直接利用已有的 GIS 空间多边形数据生成有限单元网格，还可以基于地图用鼠标进行设计，能够自定义网格的数目，方便地调整网格的几何形状，增加和减小网格的宽度；在建立水流和溶质运移模型时，用户不仅能够根据具体情况定义第一、第二和第三类边界，而且可以对边界条件增加特定的限制，以避免不合理的数值解；已知的边界及模型参数可以按点、线或面的形式直接输入，也可以调用已有的空间数据；对离散的空间抽样数据进行内插或外推（数据区域化），FEFLOW 提供克里金法（Kriging）、阿基玛（Akima）、距离反比加权法（IDW）和 ID 线性插值法（Liner ID interpolation）；输入数据格式既可以是 ASCII 码文件，也可以是 GIS（地理信息系统）文件。FEFLOW 还支持点、线、面的广义数据格式、DXF 格式、Tiff 图形以及 HPGL 数据格式。

地下水模拟功能强大：①可建立三维空间模型、二维平面、二维剖面或者轴对称二维模型；②模拟非稳定流或稳定流；③模拟多层含水系统，包括上层滞水模拟；④模拟化学物质迁移及热传递，包括温度、盐分迁移模拟；⑤模拟变密度流场（盐水或海水入侵问题）；⑥模拟非饱和带流场及溶质运移。

FEFLOW 的计算结果既有水位、污染物浓度及温度等标量数据，也包括流速、流线和流径线等向量数据。模型参数和计算结果既能按 ASCII 码文件、GIS 文件、DXF 或 HPGL 文件输出，又能在 FEFLOW 系统中直接显示和成图。FEFLOW 提供了其他任何地下水模拟软件都无法比拟的、丰富实用的图形显示和数据结果分析工具。

【例 9-2】 设有一承压含水层渗流区域 Ω，其形状近似如图 9-10 所示的 500m×400m 矩形。在 AB 边界上有单宽流量为 $q_1=0.6\mathrm{m}^3/(\mathrm{d}\cdot\mathrm{m})$ 的侧向补给径流，BC 边界为隔水边界，其余两边 CD 和 AD 为定水头边界。区域中（200，100）处有一抽水井，抽水流量 $Q_w=1080\mathrm{m}^3/\mathrm{d}$。各点的初始水头均为 100.0m。渗流区为均质各向同性的含水层，其导水系数 $T=120.0\mathrm{m}^2/\mathrm{d}$，储水系数 $\mu^*=0.0003$。试用有限差分方法求解 $t=0.2\mathrm{d}$ 与 $t=2.0\mathrm{d}$ 时区域 Ω 内地下水水头的分布情况。

解：根据已知的水文地质条件，经分析可将该渗流区域概化成如下的数学模型。

首先对研究区域 Ω 离散化，取 $\Delta x=\Delta y=100.0\mathrm{m}$，即将原区域 Ω 剖分为如图 9-11 所示的 20 个小网格，对网格交点——结点依次编号，横向（x 方向）为 i，纵向（y 方向）为 j，共计 30 个结点。由于区域 Ω 的边界 $\overline{AB}$ 与 $\overline{BC}$ 均为第二类边界，需对边界结点进行专门的处理，因此在边界处各增加一行或一列虚结点（图 9-11），也依次编码。这样，在区域内共有结点 39 个，其中一类边界结点 10 个，即 $\overline{AD}$ 与 $\overline{DC}$ 边界结点上水头为已知值。

未知水头结点 29 个，其中包括虚结点 9 个。对时间坐标也要同时离散化。采用等时间步长进行计算，$\Delta t=0.2\mathrm{d}$。采用交替方向隐式差分法进行求解。

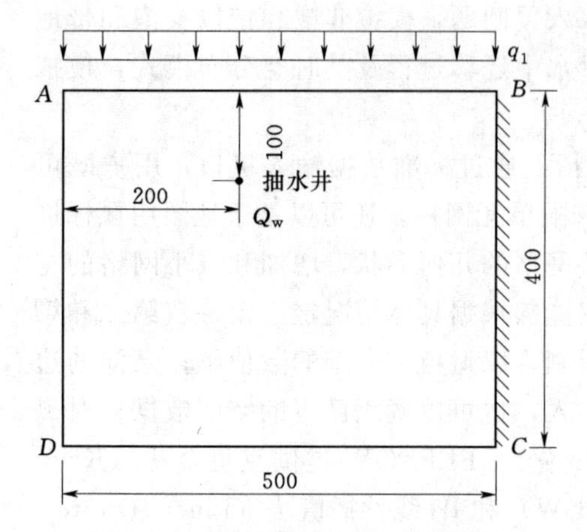

图 9-10　承压渗流区域 Ω 示意图

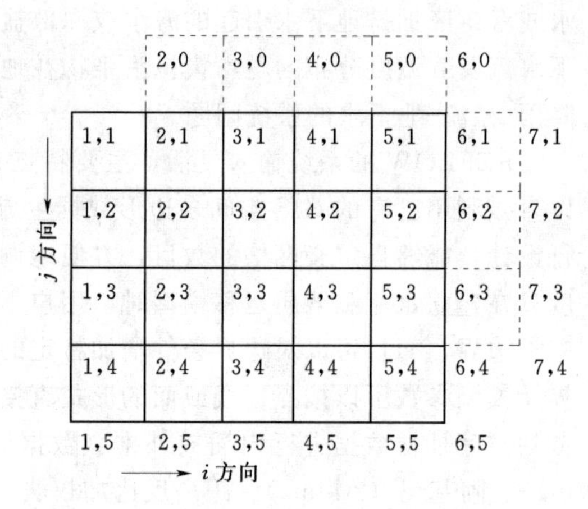

图 9-11　区域 Ω 差分法剖分图

首先计算第一个时段，$k=1$，$\Delta t_k=0.2\text{d}$，$t_k=0.0$，$t_{k+1}=0.2\text{d}$。

(1) 在$(t_k,\ t_{k+\frac{1}{2}})$时段内沿 i（x）方向取隐式，沿 j（y）方向取显式，可得

$$a_{i,j}H_{i-1,j}^{k+\frac{1}{2}}+b_{i,j}H_{i,j}^{k+\frac{1}{2}}+c_{i,j}H_{i+1,j}^{k+\frac{1}{2}}=d_{i,j} \tag{9-11}$$

其中

$$a_{i,j}=\frac{T_{i-\frac{1}{2},j}}{\Delta x^2}$$

$$b_{i,j}=-\frac{1}{\Delta x^2}(T_{i-\frac{1}{2},j}+T_{i+\frac{1}{2},j})-\frac{2\mu_{i,j}^*}{\Delta t_k}$$

$$c_{i,j}=\frac{T_{i+\frac{1}{2},j}}{\Delta x^2}$$

$$d_{i,j}=\left(\frac{T_{i,j-\frac{1}{2}}+T_{i,j+\frac{1}{2}}}{\Delta y^2}-\frac{2\mu_{i,j}^*}{\Delta t_k}\right)H_{i,j}^k-\frac{1}{\Delta y^2}(T_{i,j-\frac{1}{2}}H_{i,j-1}^k+T_{i,j+\frac{1}{2}}H_{i,j+1}^k)-\varepsilon_{i,j}$$

现逐行进行计算，先计算 $j=1$ 行。

1) 对于结点 (2, 1)，应用式 (9-11) 得

$$a_{2,1}H_{1,1}^{k+\frac{1}{2}}+b_{2,1}H_{2,1}^{k+\frac{1}{2}}+c_{2,1}H_{3,1}^{k+\frac{1}{2}}=d_{2,1}$$

由于结点 (1, 1) 为一类边界结点，所以水头 $H_{1,1}^{k+\frac{1}{2}}$ 为已知，且 $H_{1,1}^{k+\frac{1}{2}}=H_{1,1}^k=H_{b1}=100\text{m}$，所以上式可写为

$$b_{2,1}H_{2,1}^{k+\frac{1}{2}}+c_{2,1}H_{3,1}^{k+\frac{1}{2}}=d_{2,1}-a_{2,1}H_{1,1}^{k+\frac{1}{2}}=d'_{2,1}$$

其中

$$a_{2,1}=\frac{T_{2-\frac{1}{2},1}}{\Delta x^2}=\frac{120.0}{100.0^2}=0.012$$

$$b_{2,1}=-\frac{1}{\Delta x^2}(T_{2-\frac{1}{2},1}+T_{2+\frac{1}{2},1})-\frac{2\mu_{i,j}^*}{\Delta t_k}$$

$$=-\frac{1}{100.0^2}\times(120.0+120.0)-\frac{2\times0.0003}{0.2}=-0.027$$

$$c_{2,1}=\frac{T_{2+\frac{1}{2},1}}{\Delta x^2}=\frac{120.0}{100.0^2}=0.012$$

$$d'_{2,1}=d_{2,1}-a_{2,1}H_{1,1}^{k+\frac{1}{2}}=\left(\frac{T_{2,1-\frac{1}{2}}+T_{2,1+\frac{1}{2}}}{\Delta y^2}-\frac{2\mu_{i,j}^*}{\Delta t_k}\right)H_{2,1}^k$$

$$-\frac{1}{\Delta y^2}(T_{2,1-\frac{1}{2}}H_{2,0}^k+T_{2,1+\frac{1}{2}}H_{2,2}^k)-a_{2,1}H_{b1}-\varepsilon_{2,1}$$

式中，$H_{2,0}^k$ 为虚结点（2，0）的水头值，需根据边界条件确定，即

$$T\frac{\partial H}{\partial n}\bigg|_{AB}=q_1$$

n 为外法线方向，即 y 轴的负方向，按差分式得

$$T_{2,1-\frac{1}{2}}\frac{H_{2,0}-H_{2,1}}{\Delta y}=q_1$$

$$H_{2,0}^k=H_{2,1}^k+\frac{\Delta y}{T_{2,1-\frac{1}{2}}}q_1=100.0+\frac{0.6\times100.0}{120.0}=100.50(\text{m})$$

区域中仅有 $\varepsilon_{3,2}=1080\text{m}^3/\text{d}$，其余 $\varepsilon_{i,j}=0$，则

$$d'_{2,1}=\left(\frac{120.0+120.0}{100.0^2}-\frac{2\times0.0003}{0.2}\right)\times100.0$$

$$-\frac{1}{100.0^2}\times(120.0\times100.50+120.0\times100.0)-0.012\times100.0=-1.506$$

2）对于结点（3，1），应用式（9-11）得

$$a_{3,1}H_{2,1}^{k+\frac{1}{2}}+b_{3,1}H_{3,1}^{k+\frac{1}{2}}+c_{3,1}H_{4,1}^{k+\frac{1}{2}}=d_{3,1}$$

式中

$$a_{3,1}=\frac{T_{3-\frac{1}{2},1}}{\Delta x^2}$$

$$b_{3,1}=-\frac{1}{\Delta x^2}(T_{3-\frac{1}{2},1}+T_{3+\frac{1}{2},1})-\frac{2\mu_{3,1}^*}{\Delta t_k}$$

$$c_{3,1}=\frac{T_{3+\frac{1}{2},1}}{\Delta x^2}$$

$$d_{3,1}=\left(\frac{T_{3,1-\frac{1}{2}}+T_{3,1+\frac{1}{2}}}{\Delta y^2}-\frac{2\mu_{3,1}^*}{\Delta t_k}\right)H_{3,1}^k-\frac{1}{\Delta y^2}(T_{3,1-\frac{1}{2}}H_{3,0}^k+T_{3,1+\frac{1}{2}}H_{3,2}^k)-\varepsilon_{3,1}$$

式中，$H_{3,0}^k$ 也为二类边界虚结点（3，0）水头值，可用类似 $H_{2,0}^k$ 的方法求得，即

$$H_{3,0}^k=H_{3,1}^k+\frac{\Delta y}{T_{3,1-\frac{1}{2}}}q_1$$

将各已知值代入上述各式中即可得到 $a_{3,1}$、$b_{3,1}$、$c_{3,1}$ 和 $d_{3,1}$。

3）对于节点（4，1）和（5，1）也同理可得出：

$$a_{4,1}H_{3,1}^{k+\frac{1}{2}}+b_{4,1}H_{4,1}^{k+\frac{1}{2}}+c_{4,1}H_{5,1}^{k+\frac{1}{2}}=d_{4,1}$$

$$a_{5,1}H_{4,1}^{k+\frac{1}{2}}+b_{5,1}H_{5,1}^{k+\frac{1}{2}}+c_{5,1}H_{6,1}^{k+\frac{1}{2}}=d_{5,1}$$

式中各系数计算同上，结果见表9-4。

4）对于结点（6，1）应用式（9-11），得

$$a_{6,1}H_{5,1}^{k+\frac{1}{2}}+b_{6,1}H_{6,1}^{k+\frac{1}{2}}+c_{6,1}H_{7,1}^{k+\frac{1}{2}}=d_{6,1}$$

其中 $H_{7,1}^{k+\frac{1}{2}}$ 由于为虚结点（7，1）的水头，需根据边界条件确定。

因
$$T\frac{\partial H}{\partial n}=q_2$$

则
$$T_{6+\frac{1}{2},1}\frac{H_{7,1}-H_{6,1}}{\Delta x}=q_2$$

代入前式得

$$a_{6,1}H_{5,1}^{k+\frac{1}{2}}+b_{6,1}H_{6,1}^{k+\frac{1}{2}}+c_{6,1}\left(H_{6,1}^{k+\frac{1}{2}}+\frac{\Delta x}{T_{6+\frac{1}{2},1}}q_2\right)=d_{6,1}$$

即
$$a_{6,1}H_{5,1}^{k+\frac{1}{2}}+(b_{6,1}+c_{6,1})H_{6,1}^{k+\frac{1}{2}}=d_{6,1}-c_{6,1}\frac{\Delta x}{T_{6+\frac{1}{2},1}}q_2$$

或
$$a_{6,1}H_{5,1}^{k+\frac{1}{2}}+b'_{6,1}H_{6,1}^{k+\frac{1}{2}}=d'_{6,1}$$

其中
$$a_{6,1}=\frac{T_{6-\frac{1}{2},1}}{\Delta x^2}$$

$$b_{6,1}=-\left(\frac{T_{6-\frac{1}{2},1}+T_{6+\frac{1}{2},1}}{\Delta x^2}\right)-\frac{2\mu_{i,j}^*}{\Delta t_k}$$

$$c_{6,1}=\frac{T_{6+\frac{1}{2},1}}{\Delta x^2}$$

$$b'_{6,1}=b_{6,1}+c_{6,1}$$

$$d'_{6,1}=d_{6,1}+c_{6,1}\frac{\Delta x}{T_{6+\frac{1}{2},1}}q_2$$

$$d_{6,1}=\left(\frac{T_{6,1-\frac{1}{2}}+T_{6,1+\frac{1}{2}}}{\Delta y^2}-\frac{2\mu_{i,j}^*}{\Delta t_k}\right)H_{6,1}^k-\frac{1}{\Delta y^2}(T_{6,1-\frac{1}{2}}H_{6,0}^k+T_{6,1+\frac{1}{2}}H_{6,2}^k)-\varepsilon_{6,1}$$

由于 $H_{6,0}^k$ 也是虚结点（6，0）的水头值，需根据结点（6，1）处的边界条件确定，即

$$H_{6,0}^k=H_{6,1}^k+\frac{q_1\Delta y}{T_{6,1-\frac{1}{2}}}$$

将已知参数及水头值代入前几式，则可得 $a_{6,1}$、$b'_{6,1}$、$d'_{6,1}$ 的值。$j=1$ 时可得到方程组

$$\begin{cases}-0.027H_{2,1}^{k+\frac{1}{2}}+0.012H_{3,1}^{k+\frac{1}{2}}=-1.5060\\0.012H_{2,1}^{k+\frac{1}{2}}-0.027H_{3,1}^{k+\frac{1}{2}}+0.012H_{4,1}^{k+\frac{1}{2}}=-0.3060\\0.012H_{3,1}^{k+\frac{1}{2}}-0.027H_{4,1}^{k+\frac{1}{2}}+0.012H_{5,1}^{k+\frac{1}{2}}=-0.3060\\0.012H_{4,1}^{k+\frac{1}{2}}-0.027H_{5,1}^{k+\frac{1}{2}}+0.012H_{6,1}^{k+\frac{1}{2}}=-0.3060\\0.012H_{5,1}^{k+\frac{1}{2}}-0.015H_{6,1}^{k+\frac{1}{2}}=-0.3060\end{cases}$$

或矩阵

$$\begin{bmatrix}-0.027&0.012&0&0&0\\0.012&-0.027&0.012&0&0\\0&0.012&-0.027&0.012&0\\0&0&0.012&-0.027&0.012\\0&0&0&0.012&-0.015\end{bmatrix}\begin{bmatrix}H_{2,1}^{k+\frac{1}{2}}\\H_{3,1}^{k+\frac{1}{2}}\\H_{4,1}^{k+\frac{1}{2}}\\H_{5,1}^{k+\frac{1}{2}}\\H_{6,1}^{k+\frac{1}{2}}\end{bmatrix}=\begin{bmatrix}-1.5060\\-0.3060\\-0.3060\\-0.3060\\-0.3060\end{bmatrix}$$

显然为一个三对角型方程组，采用追赶法求解，可得各节点水头，结果见表 9-4。

然后再对 $j=2$ 进行计算，依然对 x 方向取隐式，y 方向取显式，分别对节点（2，2）、（3，2）、（4，2）、（5，2）、（6，2）列方程式（9-11），并对结点（2，2）和（6，2）应用边界条件，对结点（3，2）考虑抽水井影响，可得 $a_{i,2}$、$b_{i,2}$、$c_{i,2}$ 和 $d_{i,2}$ 的值（$i=1，2，3，\cdots，6$），见表 9-4。采用追赶法求解方程组的 $H_{i,2}^{k+\frac{1}{2}}$ 值。

表 9-4　　$t=0.2$d 时中间水头传递值 $H_{i,j}^{k+\frac{1}{2}}$ 的计算表

j	i	a_i	b_i	c_i	d_i	$H(i,j)$	j	i	a_i	b_i	c_i	d_i	$H(i,j)$
1	2	0.012	−0.027	0.012	−1.506	100.772	3	2	0.012	−0.027	0.012	−1.500	100.000
	3	0.012	−0.027	0.012	−0.306	101.237		3	0.012	−0.027	0.012	−0.300	100.000
	4	0.012	−0.027	0.012	−0.306	101.511		4	0.012	−0.027	0.012	−0.300	100.000
	5	0.012	−0.027	0.012	−0.306	101.663		5	0.012	−0.027	0.012	−0.300	100.000
	6	0.012	−0.015	0.012	−0.306	101.730		6	0.012	−0.015	0.012	−0.300	100.000
2	2	0.012	−0.027	0.012	−1.500	95.566	4	2	0.012	−0.027	0.012	−1.500	100.000
	3	0.012	−0.027	0.012	−0.192	92.272		3	0.012	−0.027	0.012	−0.300	100.000
	4	0.012	−0.027	0.012	−0.300	95.048		4	0.012	−0.027	0.012	−0.300	100.000
	5	0.012	−0.027	0.012	−0.300	96.585		5	0.012	−0.027	0.012	−0.300	100.000
	6	0.012	−0.015	0.012	−0.300	97.268		6	0.012	−0.015	0.012	−0.300	100.000

同理对 $j=3$ 与 $j=4$ 时应用式（9-11），求得相应的水头值，计算过程见表 9-4。至此，所有未知水头均已求得，第一步计算结束。

（2）在（$t_{k+\frac{1}{2}}$，t_{k+1}）时段内，沿 $i(x)$ 方向取显式，沿 $j(y)$ 方向取隐式，

可得

$$a_{i,j}H_{i,j-1}^{k+1}+b_{i,j}H_{i,j}^{k+1}+c_{i,j}H_{i,j+1}^{k+1}=d_{i,j} \tag{9-12}$$

其中

$$a_{i,j}=\frac{T_{i,j+\frac{1}{2}}}{\Delta y^2}$$

$$b_{i,j}=-\frac{1}{\Delta y^2}(T_{i,j-\frac{1}{2}}+T_{i,j+\frac{1}{2}})-\frac{2\mu_{i,j}^*}{\Delta t_k}$$

$$c_{i,j}=\frac{T_{i,j+\frac{1}{2}}}{\Delta y^2}$$

$$d_{i,j}=\left(\frac{T_{i-\frac{1}{2},j}+T_{i+\frac{1}{2},j}}{\Delta x^2}-\frac{2\mu_{i,j}^*}{\Delta t_k}\right)H_{i,j}^{k+\frac{1}{2}}-\frac{1}{\Delta x^2}(T_{i-\frac{1}{2},j}H_{i-1,j}^{k+\frac{1}{2}}+T_{i+\frac{1}{2},j}H_{i+1,j}^{k+\frac{1}{2}})-\varepsilon_{i,j}$$

利用式（9-12）即可进行逐列计算。首先计算 $i=2$ 列（因为 $i=1$ 列为第一类边界点）。

1）对结点（2，1）应用式（9-12）得

$$a_{2,1}H_{2,0}^{k+1}+b_{2,1}H_{2,1}^{k+1}+c_{2,1}H_{2,2}^{k+1}=d_{2,1}$$

式中

$$a_{2,1}=\frac{T_{2,1-\frac{1}{2}}}{\Delta y^2}$$

$$b_{2,1}=-\frac{1}{\Delta y^2}(T_{2,1-\frac{1}{2}}+T_{2,1+\frac{1}{2}})-\frac{2\mu_{2,1}^*}{\Delta t_k}$$

$$c_{2,1}=\frac{T_{2,1+\frac{1}{2}}}{\Delta y^2}$$

$$d_{2,1}=\left(\frac{T_{2-\frac{1}{2},1}+T_{2+\frac{1}{2},1}}{\Delta x^2}-\frac{2\mu_{2,1}^*}{\Delta t_k}\right)H_{2,1}^{k+\frac{1}{2}}-\frac{1}{\Delta x^2}(T_{2-\frac{1}{2},1}H_{1,1}^{k+\frac{1}{2}}+T_{2+\frac{1}{2},1}H_{3,1}^{k+\frac{1}{2}})-\varepsilon_{2,1}$$

由于结点（2，1）为二类边界点，则有

$$H_{2,0}^{k+1}=H_{2,1}^{k+1}+\frac{\Delta y}{T_{2,1-\frac{1}{2}}}q_1$$

将其代入前式并整理得

$$b'_{2,1}H_{2,1}^{k+1}+c_{2,1}H_{2,2}^{k+1}=d'_{2,1}$$

其中

$$b'_{2,1}=b_{2,1}+a_{2,1}$$

$$d'_{2,1}=d_{2,1}-a_{2,1}\frac{\Delta yq_1}{T_{2,1-\frac{1}{2}}}$$

将已知各水文地质参数与水头值代入以上各式可得 $a_{2,1}$、$b_{2,1}$、$c_{2,1}$ 和 $d_{2,1}$ 值。

2）同理对节点（2，2）、（2，3）分别列方程式（9-12），得各计算参数 $a_{2,j}$、$b_{2,j}$、$c_{2,j}$ 和 $d_{2,j}$（$j=2$，3）值见表9-5。

3）对结点（2，4）列方程式（9-12）得

$$a_{2,4}H_{2,3}^{k+1}+b_{2,4}H_{2,4}^{k+1}+c_{2,4}H_{2,5}^{k+1}=d_{2,4}$$

因为结点（2，5）为一类边界点，即 $H_{2,5}^{k+1}=H_{2,5}^{k}=H_{b,2}$，则有

$$a_{2,4}H_{2,3}^{k+1}+b_{2,4}H_{2,4}^{k+1}=d_{2,4}-c_{2,4}H_{2,5}^{k+1}=d'_{2,4}$$

其中

$$a_{2,4}=\frac{T_{2,4-\frac{1}{2}}}{\Delta y^{2}}$$

$$b_{2,4}=-\frac{T_{2,4-\frac{1}{2}}+T_{2,4+\frac{1}{2}}}{\Delta y^{2}}-\frac{2\mu_{2,4}^{*}}{\Delta t_{k}}$$

$$c_{2,4}=\frac{T_{2,4+\frac{1}{2}}}{\Delta y^{2}}$$

$$d_{2,4}=\left(\frac{T_{2-\frac{1}{2},4}+T_{2+\frac{1}{2},4}}{\Delta x^{2}}-\frac{2\mu_{2,4}^{*}}{\Delta t_{k}}\right)H_{2,4}^{k+\frac{1}{2}}-\frac{1}{\Delta x^{2}}\left(T_{2-\frac{1}{2},4}H_{1,4}^{k+\frac{1}{2}}+T_{2+\frac{1}{2},4}H_{3,4}^{k+\frac{1}{2}}\right)-\varepsilon_{2,4}$$

将已知值代入以上几式，即可得 $a_{2,4}$、$b_{2,4}$、$d'_{2,4}$ 值，对于 $i=2$ 时，可得方程组

$$\begin{cases}-0.015H_{2,1}^{k+1}+0.012H_{2,2}^{k+1}=-0.3046\\0.012H_{2,1}^{k+1}-0.027H_{2,2}^{k+1}+0.012H_{2,3}^{k+1}=-0.2794\\0.012H_{2,2}^{k+1}-0.027H_{2,3}^{k+1}+0.012H_{2,4}^{k+1}=-0.300\\0.012H_{2,3}^{k+1}-0.027H_{2,4}^{k+1}=-1.500\end{cases}$$

显然也是一个三对角型方程，采用追赶法求解，可得 $H_{2,1}^{k+1}$、$H_{2,2}^{k+1}$、$H_{2,3}^{k+1}$、$H_{2,4}^{k+1}$ 值，见表 9-5，然后分别计算 $i=3$、4、5、6 时，取不同的 j 值并分别应用式（9-12）得相应结点水头值，结果见表 9-5。

表 9-5　　$t=0.2$d 时 $H_{i,j}^{k+1}$ 计算表

i	j	a_j	b_j	c_j	d_j	$H(i,j)$	i	j	a_j	b_j	c_j	d_j	$H(i,j)$
2	1	0.012	−0.015	0.012	−0.304	99.051	4	3	0.012	−0.027	0.012	−0.300	98.843
	2	0.012	−0.027	0.012	−0.279	98.428		4	0.012	−0.027	0.012	−1.500	99.486
	3	0.012	−0.027	0.012	−0.300	99.130	5	1	0.012	−0.015	0.012	−0.310	99.734
	4	0.012	−0.027	0.012	−1.500	99.613		2	0.012	−0.027	0.012	−0.279	98.836
3	1	0.012	−0.015	0.012	−0.307	97.487		3	0.012	−0.027	0.012	−0.300	99.356
	2	0.012	−0.027	0.012	−0.253	96.241		4	0.012	−0.027	0.012	−1.500	99.714
	3	0.012	−0.027	0.012	−0.300	97.918	6	1	0.012	−0.015	0.012	−0.289	99.910
	4	0.012	−0.027	0.012	−1.500	99.075		2	0.012	−0.027	0.012	−0.316	100.752
4	1	0.012	−0.015	0.012	−0.309	98.933		3	0.012	−0.027	0.012	−0.300	100.417
	2	0.012	−0.027	0.012	−0.207	97.911		4	0.012	−0.027	0.012	−1.500	100.185

至此，$t_{k+1}=0.2$d 时刻的各结点水头分布均已求得，可再计算下一个时刻的水头分布。$k=2$，$\Delta t_k=0.2$d，$t_{k+1}=0.4$d。将各结点 $t_k=0.2$d 时刻水头值作为时段初值，重复以上计算可得各结点水头分布。重复以上计算直到计算结束。计算得 $t_{k+1}=$ 0.2d、0.4d、0.6d 和 2.0d 时刻水头分布见表 9-6。从表 9-5 与表 9-6 水头 $H_{i,j}$ 计

算结果可知，交替方向隐式差分法所得 $H_{i,j}^{k+\frac{1}{2}}$ 值非 $t_{k+\frac{1}{2}}$ 时间的水头 $H_{i,j}$ 值。

9.4.3　地下水文分析法

地下水文分析法是仿照水文学原理，通过测流的方法来计算某一地下水系统在一定时间内（常取一个水文年）的流量。由于地下水流场比地表水复杂得多，直接测流往往很困难（有时只能用间接测流法），所以地下水文分析法只能适用于一些特定的地区，并且这些地区往往是其他许多方法难于应用的地区。

9.4.3.1　频率分析法

水文分析法用求得的地下水补给量、径流量或排泄量来论证可开采量的保证程度。地下水补给量或径流量往往受气候条件影响，有年内和年际的变化。因此，对不同年份的（或月份的）数据进行频率分析，求出其保证率是非常必要的。如果观测的实际数据较少、观测的时间序列较短时，可以用观测数据较多、观测时间序列较长的气象资料进行相关分析，用回归方程来外推或插补，然后再进行频率分析。

表 9-6　　有限差分法求解水头 H (i, j) 分布表

k 值	j \ i	1	2	3	4	5	6
$k=1$	1	100.00	99.051	97.487	98.933	99.734	99.910
	2	100.00	98.428	96.241	97.911	98.836	100.752
	3	100.00	99.130	97.918	98.843	99.356	100.417
	4	100.00	99.613	99.075	99.486	99.714	100.185
	5	100.00	100.00	100.00	100.00	100.00	100.00
$k=2$	1	100.00	99.089	97.973	98.777	99.484	99.893
	2	100.00	98.420	96.355	97.795	98.608	101.040
	3	100.00	99.138	98.187	98.683	99.079	100.607
	4	100.00	99.621	99.243	99.344	99.520	100.199
	5	100.00	100.00	100.00	100.00	100.00	100.00
$k=3$	1	100.00	99.092	97.921	98.823	99.590	99.731
	2	100.00	98.430	96.116	97.856	98.635	101.311
	3	100.00	99.138	98.111	98.695	99.061	100.791
	4	100.00	99.632	99.195	99.360	99.523	100.292
	5	100.00	100.00	100.00	100.00	100.00	100.00
$k=4$	1	100.00	99.135	98.148	99.189	100.689	96.549
	2	100.00	98.383	96.135	97.315	97.209	104.937
	3	100.00	99.132	98.232	98.725	99.217	100.196
	4	100.00	99.622	99.261	99.362	99.581	100.016
	5	100.00	100.00	100.00	100.00	100.00	100.00

1. 经验频率曲线法

将已有资料（补给量、径流量或排泄量）按照大小排列并依次对每一数值进行编号，根据下式计算频率：

$$P=\frac{m}{n+1}\times 100\% \tag{9-13}$$

式中：P 为经验频率；m 为编号；n 为观测数据的总个数。

将算得的频率 P 作横坐标，以其相应的量值作为纵坐标绘于几率格纸上，得到频率曲线。根据该曲线便可预测不同频率条件下相应的量值（补给量、径流量或排泄量）。

2. 理论频率曲线法

本法根据实测资料，按流量均值 Q_p、离差系数 C_v 及偏差系数 C_s 绘制曲线。

$$Q_p=\frac{1}{n}\sum_{i=1}^{n}Q_i \tag{9-14}$$

$$C_v=\sqrt{\sum_{i=1}^{n}\frac{(K_i-1)^2}{n-1}} \tag{9-15}$$

$$C_s=(2\sim4)C_v \tag{9-16}$$

其中

$$K_i=\frac{Q_i}{Q_p}$$

式中：K_i 为变率；$\sum_{i=1}^{n}Q_i$ 为该系统全部流量的总和；n 为流量的总观测次数（或连续观测的年数）。

根据上式算出 C_v 和 C_s 值后，即可按 P-Ⅲ型曲线的 Φ 值求得不同频率条件下的最大或最小流量。

9.4.3.2 流量过程线分割法

流量过程线分割法也称水文图成因分解法，当河流排泄含水层中的地下水时，利用河水的流量历时过程曲线，考虑具体的水文地质条件，将流域范围内的地下径流量直接分割出来。

常年有水河流的补给来源大多为大气降水与地下水。在枯水期间，河水流量几乎全部由地下水维持；而在洪水期间，河水绝大部分为降水补给，地下水补给量所占比重极少，甚至河水补给地下水。因此，利用现有的河流流量过程线，结合具体的水文地质条件（如含水层的埋藏条件，地下水与河水水力联系特点等），对地表水的流量过程线进行深入分析，就可以把流量过程曲线上补给河水的地下径流分割出来。若把评价区内各河流的流量过程线的地下径流量都分割出来，即可得该区的地下水径流量，可作为地下水可开采量的保证量。

该法主要适用于非岩溶区有地表水和地下水积极交替的地区，特别是冲积层潜水区。

9.4.3.3 岩溶截流总和法

岩溶截流总和法是区域地下水资源评价的一种直接测流法。

对于岩溶水呈管流、脉流的地下暗河系统，地下水资源大部分是集中于岩溶管道中的径流量，储存在其他裂隙和溶隙中的水量不大。因此，岩溶管道中的地下径流量基本上代表了该系统地下水的补给量，也表征了该系统中地下水的可开采量。取各暗河枯水季节的流量较有保证：

$$Q_{可}=\sum_{i=1}^{n}Q_{管i} \tag{9-17}$$

式中：$Q_{可}$ 为地下水管道控制流域范围内的地下水可开采量；$Q_{管i}$ 为计算区各管道的流量。

对于暗河发育的脉流区，应在暗河系统的下游选取一垂直流向的计算断面，使断面尽可能通过更多的暗河天窗（落水洞、竖井等）和暗河出口；再补充一些人工开挖、爆破的暗河露头，直接测定通过断面的各条暗河的流量，加起来便是该脉状系统控制区域的地下水可开采量。

该法适用于我国西南石灰岩地下暗河发育地区。这种地区暗河通道“天窗”和出口较多，地下水呈管流紊流状，用渗流理论不易计算，用这种方法效果较好。

9.4.3.4　地下径流模数法

如果岩溶区暗河通道的“天窗”很少，或者由于暗河通道埋藏很深，流量又大，无法利用截流总和法进行地下水资源评价时，可采用地下径流模数法。它是借助测流资料评价地下水资源的一种近似方法。

其原理是，考虑到一个地区内岩溶发育程度相差不大，补给条件相近，可以认为地下暗河的流量与其面积成正比。比例系数为单位补给面积内的地下径流量，即地下径流模数。在岩溶发育程度和补给条件相似的地区，地下径流模数应是定值。因此，只要该区内选择一两个地下暗河通道测定出流量 Q_i（m^3/s）和相应的补给面积 A_i（km^2），则地下径流模数 M[$m^3/(km^2 \cdot s)$]等于：

$$M=Q_i/A_i \tag{9-18}$$

若整个暗河系统的补给面积为 A，则总径流量 Q 为

$$Q=MA \tag{9-19}$$

另一种方法是根据暗河系统总出水口的流量和总补给面积计算出全区的地下径流模数值，然后求出地下水在某个区域一年内总的流量。另外，还可以利用水文地质条件相似的相邻暗河流域的地下径流模数，去推算本流域的暗河径流量。这时应根据大气降水量和 M 之间的相关关系对所采用的 M 值进行修正。

使用该法应注意：它适用于管状暗河地区，且为岩溶发育程度和补给条件基本相同的同一地下水流域；计算地段的地下水分水岭和补给面积必须调查清楚；实测暗河流量一般采用枯水期的流量。

9.4.3.5　泉水动态分析法

泉水动态分析法一般有最小流量法、频率分析法和泉流量衰减方程法。

1. 最小流量法

根据泉或泉群的流量动态曲线，给出泉的年（或月）最小流量；或者根据对泉或泉群的多年观测资料，以其流量和当地水文、气象要素的相关关系，推算出泉或泉群的多年最小流量，以此作为评价泉域可开采量的依据。

2. 频率分析法

当泉水的动态观测资料时间序列较长时，可把观测年限内的资料以月平均流量的大小，按一定的数量分成许多流量区间，然后统计在全部观测期间内各流量区间出现

的月数，并按下式求出每个区间流量出现的频率：

$$\eta_i = \frac{m_i}{n} \times 100\% \tag{9-20}$$

式中：η_i 为 i 流量区间的频率；m_i 为 i 流量区间出现的月数；n 为流量观测总月数。

某一区间流量的保证率，等于最大区间流量至本区间流量频率之总和。

利用泉水流量频率曲线与保证率曲线来评价可开采量。

3. 泉流量衰减方程法

根据布西涅斯克公式确定泉的最小流量，该方法主要适用于潜水下降泉。

当含水层厚度很大，水位变化较小时，枯水期的泉流量变化可按如下的布西涅斯克方程确定：

$$Q_t = Q_0 \mathrm{e}^{-\alpha t} \tag{9-21}$$

式中：Q_t 为 t 时刻的泉水流量；Q_0 为枯水期开始时的流量；t 为从枯水期开始算起的任意时间；α 为泉流量衰减系数，可按以下两式计算：

$$\alpha = \ln Q_0 - \frac{\ln Q_t}{t} \text{或} \alpha = \frac{\pi^2 K\overline{h}}{4\mu L^2} \tag{9-22}$$

式中：μ 为含水层的给水度；L 为泉水出露处至分水岭的距离；$\overline{h}$ 为含水层的平均厚度；K 为渗透系数。

如果 t 值取整个枯水期延续时间，则按式（9-21）可算出最小流量值。

当含水层厚度不大时，可按下式近似确定枯水期泉的流量：

$$Q_t = Q_0 \frac{1}{(1+\alpha t)^2} \tag{9-23}$$

其中 $$\alpha = 5.772KV/(4\mu L^3)$$

式中：V 为补给泉的含水层体积。

上述泉流量衰减规律表明，当泉水无降水补给时，泉流量呈递减规律。开始时下降速度较快，以后逐渐缓慢。下降速度取决于衰减系数，衰减系数从侧面反映了含水层或补给区的岩性（渗透系数、给水度等）。渗透系数越大、岩层越厚，则衰减系数就越大。

另外，在岩溶水受新构造运动的相对上升地区以及构造陷落盆地的承压或自流区，缺乏泉流量动态观测资料的情况下，可以利用降水资料进行相关分析，而后运用数理统计方法，推导出计算泉流量衰减系数 α 的公式。将求得的 α 值代入布西涅斯克方程式（9-21）求解，即可计算出泉的最小流量。

9.4.4 其他方法

9.4.4.1 系统分析法

系统分析法就是从系统的观点出发，始终强调从整体与部分之间、整体与外部环境的相互联系、相互作用、相互制约的关系中，综合地、精确地考察对象，以达到最优地处理问题的一种方法。这里包含了系统方法的三个特点，即整体性、综合性和最优性。

系统分析要解决的问题是：系统目标的确定，建立系统的模型，分析对比各方案的数量、质量指标，综合分析或通过模拟试验确定最优方案。

1. 系统分析中的数学模型

（1）系统分析中的数学模型一般由三个基本成分构成：

1）参数。描述系统的固有特性和已知特性的一组数值，如含水层的导水系数、给水度等。参数在运行模型前要事先求出，在模型的一次运行中固定不变，但在作参数灵敏度分析时，每次模型运行所用的参数值可以不同。

2）变量。定义系统的特性与功能。它在数学模型中只是一些符号，仅在模型的每次运行中取具体的数值，如地下水水位。

3）约束条件。描述系统对参数和变量操作时所遵循的定律、法则和规定。例如，水头不能高于或低于某一数值，流量不能大于某一数值等。约束条件一般用代数式或不等式、微分或积分方程形式的数学语句表示。

（2）数学模型的分类。根据数学模型中的变量所起的作用，可将其分为两大类：

1）模拟模型。这类模型中，变量只是描述系统对激励的响应，仅取特定数值作为系统特性的表达，而没有说明改进系统性能应采取什么决策，也称为描述性模型或因果型模型。

2）最优化模型。这类模型所给出的变量是相应于所指定目标达到最优情况下的数值，也称为指示性模型。

（3）模拟模型的特征。模拟是求解问题的一种方法，它通过建立系统模型，运行这一模型（根据一定的输入生成输出）和分析解释该模型的输出，来了解系统的特性和响应。因此，模拟的实质就是建立模型和用模型做试验，以取得有用成果的一种方法。大多数模拟模型都包含如下几种成分：

1）输入。模拟模型接受一组输入，并按照一定的规律把这组输入转化为输出。这些规律代表了系统的特性。输入就是那些“驱动”模型的变量，一般可以认为它们是独立于模型之外而确定的。在许多地下水资源评价模型中，一项主要的输入是实测的或人工生成的降雨时间序列，其他还有需水量序列、污染负荷等。

2）物理定律（自然规律）。这是指系统的物理变量间的关系，它们可以表达为等式或不等式、代数方程式或表格形式等，如达西公式表示了含水层中流量和水力坡度之间的关系。

3）非物理性规律（社会规律）。在一些系统中，需要服从许多涉及非物理性变量的规律（如设备成本的经济量、社会政治、民众意识及风俗等），有必要将这种非物理性规律和物理性规律区分，以强调其性质的不同。

4）运行规则。对任何有可能实现一定程度控制的系统，必须给出这些控制所应遵循的规则，并包括到模型中去，如水源地的抽水量及抽水方式等。当运行规则难以准确陈述时，可建立最优运行规则。

5）输出。一次典型的模拟，就是根据物理的和非物理的规律，按照事先规定的运行规则，对一组输入进行运算。模拟运算的最后成果即输出，度量了系统对所给条件和激励的响应。输出可以是系统物理响应的直接表示，也可以是用目标函数表达的某种经济效果的详尽指标，还可以是系统响应的各种统计量。

(4) 最优化模型的特征。根据模型的数学特征，最优化模型可分为四类：

1) 线性规划。当目标函数及全部约束方程均用线性的代数形式（等式或不等式）表达，其中系数为已知常数时，就是线性规划问题。这类最优化模型的研究方法较成熟。

2) 整数规划。其约束方程和目标函数也都必须是线性的，但决策变量只取整数值（在混合整数规划中，只有一部分决策变量为整数），使用整数变量可以增加数学规划，表达各种规划条件和相互关系的能力。这种最优化模型也比较常用。

3) 非线性规划。模型中目标函数或约束方程或两者都包含有非线性项。这类问题一般不存在通用的求解方法，而只有特定目的的求解技术，用于某些特定的问题。

4) 动态规划。这种求解方法可用于线性或非线性问题，其中决策变量具有随时间而变化的特点，是一个多阶段决策的问题。该类模型没有标准的解法，必须针对具体问题分别指定解法。

2. 线性系统理论的应用

(1) 有关概念。如果一个系统的输入为 $X_1(t)$ 时的输出为 $Y_1(t)$，输入为 $X_2(t)$ 时的输出为 $Y_2(t)$，则输入为 $\alpha X_1(t)+\beta X_2(t)$ 时，输出为 $\alpha Y_1(t)+\beta Y_2(t)$；若该系统满足叠加原理和倍比原理，则称为线性系统。否则称为非线性系统。

线性系统必须满足叠加原理，但满足叠加原理的系统不一定是线性系统，线性系统还必须具有另一特性，即倍比性。

若一个系统的输出只取决于输入函数的形式和大小，而与输入函数发生的时间无关，则称为时不变系统，反之为时变系统。一个时不变系统，其过去的系统特性和未来的系统特性是相同的，因此，可以根据过去实测的输入输出资料，求解系统特性，用于对未来的预测。

现实中，很多系统是时变系统，但为简单起见，只要满足一定的精度要求，一般就可以近似为时不变系统。

(2) “黑箱”模型的应用。当有输入 $X(t)$ 时，经过水文地质实体的物理作用，便可得输出信息 $Y(t)$。不管物理实体具体结构如何，用函数表示，它们之间的数量关系有

$$Y(t)=\int_{-\infty}^{+\infty}X(t-\tau)W(\tau)\mathrm{d}\tau \tag{9-24}$$

式中：$X(t)$ 为系统的激励函数；$W(t)$ 为系统的特征函数或称权函数；$Y(t)$ 为系统的响应函数。

对于线性时不变系统，令 $t-\tau=\lambda$，则式（9-25）变为

$$Y(t)=\int_{t}^{+\infty}X(\lambda)W(t-\lambda)\mathrm{d}\lambda+\int_{-\infty}^{t}X(\lambda)W(t-\lambda)\mathrm{d}\lambda \tag{9-25}$$

它表明输出是由两部分组成的。第一部分是由 t 以后时间所有输入信息反映出的 $Y(t)$；第二部分是由 t 以前时间所有输入信息反映出的 $Y(t)$。

运用“黑箱”模型可以预测泉域水源地的可开采量。方法是：把整个泉域地下水

系统视为物理实体，补给泉的大气降水量便是系统的输入，泉的流量便是系统的输出。若含水层的厚度较大，则可近似认为含水层的厚度不随时间变化，将泉域的地下水系统连同其降雨补给量和泉流量看成是一个线性时不变的单输入、单输出的集中参数系统。

大气降水是一个随时间变化的不连续的脉冲函数，通过泉域地下水系统这个“转换装置”的调节作用，由泉群流出的水量是一个随时间变化的连续函数。

设大气降水量是$P(t)$，泉流量是$Q(t)$。因某一时刻的泉流量仅与此时刻以前一定时期的降水量有关，更早时期的降水补给量已经通过泉口流出，对此时刻的泉流量已无影响，而t时期以后的降雨量还没有产生影响，也即

$$Q(t)=\int_0^t P(\lambda)W(t-\lambda)\mathrm{d}\lambda \tag{9-26}$$

实际计算时可将积分离散化，并以月为单位，第t月泉流量的公式为

$$Q_t=\sum_{\tau=k}^{n}P_{t-\tau}W_\tau \tag{9-27}$$

式中：第t月的泉流量Q_t是由第$t-n$月降水（P_{t-n}）所形成的部分径流量（$P_{t-n}W_n$），一直到第$t-k$月降水（P_{t-k}）所形成的部分径流量（$P_{t-k}W_k$）逐一叠加组成的。

具体运用时可根据输入P_t与输出Q_t的实际观测序列，用最小二乘法求得权序列W_t的线性方程组，便可以得到相应的泉流量公式。利用式（9-27）可预测任一输入时的输出。

9.4.4.2　开采试验法

1. 方法原理

在选定的水源地范围内，根据水文地质条件，选择合适的布井方案，打探采结合孔。完全按照未来的开采条件（开采降深和设计开采量）或者接近未来开采条件，进行较长时间的抽水试验。抽水时间一般安排在旱季开始，延续时间较长（一个月以上），从抽水开始到水位恢复进行全面观测。根据抽水试验结果来确定可开采量，这种方法就是开采试验法。

2. 适用条件

在水文地质条件复杂的地区，一时很难查清补给条件但又急需做出该水源地的地下水资源评价，且供水部门对水量的保证程度要求又较高时，常采用开采试验法。

对于潜水或者承压水，新旧水源地都可以应用，尤其适用于中小型水源地，但不能用来评价区域性的地下水资源。

3. 可开采量的计算及评价

抽水试验的结果可能出现两种情况：稳定状态和非稳定状态。

（1）稳定状态。按照设计开采量进行开采时，动水位在允许范围内变化，水位降深不超过允许降深，一直保持稳定状态。停止抽水后水位又能较快地恢复到原始水位，动水位历时曲线如图9-12所示，这说明抽水量小于等于开采条件下的补给量，按这样的抽水量开采是有保证的。这时的实际抽水量就是可开采量。

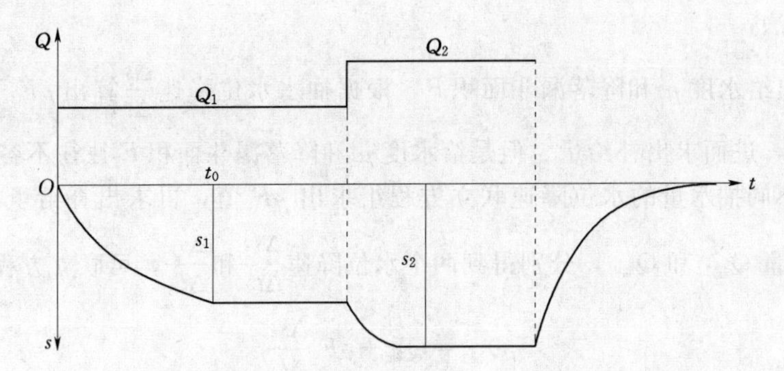

图 9-12 稳定开采抽水试验状态动水位历时曲线

这种抽水试验，一般要求选在旱季进行，如果旱季有保证，补给季节就更无问题了。但这样计算的可开采量是偏保守的，在补给条件好的地区，还可以适当外推扩大可开采量。

(2) 非稳定状态。按照设计开采量抽水后，水位降深达到允许降深后并不稳定，一直持续下降。停止抽水后，水位虽然有所恢复，但始终达不到初始水位。动水位历时曲线如图 9-13 所示。这说明抽水量已经超过了开采条件下的补给量，如按照这样的开采量进行开采是没有保证的。在这种情况下确定可开采量，可以通过分析抽水过程曲线，求出开采条件下的补给量作为可开采量。

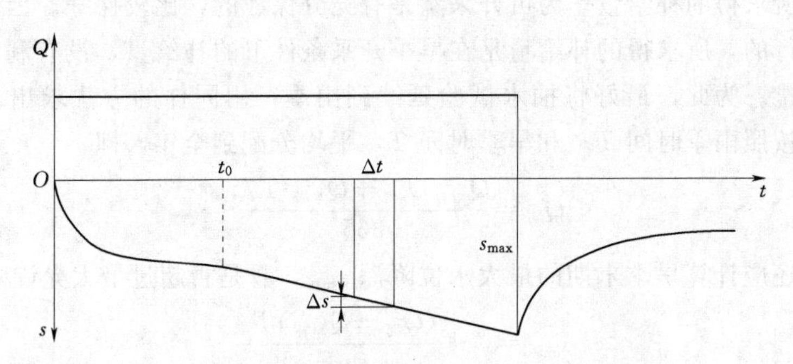

图 9-13 非稳定状态动水位历时曲线

在水位持续下降过程中，只要大部分漏斗开始等幅下降，降速大小和抽水量成比例，则任一时间段内的水均衡关系应满足：

$$(Q_{抽}-Q_{补})\Delta t=\mu F\Delta s \tag{9-28}$$

即

$$Q_{抽}=Q_{补}+\mu F\frac{\Delta s}{\Delta t} \tag{9-29}$$

式中：$Q_{抽}$ 为平均抽水量，m^3/d；$Q_{补}$ 为开采条件下的补给量，m^3/d；Δt 为抽水持续的时间，d；μF 为水位下降 1m 时储存量的减少，即单位储存量，m^2；Δs 为 Δt 时段内的水位下降值，m。

式 (9-29) 说明从含水层中抽出的水量是由两部分组成的：一是开采条件下的补给量，二是储存量。从抽水量中把补给量和储存量的消耗量分开，求出补给量，一般有两种方法：

1）求出给水度 μ 和降落漏斗面积 F，根据抽水水位降速 $\frac{\Delta s}{\Delta t}$ 算出 $\mu F\ \frac{\Delta s}{\Delta t}$，即储存量的消耗量，进而求出补给量。但是给水度 μ 和降落漏斗面积 F 往往不容易确定。

2）用不同抽水量的水位降速联立方程组求出 μF 值，再求出补给量。如有两次不同的抽水量 $Q_{抽1}$ 和 $Q_{抽2}$，分别得到两个水位降速 $\frac{\Delta s_1}{\Delta t_1}$ 和 $\frac{\Delta s_2}{\Delta t_2}$，可联立方程组：

$$\begin{cases} Q_{抽1}=Q_{补}+\mu F\ \dfrac{\Delta s_1}{\Delta t_1} \\ Q_{抽2}=Q_{补}+\mu F\ \dfrac{\Delta s_2}{\Delta t_2} \end{cases} \tag{9-30}$$

联立解得

$$\mu F=\frac{Q_{抽2}-Q_{抽1}}{\dfrac{\Delta s_2}{\Delta t_2}-\dfrac{\Delta s_1}{\Delta t_1}} \tag{9-31}$$

则

$$Q_{补}=Q_{抽1}-\frac{Q_{抽2}-Q_{抽1}}{\dfrac{\Delta s_2}{\Delta t_2}-\dfrac{\Delta s_1}{\Delta t_1}}\frac{\Delta s_1}{\Delta t_1} \tag{9-32}$$

为了核对 $Q_{补}$ 的可靠性，可再按照水位恢复资料进行检查。

用此法所求得的补给量作为可开采量是有充分保证的，比较保守。因为抽水试验是在旱季进行的，所求得的补给量是在旱季开采条件下的补给量，没有利用雨季的降水入渗补给量。为此，最好将抽水试验延续到雨季，用同样的方法求出雨季的补给量。再分别按照雨季时间 $T_{雨}$ 和旱季时间 $T_{旱}$ 平均分配到全年，即

$$Q_{可}=\frac{Q_{雨补}\ T_{雨}+Q_{旱补}\ T_{旱}}{365} \tag{9-33}$$

此外，还应计算旱季末期的最大水位降深 s_{max}，看是否超过最大允许降深：

$$s_{max}=s_0+\frac{(Q_{可}-Q_{旱补})T_{旱}}{\mu F} \tag{9-34}$$

式中：s_0 为雨季末的水位降深。

用这种方法求得的可开采量，既可靠又不保守。但需要长期的抽水试验，花费太大。

另外，也可以根据旱季抽水资料和动态观测资料，计算旱季补给量和全年暂时储存量，以这两者之和作为可开采量。即

$$Q_{可}=Q_{旱补}+\mu F\ \frac{\Delta H}{365} \tag{9-35}$$

检验最大降深公式为

$$s_{max}=s_0+\frac{HT_{旱}}{365} \tag{9-36}$$

式中：ΔH 为水位年变幅；s_0 为雨季末的水位降深。

【例 9-3】 某水源地为基岩裂隙水的富水地段，在 0.2km^2 面积内打了 12 个钻

孔，最大孔距不超过300m。在其孔中进行了四个多月的抽水实验，观测数据列于表9-7。求该水源地的可开采量。

表 9-7 观测数据表

时段（月．日）	5.1—5.23	5.26—6.2	6.7—6.11	6.11—6.19	6.20—6.30
$Q_{抽}$ 平均抽水量/(m^3/d)	3169	2773	3262	3071	2804
$\frac{\Delta s}{\Delta t}$水位平均降速/(m/d)	0.47	0.09	0.94	0.54	0.19

解： 按式 $Q_{抽}=Q_{补}+\mu F\frac{\Delta s}{\Delta t}$评价，将表中数据代入得

①$3169=Q_{补}+0.47\mu F$

②$2773=Q_{补}+0.09\mu F$

③$3262=Q_{补}+0.94\mu F$

④$3071=Q_{补}+0.54\mu F$

⑤$2804=Q_{补}+0.19\mu F$

考虑到数据的合理性，把五个方程搭配联立求解 $Q_{补}$ 和 μF 的值，结果列于表9-8中。

表 9-8 方程求解结果表

联立方程号	①和②	③和④	②和③	④和⑤	平 均 值
$Q_{补}$	2679	2813	2721	2659	2718
μF	1042	478	575	763	714

计算结果表明，各时段计算的补给量比较稳定，但 μF 值变化较大，可能是富水性和漏斗发展速度不均的反映。

下面用水位恢复资料计算 $Q_{补}$，原始数据和计算结果列于表9-9中。取$\mu F=714m^2$。

表 9-9 原始数据和计算结果表

时 段（月．日）	水位恢复值 /m	$\frac{\Delta s}{\Delta t}$ /(m/d)	平均抽水量 /(m^3/d)	μF 平均值	公 式	补给量 /(m^3/d)
7.2—7.6	19.36	3.87	0	714	$Q_{补}=\mu F\frac{\Delta s}{\Delta t}$	2763
7.21—7.26	19.96	3.33	107	714	$Q_{补}=Q_{抽}+\mu F\frac{\Delta s}{\Delta t}$	2485
					平均值	2624

由表9-8和表9-9可知，本区补给量有限，如开采量超过2700m^3/d，会引起水位大幅度持续下降，所以，在短期内允许超过这个数量，暂时借用储存量，在丰水季节应能补偿回来。

9.4.4.3　概率统计分析法

概率统计分析法以解决随机数学模型为主（若模型中出现随机变量，即不能肯定其取何值，只知取值的概率，则称为随机模型）。该法包括回归分析、谱分析、时间序列分析以及带随机变量的微分方程的求解等。下面简单介绍地下水资源评价中常用的回归分析法。

在地下水资源评价和预测研究中，常用的有二元相关（简相关）、多元相关或复相关；多用于对已建水源地开采可靠性与扩大开采可能性的评价。该方法特点主要有：

（1）它可以用来分析地下水动态因素与影响因素之间的关系，查明各种因素对地下水动态影响的主次，还可以近似地确定它们之间的定量关系表达式，进而插补与延长观测系列，预测地下水动态趋势，并估算其精度。

（2）在水资源评价时，可依据水位与降雨或河水流量资料进行相关分析，分别确定降雨或河水的入渗补给量。

（3）可根据开采量与降落漏斗资料的相关分析，预测区域开采量或降落漏斗的发展趋势，评价已建水源地扩大开采的可能性。

（4）有时为了取得各种水文地质参数，要投入大量的勘察和试验工作。同时，由于各种原因，所使用的参数也未必准确，而回归分析法则可避免这些缺点。同时它还兼有计算方便、评价结论易于验证，可以依据逐年资料对回归方程进行修正，使其趋于实际、便于检查的优点。

回归分析法的局限性在于：

（1）要求观测资料系列越长越好，而且选用资料最好按相关变量的自然周期选取。

（2）进行水资源评价时，必须查明地下水动态的成因，找出最主要的影响因素。

【例 9-4】　某水源地已有多年开采历史，要求外推设计降深 26m 时的开采量。经选择，取其中 6 年的开采资料进行相关分析。为了比较，分别按直线和幂函数计算，将原始资料和计算过程列入表 9-10 和表 9-11。

表 9-10　直线相关计算表

年份	开采资料		$Q_i-\overline{Q}$	$s_i-\overline{s}$	$(Q_i-\overline{Q})^2$	$(s_i-\overline{s})^2$	$(Q_i-\overline{Q})(s_i-\overline{s})$
	Q_i /(万 m^3/d)	s_i/m					
1959	60	16.5	−8.3	−2.2	68.89	4.84	18.26
1960	67	18.0	−1.3	−0.7	1.69	0.49	0.91
1961	60	16.5	−8.3	−2.2	68.89	4.84	18.26
1962	63	17.5	−5.3	−1.2	28.09	1.44	6.36
1970	80	21.5	11.7	2.8	136.89	7.84	32.76
1971	80	21.9	11.7	3.2	136.89	10.24	37.44
总和	410	111.9	0.2	−0.3	441.34	26.69	113.99
平均	$\overline{Q}=68.3$	$\overline{s}=18.7$					

表 9-11 幂曲线相关计算表

年份	$\lg Q_i$	$\lg s_i$	$\lg Q_i-\overline{\lg Q}$	$\lg s_i-\overline{\lg s}$	$(\lg Q_i-\overline{\lg Q})^2$	$(\lg s_i-\overline{\lg s})^2$	$(\lg Q_i-\overline{\lg Q})(\lg s_i-\overline{\lg s})$
1959	1.178	1.218	−0.053	−0.050	0.00280	0.0030	0.03270
1960	1.826	1.255	−0.005	−0.013	0.00030	0.0002	0.00007
1961	1.778	1.218	−0.053	−0.050	0.00280	0.0030	0.00270
1962	1.799	1.243	−0.032	−0.025	0.00100	0.0006	0.00080
1970	1.903	1.332	0.072	−0.064	0.00520	0.0041	0.00460
1971	1.903	1.340	0.072	0.072	0.00520	0.0052	0.00520
总和	10.987	7.606	0.001	−0.002	0.01703	0.0161	0.01610
平均	$\overline{\lg Q}=$ 1.831	$\overline{\lg s}=$ 1.268					

按表 9-10 的资料，求得直线相关系数：

$$r=\frac{\sum_{i=1}^{n}(Q_i-\overline{Q})(s_i-\overline{s})}{\sqrt{\sum_{i=1}^{n}(Q_i-\overline{Q})^2\sum_{i=1}^{n}(s_i-\overline{s})^2}}=\frac{113.99}{\sqrt{13103.4}}=0.996$$

证明相关程度很好。

回归系数：

$$b=r\sqrt{\frac{\sum_{i=1}^{n}(Q_i-\overline{Q})^2}{\sum_{i=1}^{n}(s_i-\overline{s})^2}}=0.996\sqrt{\frac{441.34}{29.69}}=3.84$$

将 $\overline{Q}$、$\overline{s}$ 和 b 值代入回归方程求得

$$Q=3.84s-3.31$$

按表 9-11 的资料，求得幂曲线相关系数：

$$r=\frac{\sum_{i=1}^{n}(\lg Q_i-\overline{\lg Q})(\lg s_i-\overline{\lg s})}{\sqrt{\sum_{i=1}^{n}(\lg Q_i-\overline{\lg Q})^2\sum_{i=1}^{n}(\lg s_i-\overline{\lg s})^2}}=0.976$$

证明相关程度很好。

回归系数：

$$b=r\sqrt{\frac{\sum_{i=1}^{n}(\lg Q_i-\overline{\lg Q})^2}{\sum_{i=1}^{n}(\lg s_i-\overline{\lg s})^2}}=0.976\sqrt{\frac{0.01703}{0.0161}}=1.005$$

将求得的 $\overline{\lg Q}$、$\overline{\lg s}$ 和 b 值代入方程 $Q=as^b$，得幂曲线回归方程：

$$Q=3.6s^{1.005}$$

以上两个回归方程都较接近实际，所以可同时采用，相互验证。现将外推不同降深时的开采量列于表9-12中。

表9-12　　不同降深时的开采量计算值表

设计降深/m		16	18	20	22	24	26
开采量/(万 m^3/d)	$Q=3.84s-3.31$	58.13	65.81	73.49	81.17	88.85	96.53
	$Q=3.6s^{1.005}$	58.30	65.60	72.80	80.30	87.70	95.10

从表中可看出，两个回归方程计算结果很相近。但注意，这样外推的开采量是否有补给保证，还要用补给量来评价。

9.4.4.4　水文地质比拟法

水文地质比拟法就是用水文地质条件相似的已有水源地的实际开采资料来比拟估算新水源地的可开采量，主要有降深比拟法、下降系数比拟法、大气降水入渗系数比拟法、开采模数比拟法等。

1. 降深比拟法

降深比拟法是利用已知开采区的实际降落漏斗中心的最大降深，来比拟水文地质条件和水动力条件相似开采区的最大降深。计算的最大降深和实际降深往往是有差别的，还要进行两者的对比分析，只要误差在允许范围内，就认为是合理的。

开采区的最大降深可按式（9-37）确定：

$$s_{i\max}=s_{区}+s'_i \tag{9-37}$$

式中：$s_{i\max}$ 为未来井群开采过程中各井的最大降深；$s_{区}$ 为未来开采井群区的最大降深（用已知开采区降落漏斗中心下降比拟求得）；s'_i 为抽水试验确定的各井最大降深。

未来开采井群区的最大下降 $s_{区}$ 由式（9-38）确定：

$$s_{区}=s_1\frac{r_1 Q_2}{r_2 Q_1} \tag{9-38}$$

式中：s_1 为已知开采区降落漏斗中心水位下降值；Q_1、Q_2 分别为已知开采区和未来开采区的开采量；r_1、r_2 分别为已知开采区和拟求开采区井群的引用影响半径。

降深比拟法一般用在基岩或岩溶地区，水文地质条件比较复杂，而已有开采区的资料比较丰富；同时要有充沛的补给条件，且降水入渗补给为主要补给源。

2. 下降系数比拟法

下降系数比拟法是在水文地质条件相似的基础上，依据新、旧水源地单位下降系数 α 值之比接近常数的原理进行比拟的。

稳定流单井裘布依公式可表示为

$$s=\frac{Q}{2\pi KM}\ln\frac{R}{R_0} \tag{9-39}$$

式中：s 为井中水位降深；Q 为抽水量；K 为渗透系数；M 为含水层厚度；R 为影

响半径；R_0 为井半径。

进一步引入参数 α'：

$$\alpha' = \frac{\ln R/R_0}{2\pi KM} \tag{9-40}$$

因为 α' 一般很小，通常只有万分之几。为了方便计算，常用其 1000 倍代替，即令

$$\alpha = 1000\alpha' \tag{9-41}$$

式中：α 为单位开采量的下降值，也称单位下降系数，可利用多年开采资料确定。

实际资料表明，单位下降系数一般有下列比例式：

$$\frac{\alpha_{旧}}{\alpha_{旧单井}} = \frac{\alpha_{新}}{\alpha_{新单井}} = 常值 \tag{9-42}$$

式中：$\alpha_{新}$、$\alpha_{旧}$ 为新、旧水源地单位下降系数，d/m^2；$\alpha_{新单井}$、$\alpha_{旧单井}$ 为新、旧水源地单井的单位下降系数，d/m^2。

$\alpha_{旧}$ 和 $\alpha_{旧单井}$ 可以通过统计资料确定，而 $\alpha_{新单井}$ 按照新水源地的勘察开采井的试验资料确定。进而，可以求得 $\alpha_{新}$ 值：

$$\alpha_{新} = \frac{\alpha_{旧}}{\alpha_{旧单井}} \alpha_{新单井} \tag{9-43}$$

此时裘布依公式可简单地表示如下：

$$Q = \frac{1000s}{\alpha_{新}} \tag{9-44}$$

以上两式就是下降系数比拟法的计算公式。

下降系数比拟法看起来相当粗略，但只要合理使用，结果就能接近实际。

3. *大气降水入渗系数比拟法*

大气降水入渗系数比拟法的实质是参数的比拟，即借助水文地质条件相似且研究得比较清楚的含水层的水文地质参数来计算被比拟的含水层的可开采量。如果两者的水文地质条件略有差异，应进行适当的修正。

经常选取的水文地质参数有：大气降水入渗系数、渗透系数、单位出水量、单位容积储存量、地下径流模数等。

4. *开采模数比拟法*

开采模数比拟法是区域地下水资源评价的一种粗略估算方法。所谓开采模数是指含水层在开采状态下，单位面积内地下水的可开采量。

在具体运用该方法时，首先应将区域水文地质条件加以区分，收集每个区内典型地段已有的开采资料（主要是水位降落漏斗面积和总开采量等），按下式计算出典型地段的开采模数 M：

$$M = \frac{Q_{总}}{f} \tag{9-45}$$

式中：$Q_{总}$ 为典型地段地下水的总开采量或排水量，如果各开采井的降深值差别很大时，应按照 $Q-s$ 曲线的经验公式推算出统一降深时的出水量；f 为相应典型地段开

采地下水时所形成的稳定降落漏斗的面积。

根据典型地段的开采模数 M，再按照下式确定各分区内的地下水可开采量 $Q_{可}$：

$$Q_{可}=MF \tag{9-46}$$

式中：F 为评价分区的面积。

当计算出各个分区的可开采量时，即可得整个区域的开采量 $Q_{总可}$：

$$Q_{总可}=\sum Q_{可} \tag{9-47}$$

开采模数法只能适用于面积广阔、含水层岩性、厚度、分布和开采条件比较均一或有规律变化的平原地区。对于含水层分布面积相对较小、各种水文地质条件变化大的基岩地区，采用该法是不适宜的。

5. *泉群最小流量比拟法*

在两个泉的形成条件、补给条件和出水量都大致相似的前提下，将具有一定关系（直线关系或曲线关系）的两个泉群的流量指标进行比拟，并借助校正系数，计算观测期较短的泉群的多年最小流量值，实现评价泉群地下水资源的目的。

当有两个水文地质条件相似的泉群，进行最小流量比拟时，用式（9-48）可以求出短期观测泉群的最小流量值 $Q_{min(短)}$：

$$Q_{min(短)}=aQ_{min(长)} \tag{9-48}$$

式中：a 为校正系数；$Q_{min(长)}$ 为具有长期观测资料的泉群最小流量；$Q_{min(短)}$ 为待求的短期观测的泉群最小流量。

校正系数 a 可按照式（9-49）计算：

$$a=\frac{Q_{短}}{Q_{长}} \tag{9-49}$$

式中：$Q_{短}$ 为待求泉群短期观测的某一时刻的流量；$Q_{长}$ 为长期观测泉群的同一时刻的流量。

复习思考题

1. 地下水资源相对地表水资源来说，本身具有哪些特点？
2. 地下水资源评价工作中，应遵循哪些基本原则？
3. 常用的地下水资源量计算方法有哪些？各有什么特点？

参考文献

[1] 芮孝芳．水文学原理［M］．北京：中国水利水电出版社，2004.
[2] 唐益群，叶为民．地下水资源概论［M］．上海：同济大学出版社，1998.
[3] 吴季松，等．21世纪初期中国地下水资源开发利用［M］．北京：中国水利水电出版社，2004.
[4] 林学钰，廖资生．地下水管理［M］．北京：地质出版社，1995.
[5] 王大纯，张人权，史毅红，等．水文地质学基础［M］．北京：地质出版社，2006.
[6] 房佩贤，卫中鼎，廖资生，等．专门水文地质学［M］．北京：地质出版社，1996.

[7] 供水水文地质手册编写组．供水水文地质手册 第三册［M］．北京：地质出版社，1983.
[8] 殷昌平，孙庭芳，金良玉，等．地下水水源地勘察与评价［M］．北京：地质出版社，1993.
[9] 朱学愚，钱孝星，刘新仁．地下水资源评价［M］．南京：南京大学出版社，1987.
[10] 朱学愚，钱孝星．地下水水文学［M］．北京：中国环境科学出版社，2005.

第10章 地下水污染

随着城市规模的扩大、工农业生产的迅速发展和人民生活水平的不断提高，人们对地下水的需求量日益增加。但在人类活动的影响下，由于城市液体污染物的大量排放、固体废物的长期堆积，农业生产中大量农药和化肥的使用，及尾矿淋滤液的渗漏和矿石加工厂污水的排放等原因，使地下水的物理、化学、生物等特性发生改变，导致地下水污染，使本来就匮乏的淡水资源更加紧缺，并影响到生态系统的平衡，且直接威胁到人类健康安全、生存环境及经济社会的可持续发展。本章主要介绍地下水污染的一些基本知识，包括地下水污染的基本概念、特点、地下水污染途径及地下水污染修复等方面的内容。

10.1 地下水污染的基本概念及特点

10.1.1 地下水污染的基本概念

资源 10.1

关于地下水污染的定义，国内外有关教材、专著有着不同的提法。《水文地质术语》（GB/T 14157—93）中将地下水污染定义为：“由于人为原因造成地下水中有害物质积累，水质恶化的现象”。林年丰等编著的《环境水文地质学》中提到：“凡是在人类活动的影响下，地下水质变化朝着水质恶化方向发展的现象，统称为地下水污染”。法国弗里德教授（J. J. Fried）在 *Groundwater Pollution* 一书中提到：“污染是水的物理、化学和生物特性的改变，这种改变通常会限制或阻碍地下水在各方面的使用”。弗里基（R. A. Freeze）和彻里（J. A. Cherry）在 *Groundwater* 一书中谈到：“凡由于人类活动而导致进入水环境的溶解物，不管其浓度是否达到使水质明显恶化的程度都称为污染物（contaminant），而把污染（pollution）一词，作为污染浓度已达到人们不能允许的程度的一个专门术语”。D. K. Todd 和 L. W. Mays 在 *Groundwater Hydrology* 中论述到：“地下水污染表征天然地下水水质朝着水质恶化方向发展”。

综合分析上面所引用的论述，可发现其不同点主要在于导致地下水污染的原因与污染程度的确定两方面。在原生地质环境及人类活动影响下，地下水中的有害物质都有可能发生由少到多的量变过程，致使水质变化朝着恶化的方向发展。如果把这两种现象统称为“地下水污染”，从地下水资源开发利用角度来说是不可取的，因为地下水通过含水层运动的天然结果，也可能会使某种或多种组分富集或贫化从而使水质恶化，这种现象是在漫长的地质历史中形成的，其出现是不可避免的，因此不能视为污染。另外，在人类活动影响下，地下水中某些组分浓度在尚未超标之前，污染实际已发生，如果把浓度变化超标以后才视为污染，从科学的角度来说也是不可取的，而且失去了污染预防与控制的意义。

因此，根据判定地下水是否污染不可缺少的两个关键因素——人类活动与有害物质积累，将地下水污染定义为：因人类活动直接或间接的影响，使地下水中有害物质积累，地下水水质变化朝着水质恶化方向发展的现象。不管这种现象是否使水质恶化超标或是否限制及妨碍它在各方面的使用，只要发生就应视为污染。

实际工作中，判别地下水是否污染及其污染程度，往往是比较复杂的，首先要有一个判别标准，这个标准最好是地区背景值，但该值一般很难获得，所以，有时也用历史水质数据，或无明显污染来源的水质对照值来判别地下水是否已受污染。

10.1.2 地下水污染的特点

地下水的污染特点是由地下水的储存特点决定的。地下水储存于地表以下的岩土空隙中，并在其中缓慢地运移，上部覆有一定厚度的包气带，使地表污染物或渗滤液在进入地下水之前，必须首先经过包气带岩土层，从而使地下水污染具有如下特点。

1. 污染过程缓慢——滞后性

地下水的污染主要是由地表水污染、土壤污染、生物污染、垃圾、渗滤液等造成的，这些污染物在下渗的过程中不断被各种阻碍物阻挡、截留，并可能发生吸附、分解、溶解、沉淀效应及氧化-还原反应，最终进入地下水中，这在一定程度上将延缓污染物对潜水含水层的污染。而对承压含水层而言，因上部有隔水层或弱透水层顶板的存在，污染物运移的速度会更加缓慢，因此，从污染源的出现到地下水受到污染往往需要经历相当长的时间。如电厂粉煤灰露天堆放，而又无任何防渗和治理措施下，将在堆放 9～12 年内由于降水的淋溶而对附近浅层地下水造成污染。

另外，地下水是在含水介质空隙中的渗透，污染物到达地下水中后，其运移、扩散相当缓慢。

2. 污染过程隐蔽——隐蔽性

地下水污染发生在地表以下的含水介质中，即使是地下水遭到相当程度的污染，也往往是无色、无味的，不像地表水那样，可从其颜色及气味或生物的死亡、灭绝中鉴别出来。即使人类饮用了受有害或有毒组分污染的地下水，其对人体健康的影响一般也是较隐蔽的，不易觉察。

3. 污染难以恢复治理——难以逆转性

地下水一旦遭到污染就很难得到恢复，由于地下水流速缓慢，天然地下径流将污染物带走需要相当长的时间，且作为含水介质的砂土对很多污染物都具有吸附作用，使污染物的清除更加复杂困难，即使查明了污染原因，并切断了污染源，依靠含水层本身的自净作用，即使经历了相当长的时间，也难以恢复到污染前的状态。

4. 造成的后果影响长远——危害长久性

地下水中污染物的含量一般是微量的，通常情况下不会引起人体的急性疾病或者疾病爆发，但会在人体内慢慢积聚造成多系统的损伤。更有许多物质具有生殖毒性和遗传毒性，影响到几代人的健康。

地下水和地表水相互作用，紧密相连。在通常情况下，地下水接受降雨或融雪入渗补给，向位于地形低处的河流、湖泊或海洋排泄。除地表径流和直接降水外，地下水是河流与湖泊水的主要来源。特别是在枯水季和枯水年，河流与湖泊的水往往全部来自地下水。不难想象，当地下水被污染后，接受地下水补给的河流、湖泊和近海会遭受污染甚至更加严重的污染。

10.2　地下水污染源及污染途径

10.2.1　地下水污染源

引起地下水污染的物质称为地下水污染物，而向地下水排放或释放污染物的场所称为地下水污染源。因此，污染物的种类、浓度和分布范围主要取决于污染源的特征。污染源种类繁多，从不同角度可将其划分为各种不同的类型。

（1）按污染源的形成原因划分为：天然污染源和人为污染源（表 10－1）。其中，根据产生各种污染物的部门和活动，人为污染源又可划分为工业污染源、农业污染源、生活污染源、矿业污染源、石油污染源等。

（2）按污染源的几何形状特征划分为：点污染源、线污染源、面污染源。

（3）按污染物的运动特性划分为：固定源、移动源。

（4）按污染物排入的时间特征划分为：连续排放污染源、间断排放污染源、瞬时排放污染源（房佩贤等，1987）。

表 10－1　　按造成地下水污染的原因分类表（据刘兆昌等，1991）

分类名称	主要原因
天然污染源	海水、咸水、含盐量高及水质差的其他含水层的地下水进入开采层，酸性大气降水
人为污染源	1. 城市液体废物：生活污水，工业废水，地表径流； 2. 城市固体废物：生活垃圾，工业固体废物，污水处理厂、排水管道及地表水体的污泥； 3. 农业活动：污水灌溉，施用农药，化肥及农家肥； 4. 矿业活动：矿坑排水，尾矿淋滤液，矿石选洗

10.2.1.1　人为污染源

1. 工业污染源

（1）工业废水。许多工业排放的废水都含有各种有害污染物，特别是未经处理的废水，直接流入或渗入地下水中，会造成地下水的严重污染。因不同工业所含的有害污染物不同，故其对地下水污染的影响也不同（表 10－2）。化学工业中排出废物的污染最为严重，污染物的种类最多，它的污染来源于化学反应不完全所产生的废料、副反应所产生的废料、燃烧废气以及冷却用水所含的污染物等。另外，许多化工产品本身便是有害物质，所以设备管道的漏泄、产品存放时的散落及产品的使用等都可造成污染。其污染物主要是酸类污染物、碱类污染物、氰化物、酚类、醛类、油类、硝基化合物、有毒金属及其化合物、砷及其化合物、有机氧化物、芳烃及其衍生物等。

表 10-2 主要工业污染源所排放的主要污染物及水质水量特点

工业部门	主要污染源	主要污染物			废水水质水量特点
		废气	废水	废渣	
动力	火力发电	粉尘、SO_2、CO、CO_2	冷却水热、冲灰水中粉煤灰	灰渣	热，悬浮物高，水量很大
	核电站	放射性尘	冷却水热、放射性废水	放射性渣	热，放射性，水量大
冶金	黑色：选矿、烧结、炼焦、炼铁、炼钢、轧钢	粉尘、SO_2、CO、CO_2、H_2S，尘中含 Fe、Mn、Ge 等	酚、氰化物、硫化物、氨水、多环芳烃、吡啶、焦油、砷、铁粉、煤粉、酸性洗涤水、冷却水热	钢铁废渣	COD 较高，毒性较强、水量很大
	有色：选矿、烧结、冶炼、电解、精炼	粉尘、SO_2、CO、NO_x、F、尘中含 Cu、Pb、Zn、Hg、Cd 等	氰化物、氟化物 B、Mn、Cu、Zn、Pb、Ge、Cd 等，酸性废水，冷却水热、放射性废水	有色金属废渣	含金属成分高，可能含放射性，废水偏酸性
化学	肥料、纤维、橡胶、塑料、制药、树脂、油漆、农药、洗涤剂、炸药、燃料、染料	F、SO_2、H_2S、CO、NO_x、NH_3、Hg、苯等	酸、碱、盐、氰化物、酚、苯、醇、醛、酮、氯仿、氯苯、氯乙烯、有机氯农药、有机磷农药、洗涤剂、多氯联苯、Hg、Cd、As 等，硝基化合物、胺醛化合物等	有机废渣	BOD 高，COD 高，pH 值变化大，含盐量高，毒性强，成分复杂
石油化工	炼油、蒸馏、裂解、催化、合成	石油气、H_2S、NO_x、烯烃烷、苯、醛、酮、催化剂	油、酚、硫、氰化物	油渣	COD 高，成分复杂，毒性较强，水量大
纺织印染	棉、毛、丝纺、针织、印染	纤维、染料尘	染料、酸、碱、硫化物、纤维悬浮物、洗涤剂		五颜六色，毒性强，pH 值变化大
制革	皮革、皮毛、人造革		硫酸、碱、盐、硫化物、甲酸、醛、有机物、As、Cr、S	纤维废渣	盐量大，BOD 高，COD 高，恶臭，水量大
造纸	纸浆、造纸		黑液、碱、木质素、悬浮物、硫化物、砷		黑液中木质素含量高，碱性强，恶臭，水量大
食品	肉、油、乳、水果、水产加工		病原微生物、有机物、油脂	屠宰废物	BOD 高，致病菌高，恶臭，水量大
机械制造	铸、锻、金属加工、热处理、喷漆、电镀	铬酸气体、苯	酸、氰化物、Cd、Cr、Ni、Cu、Zn、油类、氰化钡、苯	金属废屑	重金属含量高，酸性强，分散
电子仪表	电子原料、电讯器材、仪器仪表	少量有害气体	酸、氰化物、Hg、Cd、Cr、Ni、Ca		重金属含量高，酸性强，水量小
建筑材料	石棉、玻璃、耐火材料、窑业、建筑其他材料	粉尘、石棉、SO_2、CO	石棉、无机悬浮物	炉渣	石棉，悬浮物高
采矿	煤、磷、金属、放射性		酚、S、煤粉、酸、F、P、重金属、放射性		成分复杂，悬浮物高
	油、天然气	CO、CH_x	油		油含量高

冶金工业中的污水来源于高炉、电炉冷却水，洗气水，焦化厂的蒸氨废水、煤气水，轧钢冷却水。这些废水中含酚、氰，渗入地下则使地下水遭受严重的毒性污染。

各种机械工厂中，主要污染物为电镀车间的镀件冲洗中常含有的氰和铬等毒物。热处理厂、铸造厂等的污水主要来源于煤气发生炉，主要毒物是酚、氰。电厂的冲灰水中主要含砷、汞等毒物。

工业废水污染源具有水量大、影响面广、成分复杂、毒性大、不易净化和处理难等特点。

(2) 工业废气。许多工厂生产过程中要排出大量有毒有害气体，如制酸工业主要排放二氧化硫、氮氧化物、砷化物、各种酸类废气；钢铁冶金企业和有色冶炼企业主要排出二氧化硫、氯化氢、氮氧化物以及铅、锰、锌等金属化合物；制铝工业和磷肥工业主要排出磷化氢、氟化物等；石油工业主要排放硫化氢、二氧化碳、二氧化硫等；氮肥工业排放氮氧化物；炼焦工业排出酚、苯、氰化物、硫化物等。

各种车辆所排出的废气有一氧化碳、氮氧化物、臭氧、乙烯、芳香族碳氢化合物，以及废气经阳光照射后的光化学反应产物——过氧化乙酰硝酸酯等，对动植物都有严重危害。

(3) 工业废渣。包括：高炉矿渣、钢渣、粉煤灰、硫铁渣、电石渣、赤泥、洗煤泥、硅锰渣、铬渣、选矿场尾矿以及污水处理厂的淤泥等。这些工业废渣中常常含有多种有害物质，有的甚至有剧毒。

如果放置的地方不恰当，处置方式不当（我国目前工业废渣的处理方式有两种，有的工厂废渣直接堆放在地面，有的挖坑填埋），其分解淋滤下渗也可能污染地下水。

2. 农业污染源

由于农业活动而形成的污染源有土壤中剩余农药、肥料和动物遗体的淋滤下渗及城市、工业污水灌溉等。农药喷散在田地后，有的农药如敌敌畏、敌百虫等，受碱性物质、紫外光及氧的作用，很快就被分解而消失。但有些长效性农药如 DDT、六六六，在自然界比较稳定，在一定时间内，可能残留在土壤、水域及生物体内，并随着食物链逐步浓缩在高等动物和人体内，引起一些不良后果。

肥料包括动物废弃物和化肥。动物废弃物有动物粪便、厩肥或垫草及丢弃的动物尸体等。动物废物中含有大量的各种细菌和病毒，同时含有大量的氮，这些都是污染地下水的物质。化肥常有氮肥、磷肥、钾肥等，土壤中这些剩余的肥料可以随下渗水一起淋滤渗入地下水中引起地下水污染。

农业污染源具有面广、分散、难以收集、难以治理的特点。

3. 生活污染源

人类生活活动会产生各种废弃物和污水，污染环境。特别是城市，人口密集，面积狭小，相对来说生活污染比较严重。生活污染及其对环境的影响途径有以下几种：

(1) 消耗能源排出废气造成大气污染。如我国的一些城市里，居民普遍使用小煤炉，是构成大气污染的污染源，危害较大，也是低空酸雨形成的基础，构成对地下水污染的危险。

(2) 排出生活污水造成地下水污染。城市生活污水包括城市居民生活污水、科研文教单位实验室排放污水、医疗卫生单位排放的污水。城市居民生活污水中的物质来自人的排泄物、肥皂、洗涤剂、腐烂的食物等；从各种实验室排出的污水中成分复杂，常含有多种有毒物质，具体成分取决于实验室种类；医疗卫生单位的污水，以细菌、病毒污染物为主，是流行病、传染病的重要来源。

（3）排出的生活垃圾、废塑料、废纸、金属、煤灰和渣土等城市垃圾，造成地下水的污染。

4. *矿业污染源*

矿业污染源主要是采矿活动过程中产生的污染物，采矿活动引起的地下水污染表现在以下几方面：

（1）采矿时排出矿坑水，有的是pH值很低的酸水（如煤矿），有的是含有某些有毒金属元素或放射性元素的水（如钼矿、铅锌、放射性矿等），排出的这些矿坑水可以污染地表水，或经下渗后污染矿区附近的地下水。

（2）由于矿坑疏干排水降低了地下水位，使原来处于饱和带的矿体岩石转化为包气带，有些难溶矿物可转变为易溶矿物，经过风化、雨水渗入淋滤，或由于暂时停止抽水，水位回升时的溶解，可以使矿区地下水中增加某些成分，从而使地下水水质恶化。

（3）采矿时堆积的尾矿砂，被雨水淋滤也可造成地下水的污染。

（4）矿区废弃的坑道、废弃而未封死的钻孔，都可能成为未来污染的通道。

5. *石油污染源*

石油污染源是指石油勘探、开采、运输、储存活动中引起的石油对地下水的污染。

石油勘探或开采时，如果钻井封闭得不严密，可使石油或盐卤水由地下深处进入浅部含水层而污染地下水，也可以是通过废弃的或套管腐蚀破坏的油井和气井，成为地下水的污染源。

石油生产过程中，常常同时开采出更多的废水（盐水），排放这些废水的坑池可以成为地下水的污染源。用这些废水回灌驱油时，有时也会通过未堵塞或破裂的套管进入地下水中，石油生产井场的废水和漏油从地表通过包气带下渗污染地下水。

石油运输过程中漏油、溢油的现象也是常有的，油船事故造成漏油污染河水，也可间接污染地下水。输油管道的破坏使石油溢出，也可污染地下水。地面储油罐的漏油和地下储油库的渗漏都能引起地下水的污染。

10.2.1.2 天然污染源

天然污染源是天然存在的。地下水开采活动可能导致天然污染源进入开采含水层。天然污染源主要是海水和含盐量高及水质差的水体。在海岸地区由于地下淡水的超量开采引起海水入侵；在内陆地区由于上层地下淡水超量开采而形成下层盐水的上升锥等均属此例。

10.2.1.3 新近凸现的污染物

根据美国地质调查局2006年资料，“新近凸现的污染物”（emerging contaminants）定义为环境中不常见，但是进入环境后会带来有害的生态效应和（或）对人体有害的人工合成或者自然产生的化学物质或微生物。近年来，地下水科学家越来越关注两类污染物——药物和病原菌。值得注意的是，某些新近凸现的污染物在环境中早已存在，但是要利用最新的监测方法才能检测到它们。地下水中常见药物化合物包括抗生素、荷尔蒙、类固醇等。常见的影响地下水水质的病原菌包括原生动物、细菌和病毒。在美国和其他西方国家，已经开展了一些关于药物和病原菌的研究，包括能够检测更低限的分析技术、污染源和污染路径分析、在地下水中的迁移转化规律模拟以及接触这些污染物后的生态影响评价。

10.2.2　地下水污染方式

地下水污染的方式可分为直接污染与间接污染。

(1) 直接污染。地下水的污染组分直接来源于污染源，污染组分在迁移过程中，其化学性质没有任何改变的污染。由于地下水污染组分与污染源组分的一致性，因此较易查明其污染来源及污染途径，是地下水污染的主要方式。在地表或地下以任何方式排放污染物时，均有可能发生此种方式的污染。

(2) 间接污染。地下水的污染组分在污染源中的含量并不高，或低于附近的地下水，或该污染组分在污染源里根本不存在，它是污水或固体废物淋滤液在地下迁移过程中，经复杂的物理、化学及生物反应后的产物。例如：地下水硬度的升高、溶解氧的减少等，多半以这种方式产生。间接污染过程复杂，污染原因易被掩盖，要查清污染来源和途径较为困难。有人把这种污染方式称之为“二次污染”，其实其过程很复杂，其“二次”一词的使用不够科学。

10.2.3　地下水污染途径

地下水污染一方面与污染源类别、污染物性质、污染物排放强度、排放方式等有关，另一方面与水文地质条件有关，而水文地质条件将直接决定着污染物从污染源进入到地下水中所经过的途径，即地下水污染途径。污染途径种类繁多，但除了少部分气体、液体污染物可以直接通过岩土空隙进入地下水外，绝大部分污染物都是随着补给地下水的水源一起进入地下水中的。因此，根据水力学的方法并考虑地下水的补给来源，地下水污染途径可分为以下几种形式：间歇入渗型、连续入渗型、越流型和径流型（表 10-3）。

表 10-3　地下水污染途径分类

类型	污染途径	污染来源	被污染的含水层
间歇入渗型	降水对固体废物的淋滤	工业和生活的固体废物	潜水
	矿区疏干地带的淋滤和溶解	疏干地带的易溶矿物	
	灌溉水及降水对农田的淋滤	主要是农田表层土壤残留的农药、化肥及易溶盐类	
连续入渗型	渠、坑等污水的渗漏	各种污水及化学液体	潜水
	受污染地表水的渗漏	受污染的地表污水体	
	地下排污管道的渗漏	各种污水	

续表

类　型	污　染　途　径	污　染　来　源	被污染的含水层
越流型	地下水开采引起的层间越流	受污染的含水层或天然咸水等	潜水或承压水
	水文地质天窗的越流		
	经管井的越流		
径流型	通过岩溶发育通道的径流	各种污水或被污染的地表水	主要是潜水
	通过废水处理井的径流	各种污水	潜水或承压水
	盐水入侵	海水或地下咸水	

1. 间歇入渗型

大气降水或灌溉水等使污染物、表层土壤或地层中的有害、有毒组分随水通过包气带，间断地渗入含水层，这种渗入多半是呈非饱和状态的淋雨状渗流形式，或者呈短期内的饱水状态连续渗流形式。主要污染对象是潜水，且此种污染无论在其范围或程度上，均可能有季节性变化。淋滤固体废物堆引起的污染，即属此类（图10-1）。

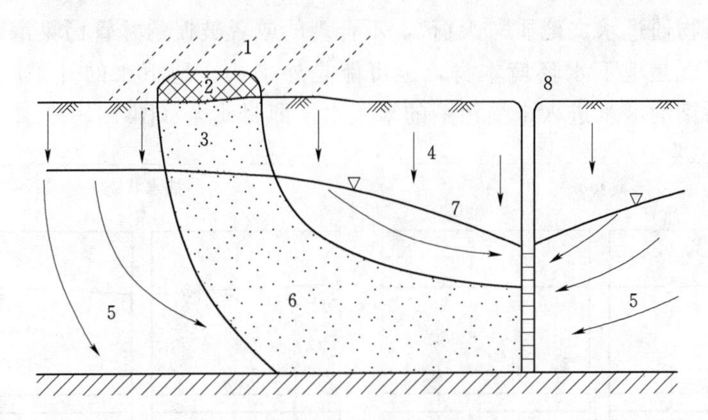

图 10-1　降水淋滤固体废物堆污染地下水示意图

1—降水；2—固体废物；3—淋滤下渗的污染物；4—未污染的下渗水；5—含水层；6—含水层中污染物；7—地下水面；8—抽水井

2. 连续入渗型

污染物随污水或污染溶液不断地渗入含水层。在这种情况下，或者包气带完全饱水，呈连续渗入的形式渗入含水层，或者包气带上部的饱水呈连续渗流的形式，下部不饱水呈淋雨状的渗流形式渗入含水层。其主要污染对象也多半是潜水，废水聚集地段（如废水渠、废水池、废水渗井等）和受污染的地表水体连续渗漏造成地下水污染，即属此类（图10-2）。

间歇入渗型与连续入渗型的共同特点是：污染物都是从上而下经过包气带进入含水层，即污染物到达地下水面以前要经过包气带下渗，由于地层有过滤吸附等自净能力，可以使污染物浓度发生变化，特别是当包气带岩层的组成颗粒较细、厚度较大时，可以使污染物中许多污染物的含量降低，甚至全部消除，只有那些迁移性强的物

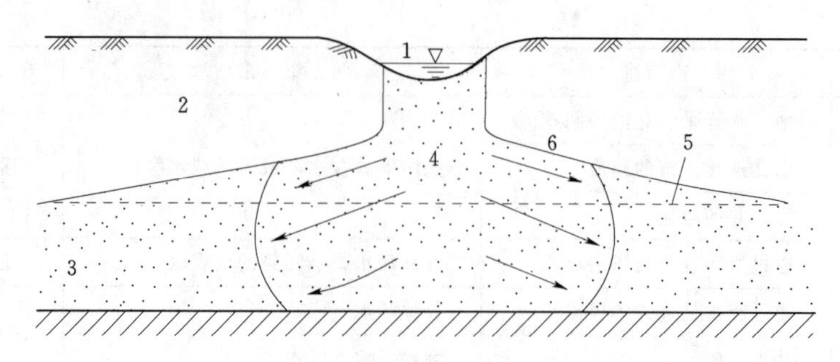

图 10－2　受污染地表水体的渗漏形成的污染带示意图

1—污染的地表水体；2—包气带；3—含水层；4—污染带；
5—原始水位；6—补给反漏斗

质才能到达地下水面污染地下水。因此，这两种污染类型的污染程度大小，一定程度上取决于包气带的地质结构、物质成分、厚度及渗透性等因素。

3. 越流型

污染物通过层间越流的方式从已受污染的含水层转移到未受污染的含水层。转移过程中，污染物通过水文地质“天窗”，不合理的或者破损的井管污染潜水或承压水，其污染来源可能是地下水环境本身，也可能是外来的。地下水的开采改变了越流方向，使已受污染的潜水进入未受污染的承压水，即属此类（图 10－3）。

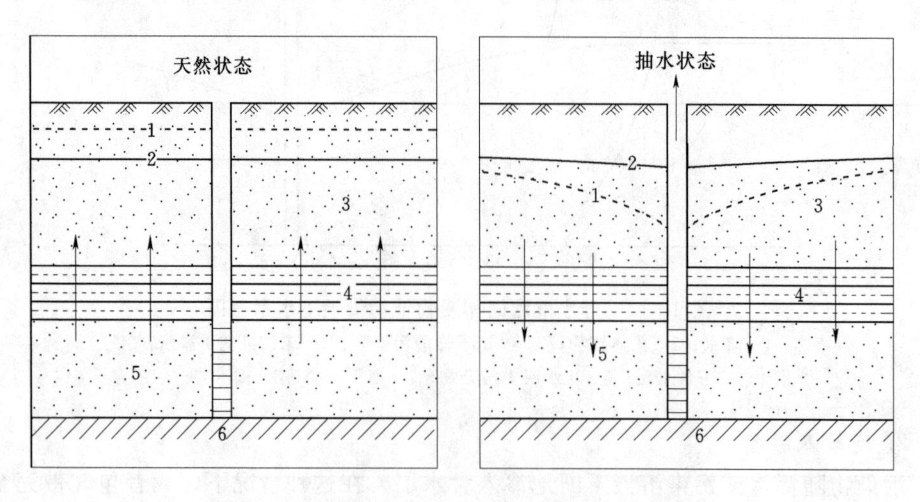

图 10－3　地下水开采引起的层间越流示意图

1—测压水位；2—潜水位；3—受污染的潜水；4—弱透水层；
5—承压水；6—隔水层

4. 径流型

污染物通过地下径流的形式进入含水层，污染潜水或承压水，如通过废水处理井、岩溶发育的巨大岩溶通道等。此种类型的污染物可能是人为来源也可能是天然来源，其污染范围可能不很大，但其污染程度往往因缺乏自然净化作用而显得十分严重。海岸地区因地下淡水超量开采而造成的海水入侵即属于此类（图 10－4）。

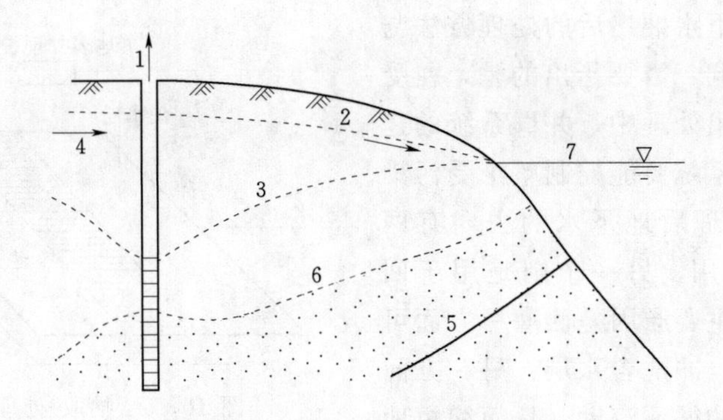

图 10-4　海水入侵污染示意图

1—抽水井；2—原始地下水位；3—抽水后的地下水位；4—地下水天然流向；
5—抽水前的咸淡水分界面；6—抽水后的咸淡水分界面；7—海水水面

10.3　地下水污染修复

地下水以其分布广泛、水量较稳定等优点成为工农业和生活用水的重要水源之一，并与人们的生活密切相关。一般认为预防和控制污染是地下水保护的最佳选择，但不能设想含水层一旦被污染就一弃了之。尤其在北方地区，地下水往往是主要的甚至是唯一的供水水源，如何修复被污染的含水层，是水资源保护工作中一项重要的课题。水资源污染直接威胁着人类健康和生存环境，并使匮乏的淡水资源更加紧缺。地下水作为水资源的重要组成部分，对它的污染机制和治理研究已得到当今社会的普遍关注。

20 世纪中期以来，有关地表水污染控制和处理的研究已取得了显著成就，但对于地下水污染的处理问题始于 20 世纪后期，目前还不十分成熟。20 世纪 80 年代以来发展的几种适用的处理方法，如气提、碳吸附、生物化学处理等，归纳起来主要有异位处理方法和原位处理方法，下面就部分研究程度较高、已初步在实际工作中应用的治理技术和方法给予简单介绍。

10.3.1　异位（ex situ）处理方法

10.3.1.1　抽取-处理技术（抽出处理技术）

抽取-处理技术（Pumping and Treatment，PAT），是目前修复污染含水层最通用的修复方法。该方法是指将抽水井打在选好的井位上，从含水层中直接抽出被污染的地下水，经过水处理厂进行处理并清除水中的污染质后再排向地表水体或补给地下水，从而使被污染的含水层水得到净化。处理方法可以是物理化学法也可以是微生物法等，通过不断地抽取污染的地下水，使污染晕的范围和污染程度逐渐减小，并使含水层介质中的污染质通过向水中转化而得到清除。

抽取-处理法大致可分为三类：①物理法，包括吸附法、重力分离法、过滤法、反渗透法、气吹法和焚烧法等；②化学法，包括混凝沉淀法、氧化还原法、离子交换法和中和法等；③生物法，包括活性污泥法、生物膜法、厌氧消化法和土壤处置法等。可根据污染物类型和处理费用来选用上述方法。

受污染的地下水抽出后的处理方法与地表水的处理相同，需要指出的是，在受污染地下水的抽出处理中，井群系统的建立是关键，井群系统要能控制整个受污染水体的流动。处理后地下水的去向有两个，一是直接使用，另一个则是用于回灌。用于回灌的主要原因是回灌一方面可稀释受污染水体，冲洗含水层；另一方面还可加速地下水的循环流动，从而缩短地下水的修复时间，其运行示意图如图 10－5 所示。

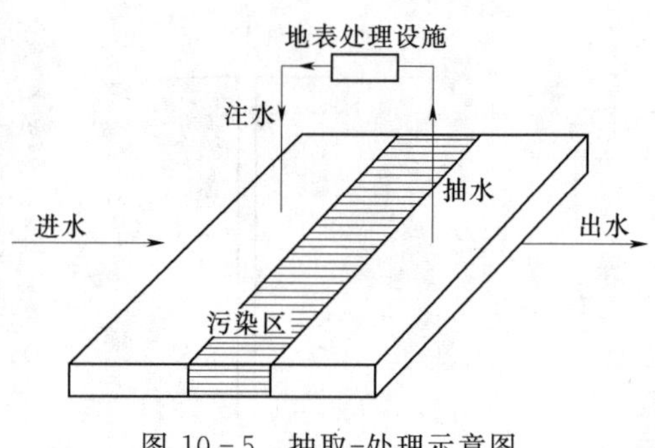

图 10－5　抽取-处理示意图

目前，抽取-处理方法被应用于地下环境中易溶污染质的恢复和治理，有时需要注入表面活性剂来增强吸附在地层介质颗粒上的有机污染物的溶解性能，从而加快抽取处理的速度。

10.3.1.2　气提法（air stripping）

气提法主要被广泛应用于被挥发性有机污染质（Volatile Organic Compounds，VOCs）污染的地下水进行处理，该方法是用蒸气与废水接触，使废水温度提升到沸点，以增强水中挥发性组分从水相向气相迁移。使用该方法要求污染物浓度比较低（$<$200mg/L，Michael D. LaGrega 等，1994），在工程应用中，气提过程在封闭而保温的塔内进行，塔形主要有填料塔与板式塔两类，使污染的水和空气在装置中反向流动以增加水与空气间的作用程度，实际运行中需将废水先调整好 pH 值，气提塔内很容易结垢，影响处理效果。这一方法能使水中 VOCs 的浓度显著降低。

10.3.1.3　碳吸附方法

吸附就是水中可溶性污染物质通过与固体表面接触而被去除的过程，在环境工程中，应用最广的吸附剂是碳。常见的活性炭有两种：粉末状和颗粒状（GAC），其中 GAC 被广泛应用于地下水中各种有毒有机污染物的去除，而粉末状的活性炭常用于微生物处理。

活性炭具有发达的细孔结构和巨大的比表面积，对水中溶解性有机物有较强的去除效果，因此，常用于饮用水系统处理、城市污水及工业废水的深度处理，处理后的水具有很好的质量。该方法往往采用吸附柱，在实验过程中，若直接采用活性炭吸附可能会堵塞炭柱，在活性炭处理前采用混凝、沉淀、过滤的预处理方法，去除细微颗粒和胶体。影响碳吸附效果的主要因素有：溶解度、分子结构、分子量、极性和有机污染物的类型。溶解性能差的有机污染物比易溶解的污染物更容易被碳吸附；具有支链的有机物比直链有机物容易被吸附；通常分子量大的有机物有利于吸附，但当孔隙扩大到成为控制吸附的主要因素时，对某些有机物，其被吸附的速率随分子量的增大而降低；极性小的有机物比极性大的更易被吸附。

10.3.1.4　化学氧化

化学氧化被广泛应用于地下水污染物的去除，在地下水处理中比其他方法有更大的优点。化学氧化的目的是利用氧化剂使污染质进行化学转化，从而减轻污染质的毒性，如有机污染质可以被转化为二氧化碳和水或转化为毒性较低的中间产物，这些中间产物还可以用其他微生物方法进行进一步处理。该方法要求有混合罐或反应器等装置，在水污染处理中，常用的氧化剂为臭氧、过氧化氢和氯，其中以前两种最为普遍。氧化剂氯与某些有机污染质反应，不但不能分解有机物反而形成氯代碳氢化合物，而这种氯代碳氢化合物的毒性可能比原有机物的毒性还要大，因此在使用氯做氧化剂时一定要注意。

1. 氧化剂

目前研究比较多的氧化剂有高锰酸钾、氯气、臭氧、高铁酸钾等。通过使用这些氧化剂，对水中有机物和其他污染物的去除有明显的效果。

氯是应用于自来水的最广泛的氧化消毒剂，在水源水输送过程中或进入常规处理工艺构筑物之前，投加一定量氯气氧化可以有效控制因水源污染生成的微生物和藻类在管道内或构筑物中的生长，同时也可以氧化一些有机物。它具有经济、高效、持续时间长、使用方便的优点。但是，氯气会和水中某些有机物反应产生大量的卤代烷和氯化有机物，且不易被后续的常规处理工艺去除。这些物质对人体健康有很大危害，因此造成处理后水的安全性下降。

2. 还原剂

（1）亚硫酸氢钠法。含铬地下水除可采用离子交换等方法处理外，还可采用还原法处理。根据使用的还原剂不同，含铬地下水还原处理法可分为硫酸亚铁石灰法、亚硫酸氢钠法、二氧化硫法、铁屑法等。此处只介绍亚硫酸氢钠法。在酸性条件下，向受污染地下水中投加亚硫酸氢钠，将受污染地下水中的六价铬转化为三价铬。然后投加石灰和氢氧化钠，生成氢氧化铬沉淀物。将此沉淀物从受污染地下水中分离出来，达到处理的目的。

（2）金属还原法。金属还原法可以用来处理含汞地下水，使受污染地下水与还原剂金属相接触，受污染地下水中的汞离子被还原为金属汞而析出，金属本身被氧化为离子而进入水中，可用于处理汞的金属有铁、锌、锡、锰、铜等。以铁屑为例，发生的反应如下：

$$Fe + Hg^{2+} \longrightarrow Fe^{2+} + Hg$$
$$2Fe + 3Hg^{2+} \longrightarrow 2Fe^{3+} + 3Hg$$

20 世纪 80 年代以来发展的几种污染质处理方法（抽取—处理技术、气提法、碳吸附方法等），都是将已污染的地下水抽取到地表进行处理。这些方法虽然取得了一定的效益，但由于其使用的方法和类型主要取决于地下水中的污染物质，因此，当地下水被多种污染质污染时，这种方法的处理系统就变得非常复杂，而且地下水的抽取、处理和回灌过程很费时、费工，且造价昂贵，而且处理范围有限。为此，人们在继续发展上述各种已污染地下水地面处理的同时，还开展了已污染地下水的现场原位处理方法研究，又称含水层恢复（aquifer restoration）。

10.3.2 原位（in situ）处理方法

1. 污染土壤气体提取法（Soil Vapor Extraction，SVE）

SVE 是对土壤挥发性有机污染进行原地恢复、处理的一种新的方法，用来处理包气带中岩土介质的污染问题。使包气带土中的污染质进入气相，进而排出。SVE系统要求在包气带中设立抽气井，使用真空泵在地表抽取包气带中的空气，抽出的气体要经过除水汽和碳吸附后排入大气。

因通过土壤介质的污染气体具有对流和扩散两种作用，因此，对流和扩散作用决定着氯化挥发性有机化合物（VOCs）的去除效果，其影响因素主要有湿度、pH值、有机物含量、温度等。

2. 可渗透反应墙（Permeable Reactive Barrier，PRB）

早在1982年，由美国环保局发行的环境处理手册就提出采用可渗透反应墙处理污染水中污染组分的想法。目前，在欧美等国已进行了大量该方法的工程研究及试验研究，并已开始商业应用。

可渗透反应墙是一个被动的反应材料的原位处理区，因此该方法也称为被动处理墙法，首先在污染源的下游开挖沟槽，然后充填反应介质，与流经的污染地下水进行反应，这些反应材料能够降解和滞留流经该墙体地下水的污染组分，从而达到治理污染组分的目的。实际上，污染组分是通过天然或人工的水力梯度被运送到经过精心放置的处理介质中，经过介质的降解、吸附、淋滤，去除溶解的有机质、金属、放射性以及其他污染物质。墙体可能包含一些反应物用于降解挥发的有机质，螯合剂用于滞留重金属，营养及氧气用于提高微生物的生物降解作用，以及其他组分。

典型的可渗透反应墙系统的剖面图如图10-6所示，从污染源释放出来的污染物质在向下游渗流的过程中，溶解于水形成一个地下水污染晕。这种地下水污染晕流经反应墙，通过与墙体中活性材料发生物理、化学及生物作用而得以去除。

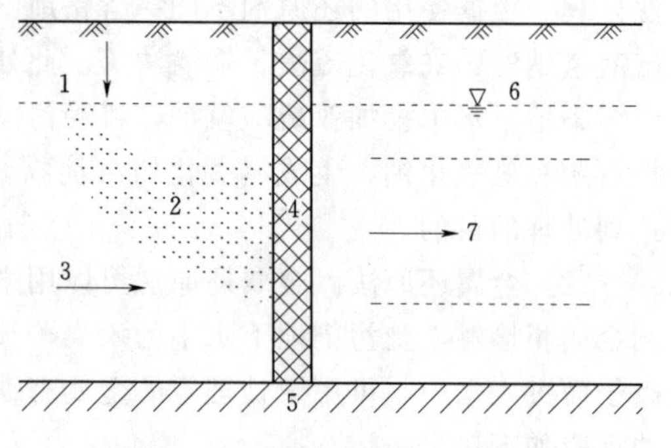

图10-6 反应墙系统剖面图

1—污染物下渗；2—污染带；3—地下水流向；4—可渗透反应墙；5—隔水层；6—地下水位；7—净化后的地下水

反应墙一般有两种类型：连续墙系统和漏斗—通道系统（图10-7）。连续墙系统，即在地下水流动的区域内安装连续的活性渗滤墙，以保证污染区域内的地下水均能得到处理修复；漏斗—通道系统即在地下水流动区域内设置造价较低的障碍墙，将受污染地下水汇集到较窄的范围，然后设置活性渗透墙，使得地下水流经墙体得到修复。而根据渗透墙的多少，漏斗—通道系统又可分为单通道系统和多通道系统，多通道又有并联多通道和串联多通道两类，当地下水污染晕较宽时，主要采用并联多通道系统处理，而对于不同类型污染物混合情况下的地下水处理，一般采用串联多通道系统。

若污染区域或者含水层厚度较大，那么连续墙的面积将会很大，相应的造价也会很高，从而使原位反应墙技术使用受到限制。而漏斗—通道系统可以更有效地解决此类问题，该系统由于反应区域较小，同时，在墙体材料活性减弱，或墙体被沉淀、微生物等堵塞时，易清除和更换，所以更适合于现场治理。

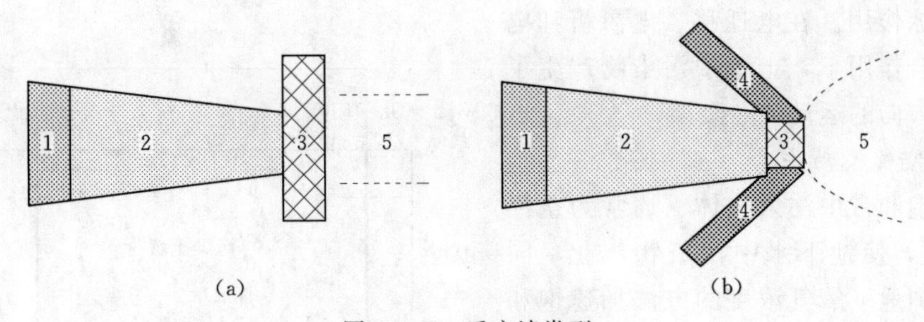

图 10-7 反应墙类型

(a) 连续墙系统；(b) 漏斗—通道系统

1—污染源；2—污染带；3—可渗透反应墙；4—漏斗隔墙；5—净化后的地下水

活性材料的选择是透水性反应墙修复效果良好与否的关键。一般的，活性材料应该具有以下特性：对污染物吸附或降解能力强；在地下水环境中保持稳定，抗腐蚀性好；活性保持时间长；粒度均匀；易于施工安装；环境相容性好；反应介质不能导致有害副产品进入地下水。用于实验室研究中的活性材料主要有：用于物理吸附的活性炭、沸石、有机黏土；用于化学吸附的磷酸盐、石灰石、Fe^0（零价铁）和生物作用的微生物材料等。目前，活性渗滤墙体最常用的材料是 Fe^0，因其能有效吸附和降解多种重金属和有机污染物（如 PCE、DCE 等），且取材容易、价格便宜，得到了广泛的应用。活性材料的去除机理分为生物的和非生物的两种，主要包括吸附、沉淀、氧化还原和生物降解等。

3. *电动力学方法*

电动力学修复技术是一种利用电梯度和水力梯度对污染物运移的影响，使污染物在介质中发生迁移而被除去的方法。在饱水带及非饱和带均可使用该方法。

电动力学法可以使污染物从地下水、淤泥、沉积物及饱和或非饱和的土壤中分离或提取出来。其治理的目标是：通过电渗、电移或电泳现象，形成附加电场，影响地下水污染物的迁移，当在土壤中施加低电泳时，会产生这些现象。这三种过程的基本特点是：在污染了的土体两侧设置电极并施加电压。在使用该方法前，应进行一系列实验分析，以确定该方法是否适用于拟处理场地。

电动力学修复技术的基本原理类似电池，利用插入土壤或地下水中的两个电极在污染土壤或地下水两端加上低电压直流电场，在低强度直流电的作用下，水溶的或者吸附在土壤颗粒表层的污染物根据各自所带电荷的不同而向不同的电极方向运动：阳极附近的酸开始向土壤孔移动，打破污染物与土壤的结合键，此时，大量的水以电渗析方式在土壤中流动，土壤毛细孔中的液体被带到阳极附近，这样就将溶解到土壤溶液中的污染物吸收至土壤表层而得以去除。通过电化学和电动力学的复合作用，土壤中的带电颗粒在电场内做定向移动，土壤污染物在电极附近富集或者被收集回收。污染土壤电动力学修复装置主要有直流电源、阴阳极电解室、阴阳电极、导出液体的处理装置等，电解池设有阴阳两极产生的氢气和氧气出气孔（图 10-8）。

污染物的去除过程主要涉及四种电动力学现象：电迁移、电渗析、电泳和酸性迁移带。在电场作用下，污染物主要通过电渗析和电迁移两种机制向电极运移，有时也存在电泳作用。在电迁移、电渗析和电泳的综合作用下，土壤中污染物产生了向电极方向的运动。

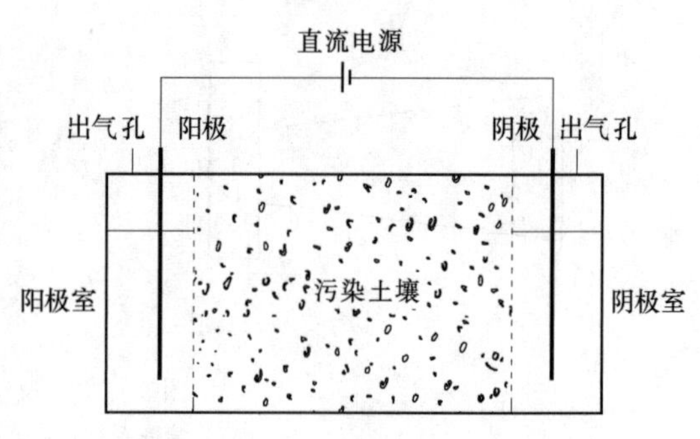

图10-8　电动力学修复装置简图

4. 空气搅动法

在饱和带中注入气体（通常为空气或氧气），使地下水中污染物汽化，同时用增加地下氧气浓度的方法加速饱和带、非饱和带中的微生物降解作用。汽化后的污染物进入包气带，可用SVE系统进行处理。有时这种方法也称为微生物搅动，用来强调微生物过程或表明微生物处理为主、挥发为辅的过程。

该方法可以用来处理土壤、地下水中大量的挥发性、半挥发性污染物，如汽油、氯化溶剂等。根据实践经验，对于均质、渗透性好的污染场地，使用本方法较好。此外，本方法适用于具有较大饱和厚度和深埋的含水层，这两个因素影响搅动井的影响范围，如果饱和厚度和地下水埋深较小，那么治理时需要很多的搅动井才能达到预期的处理目标。

实例表明，如果应用得当，空气搅动方法对污染的治理比抽取处理方法有效，因为污染物降解吸附进入空气要比进入地下水中容易，此外，与SVE方法相比，本方法可用于处理毛细带和地下水面以下的污染。

5. 微生物处理

微生物修复是目前研究最多的一种生物修复技术，其原理实际上是自然生物降解过程的人工强化，通过采取人为措施，包括添加氧和营养物等，刺激原位微生物的生长，从而强化污染物的自然生物降解过程。原位微生物修复的一般过程为：先通过试验研究，确定原位微生物降解污染物的能力，然后确定能最大程度促进微生物生长的氧需求量和营养配比，最后再将研究结果应用于实际。因此，环境条件、污染物、微生物是三个主要的影响因素。

绝大多数的微生物原地处理采用的是好氧模式（不排除特殊情况下的厌氧处理方法）。地下水中虽然具有一定的氧气含量，但远达不到微生物处理的需求。氧化1mg的汽油污染质在理论上需要2.5mg的氧气。因此这一处理方法需要把氧气和营养物质注入地下，微生物原地处理的原理与其他微生物处理方法完全一致，最主要的区别就是微生物原地处理是在地下，环境条件比较复杂且难以控制，而一般的微生物处理是在地上的处理容器或池中进行的，相对容易控制。

典型的微生物原地处理包括：在污染晕的下游设置抽水井，在上游设置注入井，把下游抽出的地下水加入营养物和氧气以后再注入含水层中，形成一个循环的水动力场。微生物就是在这样的水动力场中对污染物质进行生物降解。此外，在外围还要设置观测井，监测地下水的水质变化。微生物原地处理方法被认为是地下环境污染修复、处理最为有效和最有前途的方法。

原位微生物修复有许多优点：可在现场进行；对现场的破坏最小；减少运输费

用；消除运输隐患；永久性地消除污染；费用低等。因单纯的微生物处理时间缓慢，通常情况下与井群系统配合运行，即通过抽水井与注水井的配合，以加速地下水的流动及氧和营养物的扩散，从而缩短处理时间。

其他的原位处理技术有：原位冲洗、水平井、加热方法、原位稳定-固化方法、微生物-抽取联合方法、植物处理方法等，在此不展开论述，具体可参考相关的书籍。

10.3.3 污染物自然衰减作用（本能恢复治理方法）

自然衰减作用是指在环境介质中随着污染物的迁移，在没有人为干扰的情况下，导致污染物浓度与污染源相比明显减少的各种过程。地下水系统中自然衰减作用主要包括稀释、扩散、吸附、挥发及生物与非生物降解。

污染物的自然衰减依赖于水体的自我净化能力，是无害的、经济可行的方法，其最大优势就在于它不会造成地层间的污染转移。这种方法早就被成功地用于河流、湖泊及江口的水污染控制中。

资源 10.2

自然衰减方法用于污染场地净化并不是什么工作都不做，而是让污染了的场地天然得到净化。实际上是一种趋向于主动处置的方法。它强调对天然补救治理过程的验证和监测，而不是仅依赖于工程措施。目前，这一方法尚处于开始阶段，有许多问题需要进行深入的研究，如什么样的污染场地可采用这种方法来处理、如何缩短处理的时间等。

复习思考题

1. 地下水中污染物的主要来源与途径有哪些？

2. 如何判断地下水已受到了污染？水质好的地下水就是没有受到污染，而水质差的就是受到污染，对吗？

3. 处理受污染地下水常用的物理方法有哪些？

4. 解释微生物处理法的原理。

5. 目前的地下水修复技术绝大多数是针对浅层孔隙水系统的，如果涉及裂隙水和岩溶水环境修复，你有何建议？

参考文献

[1] 林年丰，李昌静，田春声，等. 环境水文地质学 [M]. 北京：地质出版社，1990.

[2] 林学钰，廖资生，赵勇胜，等. 现代水文地质学 [M]. 北京：地质出版社，2005.

[3] 钱会，马致远. 水文地球化学 [M]. 北京：地质出版社，2005.

[4] 沈照理. 水文地球化学 [M]. 北京：地质出版社，1993.

[5] 王秉忱. 受污染含水层抽水—处理最优化及对地下水污染生物修复的基本认识 [J]. 工程勘察，2006 (8) .

[6] 刘兆昌，张兰生，聂永丰，等. 地下水系统的污染与控制 [M]. 北京：中国环境科学出版社，1991.

[7]　王焰新．地下水污染与防治［M］．北京：高等教育出版社，2007.
[8]　汪家权，钱家忠．水环境系统模拟［M］．合肥：合肥工业大学，2005.
[9]　《薛禹群文集》编辑组．薛禹群文集［M］．北京：地质出版社，2012.
[10]　中国地下水科学战略研究小组．中国地下水科学的机遇与挑战［M］．北京：科学出版社，2009.
[11]　Powell R M, Puls R W, Blowes D W, et al. Permeable Reactive Barrier Technologies for Contaminant Remediation［R］. U. S. Environmental Protection Agency, 1998.

第11章 地下水水质评价

地下水水质评价即是根据水质分析的结果，与国家现行规定的各种不同用途的水质标准进行比较，来鉴别水质的优劣，并根据不同用水部门的要求，结合不同地区水质背景值、自然条件和水资源的实际情况，因地制宜地进行评价。

各种不同目的用水的水质标准是地下水水质评价的准则，这些标准是在生产实践中不断地总结、修改和完善的，所以在进行水质评价时应当以最新的标准为依据，并以此为依据进行分质供水与地下水水质评价，提前预防和控制地下水水质恶化。

11.1 饮用水水质评价

作为饮用水的水质最基本的要求是：必须满足人的生理感觉，并对人体健康无害。《生活饮用水卫生标准》（GB 5749—2006）主要包括以下四类指标：微生物指标、毒理指标、感官性状和一般化学指标、放射性指标（表 11－1）。概括总结标准中的 106 项指标，可将水质标准分为以下几类：饮用水的物理性质、溶解的普通盐类、微量有毒元素、细菌和有机污染物标准，即饮用水水质评价可从上述四类进行评价。

11.1.1 饮用水的物理性质

饮用水的物理性质一般要求无色、无味、无臭、不含肉眼可见物，水温（7～11℃）和放射性指标适度。水的物理性质不良，会使人产生厌恶的感觉，说明水中某些化学成分含量可能过高。例如，含腐殖质的水呈暗黄色，含低价铁的水呈灰蓝色，含高价铁的水呈黄褐色，硬水呈浅蓝色，含硫化氢的水有臭鸡蛋味，含有机物及原生动物的水，可能有腐味、甜味、霉味、土腥味等；含高价铁有发涩的锈味，含硫酸铁或硫酸钠的水呈苦涩味，含氯化钠过多的水则有咸味等。

11.1.2 溶解的普通盐类

水中溶解的普通盐类，主要指常见的离子成分，如 HCO_3^-、SO_4^{2-}、Cl^-、K^+、Na^+、Ca^{2+}、Mg^{2+}、Fe^{2+}、Mn^{2+} 等。这些成分大都来源于天然矿物，在水中的含量变化很大。它们的含量过高时，会影响水的物理性质，使水过咸或过苦，而不适于饮用。含量过低时，会对人体健康产生不良影响。饮用水标准中规定，水的总矿化度不应超过 1g/L。由于人体对饮用水中普通盐类的含量多少具有很快的适应能力，所以在一些淡水十分缺乏的地区，可适当放宽国家规定的标准，总矿化度为 1～2g/L 的水，也可用于饮用。

另外，在饮用水水质评价中，水的硬度、硫酸盐、碘、锶和铍、铜和锌、氧化亚铁和锰评价应值得重视，具体的评价指标可以参考现行的《生活饮用水卫生标准》(GB 5749—2006)，2022 年 3 月 15 日，国家卫生健康委员会发布《生活饮用水卫生标准》(GB 5749—2022)，新国标将于 2023 年 4 月 1 日正式实施。因篇幅限制，本书仅列出新版国家标准中生活饮用水水质指标及扩展指标（表 11-1～表 11-3)，其他标准不一一阐述。

表 11-1　　生活饮用水水质常规指标及限值

序号	指　标	限　值
一、微生物指标		
1	总大肠菌群/（MPN/100mL 或 CFU/100mL)①	不应检出
2	大肠埃希氏菌/（MPN/100mL 或 CFU/100mL)①	不应检出
3	菌落总数（MPN/mL 或 CFU/mL)②	100
二、毒理指标		
4	砷/（mg/L)	0.01
5	镉/（mg/L)	0.005
6	铬（六价）/（mg/L)	0.05
7	铅/（mg/L)	0.01
8	汞/（mg/L)	0.001
9	氰化物/（mg/L)	0.05
10	氟化物/（mg/L)②	1.0
11	硝酸盐（以 N 计）/（mg/L)②	10
12	三氯甲烷/（mg/L)③	0.06
13	一氯二溴甲烷/（mg/L)③	0.1
14	二氯一溴甲烷/（mg/L)③	0.06
15	三溴甲烷/（mg/L)③	0.1
16	三卤甲烷（三氯甲烷、一氯二溴甲烷、二氯一溴甲烷、三溴甲烷的总和)③	该类化合物中各种化合物的实测浓度与其各自限值的比值之和不超过 1
17	二氯乙酸/（mg/L)③	0.05
18	三氯乙酸/（mg/L)③	0.1
19	溴酸盐/（mg/L)③	0.01
20	亚氯酸盐/（mg/L)③	0.7
21	氯酸盐/（mg/L)③	0.7
三、感官性状和一般化学指标④		
22	色度（铂钴色度单位）/度	15
23	浑浊度（散射浑浊度单位）/NTU④	1
24	臭和味	无异臭、异味
25	肉眼可见物	无

续表

序号	指　　标	限　值
26	pH 值	不小于 6.5 且不大于 8.5
27	铝/（mg/L）	0.2
28	铁/（mg/L）	0.3
29	锰/（mg/L）	0.1
30	铜/（mg/L）	1.0
31	锌/（mg/L）	1.0
32	氯化物/（mg/L）	250
33	硫酸盐/K（mg/L）	250
34	溶解性总固体/（mg/L）	1000
35	总硬度（以 $CaCO_3$ 计）/（mg/L）	450
36	高锰酸盐指数以 O_2 计）/（mg/L）	3
37	氨（以 N 计）/（mg/L）	0.5
四、放射性指标⑤		
38	总 α 放射性/（Bq/L）	0.5（指导值）
39	总 β 放射性/（Bq/L）	1（指导值）

① MPN 表示最可能数；CFU 表示菌落形成单位。当水样检出总大肠菌群时，应进一步检验大肠埃希氏菌；当水样未检出总大肠菌群时，不必检验大肠埃希氏菌。

② 小型集中式供水和分散式供水因水源与净水技术受限时，菌落总数指标限值按 500MPN/mL 或 500CFU/mL 执行，氟化物指标限值按 1.2mg/L 执行，硝酸盐（以 N 计）指标限值按 20mg/L 执行，浑浊度指标限值按 3NTU 执行。

③ 水处理工艺流程中预氧化或消毒方式：

— 采用液氯、次氯酸钙及氯胺时，应测定三氯甲烷、一氯二溴甲烷、二氯一溴甲烷、三溴甲烷、三卤甲烷、二氯乙酸、三氯乙酸；

— 采用次氯酸钠时，应测定三氯甲烷、一氯二溴甲烷、二氯一溴甲烷、三溴甲烷、三卤甲烷、二氯乙酸、三氯乙酸，氯酸盐；

— 采用臭氧时，应测定溴酸盐；

— 采用二氧化氯时，应测定亚氯酸盐；

— 采用二氧化氯与氯混合消毒剂发生器时，应测定亚氯酸盐、氯酸盐、三氯甲烷、一氯二溴甲烷、二氯一溴甲烷、三溴甲烷、三卤甲烷、二氯乙酸、三氯乙酸；

— 当原水中含有上述污染物，可能导致出厂水和末梢水的超风险时，无论采用何种预氧化或消毒方式，都应对其进行测定。

④ 当发生影响水质的突发公共事件时，经风险评估，感官性状和一般化学指标可暂时适当放宽。

⑤ 放射性指标超过指导值（总 β 放射性扣除 ^{40}K/后仍然大于 1Bq/L），应进行核素分析和评价，判定能否饮用。

表 11-2　　生活饮用水消毒剂常规指标及要求

序号	指标	与水接触时间/min	出厂水和末梢水限值/(mg/L)	出厂水余量/(mg/L)	末梢水余量/(mg/L)
40	游离氯①,④	≥30	≤2	≥0.3	≥0.05
41	总氯②	≥120	≤3	≥0.5	≥0.05

续表

序号	指标	与水接触时间/min	出厂水和末梢水限值/(mg/L)	出厂水余量/(mg/L)	末梢水余量/(mg/L)
42	臭氧[③]	⩾12	⩽0.3	—	⩾0.02 如采用其他协同消毒方式，消毒剂限值及余量应满足相应要求
43	二氧化氯[④]	⩾30	⩽0.8	⩾0.1	⩾0.02

① 采用液氯、次氯酸钠、次氯酸钙消毒方式时，应测定游离氯。

② 采用氯胺消毒方式时，应测定总氯。

③ 采用臭氧消毒方式时，应测定臭氧。

④ 采用二氧化氯消毒方式时，应测定二氧化氯；采用二氧化氯与氯混合消毒剂发生器消毒方式时，应测定二氧化氯和游离氯。两项指标均应满足限值要求，至少一项指标应满足余量要求。

表 11-3　生活饮用水水质扩展指标及限值

序号	指　标	限　值
一、微生物指标		
44	贾第鞭毛虫/（个/10L）	<1
45	隐孢子虫/（个/10L）	<1
二、毒理指标		
46	锑/（mg/L）	0.005
47	钡/（mg/L）	0.7
48	铍/（mg/L）	0.002
49	硼/（mg/L）	1.0
50	钼/（mg/L）	0.07
51	镍/（mg/L）	0.02
52	银/（mg/L）	0.05
53	铊/（mg/L）	0.0001
54	硒（mg/L）	0.01
55	高氯酸盐/（mg/L）	0.07
56	二氯甲烷/（mg/L）	0.02
57	1，2-二氯乙烷/（mg/L）	0.03
58	四氯化碳/（mg/L）	0.002
59	氯乙烯/（mg/L）	0.001
60	1，1-二氯乙烯/（mg/L）	0.03
61	1，2-二氯乙烯（总量）/（mg/L）	0.05
62	三氯乙烯/（mg/L）	0.02
63	四氯乙烯/（mg/L）	0.04
64	六氯丁二烯/（mg/L）	0.0006
65	苯/（mg/L）	0.01

续表

序号	指 标	限 值
66	甲苯/（mg/L）	0.7
67	二甲苯（总量）/（mg/L）	0.5
68	苯乙烯/（mg/L）	0.02
69	氯苯/（mg/L）	0.3
70	1，4-二氯苯/（mg/L）	0.3
71	三氯苯（总量）/（mg/L）	0.02
72	六氯苯/（mg/L）	0.001
73	七氯/（mg/L）	0.0004
74	马拉硫磷/（mg/L）	0.25
75	乐果/（mg/L）	0.006
76	灭草松/（mg/L）	0.3
77	百菌清/（mg/L）	0.01
78	呋喃丹/（mg/L）	0.007
79	毒死蜱/（mg/L）	0.03
80	草甘膦/（mg/L）	0.7
81	敌敌畏/mg/L）	0.001
82	莠去津/（mg/L）	0.002
83	溴氰菊酯/（mg/L）	0.02
84	2，4-滴/（mg/L）	0.03
85	乙草胺/（mg/L）	0.02
86	五氯酚/（mg/L）	0.009
87	2，4，6-三氯酚/（mg/L）	0.2
88	苯并（a）芘/（mg/L）	0.00001
89	邻苯二甲酸二（2-乙基已基）酯/（mg/L）	0.008
90	丙烯酰胺/（mg/L）	0.0005
91	环氧氯丙烷/（mg/L）	0.0004
92	微囊藻毒素-LR（藻类暴发情况发生时）/（mg/L）	0.001
三、感官性状和一般化学指标①		
93	钠/（mg/L）	200
94	挥发酚类（以苯酚计）/（mg/L）	0.002
95	阴离子合成洗涤剂/（mg/L）	0.3
96	2-甲基异莰醇/（mg/L）	0.00001
97	土臭素/（mg/L）	0.00001

① 当发生影响水质的突发公共事件时，经风险评估，感官性状和一般化学指标可暂时适当放宽。

11.1.3　微量有毒元素

水中的有毒物质主要来源于地下水的污染，少数也与原生地球化学环境有关，主要有砷、硒、镉、铬、汞、铅、氟、氰化物、酚类、硝酸盐及亚硝酸盐。近年来，随着人工合成物质的大量增加，洗涤剂、农药、各种化学合成剂中的有毒高分子有机化合物也大量进入地下水中，以上微量元素和化学组成，绝大多数对人体健康有害，含量高可造成人体的病残以致死亡。因此，按传统的评价要求，必须把它们限制在极微量的水平。

资源 11.1

(1) 砷（As)。砷的毒性较大。饮用水中砷的含量大于 0.01mg/L 时，能麻痹细胞的氧化还原过程，使人容易患溶血性贫血，并有致癌作用。饮用水中砷的允许含量一般为 0.01mg/L。

(2) 硒（Se)。硒对人体也有较强的毒性。它在人体中蓄积作用明显，易引起慢性中毒，损害肝脏和骨骼的功能。1975 年后，人们认识到硒在生物功能方面具有双重性，它既是有毒元素，又是生命所必需的微量元素，如对癌症，则有致癌和抗癌的两重性。近期研究表明，人体摄入硒应适量。饮用水标准中对硒的限量为 0.01mg/L。现已证实，硒可预防和治疗多种疾病。

(3) 镉（Cd)。镉有很强的毒性，能在细胞中蓄积，是一种不易被人体排出的有毒元素。它可使肠、胃、肝、肾受损，还能使骨骼软化变脆，产生骨痛病。有人认为，贫血及高血压也与镉在机体内蓄积有关。饮用水标准对镉的限定含量为 0.005mg/L。

(4) 铬（Cr)。铬，特别是六价铬对人体有害，当饮水中铬量大于 0.1mg/L 时，会刺激和腐蚀人体的消化系统，能破坏鼻内软骨，甚至可致肺癌。饮用水标准对铬的限定含量为 0.05mg/L。

(5) 汞（Hg)。汞为蓄积性毒物。它进入人体后，可使人的中枢神经、消化道及肾脏受损害，使细胞的蛋白质沉淀，形成细胞原浆毒。妇女、儿童及肾病患者对汞敏感。汞还能从妇女乳腺排出，影响婴儿健康。饮用水标准对汞的限定含量为 0.001mg/L。

(6) 铅（Pb)。铅为蓄积性毒物。当人体内蓄积铅较多时，会使高级神经活动发生障碍，产生中毒症状，甚至侵入骨髓内，使人瘫痪。它也能从妇女乳腺中排出，影响婴儿健康。饮用水标准对铅的限量为 0.01mg/L。

(7) 氟（F)。氟与人的牙齿和骨骼健康有关。饮用水中含量过低或过高，都对人体有害。当含氟过低（小于 0.3mg/L）时，会失去防止龋齿的能力；含氟量过高（大于 1.5mg/L）时，可使牙齿釉质腐蚀，出现氟斑齿，甚至造成牙齿损坏。长期饮用高氟水，还能引起骨骼变形等慢性疾病（氟骨症)，甚至残废。饮用水标准中含氟最高限量 1.0mg/L。

(8) 氰化物。毒性大。它进入人体后，会使人中毒，当达到一定浓度时，可使人急性死亡。饮用水中的氰化物限量为 0.05mg/L。

(9) 酚类。各种酚类是强毒性有机化合物。当水中含酚量达到 0.005mg/L 时，如用氯消毒处理饮用水，会产生使人难忍的氯酚味，不能饮用。饮用水中酚类的限量为 0.002mg/L。

11.1.4 细菌和有机污染物

当地下水被生活污水污染或遭受其他有机污染时，水中常含各种细菌、病原菌、病毒和寄生虫等，这种水有损人体健康，危及人的生命，故不能作为饮用水。然而，水中的有害细菌，特别是病原菌不是随时都能检出和查清的。目前，多数情况下只能以易于检测的细菌总数、大肠杆菌群数作为水体被有害细菌污染的指标，以氨氮、亚硝酸、磷酸盐及耗氧量、BOD、COD 等作为水质遭受有机污染的指标。

1. 细菌指标

(1) 细菌族的总数。指水样在相当于人体温度（37℃）下经 24h 培养后，每毫升水中所含各种细菌族的总个数，规定此数不应超过 100 个。

(2) 大肠杆菌族指标。大肠杆菌本身并非致病菌，一般对人体无害，但若在水中发现很多大肠杆菌，则说明水已被污染，存在有病原菌的可能性。饮用水标准规定，总大肠菌数不得检出。

2. 有机污染指标

水中某些化学成分的出现，也可以作为评价水是否被有机物污染的间接指标。这些成分有氮化物（氨氮、硝酸氮及亚硝酸氮）、磷酸盐及硫化氢等。

(1) 氨氮（NH_3，NH_4^+）。氨氮是水体受到有机物污染的重要标志。天然水中氨氮的含量极少，它们主要是在还原环境中，有机物在细菌作用下腐败分解，经复杂的生物化学作用而析出的产物。当它们在水中的含量较高时，说明水已被污染。作为饮用水，一般规定其含量不得超过 0.5mg/L。

(2) 亚硝酸盐氮（NO_2^-）。氨经氧化可生成亚硝酸盐：

$$2NH_3 + 3O_2 \underset{\text{还原}}{\overset{\text{氧化}}{\rightleftharpoons}} 2HNO_2 + 2H_2O$$

当水中存在亚硝酸盐时，说明水中有细菌繁殖活动，而且 NO_2^- 本身对人体也有害。它被吸入血液后，能与血红蛋白结合，形成失去带氧功能的变形血红蛋白，使组织缺氧而中毒，重者可导致呼吸循环衰弱。一般认为饮用水标准的限量为 0.01mg/L。

(3) 硝酸盐氮（NO_3^-）。在深层地下水中，NO_3^- 可以由矿物质溶解产生；但在一般水中，多数是由动物尸体分解的产物，亚硝酸进一步氧化便形成硝酸根。此外，还来源于农药、化肥的污染。如果饮用水中硝酸盐含量过高，则对人体健康有影响，特别是对儿童的影响较大。饮用水中硝酸盐含量不允许超过 10mg/L。

(4) 磷酸盐。以 $H_2PO_4^-$、HPO_4^{2-}、PO_4^{3-} 等形式存在于水中。$H_2PO_4^-$ 可来源于无机物及有机物，蛋白质经细菌氧化后可生成 $H_2PO_4^-$；HPO_4^{2-} 来源于磷矿物；PO_4^{3-} 是动物尿中的物质，主要来源于动物排泄物（在无污染的天然水中，仅在 pH 值大于 9 时才有可能出现）。饮用水中，一般不允许 PO_4^{3-} 存在。有些地区规定，磷酸盐的含量不超过 0.1mg/L。

(5) 硫氢化物。天然水中一般只有 H_2S 及 HS^- 两种形式。它们可来源于无机物，也可来源于有机物。无机来源是含硫酸较多的水与煤、石油接触，发生反应产生的，风化带中的矿物分解也可产生。有机来源是动物体或含硫蛋白质在缺氧条件下分解形成的。当在水中发现硫化氢时，可参考其他指标和环境情况来判定是否受到污染。由于硫化氢有臭味、有毒性，无论其成因如何都不允许在饮用水中出现，其含量不应大于 0.5mg/L。

(6) 耗氧量和溶解氧。水中溶解氧减少或者耗氧量增加，都说明水中有机物增多，水可能已被污染。当耗氧量为 1mg/L 时，相当于有机物含量 21mg/L。一般规定，耗氧量不得大于 3mg/L。

在进行水质评价时，应将勘察区所取水样分析资料，逐项与标准对照比较，只有全部符合标准的水才可以作为饮用水。如果出现个别超标项目，则看经人工处理后能否达到标准要求。若能，则应指出必须经处理后才能作为饮用水。对区域不同地段和不同层位的地下水，可根据达到标准或超过标准的程度，将地下水分为若干级别（目前尚无统一的分级）来评价，例如可分为以下四级：优良、合格、微超标和严重污染。

11.2　工业用水水质评价

水在工业生产中用途很广，主要有锅炉用水、冷却用水、处理原料的清洗用水，以及作为产品原料的用水等。不同的生产部门对水质的要求也不同，因而评价方法也不同。由于工业种类繁多，现仅简述主要的工业用水评价。

11.2.1　锅炉用水的水质评价

锅炉用水在工业用水中是比较普遍的，对水质的要求也较高。水在蒸气锅炉中处于高温、高压状态下，水中的化学物质可能发生一些不良的化学反应，导致成垢、起泡和腐蚀作用的发生，从而影响到锅炉的安全生产。

1. 成垢作用

当水被煮沸时，水中所含的一些离子、化合物可以相互作用而生成沉淀，并依附于锅炉壁上，形成锅垢，这种作用称为成垢作用。锅垢的主要成分有：CaO、$CaCO_3$、$CaSO_4$、$CaSiO_3$、$MgSiO_3$、$Mg(OH)_2$、Al_2O_3、Fe_2O_3 及悬浊物质的沉渣等。这些物质主要是由于溶解水中的钙、镁盐类及胶体 Fe_2O_3、Al_2O_3 等沉淀而产生。发生的化学反应主要有

$$Ca^{2+} + 2HCO_3^- \longrightarrow CaCO_3 \downarrow + H_2O + CO_2 \uparrow$$

$$Mg^{2+} + 2HCO_3^- \longrightarrow MgCO_3 \downarrow + H_2O + CO_2 \uparrow$$

$MgCO_3$ 再分解，沉淀出镁的氢氧化物：

$$MgCO_3 + 2H_2O \longrightarrow Mg(OH)_2 \downarrow + H_2O + CO_2 \uparrow$$

与此同时，还可以沉淀出 $CaSiO_3$ 及 $MgSiO_3$，有时还沉淀出 $CaSO_4$ 等。

成垢作用可用“锅垢的总重量”来评价，根据水质分析资料，锅垢的总重量可用下式计算：

$$H_0=S+C+36rFe^{2+}+17rAl^{3+}+20rMg^{2+}+59rCa^{2+}$$

式中：H_0 为锅垢的总重量，g/m³；S 为悬浮物的重量，mg/L；C 为胶体物（$SiO_2+Al_2O_3+Fe_2O_3+\cdots$）的重量，mg/L；$rFe^{2+}$，$rAl^{3+}$，…为各种离子的毫克当量浓度，meq/L。

式中的系数是按所生成的沉淀物重量计算出来的。

按锅垢总量对成垢作用进行评价时，可将水分为四个等级：①$H_0<125$ 时，为锅垢很少的水；②$H_0=125\sim250$ 时，为锅垢较少的水；③$H_0=250\sim500$ 时，为锅垢较多的水；④$H_0>500$ 时，为锅垢很多的水。

2. 起泡作用

起泡作用指水在锅炉中煮沸时，在水面上产生大量气泡的作用。如果气泡不能立即破裂，就会在水面以上形成很厚的极不稳定的泡沫层。当泡沫太多时，会使锅炉内水的汽化作用极不均匀，水位急剧地升降，致使锅炉不能正常运转。原因是水中易溶解的钠盐、钾盐以及油脂和悬浊物受炉水的碱度作用，发生皂化的结果。钠盐中，促使水起泡的物质为苛性钠和磷酸钠，苛性钠除了可使脂肪和油质皂化外，还能促使水中的悬浊物变为胶体悬浊物；磷酸根与水中的钙、镁离子作用，能在炉水中形成高度分散的悬浊物。水中的胶体状悬浊物，增强了气泡薄膜的稳固性，因而加剧了起泡作用。

起泡作用一般用起泡系数 F 来评价，起泡系数根据钠、钾的含量用下式计算：

$$F=62rNa^{+}+78rK^{+}$$

当 $F<60$ 时，为不起泡的水（机车锅炉，须一周换一次水）；当 $F=60\sim200$ 时，为半起泡的水（机车锅炉，须 2～3d 换一次水）；当 $F>200$ 时，为起泡的水（机车锅炉，须 1～2d 换一次水）。

3. 腐蚀作用

腐蚀作用是指由于水中氢置换铁，使炉壁受到损坏的作用。氢离子可以是水中原有的，也可以是某些盐类因炉中水温增高水解而生成的。此外，溶解于水中的气体成分（O_2、H_2S 及 CO_2 等）也是造成腐蚀作用的重要因素。锰盐、硫化铁、有机质及脂肪油类等作为接触剂而有可能加强腐蚀作用。温度增高及由此而产生的局部电流，均可促进腐蚀作用。随着锅炉中蒸气压力的加大，水对铁的危害也随之加重，往往对汽机叶片产生腐蚀。腐蚀作用对锅炉的危害极大，不仅能减少锅炉的寿命，还可能发生爆炸事故。因此，水对锅炉腐蚀性评价应引起重视。

水的腐蚀性可以按腐蚀系数 K_k 进行评价：

对酸性水：$K_k=1.008\,(rH^{+}+rAl^{3+}+rFe^{2+}+rMg^{2+}-rCO_3^{2-}-rHCO_3^{-})$

对碱性水：$K_k=1.008\,(rMg^{2+}-rHCO_3^{-})$

当 $K_k\geqslant0$ 时，为腐蚀性水；当 $K_k<0$，但 $K_k+0.0503Ca^{2+}\geqslant0$ 时，为半腐蚀性水；当 $K_k+0.0503Ca^{2+}<0$ 时，为非腐蚀性水（其中，Ca^{2+} 的单位以 mg/L 表示）。

对锅炉用水进行水质评价时，需同时考虑以上三个方面。由于锅炉种类和形式的不同，对水中各种成分的具体允许含量标准亦有所差异。各种标准很多，这里不一一列举；应用时，可查阅有关规范及手册。

11.2.2　水的侵蚀性评价

11.2.2.1　地下水对混凝土的侵蚀作用评价

地下水对混凝土的破坏是通过三种侵蚀作用进行的，即分解性侵蚀、结晶性侵蚀及分解结晶复合侵蚀性作用。地下水的侵蚀性主要取决于水的化学组分，此外，也与水泥类型有关。

1. 分解性侵蚀

分解性侵蚀指酸性水溶滤氢氧化钙及侵蚀性碳酸溶滤碳酸钙，使水泥分解破坏的作用。可分为一般性侵蚀和碳酸性侵蚀两种。

一般酸性侵蚀是水中的氢离子与氢氧化钙起反应，使混凝土溶滤破坏，侵蚀性能主要取决于水的 pH 值，pH 值越低，对混凝土的侵蚀性越强。其反应式为

$$Ca(OH)_2 + 2H^+ = Ca^{2+} + 2H_2O$$

碳酸性侵蚀是由于碳酸钙在侵蚀性二氧化碳的作用下溶解，使混凝土遭受破坏。混凝土表面的水泥，在空气和水中 CO_2 的作用下，首先生成一层碳酸钙；进一步作用，形成易溶于水的重碳酸钙；重碳酸钙溶解后，使混凝土破坏。其反应式为

$$CaCO_3 + CO_2 + H_2O \rightleftharpoons Ca^{2+} + 2HCO_3^-$$

这是一个可逆反应，要求水中必须含有一定数量的游离 CO_2 以保持平衡。此 CO_2 称为平衡二氧化碳，与 $CaCO_3$ 反应消耗的那部分游离 CO_2 则称为侵蚀性二氧化碳。

2. 结晶性侵蚀

结晶性侵蚀是指混凝土与水中硫酸盐发生反应，在混凝土的空隙中形成石膏和硫酸铝盐晶体。这些新化合物，因结晶膨胀作用体积增大（石膏可增大体积 1～2 倍，硫酸铝盐可增大体积 2.5 倍），导致混凝土力学强度降低，以致破坏，这种侵蚀也可称为硫酸侵蚀性。石膏是生成硫酸铝盐的中间产物，生成硫酸铝盐的反应式为

$$4CaO \cdot Al_2O_3 \cdot 12H_2O + 3CaSO_4 \cdot nH_2O \longrightarrow$$
$$3CaO \cdot Al_2O_3 \cdot 3CaSO_4 \cdot 30H_2O + Ca(OH)_2$$

这种结晶性侵蚀并不是孤立进行的，它常与分解性侵蚀作用相伴生。有分解性侵蚀时，往往更能促进这种作用的进行。

另外，硫酸侵蚀性还与水中氯离子含量及混凝土建筑物在地下所处的位置有关。水中氯离子含量越多，硫酸侵蚀性越弱。如建筑物处在水位变动带，这种侵蚀性则加强。对于抗硫酸盐水泥来说，一般的水都不会产生硫酸侵蚀，只有当水中硫酸盐特别多时（＞3000mg/L）才有侵蚀性。具体评价指标，可查阅有关手册。

3. 分解结晶复合性侵蚀

分解结晶复合性侵蚀主要是水中弱盐基硫酸盐离子的侵蚀，即当水中 Mg^{2+}、Fe^{2+}、Fe^{3+}、Cu^{2+}、Zn^{2+}、NH_4^+…含量很多时，它们与水泥发生化学反应，使混凝土力学强度降低，甚至破坏。如水中的 $MgCl_2$ 与混凝土中结晶的 $Ca(OH)_2$ 起交替反

应，形成 $Mg(OH)_2$ 和易溶于水的 $CaCl_2$，使混凝土遭受破坏。

分解结晶复合性侵蚀的评价指标为弱基硫酸盐离子总量 Me，主要用于被工业废水污染的侵蚀性鉴定。当 $Me>1000$mg/L，且满足下式时，即有侵蚀性：

$$Me>(k_3-SO_4{}^{2-})$$

式中：Me 为水中 Mg^{2+}、Fe^{2+}、Fe^{3+}、Ca^{2+}、Zn^{2+}、$NH_4{}^+$ 等的总量，mg/L；$SO_4{}^{2-}$ 为水中硫酸根离子的含量，mg/L；k_3 为随水泥种类不同而不同的一个常数，介于 6000～9000 之间，可由有关手册中查得。

当 $Me<1000$mg/L，不论 $SO_4{}^{2-}$ 含量多少，均无侵蚀性。

11.2.2.2 地下水对铁质材料的侵蚀作用评价

当设计长期浸没于地下水中的铁质管道或其他铁质构件时，应当考虑地下水对铁的侵蚀性，特别是在硫化物矿床和煤矿床中，地下水常呈酸性，对探矿、采矿设备的破坏性很大。

水对铁的侵蚀性主要与水中的氢离子浓度、溶解氧、游离硫酸、H_2S、CO_2 及其他重金属硫酸盐含量有关。当水的 pH 值小于 6.8 时，有侵蚀性；pH 值小于 5 的水，对铁有强烈的侵蚀性。水中的溶解氧可与铁发生氧化作用，使铁管锈蚀，当 O_2 与 CO_2 同时存在于水中时，可使氧的侵蚀性加剧。水中含有游离 H_2SO_4 时的侵蚀作用，同样是由于氢离子置换而引起的。为了防止铁管受硫酸的侵蚀，水中 $SO_4{}^{2-}$ 的含量最好不超过 25mg/L。当水中溶有 CO_2 或 H_2S 时，可以使水成为电导体而不断发生电化学作用，并引起侵蚀过程加速，其反应式为

$$CO_2+H_2O \rightleftharpoons H_2CO_3 \rightleftharpoons H^++HCO_3^-$$

$$H_2S \rightleftharpoons H^++HS^-$$

此时，铁放出电荷，氢接受电荷，使铁成为离子状态溶于水中，即

$$Fe = Fe^{2+}+2e^-$$

$$2H^++2e^- = H_2\uparrow$$

当水中含有重金属硫酸盐（如 $CuSO_4$）时，也会加速对铁的侵蚀。因为金属铜和金属铁构成微电池而使反应不断地进行，加速了腐蚀作用。此时，铁放出电荷，铜接受电荷，即

$$Fe = Fe^{2+}+2e^-$$

$$Cu^{2+}+2e^- = Cu$$

地下水对铁的侵蚀性评价，目前尚无统一的评价标准；需要评价时，可参照各部门的规定。

11.2.3 其他工业部门对水质的要求

不同工业部门对水质的要求不同，纺织、造纸及食品等工业对水质的要求较严格。如硬度过高的水，对于肥皂、染料及酸、碱生产的工业都不太适宜。硬水能妨碍纺织品着色，使纤维变脆；使皮革不坚固，糖类不结晶。如果水中有亚硝酸盐存在时，会使糖制品大量减产。当水中存在过量的铁、锰盐类时，能使纸张、淀粉及糖等出现色斑，影响产品质量。食品工业用水，首先必须符合饮用水标准，然后还要考虑

影响质量的其他成分。但由于工业企业繁多，生产方式各异，各项生产用水还没有统一的质量标准，只能依照产品质量制定出一些行业用水质量的试行规定。现将几种生产用水要求列于表 11-4 中。

表 11-4　　某些企业生产用水对水质的要求

指　　标	造纸（上等纸）	人造纤维用水	黏液涤生产用水	纺织用水	印染工业用水	制革工业用水	制糖用水	制淀粉用水	造酒用水	黏胶纤维用水	胶片制造用水	备　　注
浑浊度/(mg/L)	2~5	0	5	5	5	10	0	0		2		
色度/度	5	15	0	10~20	5~10		10~20	10~20				
总硬度/德国度	12~16	2	0.5	4~6	0.5~4	10~20	<20	<20	2~6	2.7	3	硬水妨碍染色，使皮革柔性变坏
耗氧量/(mg/L)	10	6	2		8~10	8~10	<10	<10	<10	<5		
氯/(mg/L)					50	30~40	50	60	30~60	30	10	使皮革具吸水性，糖不易结晶
硫酐/(mg/L)					50	60~80	50	60		10		$CaSO_4$，$NaSO_4$ 妨碍染色，制糖起不良影响
亚硝酐/(mg/L)		0	0		0	0	0	0	5~25 (NO_2)	0.002	0	N_2O_3 存在可使糖大量减产
硝酐/(mg/L)		0	0		痕迹	痕迹	痕迹	0	0.3	0.2	0	
氨/(mg/L)		0	0		痕迹	0	0	0	0.1	0	0	
铁/(mg/L)	0.1	0.2	0.03	0.2	0.1	0.1	痕迹	0.5	0.1	0.05	0.07	使染色物、纸张起斑点，淀粉糖着色
锰/(mg/L)	0.05		0.03	0.3	0.1	0.1	痕迹	0.05	痕迹			使染色物、纸张起斑点，淀粉糖着色
碳酸/(mg/L)								100				
硫化氢/(mg/L)						1.0						
氧化钙/(mg/L)								120				
氧化镁/(mg/L)								20				使淀粉灰分增多，Ca 和 Mg 过多使纤维物变硬变脆
氧化硅/(mg/L)	20										25	
固形物/(mg/L)	300		100			300~600	200~300	400~600		80	100	
pH 值	7~7.5	7~7.5		7~8.5	7~8.5				6.5~7.5			碱水妨碍染色

11.3 农田灌溉用水水质评价

11.3.1 农田灌溉用水对水质的要求

在评价农田灌溉用水的水质时，不仅要考虑对农作物的生长有无危害，也要考虑对土壤有何影响，还要考虑灌溉水质对灌区及附近地区地表水、地下水水质是否产生不良后果。根据该原则，在进行农田灌溉用水评价时，主要从水温、矿化度及与农作物生长及产品质量有关的溶质组分三方面进行评价，有时还要考虑到气候、水文地质条件、土壤及农作物种类等因素的影响。

水温过低和过高都不利于作物生长，一般以10～25℃为宜，但水稻作物要求水温比旱田作物略高，而地下水水温通常偏低，一般采用加长灌渠渠系等措施以提高地下水水温。

灌溉水的矿化度不宜过高，上限在1～2g/L，但对耐盐性较强的作物和土壤排水性较好的地区可适当放宽限制。

灌溉水中的盐分类型对作物的生长有较大影响。对作物生长最有害的是Na_2CO_3，其次是NaCl，再次是Na_2SO_4。它们腐蚀作物根部，破坏土壤团粒结构，并使土壤盐渍化，钠盐的允许含量一般为：Na_2CO_3＜1g/L，NaCl＜2g/L，Na_2SO_4＜5g/L。如果这些盐类在土壤中同时存在，其允许含量应更低。而$CaCO_3$和$MgCO_3$等盐类对土壤一般无害。硝酸盐和磷酸盐则对作物生长还具有肥效作用，有利于作物的生长。

农田灌溉用水的水质，不仅要考虑对作物生长有无影响，还应注意不要造成环境污染。特别是城市郊区，常用废水作为灌溉水源，对水质必须严格限制。

灌溉水质的评价比较复杂，不仅受到水中含盐量及盐分类型的影响，而且也受到气候条件、土壤性质、潜水位埋深、作物种类和生育期、灌溉方法、制度等因素影响，因此要对水质的许多指标作出统一的限制非常困难。表11-5是我国现行的农田灌溉水质标准，可供利用工业废水和城市污水进行灌溉等一些项目在不同情况下使用时参考。

表11-5 农田灌溉水质标准

序号	项　目		作物分类		
			水　作	旱　作	蔬　菜
1	生化需氧量（BOD_5）/(mg/L)		80	150	80
2	化学需氧量（COD_{Cr}）/(mg/L)	≤	200	300	150
3	悬浮物/(mg/L)	≤	150	200	100
4	阴离子表面活性剂（LAS）/(mg/L)	≤	5	8	5
5	凯氏氮/(mg/L)	≤	12	30	30
6	总磷（以P计）/(mg/L)	≤	5	10	10

续表

序号	项　目		作物分类		
			水　作	旱　作	蔬　菜
7	水温/℃	≤	35		
8	pH 值	≤	5.5～8.5		
9	全盐量/(mg/L)	≤	1000（非盐碱土地区） 2000（盐碱土地区）有条件的地区可以适当放宽		
10	氯化物/(mg/L)	≤	250		
11	硫化物/(mg/L)	≤	1		
12	总汞/(mg/L)	≤	0.001		
13	总镉/(mg/L)	≤	0.005		
14	总砷/(mg/L)	≤	0.05	0.1	0.05
15	铬（六价）/(mg/L)	≤	0.1		
16	总铅/(mg/L)	≤	0.1		
17	总铜/(mg/L)	≤	1		
18	总锌/(mg/L)	≤	2		
19	总硒/(mg/L)	≤	0.02		
20	氟化物/(mg/L)	≤	2.0（高氟区）3.0（一般地区）		
21	氰化物/(mg/L)	≤	0.5		
22	石油类/(mg/L)	≤	5	10	1
23	挥发酚/(mg/L)	≤	1		
24	苯/(mg/L)	≤	2.5		
25	三氯乙醛/(mg/L)	≤	1	0.5	0.5
26	丙烯醛/(mg/L)	≤	0.5		
27	硼/(mg/L)	≤	1.0（对硼敏感作物，如马铃薯、笋瓜、韭菜、洋葱、柑橘等） 2.0（对硼耐受性较强的作物，如小麦、玉米、青椒、小白菜、葱等） 3.0（对硼耐受性强的作物，如水稻、萝卜、油菜、甘蓝等）		
28	粪大肠菌群数/(个/L)	≤	10000		
29	蛔虫卵数/(个/L)	≤	2		

11.3.2　评价方法

对灌溉水水质进行分级评定的方法，我国最初采用的是苏联的灌溉系数评价方法，20 世纪 70 年代又引入美国的钠吸附比值方法。

钠吸附比值 A 的计算公式为

$$A=\frac{Na^{+}}{\sqrt{\frac{Ca^{2+}+Mg^{2+}}{2}}}$$

式中：Na^+、Ca^{2+}、Mg^{2+}表示各离子在每升水中的毫克当量数（等于mol/L×离子价数）。

$A<10$为低钠水，可用于灌溉；10～18为中钠水可灌溉含石膏和透水性好的土壤；18～26为高钠水，用于灌溉后有明显的钠害；$A>26$为极高钠水，不能用于灌溉。

该评价方法主要反映了水中钠盐对水质的影响，而对全盐量的作用缺乏考虑。20世纪60年代中期，我国河南省地矿局水文地质队提出的盐度、碱度等的评价方法，将灌溉水质分为以下四种类型（表11-6）。

表11-6　　灌溉用水水质评价指标

评价指标＼等级	好水	中等水	盐碱水	重盐碱水
盐害（碱度为零时盐度）/(meq/L)	<15	15～25	25～40	>40
碱害（盐度小于10时碱度）/(meq/L)	<4	4～8	8～12	>12
综合危害（矿化度）/(g/L)	<2	2～3	3～4	>4
灌溉水质评价	长期浇灌对主要作物生长无不良影响，还能把盐碱地浇成好地	长期浇灌或灌溉不当时，对土壤和主要作物有影响，但合理浇灌能避免土壤发生盐碱化	浇灌不当时，土壤盐渍化，主要作物生长不好。必须注意浇灌方法，使用得当，作物生长良好	浇灌后土壤迅速盐渍化，对作物影响很大，即使特别干旱也尽量避免过量使用
说明	1. 本指标适用于非盐渍化土壤，已盐渍化土壤可视盐渍化程度调整使用； 2. 本表根据豫东地区主要作物，如小麦、高粱、玉米、棉花、黄豆等被灌溉后的反映程度确定			

11.4 矿泉水水质评价

泉水中的某些特殊矿物盐类、微量元素或某些气体含量达到某一标准或具一定温度，使泉水具有特殊的用途时，称其为矿泉水。按矿泉水的用途，可分为三大类，即工业矿水、医疗矿水和饮用矿泉水。近年，我国在许多地方发现了许多矿泉水，特别是饮用矿泉水，在国内外均有很好的销售市场。为了确保人民的身体健康和利益，为了使矿泉水的勘探和开发有所遵循，必须研究和制定国家统一的评价标准。本节主要介绍饮用天然矿泉水的水质评价标准。

11.4.1 饮用矿泉水水质评价标准

饮用矿泉水指可以作为瓶装饮料的天然矿泉水。它必须是深处地下水的天然露头或人工开发的深层地下水源；水中必须含有有益于人体健康的一种或几种化学成分，如游离二氧化碳、偏硅酸、锂、锶等。根据《饮用天然矿泉水标准》（GB 8537—1995）规定，饮用矿泉水的特殊化学组分的界限指标见表11-7。

凡符合表11-8中各项指标之一者，可称为饮用天然矿泉水。但锶含量在0.2～0.4mg/L范围和偏硅酸含量在25～30mg/L范围，各自都必须具有水温25℃以上或水的同位素测定年龄在 10 年以上的附加条件，方可称为饮用天然矿泉水。

表 11-7　饮用天然矿泉水特殊化学组分的界限指标

项　目	指　标 /(mg/L)	项　目	指　标 /(mg/L)
锂	≥0.2	偏硅酸	≥25
锶	≥0.2	硒	≥0.01
锌	≥0.2	游离二氧化碳	≥250
溴化物	≥0.1	溶解性总固体	≥1000
碘化物	≥0.2		

具有上述特殊成分的水虽对人体健康有益，但是水中的其他成分和物理性质均不能对人体有害。因此，做水质评价时还要结合饮用水的卫生标准进行。在国家标准中，作了以下几方面的规定。

(1) 对感官性状，要求与 GB 5749—2006 中的要求相同，并允许有极少量的天然矿物盐类沉淀。微生物限量指标，也同上述 GB 5749—2006 中的规定。

(2) 某些元素和组分的限量指标，见表 11-8。由表可见，本标准大都是饮用水标准规定的限量，仅个别几项的允许含量超过了饮用水标准。因为这些标准都是根据动物实验制定的，有的是根据对人群地方病的观测统计资料制定的。然而，人体本身所含的化学成分，特别是微量元素和当地的地质背景、水质及食物来源呈正相关。若当地缺失或含有过量的某种化学成分时，就很可能导致地方病的发生。因此，在考虑这一因素及人体健康的前提下，饮用矿泉水的化学成分及其限值是不完全同于生活饮用水水质标准的。例如氟的含量，我国饮用水标准中定为小于 1mg/L，世界卫生组织定为小于 1.5mg/L。适量的氟对人体是有益的，高氟区和低氟区都有地方病发生。在某些情况下，氟可作为判识矿泉水的标志元素。法国维希矿泉水的氟超过 3mg/L，意大利出售的饮料矿泉水中氟有高达 2～2.4mg/L。因此，本标准规定氟的限量为小于 2.0mg/L。含氟量高的矿泉水，低氟地区的人饮用是很有好处的；高氟地区的人就不宜购买这种矿泉水。

表 11-8　某些元素和组分的限量指标（GB 8537—1995）

组　分	指　标	组　分	指　标
锂/(mg/L)	<5	汞/(mg/L)	<0.001
锶/(mg/L)	<5	银/(mg/L)	<0.05
碘化物/(mg/L)	<0.5	硼（以 H_3BO_3 计）/(mg/L)	<30
锌/(mg/L)	<5	硒/(mg/L)	<0.05
铜/(mg/L)	<1	砷/(mg/L)	<0.05
钡/(mg/L)	<0.7	氟化物（以 F^- 计）/(mg/L)	<2.0
镉/(mg/L)	<0.01	耗氧量（以 O_2 计）/(mg/L)	<3.0
铬（Ⅵ）/(mg/L)	<0.05	硝酸盐（以 NO_3^- 计）/(mg/L)	<45
铅/(mg/L)	<0.01	镭-226/(Bq/L)	<1.1

(3) 污染物指标不得超过表 11－9 所规定的标准，比一般饮用水标准要求更严格，因为它直接用于饮用。

表 11－9　　污染物限量指标

项　目	指　标	项　目	指　标
挥发性酚（以苯酚计）/(mg/L)	＜0.002	亚硝酸盐（以 NO_2^- 计）/(mg/L)	＜0.005
氰化物（以 CN^- 计）/(mg/L)	＜0.01	总 β 放射性/(Bq/L)	＜1.5

11.4.2　饮用矿泉水水质评价原则

为了确保饮用矿泉水的质量和产量，在进行水质评价时，必须以国家规定的标准为依据。标准中没有规定的某些成分，则应参照一般饮用水标准评价。当两者规定有矛盾时，则以饮用矿泉水的标准为准。在评价过程中，还要结合饮用矿泉水产地的地质、水文地质条件和动态观测资料进行论证。例如 TDS，一般饮用水标准规定小于 1000mg/L，而大于 1000mg/L 正是矿泉水的重要标志之一，其上限又未作规定。只要其他有害成分均未超标，则其上限以人们可口为宜。氯化物的含量，饮用水标准中为小于 250mg/L，矿泉水标准中未作规定。国外有些矿泉水中其含量可以较高，如维希矿泉水含量 350mg/L，美国萨洛塔矿泉水含量高达 760mg/L。氯化物对水的味道有影响，对配水系统管道有腐蚀作用。只要人们能接受，适当超过一般饮用水标准也是允许的。铁的含量，在饮用水标准中，规定为 0.3mg/L，主要考虑是影响感官。但铁的存在，可表明形成矿泉水的地质、水文地质条件，是鉴别矿泉水的重要标志之一。因此，铁含量高于饮用水标准是可以的，国外有的矿泉水铁含量高达 4.5mg/L。原地质矿产部的标准中，铁的限值为 5～10mg/L。在铁质矿泉水中，铁含量可大于 10mg/L，而且在装瓶时还可做除铁处理，除铁后的水仍属天然矿泉水。硫酸盐的含量，在饮用水标准中为 250mg/L，它对配水系统具有腐蚀作用，和镁结合还会引起腹泻。但国外有些矿泉水中硫酸盐的含量很高，有的达 1000mg/L。原地质矿产部的标准认为，当矿泉水中镁含量小于 80mg/L 时，硫酸盐含量可大于 400mg/L。

11.4.3　饮用矿泉水水质分类及命名

按水的 pH 值，可将矿泉水分为三类：即酸性水（pH 值＜6），中性水（pH 值为 6～7.5），碱性水（pH 值＞7.5）。

按矿化度可分为两类，即盐矿泉水（矿化度＞1000mg/L）和淡矿泉水（矿化度≤1000mg/L）。

按主要阴离子成分，可分为三大类；再按主要阳离子成分，分为若干亚类。命名时，其主要阴阳离子含量的毫克当量百分比大于 25 时才可参与命名。如：氯化钠矿泉水；硫酸—钙、钠矿泉水；重碳酸、硫酸—钙、钠矿泉水等。

也可按特殊化学成分分类命名，如碳酸矿泉水（游离 CO_2＞1000mg/L），硅酸矿泉水（偏硅酸含量＞50mg/L）等。

11.4.4　医疗矿水水质标准

医疗矿水主要是指来自地下深部循环的地下水，对于医疗矿水目前人们还没有一种严格科学的定义，但对医疗矿水最基本的要求就是它对于人体必须有一定的医疗作用。广义的医疗矿水除沐浴矿水外，还包括可以饮服的矿水（但不是所有的矿水都可以饮服）和矿泉泥。矿水对于某些慢性疾病，如神经衰弱、关节炎、皮肤病、胃病以及心脏病、脱发病等，常有一般药物难以替代的疗效，但是对于矿水的医疗机理人们至今并不完全清楚。所以目前医疗矿水的评价标准，一般都是根据多年医疗实践，结合对特殊组分与气体成分含量的鉴定而提出来的。

现介绍两个标准可供参考，实际中应以国家最新颁布的标准为依据。

(1) 医疗热矿水水质标准：系国内 20 世纪 70 年代的标准，其内容见表 11－10。

(2) 中国医疗矿泉水分类修订方案，见表 11－11。

表 11－10　　医疗热矿水水质标准

组　分	决定地下水是否为医疗矿水的含量/(g/L)	决定矿水名称所需的最小含量/(g/L)	医疗矿水名称
锂（Li^{2+}）	0.001	0.005	锂水
锶（Sr^{2+}）	0.01	0.01	锶水
钡（Ba^{2+}）	0.005	0.005	钡水
锰（Mn^{2+}）	0.001	—	—
铁（Fe^{2+}）	0.010	0.010	铁水
氟（F^-）	0.002	0.002	氟水
溴（Br^-）	0.005	0.025	溴水
碘（I^-）	0.001	0.010	碘水
偏硼酸（HBO_2）	0.005	0.050	硼水
磷酸（H_3PO_4）	0.005	—	—
硅酸（H_2SiO_3）	0.025	0.075	硅水
重砷酸（$HASO_4{}^-$）	0.001	0.001	砷水
镭（Ra）	10^{-11}	$>10^{-11}$	镭水
氡（Rn）	3.5 马海（ME）	10 马海	氡水
游离碳酸（CO_2）	0.250	0.750	碳酸水
总硫化氢（$\sum H_2S$）	0.001	0.010	硫化氢水

表 11－11　　中国医疗矿泉水分类修订方案

分类	名称	矿化度/(g/L)	主 要 成 分		特 殊 成 分
			阴离子	阳离子	
1	氡泉				Rn>3nCi/L
2	碳酸泉				游离 CO_2>1000mg/L
3	硫化氢泉				总硫量>2mg/L
4	铁泉				Fe^{2+}、Fe^{3+} 10mg/L 以上

续表

分类	名称	矿化度/(g/L)	主要成分		特殊成分
			阴离子	阳离子	
5	碘泉				$I^- > 5mg/L$
6	溴泉				$Br^- > 25mg/L$
7	砷泉				$As^+ > 0.7mg/L$
8	硅酸泉				$H_2SiO_3 > 50mg/L$
9	重碳酸泉	>1	HCO_3^{-1}	Na^+、Ca^{2+}、Mg^{2+}	
10	硫酸盐泉	>1	SO_4^{2-}	Na^+、Ca^{2+}、Mg^{2+}	
11	氯化物泉	>1	Cl^-	Na^+、Ca^{2+}、Mg^{2+}	
12	淡泉	<1			

复习思考题

1. 以生活饮用水为例，分析在地下水水质评价过程中应注意哪些问题？
2. 地下水水质评价与地下水污染评价有何不同？

参考文献

[1] 林学钰，廖资生，赵勇胜，等．现代水文地质学［M］．北京：地质出版社，2005.
[2] 房佩贤，卫中鼎，廖资生．专门水文地质学［M］．北京：地质出版社，2006.

第12章 地下水资源管理

12.1 地下水资源管理的基本含义

地下水资源管理，作为水文学及水资源学科一个较新的研究领域，其产生与发展是和世界人口增加、城市化进程加快，特别是与过量抽取地下水所导致的地面沉降、含水层疏干及水质恶化等一系列环境地质问题的发生、发展和治理过程密切相关。在这一发展趋势下，传统的地下水水文学研究必然向具有社会、环境和经济概念的以地下水资源合理开发利用为目的的地下水资源管理学科拓展。因此，地下水资源管理不仅仅局限于地下水水文学的范畴，还与其他学科，如水文地球化学、环境水文地质学等密切交叉，相互渗透。并综合运用社会科学、自然科学和技术科学的相关原理和方法，来研究和解决人类在开发利用地下水资源过程中存在的理论和实践问题。

实际上，从20世纪70年代开始，地下水科学工作者就已经开始寻求解决水危机的途径，并将它纳入环境生态与社会的大系统中进行水资源系统分析。到80年代，由于系统分析理论的引进和应用，加上数学模拟和计算机技术应用于寻求多目标下最佳开发地下水资源的理论与方法的日臻完善，使得复杂的水资源管理问题得以解决。这不但促进了地下水资源管理学科的迅速发展，并且在推动地下水水文学从定性研究进入定量研究的进程中做出了应有的贡献。

可以认为，地下水资源管理是和地下水的储存、传输和抽取的合理规划及利用有关的地下水系统的管理活动。它包括地下水天然补给的保护和人工补给的利用、抽取地点的优选和抽水量随时空变化的设计、地下水水质的保护、废水改良以及地表水和地下水的协调开发和利用等。

地下水资源管理是为了一定的目的，在一定的时间和空间范围内，利用某些行政法律、工程措施或技术手段，统筹规划和科学管理区域内的地下水、地表水和其他水资源，并通过对各种管理要素的操纵控制，使既定管理目标达到最优。简言之，即在一定约束条件下，通过对地下水系统中各种决策变量的操纵，使既定的管理目标达到最优。显然，一个完善的地下水管理方案还必须有健全的水管理机构和严密合理的水法保证。

地下水管理的基本目的是把危害地下水系统的因素降低到最少，使用水者从环境和经济技术上获得最大的效益。通过地下水管理进行优选水源，制定地下水开采和回灌的水利工程布局和设施方案，对含水层储量、地下水库的库容、未来需水要求、环境保护措施、人工补给及水源联合开发等问题进行长远考虑和设计，以最终满足各方面的需水要求。

地下水管理的内容涉及面很广，它和自然、社会、经济、环境诸系统都有十分密切的关系。因此，地下水管理，从其服务目标出发，可以是只考虑合理开发利用地下水和防止地下水资源枯竭的单一目标管理，也可以是综合考虑防止、控制和改善因地下水开发利用而产生的社会、生态、环境负作用和经济技术限制条件的多层次、多目标的管理。但是，不论管理目标是否具有多样性，其最基本的管理内容和方法均应包括：合理控制地下水开采量和优化地下水位的研究；建立地下水注水屏障或抽水槽，防止海水入侵或劣质水入侵；为实现地表水和地下水的联合利用，进行人工回灌和开发地下水库的研究，以及分析地下水和地表水水量、水质多年周期机制的形成，进行流域内整体水均衡、水动态的预测和各种水资源的优化调度和分质供水的研究等。

12.2　地下水资源管理的主要内容

地下水资源管理的基本内容，包含地下水位的控制与优化，地下水水质的改良、控制及分质供水；与地表水地下水联合利用有关的地下水资源管理，包含地下水人工回灌、地下水库的建立和调蓄。此外，还需要建立健全水资源管理机构以及水资源法律。

12.2.1　地下水位的控制与优化

因地下水开采所引起的一系列环境地质问题及由其诱发的环境、生态和社会、经济状况的变化，归根结底，多数情况下都是地下水位升降的结果。因此，优化控制地下水位便成了地下水管理的最基本内容，而地下水动态分析又是优化控制地下水位的研究基础。

地下水动态与均衡研究包括：对一个地区的补给量、储存量、排泄量、开采资源量的确定，地下水资源多年周期机制的形成和流域整体水均衡、水动态的预测以及上述各量的时空分布特征及其给社会、经济和环境造成的影响研究。

一个地区的地下水补给量主要是由地下水天然补给和人工补给组成。天然补给主要是由大气降水入渗补给、地表水（河、渠、湖水）的渗漏补给、地下径流的侧向补给和邻近含水层间的越流补给等组成。对大多数潜水来说，大气降水和地表水入渗补给地下水为最主要的天然补给源。

大气降水入渗补给量的大小，主要取决于地形和地面坡度、包气带岩性结构特征及其垂向渗透性、植被类型及其蓄水量、降雨量及其频率和强度以及温度等。

当地表水和地下水存在水力联系，并入渗补给地下水时，地表水体底部和周边沉积物，以及包气带的岩性、厚度和渗透性等将直接影响地表水的入渗率。地表水体下渗形成地下水丘后，水丘的水力梯度就成为入渗补给量的主要控制因素。

在上述各量计算的基础上，通过地区总水均衡和地下水开采条件下的动态平衡研究，可以找出地下水资源的多年周期机制的形成和水动态发展的趋势。

总之，上述各种水量增减均衡的结果，最终将反映在地下水动态变化上，尤其在潜水的动态变化上最为明显。

地下水动态要素在时间和空间上变化特征的监测结果是地下水资源评价的基础资

料。通过对地下水动态研究结果的分析，可以反映出地下水开发利用的现状，揭示各种环境地质问题发生的机制，指导未来地下水开发利用与水位控制管理的方向。因此，分析地下水动态，进行地下水位的控制与优化管理研究是地下水资源管理的基本内容。

12.2.2　地下水水质的改良、控制及分质供水

随着人口增加和经济建设的迅速发展，人类对水资源需求日益增长的同时，地表水和地下水受污染和水质恶化的状况也日益严重，从而加重了原已十分严重的水资源危机。因此，进行以改良和控制地下水水质为目的的地下水资源管理是十分必要的。

地下水水质尚未出现恶化的地区，要严格控制地下水开采量和减少三废排放量，治理污染源。必要时，要调整水井布局或进行人工补给地下水，以控制和改善地下水水质和环境地质问题。

土壤盐碱化地区，应尽量采取井灌、井排、井渠相结合的方式，合理开发利用地下水，以降低地下水位，促进水盐良性循环，达到改良盐碱地的目的。

滨海地区在开发利用地下水的同时，要监测咸、淡水混合带（界面）的运移方向与速度，模拟其运移规律，为控制或调整沿海地区布井方案提供科学依据。在海水易于入侵的地带，还可利用抽水井建立抽水槽或用注水井建立注水井群，形成咸淡水界面的动态平衡（图 12-1），以控制其向内陆运移，减轻或避免海水入侵的危害。

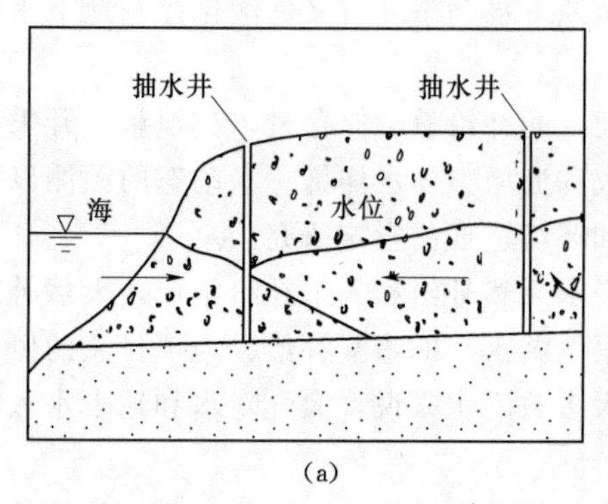

(a)

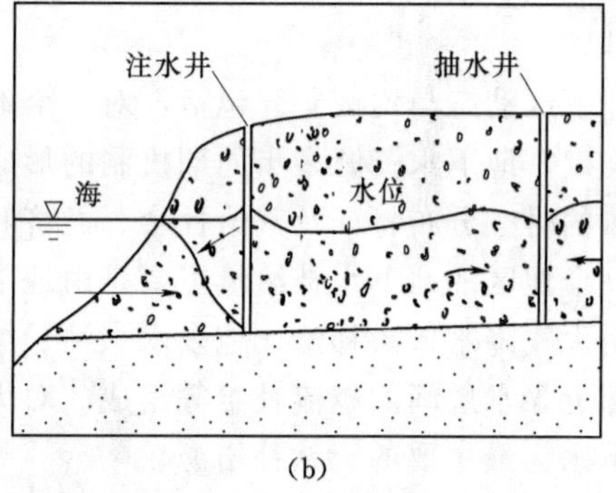

(b)

图 12-1　利用抽（注）水工程防止海水入侵的示意图

(a) 抽水井；(b) 注水井和抽水井的联合

有咸水含水层分布的地区，如我国华北平原东部和西北干旱地区，在充分利用浅层淡水供水和开发咸水进行作物灌溉的同时，还需注意合理控制各层地下水位，以夺取无效的蒸发量和防止咸水层对淡水资源的污染。

有不同水质并存的供水地区，从水资源管理角度出发，要加强区内各种水源的合理配置，实行不同标准水质的分级管理，对不同用水户实行分质供水，使区内地表水、地下水、污水、废水、弃水得到充分利用，最终达到改善地区之间、上下游之间和工农业之间的争水局面，缓解、改善水资源紧缺的危机。

12.2.3 地下水人工回灌

12.2.3.1 人工回灌的基本概念

地下水人工回灌有时也称为有计划的回灌，是指将多余的地表水、暴雨径流水或再生水通过地表渗滤或回灌井注水，或者通过人工系统人为改变天然渗滤条件，将水从地面上输送到地下含水层中，随后同地下水一起作为新的水源开发利用。

地下水回灌已有数千年的历史。人们在第一次用水灌溉农田或者在构筑堤坝蓄水的时候，人工回灌就已经开始了。人们在生活和生产活动中用过的水都或早或迟会进入水圈的循环中，经过自然或人工净化后被再次利用。将经过处理或未处理的污水排入水体，而后在下游被取用，是对污水的间接再利用（图 12-2）。美国给水协会对155座城市供水的研究结果表明，给水水源每 $30m^3$ 水中就有 $1m^3$ 是从上游城镇污水系统排出的。

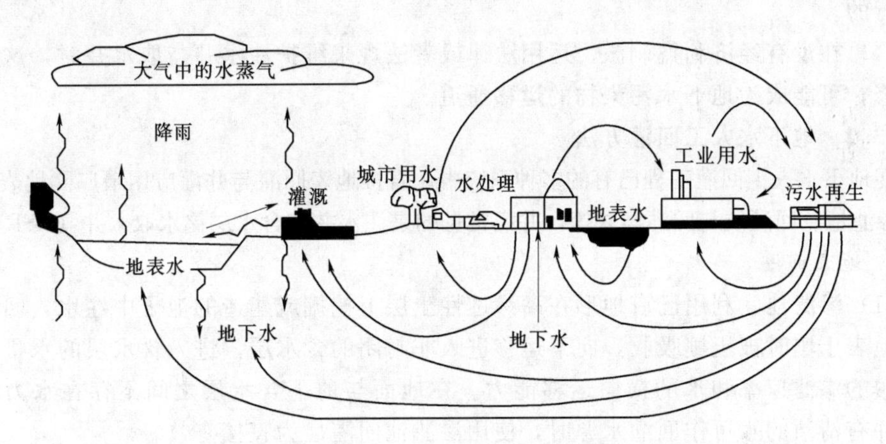

图 12-2 污水处理、再生与回用在水循环中的作用

在水资源严重短缺的今天，污水回用已成为水资源可持续利用的必然选择，而地下水人工回灌是污水回用中最有益的一种方式。污水经过深度处理后再通过土壤和含水层，借助于物理、化学和生物过程进行额外的净化，使回灌水的水质得到进一步改善，这样的系统称为土壤含水层处理系统（Soil Aquifer Treatment）或地质净化系统。另外，含水层不只作为供水水源，也可视为天然储水设施，于是为水资源的一体化管理提供了极大的灵活性。

1. 地下水人工回灌的优点

随着供水短缺问题的日益严重，在世界许多地区，尤其是干旱与半干旱地区，地下水人工回灌因其具有以下显著优点，已成为污水回用的主要方式：

（1）利用含水层蓄水与供水，在回灌水渗滤进入土壤并向下渗透到各种地质构造时发生自净作用。

（2）将过剩的地表水或将过量降水、城市污水经深度处理后，回灌于地下适宜的含水层中，地下含水层便起到了地下水库的作用。在多雨季节和用水低谷，将再生水通过渗滤池或注水井回灌于地下，在枯水季节和用水高峰期提升出来利用，地下含水层便成为储蓄水的“银行”。与地表水库相比，地下水库不占用土地，很少或几乎没有蒸发损失，对地表土层和植物影响小，蓄水容量大，成本低，操作简单，容易实施。

(3) 利用含水层蓄水可以水力阻拦海水入侵，减少或防止地下水位下降，保持取水构筑物的出水能力并能起到控制或防止地面沉降及预防地震的作用。

(4) 地下回灌技术容易被技术人员理解和掌握，并能克服一般公众对污水回用的心理障碍。

2. 地下水人工回灌的某些缺点

在充分考虑到地下水回灌作为水资源管理工具所呈现的诸多优越性的同时，不能忽略其存在的不足之处。在设计、施工和运营回灌工程时应尽可能使负面影响减至最小。

(1) 建设回灌工程的场地、土壤与植被受到扰动，可能会损害周围的生态环境。

(2) 回灌水的水质应该得到可靠保证，否则会降低含水层的质量。

(3) 要有充足的水源供地下水回灌用，若水量太少，地下水回灌有可能经济上是不可行的。

(4) 在没有经济利益刺激、运用法律或者法规来维护注水井与取水井时，这些井会失修，可能成为地下水污染物的运移通道。

12.2.3.2 地下水人工回灌方法

在地下水人工回灌工程已有的多种系统中，直接地表回灌与井灌应用最广。地表回灌包括渗滤池、回灌坑与回灌竖井等，井灌常见的是注水井和含水层储水取水井 (ASR 井)。

1. 地表回灌

(1) 渗滤池。利用已有地形在高渗透性土层上挖掘或建造的池子中注水，回灌水流经地表土壤时被土壤吸收，向下运移进入非封闭的含水层。进入含水层的水量取决于土壤的渗滤速率和水的横向运移能力。在地面与地下含水层之间不存在水力阻滞层，并有清洁的水可作回灌水源时，使用渗滤池回灌最为直接有效。

利用渗滤方法回灌常遇到的问题是由回灌水携带的悬浮物或者藻类与微生物使表层土壤堵塞。通常是将渗滤池在不同的时间尺度内停止运行，使之干化加以控制。

设计建造渗滤池时一般应考虑表层土壤堵塞、池内淹水深度和地下水位。积累在池底的堵塞物形成堵塞层，在干化期应予以清除；渗滤池淹水深度对渗滤速率有很大的影响。水深产生高水头，提高渗滤速率，同时也压缩堵塞层，一般深池比浅池渗滤速率要低。此外，地下水应有足够埋深，使之不干扰渗滤过程，避免形成永久性水丘。对于人工建造的渗滤池，一般要求地下水位至少应低于池底 0.5m。当回灌水与地下水之间呈水力连续性状态时，渗滤池水面与地下水位之间的垂直距离至少应为渗滤池宽度的两倍。

(2) 回灌坑与回灌竖井 (渗滤井)。在地面与地下水位之间存在低渗透性的地层时，可挖掘回灌坑或者竖井穿透低渗透性土壤层，使回灌水顺利渗入含水层。回灌坑应足够深，其侧向渗滤速率随湿润面积百分率减少而降低，但陡峭的边坡可使沉积物干化、卷缩、自动脱落，起到自净作用，不过需对坑底加强维护，保持足够的垂向渗滤速率。

回灌竖井可建成圆形、矩形或方形，挖掘到静水位以上，与地下水保持水力联系。井内可以安装或不装套管，或者充填多孔材料。回灌竖井与回灌坑可同时使用。无论是回灌坑或回灌竖井，其回灌速率都会由于细颗粒物积累和微生物活动随时间推移而降低，需定期进行维护，使回灌坑干化或铲除在坑底和坑壁积累的物质，恢复与维持渗滤速率。

使用竖井回灌的最大问题是井壁堵塞，并且无法用泵抽水来改善堵塞的状况。因此，要尽量避免堵塞。首先，应防止对渗滤层中的黏土层进行冲击或刮削。其次，水在回灌前必须经过处理，除去所有的堵塞物，包括悬浮固体、可同化有机碳(AOC)、营养物、微生物，同时必须经过消毒保持一定的余氯水平。如果堵塞仍然发生，那么基本上是细菌和有机代谢产物所造成的。这种堵塞有可能通过长时间的干化使堵塞物质充分降解，从而恢复井的回灌功能。其次，因干井直径较小，深度较深，不易维护，应定期更换井中的颗粒填充材料，维持渗滤速率。图 12-3 为地表回灌工程剖面示意图和含水层竖井回灌剖面示意图。

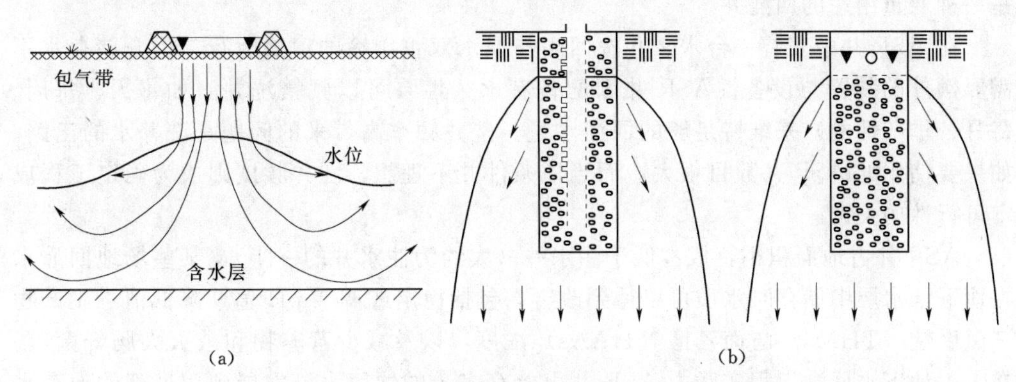

图 12-3　地表回灌与竖井回灌示意图

(a) 地表回灌；(b) 竖井回灌

2. 井灌

(1) 注水井（单一用途）。在包气带渗透性差和没有足够的土地以合理的地价供地表回灌，或者在土壤的非饱和带存在不透水层的情况下，可采用井灌方式将再生水回灌到承压含水层。

回灌井与供水井的构造十分相似。在理想条件下，一口优质井承受的回灌水量很容易达到泵抽取的水量。不过，在实际情况下许多天然因素改变了人工注水井回灌的条件，包括回灌水与天然水之间水质的物理、化学差别；由于水的流向改变导致靠近井的含水层颗粒物发生重组，常引起堵塞。

1) 回灌水中所含的有机物与无机悬浮物可沉积在井的筛网和含水层孔隙中，使网孔面积减少，含水层输水能力降低，这是引起堵塞的主要原因。

2) 回灌水中携带有气泡时，会堵塞含水层的孔隙空间，导致在井内产生较高的水位。

3) 井中滋生微生物会产生碾泥或者其他产物堵塞井壁与含水层，其效果与悬浮物类似，降低含水层的输水能力和增加回灌井中的水位积累。

4) 回灌水与天然水或与含水层材料之间的化学反应可引起水中溶解性物质沉淀而堵塞井的筛网或含水层孔隙，使含水层输水能力降低，在回灌井中引起比正常水位高得多的水位积累。

5）以钠吸附比（SAR）表征的离子反应会使砂和卵石含水层中的黏土颗粒分散、胶体颗粒膨胀，在井的钻孔附近形成不透水的屏障。

6）回灌水和地下水中的生物化学变化，包括还原性铁细菌或者还原性硫酸盐菌，在一定条件下也会引起堵塞。

由于堵塞，井中的水头积累改变了井的水力特征。回灌期间堵塞会降低回灌速率，需定期洗井或不断提高回灌水压来维持稳定的回灌速率。注水井一般在需要洗井时安装立式涡轮泵或其他形式的泵定期洗井，间隔时间一般为一年或更长。

（2）含水层储水取水（ASR）井。含水层储水取水井指的是在有可利用的水时，通过井将水储存于适当的含水层中，当需要用水时，再从同一口井中取出供使用。它是一种双重用途的回灌井。

在 ASR 井中安装一台水泵并按回灌与取水双重用途的模式运行，提升储存水不需要额外的装置与设备。ASR 井因配备有永久性泵可以频繁洗井（如每天、每周、每月、季节性的）来维持足够的回灌水量。洗井频率高带来的问题是洗井水的出路。如果要使用的 ASR 井数目很大，而当地条件并不理想，洗井频度则成为确定工程成本可行性的关键。

ASR 井占地面积小，成本低于注水井（大约为注水井的一半），某些场地回灌水在地下含水层中储存时水质可以得到改善，包括稳定或调节 pH 值，降低消毒副产物三卤甲烷（THMs）与卤乙酸（HAAs）浓度，以及减少营养物和杀灭大肠杆菌等。在人工地下水回灌工程实践中 ASR 井由储存多余的饮用水已发展到用处理的地表水和深度处理的城市污水进行回灌。

（3）组合井。组合井即使用一口井，在非封闭的浅层含水层和较深的封闭含水层中都安装筛网，当从较深的含水层提升地下水时，水就从浅水层直接泄入较深的含水层。利用无沉积物的地下水增加水量，可大大减少井的堵塞，减少水的蒸发损失，减缓某些地方的洪水淹没效应。

采用组合井回灌产生的潜在环境影响，如导致湿地脱水以及混合化学性质不同的地下水可能产生的后果等应予以考虑。

3. 地表回灌与竖井回灌结合

在实际的回灌工程中，根据不同的回灌目的，常常将地表回灌和竖井回灌结合起来，充分利用地表回灌易于维护、调节容量大和竖井回灌占地面积小、可以深层回灌等优点。例如：在实际工程中，如果在渗滤池和含水层之间有一个比较厚的渗透性能较差的土层，可以将该土层的水收集到回灌竖井，直接回灌到含水层。这样可以大大提高整个系统的回灌能力。

图 12－4 是地表回灌与井灌方式示意图。图中从左至右分别是地表回灌、井灌和取水井取水的情况。

4. 快速渗滤/取水

地下水回灌工程有多种利用方式。比较传统的方式是将达到一定水质要求的再生水通过地表回灌方式或者井灌回灌于含水层，再生水在地下停留一定时间后通过取水

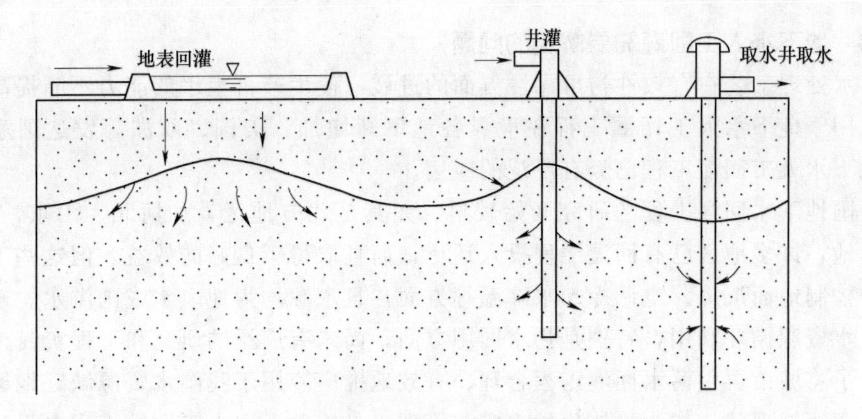

图 12-4 地表回灌、井灌与取水示意图

井取出回用。

与传统方式不同，快速渗滤则是在有良好渗滤条件的地方，仅仅利用土壤含水层的处理功能，缩短再生水在地下的停留时间，达到其有效、迅速地改善水质的目的。充分发挥地下水和土壤含水层处理的长处，回避其处理周期较长的短处，是快速渗滤与取水（RIE）回灌系统的特点，也是地下水回灌工程的重要发展方向。

12.2.3.3 污水回用与水资源的持续性循环

我国供水形势面临着巨大挑战。在现阶段，缓解城市水资源危机主要采取节水、远距离调水、污水回用与海水淡化等措施。

水资源的持续利用是自然可再生资源持续发展的具体体现，为了可持续利用有限的水资源，必须对地表水和地下水进行一体化管理，实现水资源良性循环。如果将地下含水层不只看作供水水源，也将其看作天然储水设施，便可为水资源的优化管理提供极大的灵活性。因此，在水资源一体化的管理框架中，有控制的人工地下水回灌成为管理水资源的一个重要手段。

我国供水短缺日益加剧，尤其在干旱与半干旱的北方地区，地下水是重要的不可或缺的供水资源，如北京、河北、山西、内蒙古、山东、陕西、甘肃、宁夏、新疆等省（自治区、直辖市），地下水年均量在平均水资源总量中占近一半。通过人工回灌可以使地下水成为可再生资源，实现循环的水资源管理。为此须探寻可以利用的非传统性水源，通过人工回灌补给地下水。解决这一问题的关键是建立一种新的观念，即以城市污水和废水为水源并以地下含水层作为天然水库。

利用质量较差的水如城市污水处理二级出水、暴雨径流水经有效、可靠的预处理后实施人工回灌，可以提高地下水位，防止海水入侵，控制地面沉降，防止洪涝灾害以及蓄水回用。全球气候变化可能产生更多极端天气，如暴雨、干旱和异常的气温，就更需要有较长期的蓄水。

城市污水中一般只含约 0.1%的污染物质，水质水量稳定，就地可得，是首选可靠的非传统性水源和补充用水。其内在的效益在于节省高质量的水资源，保护环境以及地下含水层作为天然水银行的经济优越性。因此大力发展污水再生、循环与回用是满足日益增长的水需求的有效途径。

12.2.4　地下水人工回灌需要解决的问题

污水处理工艺在有效性与可靠性方面的进展，使生产再生水的能力不断提高，将再生水用于地下水人工回灌工程在世界各地不断增加，美国、欧洲等发达国家和地区，地下水人工回灌工程已经有广泛的应用。

我国地下水回灌工程的研究开始较早。尤其是北方地区，如河北、山东、北京、河南等地，许多地区已有回灌工程投入运行，而且取得了良好的效益。但这些工程主要限于控制地面沉降、空调冷却水降温等方面，且水源均为地表水或雨洪水。地下水回灌在水资源循环利用，特别是污水回用方面，尚未有广泛的研究和工程实践。

为了将城市再生污水回灌工程合理、有效地推广应用于我国水资源缺乏地区，改善水资源短缺现状，作为一体化的水资源管理工具，地下水人工回灌工程在设计、建造与运营时，需关注源水的特征、预处理工艺与回灌技术、公众健康风险以及再生水在地下运移过程中发生的物理、化学与微生物转化过程及污染物的归宿，以及法律法规、制度、组织机构和经济方面的问题。

12.2.5　地下水库的建立和调蓄

12.2.5.1　地下水库概念

地下水库是指以岩土空隙为储水空间，在人工干预作用下形成的具有一定调蓄能力的水资源开发利用的水利工程。

对于这个概念，可以从以下几个方面理解：

（1）以岩土空隙为储水空间，这是地下水库与地表水库相比最明显的区别，而且岩石空隙的范畴较广，包括松散岩类的孔隙、坚硬不可溶岩石的裂隙、可溶岩石的溶隙，这一范畴适于在宏观上描述当前已建或拟建的各种地下水库类型。

（2）地下水库调蓄功能并不能自然实现，需要进行人工干预，人工干预不但包括修建地下坝、地下水人工补给区和开采设施等工程性措施，也包括水资源的调蓄规划等非工程措施。

（3）能够发挥较强的水资源调蓄功能是地下水库之所以称为“水库”的关键，它要求地下水库能在丰水期或用水量少的季节储存地表弃水，而在枯水期或用水量多的季节能开采出所储存的水资源，而这一功能的实现也暗含着作为地下水库蓄水区所要求的基本条件，例如，含水层厚度大、介质水力传导能力强、补给水源充沛、补给途径畅通等一系列限制条件。但“一定的水资源调蓄功能”毕竟还是一个定性标准，在不同地区可以根据具体的实际情况确定地下水库的适宜条件。

（4）地下水库落脚于“水资源开发利用的水利工程”，一方面表明地下水库不但要包括地下蓄水实体，还要包括一系列辅助工程；另一方面表明地下水库是水资源开发利用的一种方式，通过对地下水实施以丰补欠、调节平衡的开发方式，实现地表水与地下水的联合开发利用；同时，强调它同地表水库一样，是一种水利工程。

（5）地下水库与地表水库最大的共同点是建设水库（无论地表还是地下）的目的是调节水资源的时空分布，提高水资源的可利用量，但是，它并没有增加水资源的数量。

12.2.5.2 地下水库的本质特征

地下水库的根本作用是将当地的地表余水或外区域调入的地表水储存于地下，需要时再将其开采出来加以利用，同时为下一次储水腾出空间。从地下水库这一本质功用出发，将地下水库的本质特征归纳如下：

1. 目标

地下水库要在丰水期将地表余水人为补给到地下储水构造中，改变了水资源的空间分布；丰水期的储存量要在枯水期使用，调节了水资源的时间分布。因此，地下水库以实现调节水资源时空分布不平衡为主要目标。

2. 调蓄空间

(1) 地下水库是利用天然或人工形成的蓄水构造中的岩石空隙（包括孔隙、裂隙和溶隙）为地下水的储存与调蓄空间，这也是地下水库与地表水库最本质的差别。

(2) 为了能够实现水资源的丰储枯用，作为地下水库的地下储水区必须具有相对封闭的边界条件，这样才能将丰水期的水资源储存住，不致在地下流失。

3. 调蓄对象

地下水库充分利用和强化地表水与地下水的相互转化关系，既调节了地表水量，也调蓄了地下水量，实现了地表水和地下水的联合利用。

4. 调蓄方式

地下水库在枯水期或者用水量多的时候进行开采，而在丰水期或用水量少的时候进行人工补给，是一种以丰补欠、调节平衡的水资源开发方式。

5. 调蓄措施

要高效地实现地下水库的功能，就必须对地下蓄水区进行人工干预，这种干预包括修筑地下挡水坝、进行人工补给和人工开采等。

综合以上特点，可以将地下水库视为以岩石空隙为空间的水资源地下人工调蓄系统。它不但必须具备储水空间，而且必须具有一定的配套工程以实现水资源的有计划调蓄。

12.2.5.3 地下水库的功能与特点

1. 地下水库的功能

地下水库最本质的功能是调蓄水资源的时空分布，以这一本质功能为基础，地下水库因不同的建库目的可以有许多派生功能，总体上可归结为两个方面：

(1) 增加供水保证程度：

1) 地下水库中所储存的水资源可作为一种战略储备或应急储备。

2) 地下水库通过地下水人工补给工程直接增加地下水储存资源量。

3) 调节地下水资源的时空分配不平衡。

(2) 保护环境：

1) 由于地下水库可以增加供水保证程度，因此，可以防范因地下水超量开采引起的一系列环境负效应，如地面沉降、地面塌陷、海水入侵等。

2) 由于地下水库的开发方式有助于涵养地下水源，因此，可用来控制因地下水超量开采引起的地下水位持续下降，稳定地下水位降落漏斗等问题。

由于地下水库需要对蓄水位进行人为控制，同时地下水人工补给和地下水资源的联合调蓄，能够预防或减小地表水资源由于时空分配不平衡而引起的旱、涝问题，起到抗旱、防涝和蓄洪作用。

2. 地下水库的特点

地下水库是对“三水”（大气降水、地表水、地下水）资源在时间和空间上进行联合调蓄运用，以达到最大限度地开发利用水资源的一项综合水利工程。

（1）优点：

1）蒸发损失小，提高了蓄水的有效利用率。地下水库的水面蒸发损失极小，当库水位超出允许水位的较短时间里，虽然也有蒸发产生，但其数量比起地表水库的水面蒸发要小得多，因而，地下水库的蓄水效益明显高于地表水库。

2）不占土地资源、不动迁、不筑高坝、投资少。地下水库储水于含水层中，不需要在地面上修建水库工程，除了兴建一些人工补给工程占用少量土地外，基本不占地，不存在淹没问题。而地表水库则通常需要占用大量耕地或荒地，同时还要解决复杂的移民问题。与地表水库相比，地下水库施工简单，投资少，管理方便。

3）基本没有淹没、溃坝问题，淤积问题较少，安全性高。地下水库由于采用地下储水，因此除岩溶地下水库以外，孔隙地下水库基本上无淹没问题。有坝地下水库的地下坝其主要作用是形成一个阻水体，地下水库对地下坝体的强度、渗透性均无严格要求，即使地下坝被破坏，也不会造成像地表水库垮坝的灾害，从战略观点来看，地下水库更安全。地下水库只要不用浑浊的洪水直接回灌，就不会出现严重的淤积和堵塞含水层的问题。相对地表水库而言，建设地下水库的安全性较高。

4）水质良好，不易污染。由于地下水库的蓄水和取水都是利用含水层，补给要通过包气带，因此能够对回灌水起到过滤和净化水质的作用。

5）多年调节。利用地下含水层蓄水，蒸发损失小、地下径流缓慢，容易做到水资源的多年调节。

（2）缺点：

1）蓄水区污染后难以治理。

2）水资源开发成本较高。

3）水量调节过程较慢，对于洪水的调控作用较差。

4）蓄水位控制不当，孔隙地下水库可能引起库区的土壤次生盐渍化和沼泽化问题，而岩溶地下水库则可能产生地表淹没问题。

5）功能较为单一。

12.2.5.4　地下水库的建立和调蓄

利用地下水空间调蓄水资源，在国外已有多年历史。20 世纪 60 年代中期，以色列就利用含水层调蓄地区内的水资源，解决了供水水源短缺的问题。美国加州的圣贝纳迪诺水管理区，在 1978 年曾把加州北部的多余地表水人工补给地下水，在含水层内储存 6000 多万立方米水，以备干旱时期抽水使用。

我国水资源的地下调蓄工作也取得了一些进展。如山东省恒台县，在 20 世纪 70 年代利用河渠引渗降水和地表水，使地下水补给量增加一倍；河南省洛阳市利用傍河沙坑引洛河水的自流入渗回灌（8 万 m^3/d），效果也很显著。可见，建立地下水库，进行水资源的地下调蓄是实行水资源管理目标的一个重要环节，它已成为地下水管理的一个重要研究内容。通常，为便于地下水资源管理，地下水库的范围最好应该包含一个或几个完整的水文地质单元。

地下水库与地表水库的一个基本区别在于，地下水库可以是现实有水的水库，也可以是空库，以备未来储水用。无论建立上述哪一种地下水库，对地下水资源管理来说，都需要查清水库的边界条件和库区内的地质、水文地质条件，并通过必要的室内、室外试验获取各种水文地质参数值；弄清库内现有地下水的水质状况；在库区内或邻近地区寻找充足的优质水源，以供给人工补给地下水用。

此外，对拟建的地下水库，要计算地下库容和最大、最小蓄水量。蓄水后库内地下水位一般应低于植物根部，地下水埋深应大于毛细水上升高度，以减少地下水的无效蒸发，避免土壤次生盐渍化和沼泽化，以及地下建筑被淹没等事故的发生。当然，地下水位也不应过低，以免造成水井吊泵和相关的环境地质问题。总之，根据地区具体情况，确定库区内允许地下水位的变动区间，是建立地下水库，进行库水调蓄和防止不良环境地质问题产生的重要环节之一。

需要注意的是，建立地下水库的地点，要尽量避开天然或人为的污染源。对库内已有的各类污染源，如生活和工农业废水及可能的海水入侵，以及相邻含水层中劣质水的入侵等，都要采取措施进行改良、控制，乃至严格做杜绝处理。

地下水库的水质，必须达到建库目的所要求的水质标准。对建库后因蓄水和抽水引起的各种环境地质问题，包括水质状况及其演变趋势，要进行监测和预报。

地下水库开发利用的最佳管理方案是地下水库交替开发的方案，即在旱季或在停止地表水供水的时期取用库内地下水，而在雨季蓄水。为了充分发挥地下水库的作用，在抽取库水时，其取水量一般可以大于正常开采量，以便为天然或人工蓄水时腾出库容。

上述人工回灌和地下水库调蓄的管理目标都可通过建立管理模型来实现，最好与社会、经济管理模型相结合，以便作出人工回灌和地下水库管理的最佳决策。

12.2.6 健全的水资源管理机构和合理的水资源法律

从国内外开发地下水的情况看，造成当今世界性水资源日益匮乏和各种社会、生态环境地质问题不断出现的主要原因，除了缺乏科学的技术管理措施外，对水资源的乱采、滥用也是一个重要原因。因此，从中央到地方分别建立起各级水资源管理机构和制定水法是十分重要的。也就是说，水资源最佳管理目标的实现，除了要有科学的经济和技术管理措施外，还应有健全的水资源管理机构和合理的水资源法律。

1. 水资源管理机构

由于水资源管理机构的建立不仅是管理上的需要，也是为了正确评价区域水资源和合理规划利用区域水资源的需要，因此地方水资源管理机构可以按行政区划分，也可以按地表水流域和水文地质单元来建立。各级水资源机构，甚至同级机构，由于所处的地理位置、管理区内水资源种类和开采情况的不同，其管理内容可能有所不同，但其基本职责应包含：

（1）负责区内各种水源的统一规划和管理，包括各种水资源的正确统计；设计适合本地区的理想而又具体的规划用水方案；负责地下水动态观测工作，并利用计算机进行资料的储存、分析，进行水情预报和水资源优化决策方案的运行和运行结果的信息反馈等工作。

(2) 在法律上，授权进行地区之间水资源的统筹、调节和管理工作，包括引进外区水源，以辅助本区供水。

(3) 在法律授权范围内，负责制定本区的具体水法，宣传水法和监督、检查水法的执行情况。

(4) 进行经济核算和筹集资金，以保证区内各种管理措施的实施。

(5) 负责受理区内打井、毁井的申请和审批工作，并颁发执照，收取水费等。

成立水资源管理机构的目的是通过组织领导和科学管理达到充分合理地利用水资源，以满足用户用水增长的要求。

2. 水资源法

目前，国内外水法的形成大致有三种：①分别制定地表水法与地下水法；②以地表水法为基础，加强地下水法的制定与实施；③地表水与地下水相结合的水资源法。20 世纪 70 年代末，有些专家提议建立国际地下水法，以协调国家与国家之间共同开发利用地下水的问题。

正如水资源管理机构一样，水法可以有国家水法和地方水法，不同管理区也可以有不同的水法。但通过批准制度来合理地控制地下水开采，保护水体免受污染和枯竭，以满足各用水户的合理需水要求是其基本特点。例如，苏联在 1970 年年底颁布过全国水利法，其中规定：打井开采地下水必须经审批和领取取水许可证；适合饮用水质的地下水不容许用作其他目的的供水，除非那里没有其他水源，而符合饮用水质的地下水又十分充足等。苏联地质部负责地下水开发利用的审批和监督工作。

在以色列，用水户除应有得到批准的用水许可证外，还规定了每年甚至每天的可开采量。以色列还设有水法院，负责裁决水资源开发中发生的争执问题。

在美国，根据各州的水资源分布特点和开发利用程度，制定了各自不同的具体技术和经济管理方面的法律规定。例如，对已过量开采的洛基山脉东部的广大平原地区，从保护水资源量，免于枯竭和控制水害的目的出发，在水法中规定了不同条件下的开采井数量、井距、单井出水量及含水层年疏干率等。在加利福尼亚州，还规定了建井和毁井的法令和不同结构水井的使用期限等，因为不合适的水井结构、不恰当的水井配置或使用过期的水井，都可能沟通水源与污染源之间的联系，使井成为危害地下水质的一个因素。为保护地下水水质，一些州的水法中还对厂矿的污水排放和污水处理的级别作了明确的规定。同时，为了鼓励单位进行废水改良和回收，对回灌水的抽取予以免费或廉价收费，等等。

我国在 1984 年和 1988 年分别颁布了《中华人民共和国水污染防治法》和《中华人民共和国水法》。2002 年又颁布了新的《中华人民共和国水法》。地方性水法与全国水法无原则上的差别，只是针对区内具体情况作些补充规定，但无论多么合理、健全的水法，都需要水资源管理机构严格执法、宣传水法和人们自觉守法，才能使水资源的保护和开发工作受到法律的保护，并使之收到实效。

12.3 地下水管理模型

地下水管理模型，是指在技术、经济和生态环境等诸多约束条件下，通过最优化技术与地下水模拟模型相结合的地下水模拟与优化管理。根据不同的标准，地下水管理模型可分为不同的类型。如根据管理模型中目标函数和约束条件的性质可分为线性规划模型和非线性规划模型；根据管理模型中目标函数的个数可分为单目标管理模型和多目标管理模型；而根据模型中变量的性质又分为确定性管理模型和随机性管理模型。

12.3.1 地下水管理模型的构建方式

地下水管理模型的构建方式分为嵌入法和响应函数法。以嵌入法建模时，地下水管理模型需要将地下水模拟模型与优化模型直接耦合求解；而以响应函数法建模时，则将地下水模拟模型概化为某一简单或复杂函数形式，再与优化模型耦合求解。无论采用何种方法建模，建立与研究区实际情况相符的地下水模拟模型是地下水管理模型的必要前提和根本基础。地下水模拟模型包括水流模拟、溶质运移模拟、热量运移模拟等不同模型，分别用来更新地下水管理模型中的水头、浓度、温度等状态变量，而优化管理模型用来选择最优决策变量，包括抽水量（注水量）、井的数目、井的位置、地下水污染治理花费、治理周期等。建立地下水管理模型首先要明确地下水管理问题，包括确定管理目标、限定管理区范围以及选定管理期限。

12.3.1.1 嵌入法

嵌入法建模的实质就是把地下水模拟模型作为优化管理模型的等式约束条件，模型运行时地下水模拟模型与优化模型是同步运行的。嵌入法的最大优点是其原理简单易懂，完全保留原有地下水模拟模型的结构，不但严格遵循地下水及水中物质（溶质）的运动规律，而且能独立处理各种给定的约束条件，识别出最优管理策略，从而使优化结果更准确，更符合实际模型计算结果而被广泛采用。尤其在各种智能进化算法引入地下水管理模型的求解以后，嵌入法得到了更为广泛的应用。

嵌入法构建管理模型虽然能体现地下水模拟模型中决策变量与状态变量之间严格的输入-输出对应关系，但在利用智能进化算法求解复杂系统尤其涉及场地条件下污染物运移的地下水管理模型时，需要大量的计算成本。若要考虑建模过程中水文地质参数的不确定性，需要的计算成本则更高。对于复杂的地下水管理问题来说，这是嵌入法建模的主要缺点。

12.3.1.2 响应函数法

响应函数法建模分两步：第一步是建立能够体现地下水模拟模型中决策变量与状态变量之间输入-输出的函数或近似对应关系；第二步是将第一步建立的模拟模型中决策变量与状态变量之间的对应关系作为等式约束与优化模型相耦合。其最大特点是分步完成建模，模拟模型与优化模型不同步运行。早期的响应矩阵法就是一种典型的响应函数法，但它只能反映地下水模拟模型中决策变量（抽水量）与状态变量（水位降深）之间的线性关系，因此，响应矩阵法只适用于线性系统（如承压含水层的抽水问题）或能够近似概化为线性系统（如巨厚潜水含水层的小降深抽水问题）的地下水水量管理问题，这大大限制了这类建模方式的实用性和可操作性。

近年来，随着地下水模拟模型复杂程度的增加，采用嵌入法构建的管理模型具有高度的非线性，利用传统基于梯度的方法很难找到问题的最优解，往往易陷于局部最优解，目前这类方法在求解复杂地下水管理模型中的应用已越来越少。相反，启发式的进化算法具有全局搜索的能力，越来越多地应用于各类复杂地下水管理问题的求解。然而，启发式进化算法的计算成本问题，大大限制了嵌入法建模的发展与应用，为此，为了提高地下水管理模型的求解效率，响应函数法又重新用于构建地下水管理模型，而且得到了快速提高与发展。

与早期的响应矩阵法不同，现在的响应函数法又称为替代函数法或代理建模法，它能反映模拟模型中输入-输出的复杂对应关系。其主要思想是：通过机器学习或统计回归方法建立一个计算相对简单的替代模型来近似代替原始的复杂地下水模拟模型，进而将替代模型与优化模型耦合以完成管理模型的优化。替代模型必须要体现所关注的模型输入-输出对应关系，无论这种对应关系是线性的（响应矩阵法）还是非线性的，它是对原始模型某个或某些方面的近似，但是计算量远小于原始模型。线性回归方程也是一种替代模型。当然，现实中更多的替代模型都是非线性的。

响应函数或替代模型的构建方式多样，大致可以分为三类：数据驱动的方法、基于投影的方法和基于层次或多保真的方法。数据驱动的方法通过经验模型逼近地下水模拟模型，使其尽可能刻画原始模型的输入-输出映射关系；基于投影的方法主要通过将控制方程投影到正交向量来减小参数空间的维度；基于分层或多保真的方法则通过简化物理系统的表示来创建替代物，如通过忽略某些过程或减小数值分辨率。

12.3.2　地下水管理模型的求解技术

地下水管理模型的求解方法众多。20 世纪 70 年代，线性规划方法开始应用于求解地下水管理模型，我国起步相对稍晚，“石家庄市地下水资源科学管理”是我国线性规划方法较早应用于求解地下水管理模型的一个成功实例，自此以后逐渐推广。80 年代以后，包括多种非线性规划技术得到了迅速发展，并很快应用于求解地下水管理模型。但这些非线性规划技术都是基于梯度寻优的方法，要求目标函数和约束条件连续可导，且这些方法仅能求得局部极值点，为此，适合直接求解复杂地下水系统管理模型的智能进化算法应运而生，这些算法包括遗传算法、禁忌搜索、模拟退火算法、神经网络、蚁群搜索等。与传统非线性规划技术相比，智能进化算法无需优化问题有连续性和可导性的限制，已广泛应用于包括地下水资源量的合理分配、地下水系统污染修复治理、滨海含水层管理、地下水污染监测网设计、地表-地下水的联合调度，以及含水层参数识别等各种不同地下水管理模型的求解。

无论采用何种求解方法或技术，如果将单目标地下水管理模型得到的唯一解作为最终的决策方案，那就有设计者取代决策者之嫌，这有违于现代管理的基本原则。而对于实际地下水资源管理问题来说，往往需要综合考虑技术、经济和生态环境等多方面的管理目标。如，在面临地下水污染治理问题时，决策者需要综合权衡各种管理目标，包括治理费用最少、地下水的污染物浓度最小、污染治理的时间最短等因素。因此，本质上地下水管理是一个复杂的多变量、多目标规划问题。

复 习 思 考 题

1. 地下水资源管理的基本含义是什么？

2. 地下水资源管理的主要内容是什么？

3. 地下水库与地表水库的基本区别是什么？地下水库地点选取的基本原则是什么？

4. 预防地下水污染的措施有哪些？地下水污染的治理措施有哪些？

参 考 文 献

[1] 林学钰，廖资生，等．地下水管理［M］．北京：地质出版社，1995.

[2] 杨悦所，林学钰．实用地下水管理模型［M］．长春：东北师范大学出版社，1992.

[3] 李砚阁，等．地下水库建设研究［M］．北京：中国环境科学出版社，2007.

第13章 地下水资源可持续利用与保护

13.1 变化环境下的地下水资源

气候变化和人类活动的加剧，极大地改变了地下水文过程，引起地下水资源组成发生变化和地下水功能危机，诱发了一系列地质环境和生态环境负效应，严重影响了地下水资源的可持续供给（图13.1），成为政府关注、学科理论深化和发展的重要方向。因此，国际上许多国家以及国际相关科学计划（全球水系统计划-GWSP-Global Water System Project、国际地圈生物圈计划-IGBP-International Geosphere-Biosphere Programme、国际水文计划-IHP-International Hydrological Programme等）都十分关注变化环境下流域及全球尺度地下水形成演化及可持续利用的水资源研究。

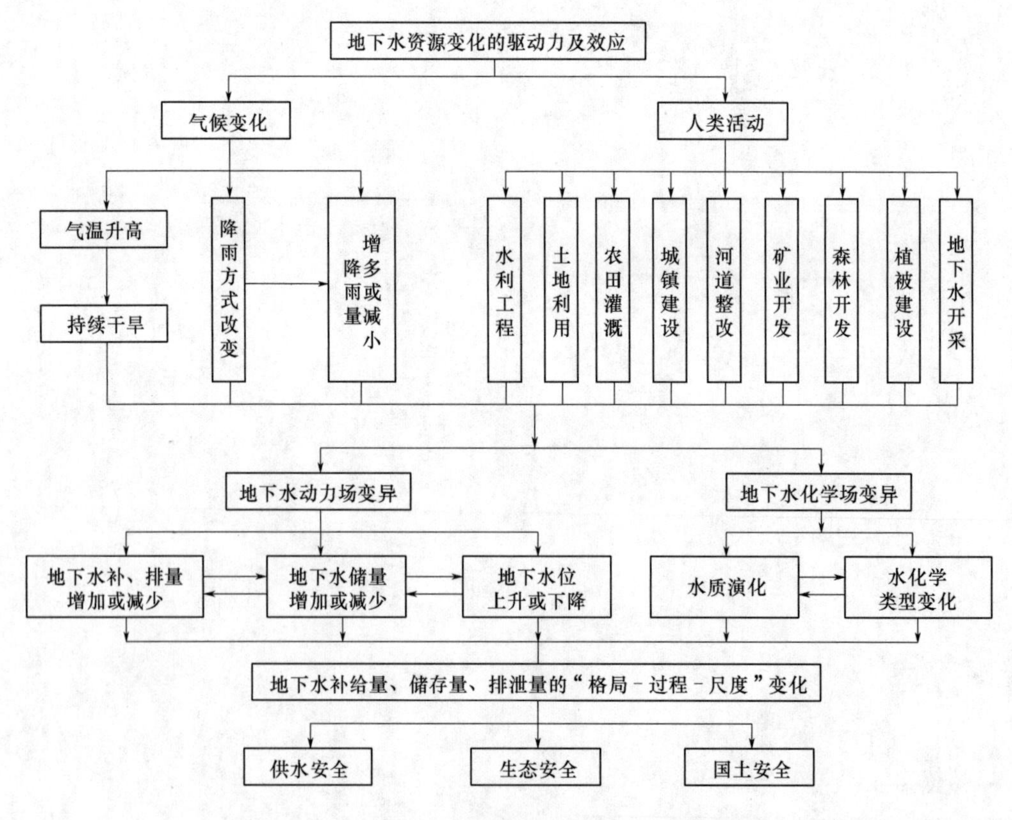

图13.1 气候变化与人类活动对地下水资源的影响

13.1.1 气候变化对地下水资源影响

气候变化，特别是极端气候事件对水资源时空分布产生了重大影响。无论是地表水还是地下水，都是水文循环过程的一部分。降水方式、强度以及蒸发强度的改变，将对地下水资源的形成产生深刻的影响。

13.1.1.1 对大气降水补给的影响

大气降水入渗补给量是地下水补给资源的重要组成，在降雨丰富的地区尤为如此。大气降水入渗补给量与降水量大小、降水方式、降水强度以及包气带岩性结构等因素密切相关，是降水量、降水方式、降水强度、包气带厚度与非饱和水文地质参数的函数，其间存在着复杂的非线性关系，加之，气候变化预测的不确定性，增加了气候变化对地下水补给机理认识的难度和预测的不确定性。

尽管目前人们在地下水资源评价中还很难考虑降雨强度对地下水补给的影响，但是降雨强度对地下水补给时间和补给量有显著的影响是肯定的。在热带和半干旱的一些地区，频繁的暴雨事件将增加地下水的补给量，而在热带干旱地区地下水的补给速率可能减小，例如马里、西非等地区，预测未来气候变化将引起地下水补给量减少8%～11%。包气带岩性结构同样强烈地影响着气候和地下水之间的相互作用，尤其在干旱区，这些地区包气带的厚度往往在数十米到上百米之间，地下水补给量的变化在很大程度上取决于该地区的地质环境。在高强度降雨过程中，由于土壤的渗透能力有限，导致地表径流和河流流量大大增加，而地下水的入渗补给量较少，因此气候变化引起暴雨频繁发生与降雨强度的增加，在一些地区并不是对地下水的补给有利。除此之外，长时间的干旱可能导致土壤板结，也会减少地下水补给量。当包气带存在优先通道或大孔隙时，较大强度的降水可能会引起地下水补给量的大幅度增加；当永久冻土随着气温的升高而逐渐解冻时，也会补给地下水资源。气候变化对地下水补给具有较强的时空变异性、周期性和滞后性，在一些地区甚至存在2年左右的滞后期。

13.1.1.2 对排泄量的影响

气温的升高对地下水排泄量最直接的影响是蒸散发。通过蒸散发过程，降水、土壤包气带水和地下水的水分以气态形式返回到大气中，减少了地下水可利用量。另外，蒸散发在生态系统能量平衡和区域水循环中必不可少，蒸散发通过消耗大量的潜能，调节地球温度，参与水分循环，同时通过水分的运动带动可溶性的土壤养分被植物所吸收，与生态系统生产力密切相关，是影响生物多样性的重要因子。

据预测，随着气候进一步的变暖，会导致热浪和干旱频率的增加，土壤蒸发量增加，植被可能会吸取更大范围的土壤包气带和地下水的水分以满足其生长和生存，导致地下水蒸发量可能会有所增加，地下水位下降，引起地下水资源的构成变化和可利用地下水资源的匮乏。但是，地下水蒸散发的动力学过程极为复杂，由于对其机理特别是动力学过程研究相对薄弱，加上蒸散发在时间和空间尺度上变异性很大，实际测定蒸散发难度很大，目前确定流域尺度蒸散发的各种方法常存在着较大的误差。

13.1.1.3 对水质的影响

气候变化对地下水水质影响往往与风暴潮、海平面上升以及地下水补给量的减少和蒸发量增加等因素有关。例如，2004 年法兰西斯飓风引起的风暴潮污染了美国巴马哈北部安德罗斯岛的地下水水源地。风暴潮过后，地下水中氯离子的浓度超过世界卫生组织饮用水标准的 30 多倍，原因是风暴潮导致海水通过大的裂隙和管道直接入渗和快速进入地下水中，引起地下水水质发生变化。在我国黄河三角洲、西北地区因持续干旱引起土地盐渍化，也使当地地下水水质受到了严重影响。

13.1.2　地下水对气候变化的影响

地下水位的上升或者下降以及引水灌溉等可以改变土壤包气带水分分布，对陆面能量平衡和水量平衡产生一定的影响，进而影响气候的变化。灌溉可以改变一个地区的蒸发类型（从水分控制转化为能量控制），从而影响地表水和能量平衡。在作物生长季节，大面积农田灌溉将增加蒸散发量，可能改变相关区域的季风与降雨量。而在干旱地区，降低地下水位将有可能在地表产生热岛效应。

揭示气候变化与地下水之间互馈影响机制，需要在更大尺度上构建气候模型-陆面水文过程模型-地下水文过程的耦合模型。地下水文过程在调节短期天气模式和影响长期气候模式的重要性近年来得到了广泛的认可。构建流域尺度及全球尺度高分辨率水文模型以有效提高对陆地淡水资源（包括地表水、地下水及土壤水）和河流流量的模拟精度和分辨率，以及提高天气、气候变化对洪涝、干旱、水资源及生态系统影响的预测能力，仍是学科研究的重要命题。

13.1.3　人类活动对地下水资源的影响

随着社会经济的高速发展，人类对自然环境的干预日益强烈，原本受控于天然地质与环境条件（气象、水文等）的地下水资源，越来越多地受到了人类活动的影响。人类活动包括灌溉、城镇建设、河道整治、水利工程建设、土地利用、傍河取水、矿山开发等活动。这些活动在取得正效应的同时，也不同程度地改变了下垫面的条件和流域水资源的格局与天然地下水文过程，引起地下水动力场、水化学场和温度场的变异，并由此引发了地下水资源枯竭和地质-生态环境负效应。

13.1.3.1　灌溉

据有关资料，在 20 世纪，农田灌溉利用了全球约 90％的淡水资源，但约 70％淡水资源又通过灌溉回归补给地下水。由于干旱区半干旱区蒸发量远远大于降雨量并且需要常年灌溉，在这些地区地下水水质普遍较差。随着灌溉系统的不断扩大，灌溉渠道及灌溉区大量地渗漏补给地下水，导致地下水位抬升进而引起土壤盐碱化。土壤盐碱化作为干旱区半干旱区灌区大水漫灌的产物，将降低土壤的质量及相应农作物的产量，进而影响地下水的质量。

13.1.3.2　城镇建设

城镇化建设对地下水最显著的影响有四个方面：第一，城市路面硬质化和绿地率的减少，切断了大气降水与包气带、地下水之间的水力联系，引起地面径流量增加和大气降水入渗补给量减少。第二，城市地下水供水水源地开采量增加以及基础设施建设中基坑降水等工程，极大地改变了城市地下水文过程，导致区域地下水位下降、地下水枯竭。第三，暴雨洪水和人为作用，把大量的污染物质和营养物质排入地下水中，导致地下水污染。第四，城市化建设影响了地下水温度，目前，全世界的许多城市都已经发现了由于城镇化建设引起的地下水热岛效应。由此可见，城镇化发展极大地改变了地下水水动力场、水化学场和温度场，不仅造成地下水资源构成的改变，也诱发了地面沉降、地下水污染、城市河流生态基流减少等地质-生态环境问题。

13.1.3.3 河道整治

河流与地下水之间存在着密切的水力联系，控制着流域水循环和生态安全，也为地表水和地下水联合开发提供了条件。近年来，在一些地区河道整治中，注重景观建设，忽视了河流与地下水联系，对河道进行渠化或者将河床卵石去掉进行压实，甚至对河岸堤或河床进行水泥硬化等，这一系列河道整治工程极大地改变了河流与地下水之间的天然水力联系，导致地下水系统构成发生很大的变化。同时，硬化的河道阻隔了土壤与水体之间的物质交换，使土壤或水体中的动植物失去赖以生存的环境，水体自净功能下降，水质变差。进而引起河流上游地下水补给量减小、水位下降、下游河流与地下水补排关系发生变化、溢出带下移，河流湿地及生态基流不足等生态环境问题。

13.1.3.4 水利工程建设

为了调节水资源在时间和空间上的分布不均，满足社会经济对水资源的需求，许多国家修建了大量的诸如蓄水工程、引水工程及调水工程等的水利工程。实践证明，水利工程在调节水资源时空分布不均、满足人类生活和生产对水资源的需求等方面发挥了重要的作用，但也存在一些问题，如水库的修建增加了上游地表水的蓄水量与利用率，但使得下游径流量减少，改变了下游河流与地下水之间的补排关系，导致区域性地下水位下降，对下游河流生态环境产生了影响。同时，库区地下水渗漏补给量增加，在干旱、半干旱区引发了土壤盐渍化现象和潜水无效蒸发量的增加。与自然河流量相比，人类控制着水库的蓄水与放水，可能导致地下水补给量减少，使下游地下水系统发生如泉水溢出量大幅衰减的负面响应。

13.1.3.5 土地利用

土地利用的类型包括旱地、湿地、林地、山地、海岸带、城镇地区和乡村居民点等。土地利用方式对地下水资源有着显著的效应，地下水补给与蒸散发是发生在大气、土壤包气带和植被之间复杂相互作用的结果。土地和植被及作物的类型对地下水资源组成与变化具有重要的影响，如在 20 世纪末期，非洲西部 Sahel 草原经历了长时间的干旱天气，但由于其土地类型由大草原改变为农作物用地，增加了地表径流或池塘对包气带水分和地下水的补给，导致其地下水补给量和储量略有升高（Leblanc，2008）。

13.1.3.6 傍河取水

傍河取水是地表水和地下水联合开发、相互调剂、充分利用水资源的一项重要的战略措施。傍河取水的机理是采用激发开采的方式，袭夺河流补给量和地下水的侧向补给量，尤其是在多泥沙的河流岸边兴建傍河水源地，可以充分利用地层的天然过滤和净化功能，激发河流补给，以达到保证供水的目的。据地矿部门统计，我国 1243

处地下水源地中，约有 300 多个傍河水源地，约占地下水水源地总数的 24%，在我国供水系统中起着不可替代的作用。

傍河开采的前提是河水位与地下水之间具有统一的浸润面，一旦河水位与地下水位脱节，激发开采方式就失去了意义。一旦河流与地下水脱节，在保持河水深度和河流宽度不变的情况下，进一步降低地下水位（增加开采量）将不会再增加河流的补给量，这时河流激发开采方式就失去了意义。河流与地下水之间的水力联系、河床界面动力学过程等控制着傍河水源地开采量组成和评价的精度。

13.1.3.7　矿山开发

我国矿产资源开发与水资源短缺的矛盾日益凸显，矿山开采过程中出现地下水位下降、泉水干涸、河流基流锐减及水资源浪费等一系列问题。例如，黄河中游地区尤其是陕北地区是我国重要的能源重化工基地，矿业开发对地下水资源构成和生态环境的影响十分明显。受煤田开采引起的地面塌陷、地裂缝的影响，含水层的结构遭到破坏，地下水漏失，引起地下水位大幅度下降，使泉流量减少甚至干涸，基流量大幅度减少。另外，矿山开发对地下水水质的影响也不容忽视。随着对水资源保护的不断重视，矿产资源开发必须向资源与环境协调的绿色开采方向转变。

13.2　地下水资源可持续利用

地下水资源可持续利用涉及天然资源量、开采方式、社会环境、经济环境和地质-生态环境各个方面，其影响因素极为复杂。因此，需要从不同角度对地下水资源可持续利用的概念、指标体系与评价方法、开采方式与地质-生态环境之间的关系开展研究。可以考虑自然环境、经济环境、社会环境、开发利用条件等要素，根据经济发展规划和环境容量、承载力等参数，采用多目标或者层次分析方法对地下水可持续利用进行评价。鉴于地下水资源可持续利用影响因素的复杂性，目前对地下水可持续利用概念和评价指标体系与方法等在学术界仍然处于探索阶段。

为了实现地下水资源的可持续利用，需要针对不同地区地下水的形成演化机制和开发利用条件，建立地下水合理开发、调蓄与保护的方法与管理策略。除了在“地下水资源管理”章节提到的管理内容之外，还包括地表水-地下水的联合开发、水资源优化配置与含水层管理等方面的内容。

13.2.1　地表水-地下水联合开发

实施地表水-地下水联合调度不仅是解决水资源短缺的有效途径，也是实现水资源持续利用、保护和改善生态环境的重要举措。国内外关于地表水与地下水联合调度的研究，已有几十年的历史。1961 年，Buras 和 Hall 首次提出地表水和地下水联合调度的概念，解决了地表水和地下水在两个农业用户之间的水量分配。通过采用流域尺度地表水-地下水联合开发模式，将显著提高灌区的水资源利用率，沿海地区有效地减少入海地下水排泄量，起到地表水-地下水联合开发、相互调剂的作用，实现区域水资源的高效可持续利用。实践证明，实施地表水与地下水联合开发是水资源高效利用与可持续发展的重要途径。

13.2.2 水资源优化配置与含水层管理

地下水优化管理研究是 20 世纪 80 年代后期国际水文地质界研究的一个重要热点，是以水资源的可持续利用和经济社会可持续发展为目标，通过各种工程与非工程措施，对多种可利用水资源进行合理调配，使之处于人类健康和生产的最佳状态。国内外学者围绕水资源优化配置开展了积极探索。林学钰早在 1982 年就敏锐地洞察到地下水管理研究的重要作用，之后运用系统工程学的原理和方法，针对中国不同典型地区的水文地质条件和管理目标建立了不同类型的地下水管理模型，在平顶山地区建立了地表水和地下水联合优化调度管理模型，在峰峰矿区建立的岩溶地下水资源供排结合模型，在石家庄、济宁、新乡、开封、呼和浩特、平顶山等地建立的以城市供水为目标的水资源调度和分质供水管理模型和经济效益分析模型等，对推动中国地下水管理的深入研究，具有重要的指导意义。

13.3 地下水资源保护

地下水资源保护可分为早期污染防治和后期污染治理两个方面。前者是地下水尚未遭到污染时，在已确定保护区范围内，对各种污染物采取的预防措施，这也是地下水资源保护的重要措施。后者是地下水遭到污染后，在水质污染程度评价的基础上，提出切实可行的治理措施，以恢复地下水的质量。

本小节重点介绍预防地下水污染的措施具体如下。

(1) 防止固体废弃物对地下水的污染。固体废弃物包括工业废物和城市垃圾。目前，这些废弃物大多数是堆放在地面，在降雨和融雪水的淋滤作用下，其所含的大量有害物质会随着水流下渗到地下，从而污染地下水。尽管在目前的某些城市实施固体废弃物填埋技术，但由于防渗层并非绝对的防渗，也会带来一定污染物质的下渗。因此，在没有进行防渗填埋的固体废弃物堆放场地，需要尽快进行填埋；在已经填埋的场地，除在坑底设置防渗衬砌外，可通过暗沟或井把渗滤液收集起来进行处理，以防止对地下水的污染。

(2) 防止城市污水排放对地下水的污染。从城市污水下水道排出污水，如果下水道和排污渠道衬砌防渗效果不好或根本不防渗，排出的污水很容易渗入地下，从而污染地下水，这对地下水水质危害很大。因此，需要对城市污水进行处理，一般需要经过一级和二级污水处理厂加工处理。经处理后对地下水的污染大大减小。

(3) 防止工业废水的渗漏和排放对地下水的污染。工业废水中含有许多对人体有害的物质，如果工业废水渗漏和排放过程中入渗补给地下水，会导致地下水的污染，影响地下水的使用。因此，对产生废水较多的工业企业，应建立各种防渗措施，防止废水入渗地下，并对废水进行处理，做到达标排放，以减小对生存环境的污染。

(4) 防止农业活动对地下水的污染。农业活动对地下水的污染主要有三个方面：①使用化肥、农药等对土壤和地下水的污染；②污水灌溉对地下水的污染；③在地面或土坑储存或堆放家畜污水或家畜粪便对地下水的污染。

防止的方法是：①对于化肥和农药的污染，要减少土壤中的 NO_2-N 含量，以抑制硝化作用，把氨氮固定在土壤中，防止氮素下渗。要逐步采用高效、低毒、低残留农药代替长效性农药；②对于在地面或土坑储存或堆放家畜污水或家畜粪便的，要设置防渗层，还可以进行发酵处理，降低污染能力。

(5) 建立水源地卫生防护带，以防止地下水源地的污染。污染源与抽水井之间到底应保持多大距离才适宜，这个问题很难笼统回答。因为有许多因素决定着污染源的影响范围，如地质条件、表土性质、含水层空隙特征、地下水埋藏深度、水力坡度、地下水流速等。

目前比较有效的防止方法是在水源地周围建立卫生防护带。根据 1989 年 7 月 10 日国家环保局、卫生部、建设部、水利部、地矿部（89）环管字第 201 号发布的《饮用水水源保护区污染防治管理规定》，饮用水地下水源保护区分为一级保护区、二级保护区和准保护区，并应根据饮用水水源地所处的地理位置、水文地质条件、供水的数量、开采方式和污染源的分布划定。

(1) 一级保护区。饮用水地下水源一级保护区位于开采井的周围，其作用是保证集水有一定滞后时间，以防止一般病原菌的污染。直接影响开采井水质的补给区地段，必要时也可划为一级保护区。

(2) 二级保护区。饮用水地下水源二级保护区位于饮用水地下水源一级保护区外，其作用是保证集水有足够的滞后时间，以防止病原菌以外的其他污染。

(3) 准保护区。饮用水地下水源准保护区位于饮用水地下水源二级保护区外的主要补给区，其作用是保护水源地的补给水源水量和水质。

在饮用水地下水源各级保护区及准保护区内均必须遵守下列规定：禁止利用渗坑、渗井、裂隙、溶洞等排放污水和其他有害废弃物；禁止利用透水层孔隙、裂隙、溶洞及废弃矿坑储存石油、天然气、放射性物质、有毒有害化工原料、农药等；实行人工回灌地下水时不得污染当地地下水源。

如前所述，地下水污染比较缓慢，但如果一旦污染，治理相当困难。所以，应该把地下水的污染防治问题重点放在预防上。但是，常常由于不同原因会导致地下水的污染，这就需要采取事后补救措施。地下水污染的治理与修复，可参考第 10 章。

地下水资源的保护，是一个十分重要而又十分复杂的问题。如果不加注意，势必影响地下水的利用，危害人们的生活和身体健康。在水资源日益紧张的情况下，保护好珍贵的地下水资源对社会经济可持续发展具有重要意义。

复习思考题

1. 如何理解地下水与气候变化的互馈机制？
2. 地下水资源保护的主要措施。
3. 为适应气候变化影响，可以采取哪些地下水资源可持续利用方式？

参　考　文　献

[1]　中国科学院．中国学科发展战略：地下水科学［M］．北京：科学出版社，2018.
[2]　林学钰，廖资生，等．地下水管理［M］．北京：地质出版社，1995.
[3]　中国地下水科学战略研究小组．中国地下水科学的机遇与挑战［M］．北京：科学出版社，2009.

附录

与地下水学科相关的组织名称

序号	名称	英文名称	出版物
1	美国地球物理联合会	American Geophysical Union	Water Resources Research
2	美国地质调查局	U. S. Geological Survey	
3	爱思唯尔公司	Elsevier	Journal of Hydrology
4	美国水文学会	American Institute of Hydrology	
5	美国土木工程师协会	American Society of Civil Engineers	Journal of Hydrologic Engineering
6	美国水资源协会	American Water Resources Association	Journal of AWRA
7	美国水务协会	American Water Works Association	Journal of AWWA
8	地下水基金会	Groundwater Foundation	
9	国际水文地质学家协会	International Association of Hydrogeologists	
10	国际水文科学协会	International Association of Hydrological Sciences	Hydrological Sciences Journal
11	国际水协会	International Water Association	Hydrology Research
12	国际水资源协会	International Water Resources Association	
13	美国国家地下水协会	National Ground Water Association	Ground Water
14	美国国家水资源研究所	National Institute for Water Resources	
15	美国国家水资源协会	National Water Resources Association	
16	南京水利科学研究院	Nanjing Hydraulic Research Institute	水科学进展 Advances in Water Science
17	中国水利学会	Chinese Hydraulic Engineering Society	水利学报 Journal of Hydraulic Engineering
18	中国地质环境监测院	China Institute of Geological Environment Monitoring	水文地质工程地质 Hydrogeology and Engineering Geology
19	建设综合勘察研究设计院	China Institute of Geotechnical Investigation Surveying (China) Limited	工程勘察 Geotechnical Investigation and Surveying

续表

序号	名　称	英文名称	出　版　物
20	中国水利水电科学研究院	China Institute of Water Resources and Hydropower Research	中国水利水电科学研究院学报 Journal of China Institute of Water Resources and Hydropower Research
21	水利部	The Ministry of Water Resources of P. R. C	水文 Journal of China Hydrology
22	自然资源部	The Ministry of Natural Resources of P. R. C	
23	生态环境部	Ministry of Energy and Environment of P. R. C